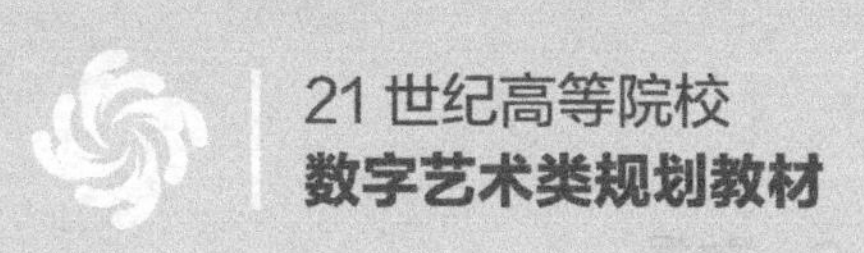

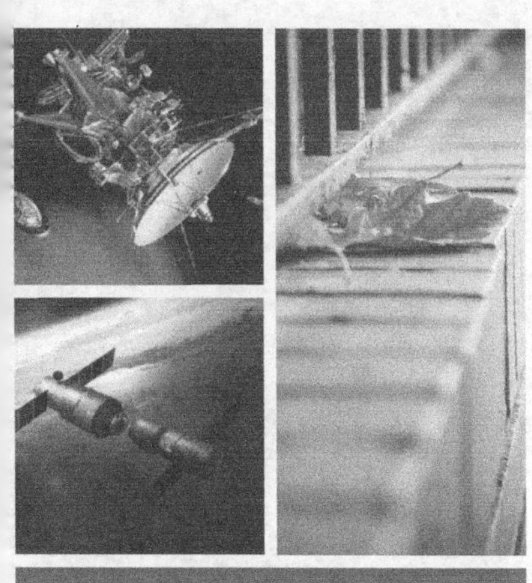

数字图像处理技术与应用

Visual C++ 实现

陈丽芳 ◎ 主编

人民邮电出版社
北京

图书在版编目（CIP）数据

数字图像处理技术与应用 ：Visual C++实现 / 陈丽芳主编. -- 北京 ：人民邮电出版社，2021.10（2024.1重印）
21世纪高等院校数字艺术类规划教材
ISBN 978-7-115-50138-7

Ⅰ. ①数… Ⅱ. ①陈… Ⅲ. ①C++语言－程序设计－高等学校－教材 Ⅳ. ①TP312.8

中国版本图书馆CIP数据核字(2018)第264475号

内 容 提 要

本书系统介绍了数字图像处理技术和分析的基础理论、基本原理和实用的处理方法与技术。全书内容包括概述（数字图像基础、数字图像的表示和像素间的关系、数字图像处理的发展与应用领域、图像的存储与格式、视觉基础）、图像运算与应用、图像增强技术、图像复原技术、图像变换、图像分割、图像压缩编码技术、图像的目标表达及特征测量技术、二值图像的形态学处理、彩色图像处理和经典案例。本书应用的案例大多来自生活实践，有实现方法和实现步骤，可帮助学习者理解掌握知识点。

本书可作为高等院校数字媒体技术与计算机应用、通信与信息系统、模式识别与智能系统等相关专业的教材，也可作为研究生的入门参考教材，还可供涉及图像处理技术应用行业（如机器人、工业自动化、医学图像处理、目标跟踪识别等）的科技工作者进行科研和自学参考。

◆ 主　　编　陈丽芳
责任编辑　张　斌
责任印制　王　郁　马振武

◆ 人民邮电出版社出版发行　　北京市丰台区成寿寺路 11 号
邮编　100164　　电子邮件　315@ptpress.com.cn
网址　https://www.ptpress.com.cn
涿州市般润文化传播有限公司印刷

◆ 开本：787×1092　1/16
印张：16.75　　2021 年 10 月第 1 版
字数：460 千字　　2024 年 1月河北第 2次印刷

定价：64.00 元

读者服务热线：(010)81055256　印装质量热线：(010)81055316
反盗版热线：(010)81055315
广告经营许可证：京东市监广登字 20170147 号

前言

近年来，随着计算机技术的迅猛发展和相关理论的不断完善，数字图像处理技术在许多应用领域受到广泛重视并取得了重大的开拓性成就，已经遍布国民经济的各个领域，比较突出的应用领域有航空航天、生物医学工程、工业检测、机器人视觉、公安司法、军事、文化艺术等。数字图像处理技术也成为数字媒体技术、计算机应用等理工科类本科生和研究生必修的课程。

作者在多年的本科和研究生教学过程中，选用过多本数字图像处理技术的相关教材，虽然这些教材内容系统全面，但大多比较注重理论知识的讲解，没有对知识点的具体应用做阐述分析，使学习者在学习过程中感到枯燥，学习后又很难掌握对知识的具体应用，特别是很难明白与其他课程的关联，以及如何利用知识进行科研和创新。为了提高学习者的学习兴趣和实践能力，作者结合江南大学的卓越课程要求和多年的教学科研经验实践，编写了本书。

在全书的编写过程中，作者力求知识点系统全面、理论概念严谨、解释清晰详细、通俗易懂、便于自学，对每个知识点的介绍，从应用出发，介绍应用涉及的基本概念与原理，最终回到案例的实现，对概念与原理的介绍尽量避免数学公式的罗列和枯燥的推导，利用分步骤、分流程的案例介绍，加强读者对概念和原理的理解，使读者对所学的知识及应用有系统全面的了解，为以后的实际应用和科研创新打下良好的基础。

全书共 11 章，每章分若干小节，各节知识点相对独立，大多包含应用案例。本书提供配套的教学课件、书中部分图的高清图和算法相关代码下载，便于教师教学和学生学习，读者可登录人邮教育社区（www.ryjiaoyu.com）下载相关资源。书中涉及的算法和案例程序利用 C 语言编写，学生只需具备初步的 C 语言知识即可。

本书在编写过程中参考了很多国内外相关文献，在此对文献作者表示感谢。

本书涉及的“数字图像处理技术”课程为江南大学的卓越课程。

由于作者水平有限，书中难免存在不足，恳请同行及读者批评指正。

陈丽芳于江南大学

目录
CONTENTS

第1章 概述

本章主要介绍数字图像处理的基本概念、数字图像处理的应用领域、数字图像的存储格式和视觉基础。本章的内容能够使读者对数字图像处理技术有一个宏观的了解，也为后续内容的学习做一个铺垫。

1.1 数字图像基础

图像是“图”和“像”的结合，“图”是物体反射或者透射电磁波的分布，“像”是人的视觉系统对接收的“图”信息在大脑中形成的印象。图像是使用各种观测系统以不同形式和手段观测客观世界而获得的、可以直接或间接作用于人的视觉系统而产生视知觉的实体，是人类社会活动中最常用的信息载体。视觉是人类观察世界、认知世界的重要手段。据统计，一个人从外界获得的信息大约有 75%来自视觉，古人说的“百闻不如一见”“一目了然”都反映了图像在信息传递中独特的显示效果。这也是图像近年来一直是学术界研究的热点之一的主要原因。

图像以各种各样的形式出现：可视的和非可视的；抽象的和实际的；模拟的和数字的；连续的和离散的。一般情况下，一幅图像是对一种事物的表示，它包含了表示该事物的描述信息，包括可视的信息（即用人眼可见的方式显示的信息），也包括非可视的信息（即用人眼不能感知的方式表示的信息）。图像是其所表示物体信息的浓缩或概括，一幅图像所包含的信息远比原物体少。因此，一幅图像是该物体的一个不完全、不精确的，但在某种意义上是恰当的表示。

我们感兴趣的多数图像都是由照射源和形成图像的场景元素对光能的反射或吸收而产生的。然而这些图像基本上都是连续信号的模拟图像，不能直接由计算机进行处理分析。因为计算机只能处理离散的数字信息，所以必须把连续的模拟图像转换为离散的数字图像，才能利用计算机对其进行有效的处理和分析。也就是说，如果想要对使用各种装置获得的图像进行分析和处理，必须把它转换为数字图像。

数字图像是指将模拟图像经过特殊设备的处理，如量化、采样等处理方式后，转换成计算机可以识别的用二进制表示的图像。模拟图像又称连续图像，是指图像信号以连续的形式存在于图像介质中的图像，即图像的像素是无限稠密的。

1.1.1 像素

客观世界在空间中的显示是三维（3D）的，但是大部分成像装置都是把三维世界投影到二维（2D）平面，所以人们一般研究的图像都是二维图像。一幅图像可定义为一个二维函数 $f(x,y)$，其中 x 和 y 是 2D 空间（平面）中一个坐标点的位置，f 代表图像在点(x,y)的某种性质的值。例如当图像是灰度图时，f 表示灰度值；当图像是彩色图时，f 表示颜色值。常见的真实图像是连续的，即f、x、y 的值可以是任意的实数。为了能利用计算机对图像进行分析处理，需要把连续的图像在坐标空间 XY 和性质空间 F 进行离散，这种离散化的图像就是上面提到的数字图像。在表达数字图像的二维函数 $f(x,y)$中，f、x、y 的取值都是整数值。

如图 1-1 所示，一幅物理图像被划分为很多个小区域，每个小区域都是一个正方形的色块，对应数字图像中的一个基本单元，称为图像元素（Picture Element），简称为像素（Pixel）。事实上，“像素”是一个纯理论的概念，它没有形状，也没有尺寸，看不见摸不着，只存在于理论计算中。

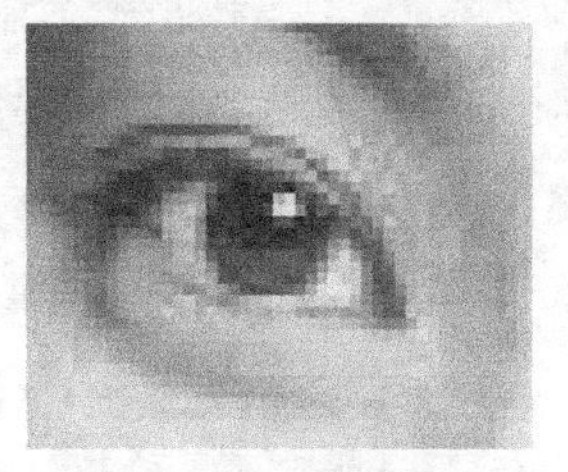

图 1-1 像素示例

1.1.2 数字化

模拟图像转化为数字图像的过程称为数字化。具体来说，就是把一幅模拟图像分割成图 1-1 所示的一个个小区域（像素），并将各小区域灰度用整数表示，形成一幅数字图像。图 1-2 所示为图像数字化的过程，主要包括采样和量化。

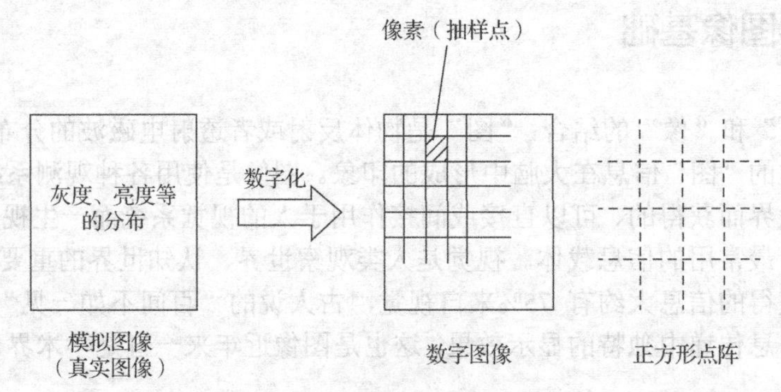

图 1-2 图像数字化的过程

1. 采样

采样（Sampling）是对图像空间坐标的离散化，其实质就是要用有限的点来描述一幅图像，采样结果质量的高低决定了图像的空间分辨率。简单来讲，用一个水平和垂直方向上等间距的网格把待处理的图像覆盖，然后把每一小格上真实图像的各个亮度取平均值，并对应到相应的灰度值上，作为该小方格中点的值，这样，一幅图像就被采样成有限个像素构成的集合，如图 1-3 所示。

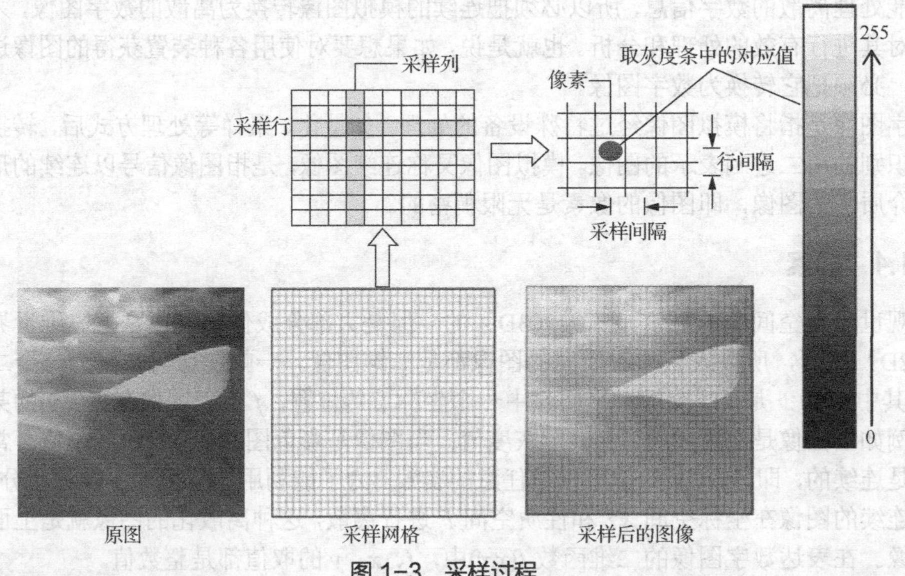

图 1-3 采样过程

在进行采样时，采样点间隔大小的选取很重要，它决定了采样后的图像能真实地反映原图像的程度。一般来说，原图像中的画面越复杂，色彩越丰富，则采样间隔就越小。

空间分辨率是图像中可分辨的最小细节，主要由采样间隔值决定。常用的空间分辨率的定义是单位距离内可分辨的最少黑白线对的数目（单位为每毫米线对数），如每毫米80线对，图1-4所示为空间分辨率的线对示例。

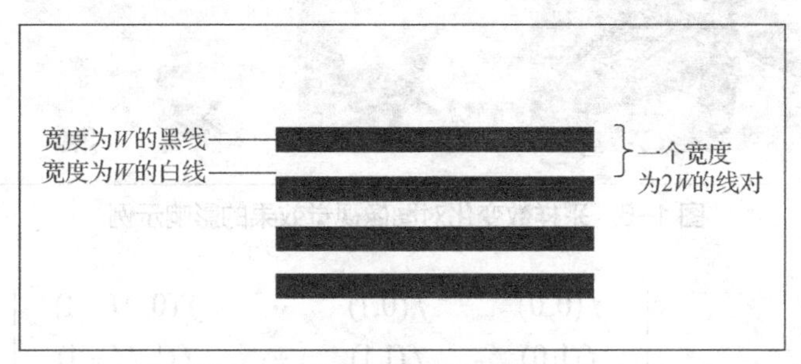

图1-4 空间分辨率的线对示例

对一个景物来说，对其进行采样的空间分辨率越高，采样间隔越小，景物中的细节越能更好地在数字化后的图像中反映出来，即反映该景物的图像的质量就越高。采样间隔越大，所得图像像素数就越少，空间分辨率低，图像质量差，严重时还会出现像素呈块状的国际棋盘效应；采样间隔越小，所得图像像素数就越多，空间分辨率高，图像质量好，但数据量大。如图1-5所示，一幅灰度级为256的图像，采样间隔依次加大，可得到空间分辨率分别为512×512、256×256、128×128、64×64、32×32和16×16的图像。

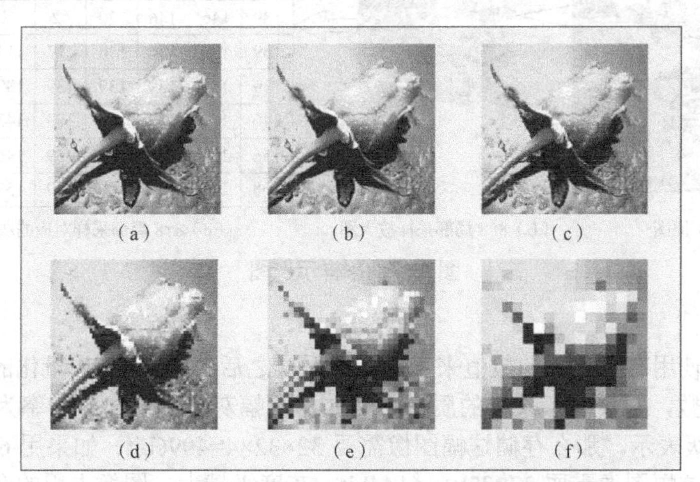

图1-5 空间分辨率变化对图像视觉效果的影响示例

一幅灰度级为256的图像，当采样间隔不变时，采样数依次减少得到的图像如图1-6所示。图1-6（a）为512×512采样数，图1-6（b）是从图1-6（a）的512×512的图像中，每隔一行删去一行和每隔一列删去一列而得到的256×256的图像。图1-6（c）是从图1-6（b）的256×256的图像中，每隔一行删去一行和每隔一列删去一列而得到的128×128的图像。用同样的方法还可得到图1-6（d）～（f）。

对一幅图像采样时，若每行（即横向）像素为M个，每列（即纵向）像素为N个，则图像大小为$M×N$个像素，也就是通常所说的图像分辨率为$M×N$个像素，下文中的分辨率省略的单位均为像素。二维函数$f(x,y)$也可用一个$M×N$矩阵表示，如式（1-1）所示。

图 1-6 采样数变化对图像视觉效果的影响示例

$$
f(x,y)=\begin{bmatrix} f(0,0) & f(0,1) & \cdots & f(0,M-1) \\ f(1,0) & f(1,1) & \cdots & f(1,M-1) \\ \vdots & & & \\ f(N-1,0) & f(N-1,1) & \cdots & f(N-1,M-1) \end{bmatrix} \tag{1-1}
$$

例如对图 1-7（a）进行局部 8×8 采样，采样的结果如图 1-7（b）所示，采样对应的灰度值如图 1-7（c）所示。

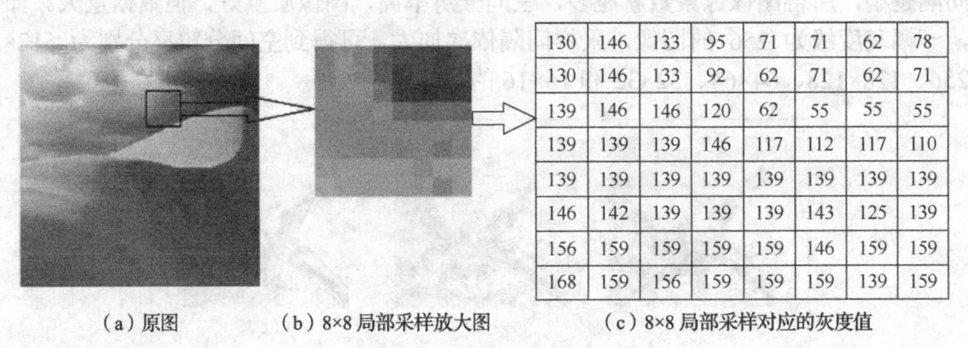

130	146	133	95	71	71	62	78
130	146	133	92	62	71	62	71
139	146	146	120	62	55	55	55
139	139	139	146	117	112	117	110
139	139	139	139	139	139	139	139
146	142	139	139	139	143	125	139
156	159	159	159	159	146	159	159
168	159	156	159	159	159	139	159

（a）原图　（b）8×8 局部采样放大图　（c）8×8 局部采样对应的灰度值

图 1-7 采样示例图

2. 量化

量化是指要使用有限范围的数值来表示图像采样之后的每一个点。量化的结果就是图像能够容纳的颜色总数，它反映了采样的质量。例如，一幅灰度图像，分辨率为 32×32，如果用 16（2^4）个灰度级表示，那么存储这幅图像需要 32×32×4=4096bit。如果用 64（2^6）个灰度级表示，那么存储这幅图像需要 32×32×6=6144bit。灰度级越大，图像占用的存储空间就越大，图像的细节特征就表现越好，视觉效果也越好。

我们可将量化时所确定的离散取值个数称为量化级数，将表示量化的色彩值（或亮度值）所需的二进制位数称为量化字长，并用 8 位、16 位、24 位或更大的量化字长来表示图像的颜色。量化字长越大，则越能真实地反映原有图像的颜色，但得到的数字图像的容量也越大。对灰度图像来说，量化级数就是灰度分辨率。

图 1-8 所示为相同分辨率（512×512）下的同一幅图在不同量化级数（即不同灰度级）时所呈现的效果图，图 1-8（a）～（f）的灰度分辨率分别为 256、32、16、8、4 和 2。

从图 1-8 可以看出，量化等级越多，所得图像层次越丰富，灰度分辨率高，图像质量好，但数据量大；量化等级越少，图像层次欠丰富，灰度分辨率低，会出现假轮廓现象，图像质量变差，但数据量小。对固定大小的图像而言，在极少数情况下减少灰度级能改善质量，产生这种情况的原因是减少灰度级一般会增加图像的对比度，例如对细节比较丰富的图像进行数字化。

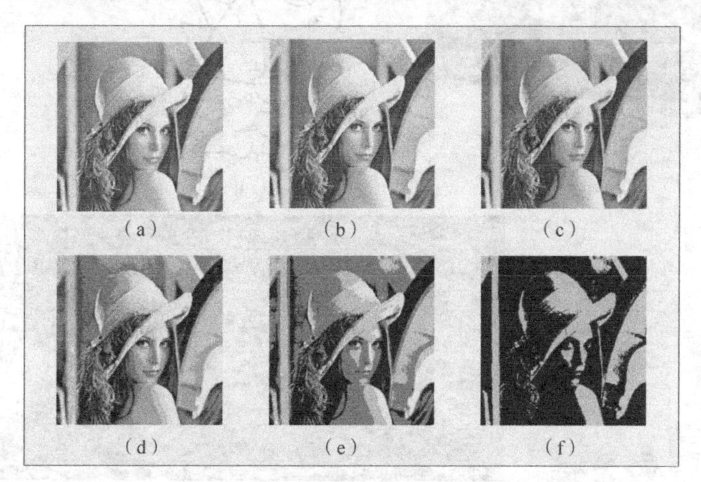

图 1-8 灰度分辨率变化对图像视觉效果的影响示例

1.1.3 图像类别

图像可根据其形式或产生方法进行分类。卡斯尔曼（Castleman）引入集合论将图像分成 3 类（见图 1-9），分别为可见图像、物理图像（它反映的是物体的电磁波辐射能，包括可见光和不可见光，一般通过某种光电技术获得）和数学图像。

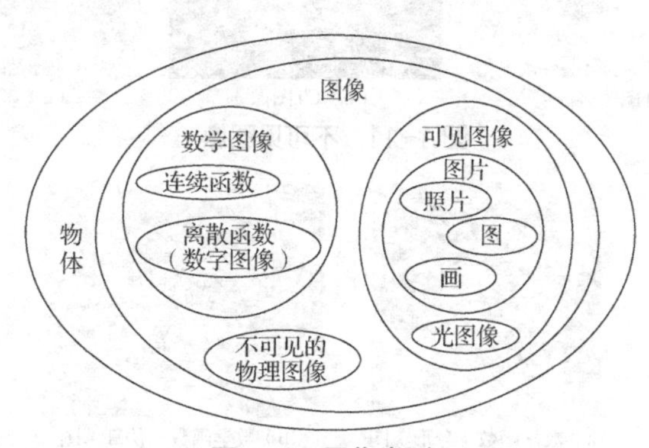

图 1-9 图像类别

（1）可见图像，即可以由人眼看见的图像的子集。这一类图像通常可由照相机、手工绘制等传统方法得到，一般不能直接被计算机处理。可见图像一般需要经过数字化处理成数字图像后，才可以被计算机处理和分析。该子集中又包含两个子集，一个子集为图片（Picture），它包含照片（Photograph）、图（Drawing，指用线条等画成的）和画（Painting）；另一个子集为光图像（Optical Images），即用透镜、光栅和全息术等产生的图像。图 1-10 所示为可见图像。

（2）物理图像反映的是物体的电磁波辐射能，包括可见光和不可见光，一般通过某种光电技术获得，可见图像中的照片也可以归为此类。但更多的物理图像是根据物体的可见光以外的电磁波辐射能得到的不可见图像，例如多光谱卫星遥感影像，它包含物体的近红外、中红外、远红外等波谱信息。图 1-11 所示为几种不可见物理图像。

（3）数学图像是由连续函数或离散函数生成的抽象图像。离散函数的数学图像就是能被计算机直接处理的数字图像。图 1-12 所示为数学函数图像。

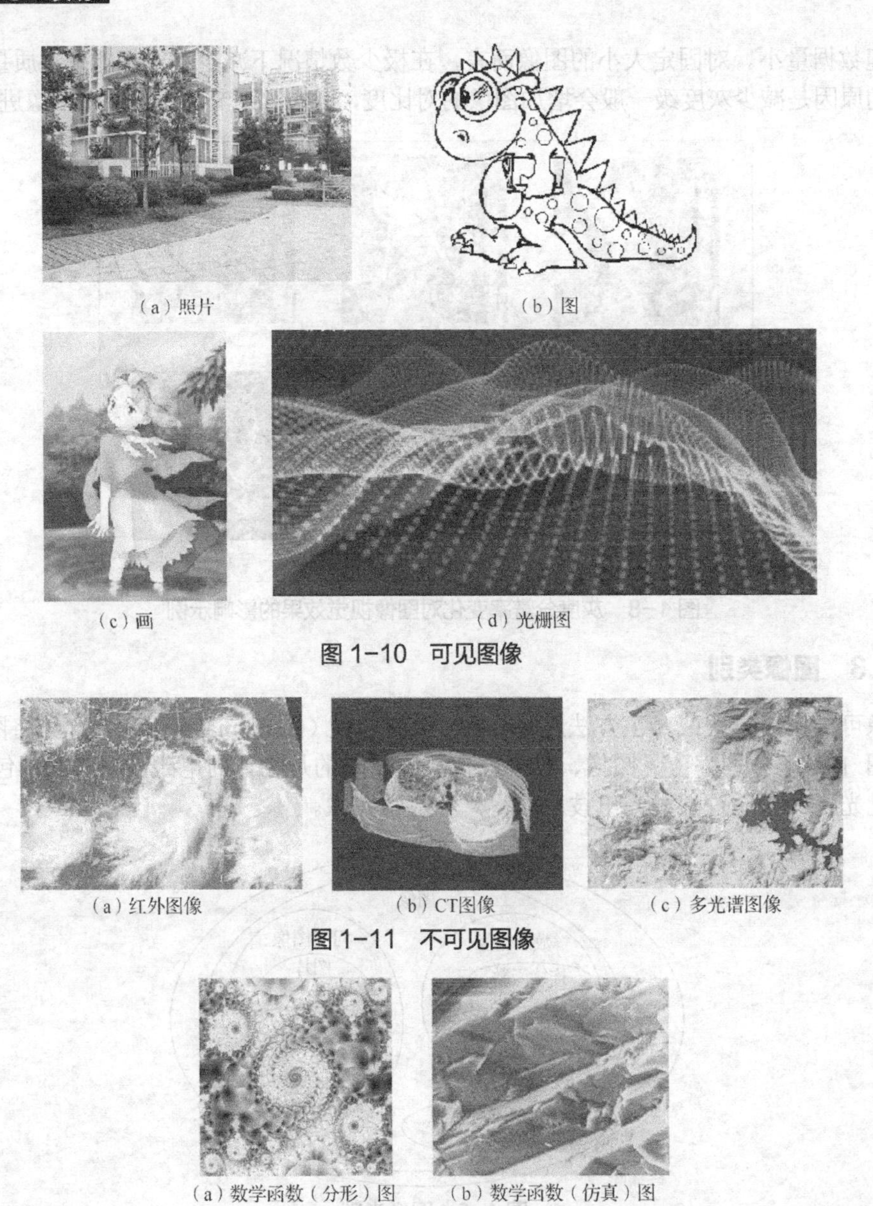

（a）照片　　（b）图

（c）画　　（d）光栅图

图 1-10　可见图像

（a）红外图像　　（b）CT图像　　（c）多光谱图像

图 1-11　不可见图像

（a）数学函数（分形）图　　（b）数学函数（仿真）图

图 1-12　数学图像

按照颜色和灰度的多少可以将数字图像分为 RGB 彩色图像、索引图像、灰度图像和二值图像 4 种基本类型。

（1）在数字图像处理中，常用的颜色模型是 RGB 模型，RGB 彩色图像是指每个像素均由 R、G、B 分量构成的图像，其中 R、G、B 是由不同的灰度级描述的，如图 1-13 所示。

$$R=\begin{bmatrix}255 & 240 & 240\\ 255 & 0 & 80\\ 255 & 0 & 0\end{bmatrix}\quad G=\begin{bmatrix}0 & 160 & 80\\ 255 & 255 & 160\\ 0 & 255 & 0\end{bmatrix}\quad B=\begin{bmatrix}0 & 80 & 160\\ 0 & 0 & 240\\ 255 & 255 & 255\end{bmatrix}$$

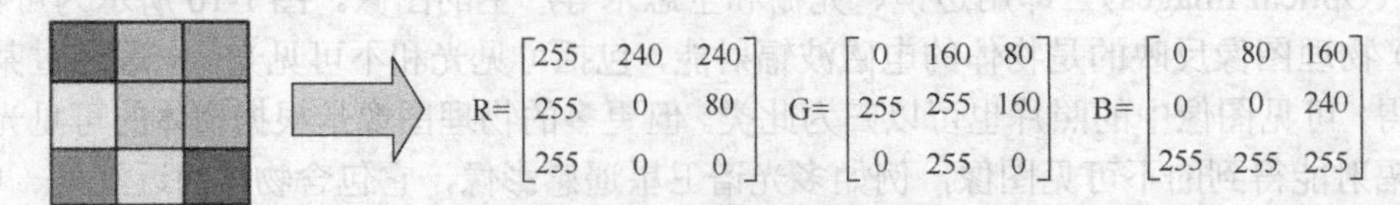

图 1-13　RGB 彩色图像及像素值的矩阵表示

（2）索引图像是一种把像素值直接作为 RGB 调色板下标的图像。索引图像可以把像素值“直接映射”为调色板数值。索引图像的文件结构比较复杂，除了存放图像的二维矩阵外，还包括一个称为颜色索引矩阵（MAP）的二维数组。MAP 的大小由存放图像的矩阵元素值域决定，如矩阵元素值域为[0，255]，则 MAP 矩阵的大小为 256×3，可用 MAP=[RGB]表示。MAP 中每一行的 3 个元素分别指定该行对应颜色的红、绿、蓝单色值，MAP 中的每一行对应图像矩阵像素的一个灰度值，如某一像素的灰度值为 64，则该像素就与 MAP 中的第 64 行建立了映射关系，该像素在屏幕上的实际颜色由第 64 行的[R，G，B]组合决定。也就是说，图像在屏幕上显示时，每一像素的颜色都由存放在矩阵中该像素的灰度值作为索引通过检索 MAP 得到，如图 1-14 所示。索引图像的数据类型一般为 8 位无符号整型（int 8），相应 MAP 的大小为 256×3，因此一般索引图像只能同时显示 256 种颜色，但是通过改变索引矩阵，颜色的类型得以调整。索引图像的数据类型也可采用双精度浮点型（double），一般用于存放色彩要求比较简单的图像，如 Windows 系统中色彩构成比较简单的壁纸，也用于网络上的图片传输和一些对图像像素、大小等有严格要求的地方。

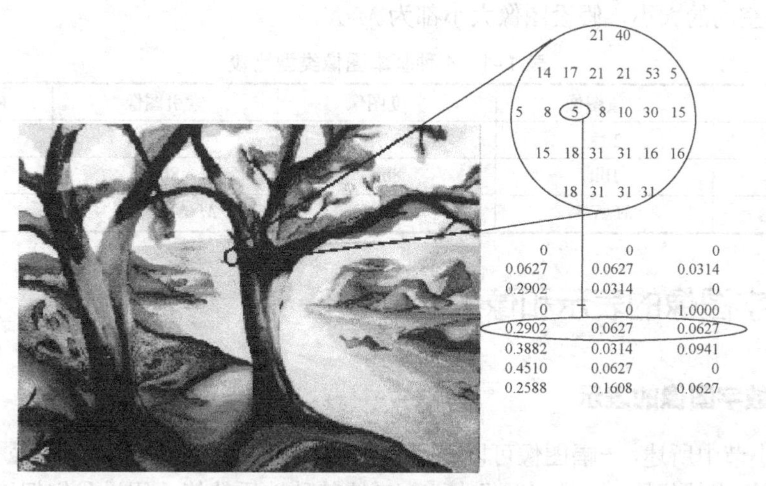

图 1-14 索引色的对应示例

（3）灰度图像是指每个像素都由介于黑和白之间的一个灰度值表示，没有彩色信息的图像，如图 1-15 所示。灰度图（Gray-Scale Image）按照灰度等级的数目来划分。一幅标准灰度图像，如果每个像素的像素值用一个字节表示，灰度值级数就等于 256 级，每个像素可以是 0～255 的任何一个值。如图 1-16 所示的 0～255 的灰度级，每一个小方块分别对应 0～255 的每一个灰度级，灰度级由低到高排列，左上是纯黑色，右下是纯白色。

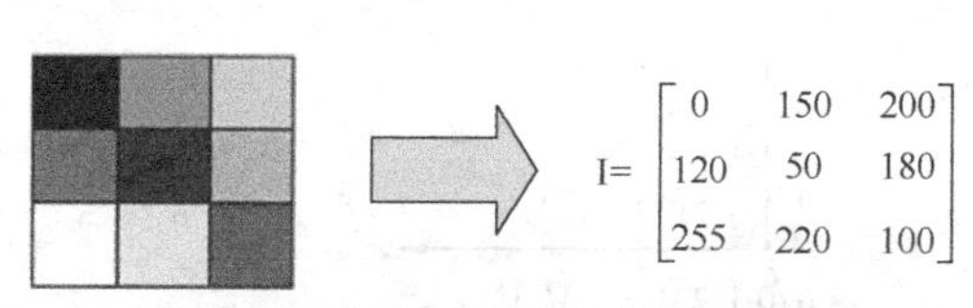

图 1-15 灰度图及像素值的矩阵表示

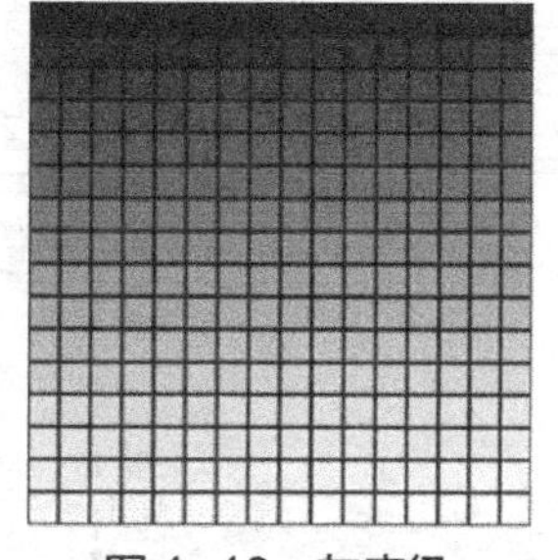

图 1-16 灰度级

（4）二值图像是指只有黑白两种颜色的图像，也称为单色图像（Monochrome Image）。图中每个像素的像素值都可用 1 位二进制数存储，它的值只有“0”或者“1”。二值图像通常用于文字、线条图的扫描识别（OCR）和掩膜图像的存储，如图 1-17 所示。

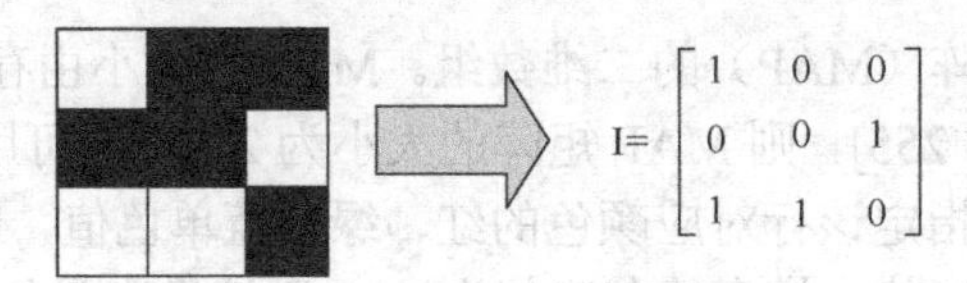

图 1-17 二值图像及像素值的矩阵表示

在图像的 4 种基本类型中，随着图像所表示的颜色类型的增加，图像所需的存储空间逐渐增加。二值图像仅能表示黑、白两种颜色，所需的存储空间最少。灰度图像可以表示由黑到白渐变的 256 个灰度级，每个像素都需要一个字节（8bit）的存储空间。索引图像可以表示 256 种颜色，它与灰度图像一样，每个像素都需要一个字节来存储，但是为了表示 256 种颜色，还需要一个颜色索引矩阵（256×3）。RGB 图像可以表示 2^{24} 种颜色，相应的每个像素都需要 3 个字节的存储空间，是灰度图像和索引图像的 3 倍。表 1-1 给出了 4 种基本图像类型表示的颜色类型和存储空间的大小，假设图像大小都为 $M×N$。

表 1-1 4 种基本图像类型比较

图像类型	二值图像	灰度图像	索引图像	RGB 彩色图像
颜色数量	2 色	256 灰度	256 彩色	2^{24} 彩色
单像素大小	1bit	8bit	8bit	24bit
图像字节数/B	$M×N/8$	$M×N$	$M×N+256×3$	$M×N×3$

1.2 数字图像的表示和像素间的关系

1.2.1 数字图像的表示

如 1.1.1 小节中所述，一幅图像可以表示为一个二维函数 $f(x,y)$，其中 x 和 y 是 2D 空间（平面）中一个坐标点的位置，f 代表图像在点 (x,y) 的某种性质的值。假设我们把该连续的二维函数取样为一个 $M×N$ 二维阵列 $f(x,y)$，其中 (x,y) 的离散坐标为 $x=0，1，\cdots，M-1$；$y=0，1，2，\cdots，N-1$。由一幅图像的坐标组成的平面部分称为空间域，x 和 y 称为空间变量或空间坐标。这样，数字图像在原点的值就是 $f(0,0)$，在任何坐标 (x,y) 的值记为 $f(x,y)$，图像的坐标表示如图 1-18 所示。其中图 1-18（a）是数字图像在显示设备上的显示坐标系统，而图 1-18（b）是对数字图像进行各种运算时的坐标系统。在数字图像显示坐标系中数据是先沿着 x 轴（M 方向）增加，再沿着 y 轴（N 方向）增加，M 和 N 都是整数。

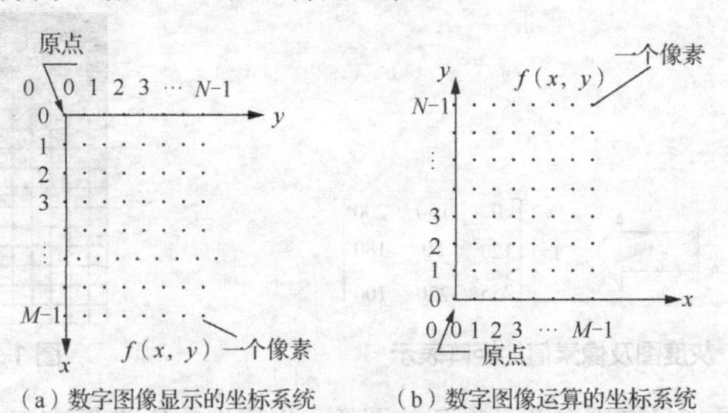

图 1-18 数字图像的坐标表示

为了便于数字图像的分析与计算，一幅图像也可以表示为一个二维的 $M×N$ 的矩阵，如式（1-2）所示，其中 M、N 分别为图像像素点阵的行数和列数。

$$F=\begin{bmatrix} f_{11} & f_{12} & \cdots & f_{1N} \\ f_{21} & f_{22} & \cdots & f_{2N} \\ \vdots & \vdots & \ddots & \vdots \\ f_{M1} & f_{M2} & \cdots & f_{MN} \end{bmatrix} \tag{1-2}$$

有时候为了方便也采用矢量表示图像，如式（1-3）所示。

$$F=[f_1 \quad f_2 \quad \cdots \quad f_N]^{\mathrm{T}} \tag{1-3}$$

其中，$f_i=[f_{1i} \quad f_{2i} \quad \cdots \quad f_{Mi}]^{\mathrm{T}}$，$i=1, 2, \cdots, N$。

1.2.2 数字图像像素间的邻域关系

数字图像中的像素在空间按照某种规律排列，相互之间存在一定的关系，每个像素的某种性质跟它周围的像素有一定的联系，像素之间的关系与像素的由相邻像素组成的邻域相关。一个坐标为(x,y)的像素 p 有 4 个水平和垂直的相邻像素，它们的坐标分别是$(x+1,y)$、$(x-1,y)$、$(x,y+1)$、$(x,y-1)$，这些像素（均用 r 表示）可与 p 组成 4-邻域（4-neighborhood），记为 $N_4(p)$，如图 1-19(a)所示。除此之外，像素 p 的 4 个对角相邻像素（用 s 表示），其坐标分别为$(x-1,y-1)$，$(x-1,y+1)$，$(x+1,y-1)$，$(x+1,y+1)$，由这 4 个像素组成的集合称为像素 p 的 4-对角邻域，记为 $N_D(p)$，如图 1-19（b）所示。我们可以把像素 p 4-对角邻域的像素和 4-邻域的像素组成的集合称为像素 p 的 8-邻域，记为 $N_8(p)$，如图 1-19（c）所示。

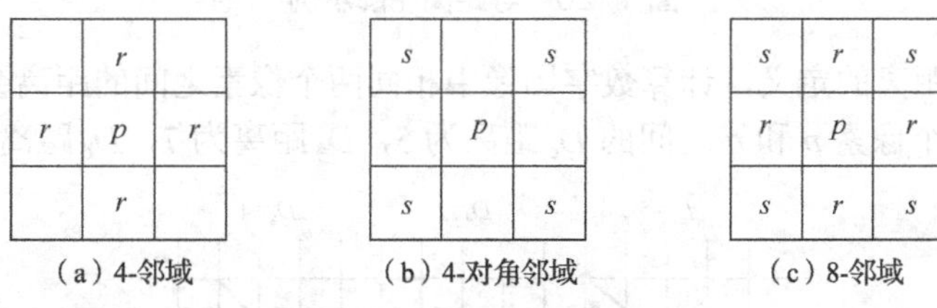

图 1-19 像素的邻域关系

1.2.3 像素间的距离

像素之间除了邻域关系，还有一个重要的概念是像素间的距离，距离的大小也是衡量像素间某种性质相似性的一个标准。给定 3 个像素 p、q、r，坐标分别为(x,y)、(u,v)、(s,t)，如果满足下列条件，则称函数 D 是距离度量函数。

① $D(p,q)\geqslant 0$（当且仅当 $p=q$ 时，$D(p,q)=0$）。

② $D(p,q)=D(q,p)$。

③ $D(p,r)\leqslant D(p,q)+D(q,r)$。

像素间距离度量函数常见的有欧氏（Euclidean）距离、城区（City-Block）距离、棋盘（Chessboard）距离，具体定义如下。

1. 欧氏距离

像素 p 和 q 之间的欧氏距离定义为：

$$D_e(p,q)=[(x-u)^2+(y-v)^2]^{1/2} \tag{1-4}$$

所有距像素(x,y)的欧氏距离小于或等于 d 的像素都包含在以(x,y)为中心、以 d 为半径的圆平面中。在数字图像中，圆只能近似表示，如图 1-20（a）所示为与(x,y)像素的欧氏距离小于或等于 3 的像素组成的等距离轮廓（图中的值已四舍五入）。

2. 城区距离

像素 p 和 q 之间的 D_4 距离（也是模为 1 的距离），即城区距离，定义为：

$$D_4(p,q)=|x-u| + |y-v| \tag{1-5}$$

所有距像素(x,y)的D_4距离为小于d或等于d的像素组成一个中心点在(x,y)的菱形。例如与(x,y)的D_4距离小于或等于3的像素组成图1-20（b）所示的区域。$D_4=1$的像素就是(x,y)的4-相邻像素。

3. 棋盘距离

像素p和q之间的D_8距离（也是模为∞的距离），即棋盘距离，定义为：

$$D_8(p,q)=\max(|x-u|,|y-v|) \tag{1-6}$$

所有距像素(x,y)的D_8距离为小于d或等于d的像素组成一个中心点在(x,y)的方形。例如与(x,y)的D_8距离小于或等于3的像素组成图1-20（c）所示的区域。$D_8=1$的像素就是(x,y)的8-相邻像素。

			3			
	2.8	2.2	2	2.2	2.8	
	2.2	1.4	1	1.4	2.2	
3	2	1	0	1	2	3
	2.2	1.4	1	1.4	2.2	
	2.8	2.2	2	2.2	2.8	
			3			

（a）

			3			
		3	2	3		
	3	2	1	2	3	
3	2	1	0	1	2	3
	3	2	1	2	3	
		3	2	3		
			3			

（b）

3	3	3	3	3	3	3
3	2	2	2	2	2	3
3	2	1	1	1	2	3
3	2	1	0	1	2	3
3	2	1	1	1	2	3
3	2	2	2	2	2	3
3	3	3	3	3	3	3

（c）

图1-20 等距离轮廓示例

根据上述3种距离的定义，计算数字图像中相同两个像素之间的距离会得到不同的数值，如图1-21所示，2个像素p和q之间的D_e距离为5，D_4距离为7，D_8距离为4。

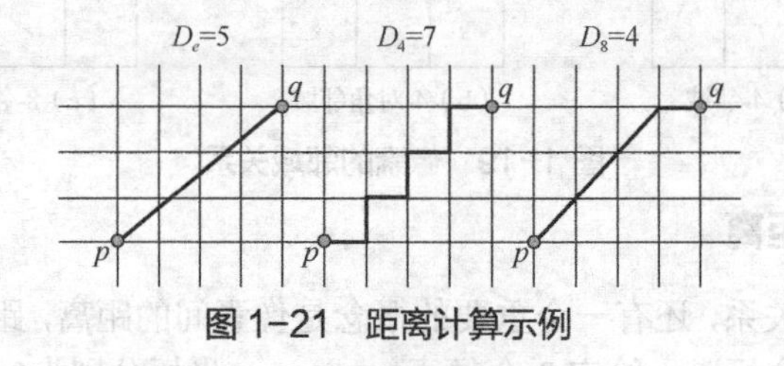

图1-21 距离计算示例

1.3 数字图像处理的发展与应用领域

20世纪50年代，电子计算机已经发展到一定水平，人们开始利用计算机来处理图形和图像信息，这便是早期的图像处理。早期图像处理的目的是改善图像的质量，它以人为对象，以改善人的视觉效果为目的。首次实际成功应用的是美国喷气推进实验室利用图像处理技术对航天探测器“徘徊者7号”1964年发回的几千张月球照片进行分析处理，如几何校正、灰度变换、去除噪声等，同时考虑了太阳位置和月球环境的影响，由计算机成功地绘制出月球表面地图。随后又对探测飞船发回的近十万张照片进行了更为复杂的图像处理，获得了月球的地形图、彩色图及全景镶嵌图，为人类登月创举奠定了坚实的基础，也促进了数字图像处理这门学科的诞生。

数字图像处理取得的另一个巨大成就是在医学上获得的成果。1972年，英国工程师霍斯菲尔德（Housfield）发明了用于头颅诊断的X射线计算机断层摄影装置，即CT（Computed Tomography，计算机断层扫描）。1975年，全身用的CT装置研制成功，获得了人体各个部位鲜明清晰的断层图像。1979 年，霍斯菲尔德由于这项无损伤诊断技术获得了诺贝尔奖，说明 CT 对人类做出了划时代的贡献。

从 20 世纪 70 年代中期开始，随着计算机技术和人工智能、思维科学研究的迅速发展，数字图像处理技术向着更高、更深的层次发展。人们开始研究如何用计算机系统解释图像，通过类似人类视觉系统来理解外部世界。很多国家，特别是发达国家投入更多的人力、物力进行这项研究，也取得了不少重要的研究成果。其中具有代表性的成果是 20 世纪 70 年代末麻省理工学院的马尔（Marr）提出的视觉计算理论，它成为计算机视觉领域的主导思想。

20 世纪 80 年代末，人们开始将数字图像处理技术应用于地理信息系统，研究海图的自动读入、自动生成方法。数字图像处理技术的应用领域随之不断拓展。

自 1986 年起，小波理论与变换方法迅速发展，它克服了傅里叶分析不能用于局部分析等方面的不足之处。1988 年，马拉特（Mallat）有效地将小波分析应用于图像分解和重构。小波分析被认为是信号与图像分析在数学方法上的重大突破。随后，数字图像处理技术迅猛发展，在图像通信、办公自动化系统、地理信息系统、医疗设备、卫星照片传输及分析和工业自动化领域的应用越来越多。

进入 21 世纪，随着计算机技术的发展和相关理论的不断完善，数字图像处理技术在许多应用领域受到广泛重视并取得了重大成就。

下面对数字图像处理技术在一些领域中的应用进行简要介绍。

1. 在航空航天领域的应用

1964 年，美国利用图像处理技术对月球的照片进行处理，成功地绘制出月球表面地图，这个重大的突破使图像处理技术在航天技术中发挥着越来越重要的作用。1983 年，美国发射的 LANDSAT-4 系列陆地卫星，采用多波段扫描器在 900km 的高空中以 18 天为周期对地球每一地区进行扫描成像，图像分辨率相当于地面上约 40m 高度直接观测的水平。这些图像在空中经过数字化、编码等处理后产生数字信号后存入磁带，当卫星经过地面站上空时，再将数字信号高速传送下来，由计算机处理中心进行分析。这些图像成像、传输的过程以及判读分析等环节都需要使用数字图像处理技术。

图 1-22 所示为“卡西尼”号飞船及其进入土星轨道后传回地球的土星环照片，图 1-23 所示为我国“嫦娥”探测器拍摄的月球表面照片，图 1-24 所示为我国“神舟”飞船在太空拍摄的照片，这些照片都体现了数字图像处理技术在航空航天领域不可或缺的重要作用。

图 1-22 “卡西尼”号飞船和土星环

2. 在医学领域的应用

自伦琴 1895 年发现 X 射线以来，医学领域利用图像的形式揭示了更多有用的医学信息，医学的诊断方式也发生了巨大的变化。随着科学技术的不断发展，现代医学已经越来越离不开医学图像的信息处理，从最初辅助诊断发展到现在成为临床诊断和远程诊断的有效手段。目前的医学图像主要包括 CT 图像、MRI（Magnetic Resonance Imaging，核磁共振）图像、B 超扫

图 1-23 “嫦娥”探测器拍摄的月球表面

图 1-24 “神舟”飞船拍摄的图片

描图像、X 射线透视图像、各种电子内窥镜图像、显微镜下病理切片图像等，如图 1-25 所示。但是由于医学成像设备的成像机理、获取条件和显示设备等因素的限制，人眼对某些图像很难直接做出准确判断。而图像变换和增强等技术能够改善图像的清晰度，突出重要的内容，抑制不重要的内容，以满足人眼的观察和机器的自动分析，大大提高了医生临床诊断的准确性和正确性。

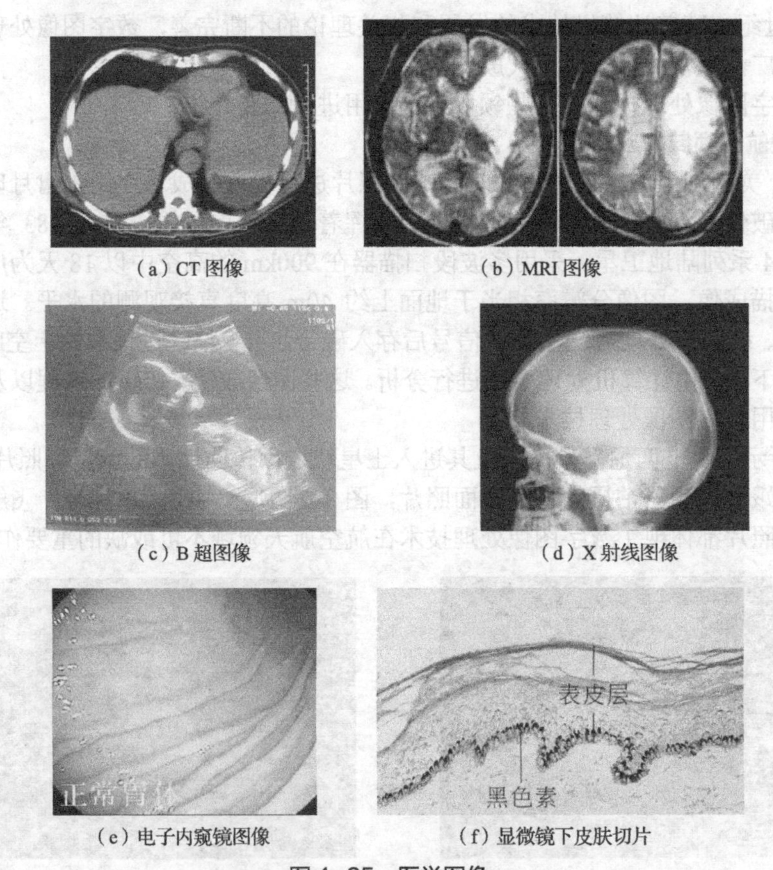

（a）CT 图像 （b）MRI 图像 （c）B 超图像 （d）X 射线图像 （e）电子内窥镜图像 （f）显微镜下皮肤切片

图 1-25 医学图像

与其他领域的应用相比较，医学图像等领域的信息更具独特性。医学图像较普通图像纹理更多，分辨率更高，相关性更大，存储空间也更大，并且为了严格确保临床应用的可靠性，其压缩、分割等图像预处理、图像分析及图像理解等要求更高。医学图像处理跨计算机、数学、图形学、医学等多学科研究领域，医学图像处理技术包括图像变换、图像压缩、图像增强、图像平滑、边缘锐化、图像分割、图像识别、图像融合等。

3. 在遥感领域的应用

数字图像处理在遥感领域的应用主要体现在获取地形、地质及地面设施资料，矿藏探查、森林资源状况、海洋和农业等资源的调查，自然灾害预测预报、环境污染检测、气象卫星云图处理以及地面军事目标的识别。例如，地球资源卫星观测地球变化如图 1-26 所示。2008 年汶川地震时，对安县（今绵阳市安州区）的地震灾害监测是利用中巴地球资源卫星观测的，如图 1-27 所示。

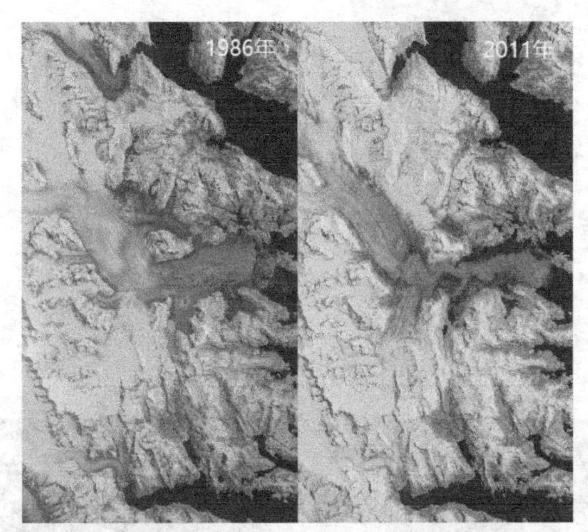

图 1-26 地球资源卫星观测地球变化

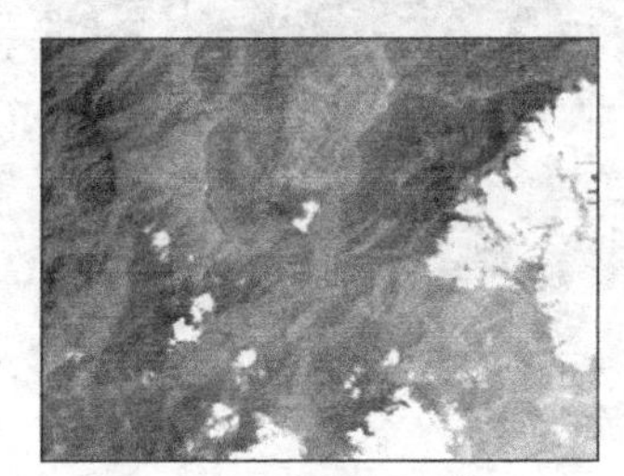

（a）安县地震前图像

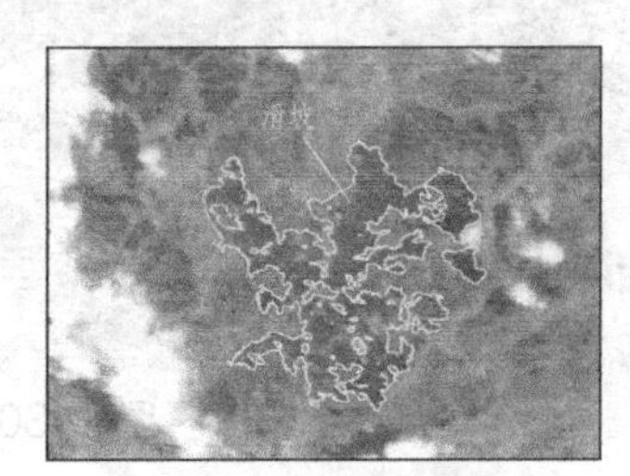

（b）安县地震后图像

图 1-27 安县地震前后的变化

4. 在通信工程领域的应用

当前通信的发展方向是声音、文字、图像和数据结合的多媒体通信。其中，图像通信最为复杂和困难，因为图像的信息量很大，必须采用编码技术对信息进行压缩。如传真通信、视频会议（见图 1-28）、多媒体通信及宽带综合业务等。

图 1-28 视频会议

5. 在工业生产和控制领域的应用

数字图像处理技术在工业生产和控制领域的应用主要体现在生产线上零件的分类及检测是否有质量问题，对生产过程的自动控制，对产品进行组装等。目前很多大型企业在智能机器人的帮助下，生产流水线更加自动化，大大提高了效率。图 1-29 所示为工业机器人，图 1-30 所示为汽车厂的自动组装流水线。

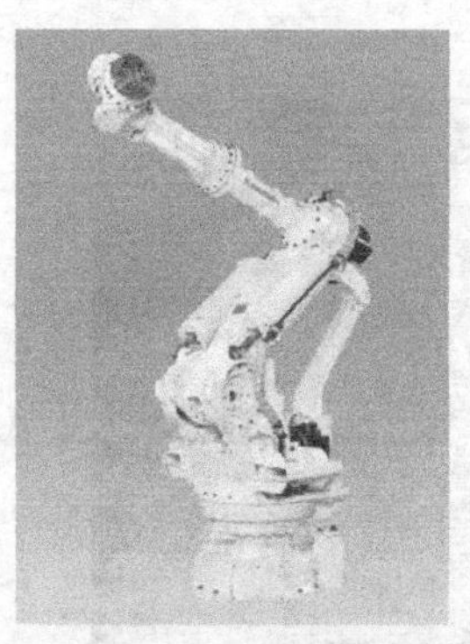
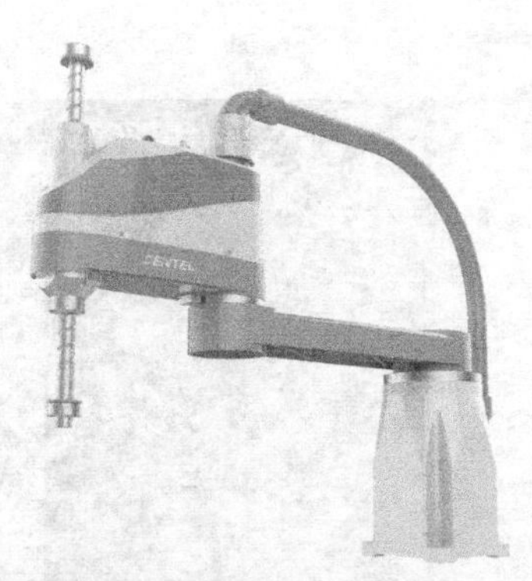

图 1-29 工业机器人

图 1-30 自动组装流水线

6. 在军事、公安领域的应用

数字图像处理技术在军事领域的应用主要体现在侦察照片、警戒系统以及各种军事演习的模拟系统等。在公安领域，指纹识别、不完整图像的复原、人脸的鉴别以及事故的分析等都广泛应用了数字图像处理技术，如图 1-31～图 1-33 所示。

（a）军事沙盘

（b）目标跟踪

图 1-31 图像处理在军事方面的应用

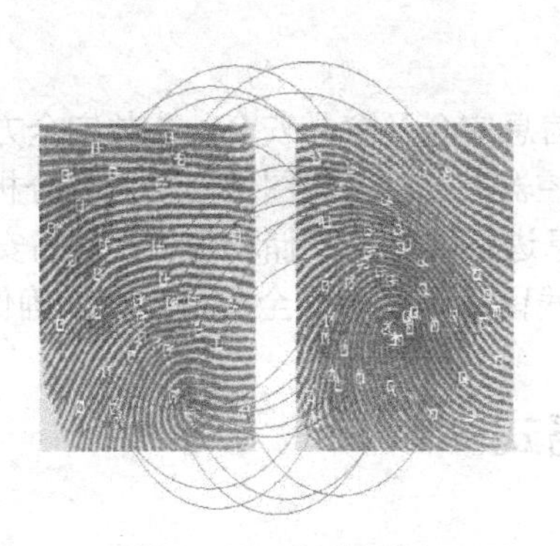

图 1-32 指纹识别

图 1-33 碎片图像的复原

7. 在文化艺术领域的应用

动画的制作、游戏的设计、电视画面的数字编辑、服装的设计、对古画的修复等方面都需要借助图像处理技术进行处理，使文化艺术作品质量得到进一步的提升。例如图 1-34 所示的广告设计，图 1-35 所示的计算机绘画，图 1-36 所示的计算机辅助服装设计等。

图 1-34 广告设计

图 1-35 计算机绘画

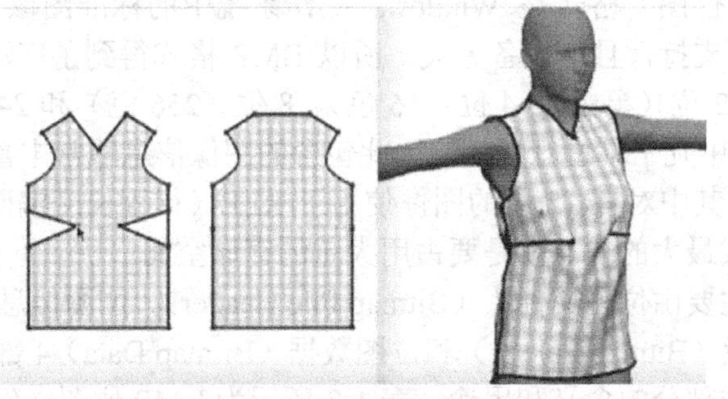

图 1-36 计算机辅助服装设计

8．在安全领域的应用

安全主要分为公共安全、信息安全及食品安全。公共安全方面，在火车站、飞机场等公共场所或人流量大的地方设置监控器，方便采集图像信息进行分析和处理；信息安全方面，对私密的信息设置指纹验证，对信息进行安全的存储和管理；食品安全方面，可以利用图像处理技术对食品、水果及蔬菜的农药残留量等进行安全质量检查，确保食品卫生及食品安全。

1.4 图像的存储与格式

1.4.1 数字图像的存储基础

图像的视觉直观性强，是表达事物的一种常用方式，但是一幅图像需要用大量的数据来表达，所以存储一幅图像所需要的空间比文字大很多。在数字图像处理和分析系统中，大容量和快速的图像存储及传输是必不可少的。数字图像存储的最小单位仍然是比特（bit），存储器的常用单位包括：字节（Byte，1Byte=8bit）、千字节 KB（1024Byte）、兆字节 MB（1024KB）、吉字节 GB（1024MB）、太字节 TB（1024GB）等。用于数字图像处理和分析的数字存储器可分为 3 类。

（1）处理和分析过程中需要的快速存储器，例如内存和显存。

（2）用于比较快地重新调用的在线或联机存储器，例如分布式存储和云存储。

（3）不经常使用的数据库存储器，例如硬盘、移动硬盘、云存储等。

1.4.2 数字图像数据文件的存储方式

数字图像数据文件的存储方式有很多种，但常用的只有 3 种：①位映射图像，它以点阵形式存取文件，读取的时候按点排列顺序读取数据；②光栅图像，它也是以点阵形式存取文件，但读取的时候以行为单位进行读取；③矢量图像，它用数学方法来描述图像。矢量图像是用一系列线段或线段组合体来表示的，线段的灰度（色度）可以是变化的或均匀的，在线段的组合体中各部分可以使用不同的灰度或相同的灰度。矢量文件中的数据就像程序文件，里面包含一系列命令和数据，执行这些命令就可以根据数据画出不同的图案，主要用于存储人工绘制的图形数据文件，例如数学函数图像。

1.4.3 数字图像文件格式

不同的系统平台和软件使用不同的图像文件格式。下面介绍几种常用的图像文件格式。

1．BMP 格式

BMP（Bitmap，位图）格式是 Windows 操作系统中的标准图像文件格式，能够被多个 Windows 应用程序所支持，且与设备无关，所以 BMP 格式得到了广泛使用。BMP 格式常用的颜色模式有 4 种：2 位（黑白）、4 位（16 色）、8 位（256 色）和 24 位（65 535 色）。BMP 格式由于在存储过程中几乎不进行压缩，因此包含的图像信息非常丰富。目前 BMP 格式还支持 1～32 位的格式，其中对 4～8 位的图像使用了 RLE（行程长度编码），这种压缩方案不会损失数据。BMP 格式最大的缺点就是要占用大量的存储空间。

BMP 图像文件主要由位图文件头（Bitmap File Header）、位图信息头（Bitmap Information Header）、位图调色板（Bitmap Palette）和位图数据（Bitmap Data）4 部分组成。表 1-2 所示为 BMP 位图文件各组成部分的含义和用途。表 1-3 所示为 BMP 位图文件中各结构成员的含义。

表 1-2　BMP 位图文件的组成

位图文件的组成部分	各部分的标识名称	各部分的作用与用途
位图文件头	BITMAPFILEHEADER	说明文件的类型和位图数据的起始位置等，占 14 个字节
位图信息头	BITMAPINFORMATION	说明位图文件的大小、位图的高度和宽度、位图的颜色格式和压缩类型等信息，占 40 个字节
位图调色板	RGBQUAD	由位图的颜色格式字段所确定的调色板数组，数组中的每个元素是一个 RGBQUAD 结构，占 4 个字节
位图数据	BYTE	位图的压缩格式确定了该数据阵列是压缩数据还是非压缩数据

表 1-3　BMP 文件中各结构成员的含义

文件部分	属性	说明
BTPMAPFILEHEADER（位图文件头）	bfType	文件类型，必须是 0x424D，即字符串“BM”
	bfSize	指定文件大小，包括位图文件头的 14 个字节
	bfReserved1	保留字，不用考虑
	bfReserved2	保留字，不用考虑
	bfOffBits	从文件头到实际位图数据的偏移字节数
BITMAPINFOHEADER（位图信息头）	bfSize	该结构的长度，为 40 字节
	biWidth	图像的宽度，单位为像素
	biHeight	图像的高度，单位为像素
	biPlanes	位平面数，必须是 1，不用考虑
	biBitCount	指定颜色位数，1 为 2 色，4 为 16 色，8 为 256 色，16、24、32 为真彩色
	biCompression	指定是否压缩，有效值为 BI_RGB、BI_RLE8、BI_RLE4、BI_BITIELDS
	biSizeImage	实际的位图数据占用的字节数
	biXPelsPerMeter	目标设备水平分辨率，单位是每米的像素数
	biYPelsPerMeter	目标设备垂直分辨率，单位是每米的像素数
	biClrUsed	实际使用的颜色数，若该值为 0，则使用颜色数为 2 的 biBitCount 次方种
	biClrImprotant	图像中重要的颜色数，若该值为 0，则所有的颜色都是重要的
Palette（位图调色板）	rgbBlue	该颜色的蓝色分量
	rgbGreen	该颜色的绿色分量
	rgbRed	该颜色的红色分量
	rgbReserved	保留值
ImageData（位图数据）	像素按行优先顺序排列，每一行的字节数必须是 4 的整倍数	

（1）位图文件头 BITMAPFILEHEADER 可定义为如下的结构：

```
typedef struct{
                WORD    bfType;
                DWORD   bfSize;
                WORD    bfReserved1;
                WORD    bfReserved2;
```

```
        DWORD   bfoffBits;
    }BITMAPFILEHEADER;
```

（2）位图信息头 BITMAPINFORMATION 可定义为如下的结构：

```
typedef struct{
        DWORD   biSize;
        DWORD   biWidth;
        DWORD   biHeight;
        WORD    biPlane;
        WORD    biBitCount;
        DWORD   biCompression;
        DWORD   biSizeImage;
        DWORD   biXPelsPerMeter;
        DWORD   biYPelsPerMeter;
        DWORD   biClrUsed;
        DWORD   biClrImportant;
        }BITMAPINFOHEADER;
```

（3）位图调色板实质上是一个具有与该位图的颜色数目相同的颜色表项组成的颜色表，每个颜色表项占 4 个字节，构成一个 RGBQUAD 结构，其定义如下：

```
typedef struct{
        BYTE   rgbBlue;
        BYTE   rgbGreen;
        BYTE   rgbRed;
        BYTE   rgbReserved;
        }RGBQUAD;
```

（4）位图数据：对于用到调色板的位图，图像数据就是该像素颜色在调色板中的索引值，对于真彩色图像，图像数据就是实际的 R、G、B 值。对于 2 色位图，用 1 位就可以表示该像素的颜色（一般 0 表示黑，1 表示白），所以 1 个字节可以表示 8 个像素。对于 16 色位图，用 4 位可以表示 1 个像素的颜色，所以 1 个字节可以表示 2 个像素。对于 256 色位图，1 个字节刚好可以表示 1 个像素。

2. GIF 格式

GIF 的全称是 Graphic Interchange Format，可译为图形交换格式，用于以超文本标记语言（Hypertext Markup Language，HTML）方式显示索引彩色图像，其在因特网和其他在线服务系统上得到了广泛应用。GIF 是一种公用的图像文件格式标准，版权归 CompuServe 公司所有。GIF 格式和其他图像格式的最大区别在于，它完全是作为一种公用标准而设计的，许多平台都支持 GIF 格式。网上常见的小动画大多是 GIF 格式的，也叫逐帧动画，就是由几张图组合在一起（也有单帧的）。GIF 是压缩格式的文件，所以大多用在网络传输上和 Internet 的 HTML 网页文档中，该格式的传输速度要比其他图像文件格式快得多。它的最大缺点是最多只能处理 256 种色彩，故不能用于存储真彩色的图像文件，但其 GIF89a 格式能够存储成背景透明的形式，并且可以将数张图存成一个文件，从而形成动画效果。制作 GIF 文件的软件有很多，比较常见的有 Animagic GIF、GIF Construction Set、GIF Movie Gear、Ulead GIF Animator 等。

3. TIFF 格式

TIFF（Tagged Image Format File，标签图像文件格式）最初是为苹果公司的 Macintosh 机开发的一种图像文件格式，现在 Windows 上主流的图像应用程序都支持该格式。目前，它是 Macintosh 和 PC 上使用最广泛的位图格式。在这两种硬件平台上移植 TIFF 图像十分便捷，大多数扫描仪也可以输出 TIFF 格式的图像文件。TIFF 格式支持的色彩数最高可达 2^{24} 种。其特点是存储的图像质量高，但占用的存储空间也非常大，其大小是相应 GIF 图像的 3 倍，JPEG 图像的 10 倍。其表现图像细微层次的信息较多，有利于原稿阶调与色彩的复制。TIFF 格式有压缩和非压缩两种形式，其中压缩形式使用的是 LZW（Lempel-Ziv-Welch）无损压缩方案。

在 Photoshop 中，TIFF 格式能够支持 24 个通道，它是除 Photoshop 自身格式（即 PSD 和 PDD）外唯一能够存储多个通道的文件格式。唯一的不足之处是由于 TIFF 独特的可变结构，所以对 TIFF 文件解压缩非常困难。TIFF 文件常被用来存储一些色彩绚丽的贴图文件，支持 RGB、CMYK、Lab、Indexed Color、位图和灰度颜色模式。

4. JPEG 格式

严格地说，JPEG（Joint Photographic Experts Group，联合图像专家组）不是一种图像格式，而是一种图像数据压缩的方法。但是，由于它的用途广泛，因而被人们认为是图像格式的一种。

JPEG 定义了图片、图像的共用压缩和编码方法，是目前非常优秀的压缩技术之一。JPEG 主要用于硬件实现，但也用于 PC、Macintosh 和工作站上的软件。

JPEG 主要是存储颜色变化的信息，特别是亮度的变化。JPEG 格式压缩的是图像相邻行和列间的多余信息，它是一种很好的图像存储格式。按 JPEG/JPG 标准，压缩后的文件只有原文件大小的 1/10。JPEG 采用了有损压缩，压缩后的文件里丢失了原始图像中一些不太引人注目的数据，如果压缩比设置为 80 左右，则几乎不会影响图像的显示品质。但反复以 JPEG 格式保存图像将会降低图像的质量并出现人工处理的痕迹，甚至使图像明显地分裂成碎块，这一点我们要引起注意。由于该格式压缩比较大，故这种格式的图像文件不适合放大观看和制成印刷品。

JPEG 格式普遍地用于以超文本标记语言方式显示索引彩色图像，它和 GIF 格式一样在因特网和其他在线服务系统上得到了广泛应用，但区别是：GIF 是把 RGB 图像转换为索引彩色图像，最多只能保留图像中的 256 种颜色，为此需要丢弃一些颜色；而 JPEG 能保留 RGB 图像中的所有颜色，且 JPEG 可大幅度压缩图像数据。

5. TGA 格式

TGA（Tagged Graphics，标签图形）是 True Vision 公司为其显示卡开发的一种图像文件格式，创建时间较早，最高色彩数可达 32 位，其中包括 8 位 Alpha 通道用于显示实况电视。该格式目前已经被广泛应用于 PC 的各个领域。该格式支持带一个单独 Alpha 通道的 32 位 RGB 文件和不带 Alpha 通道的索引颜色模式、灰度模式、16 位和 24 位 RGB 文件。以该格式保存文件时可选择颜色深度。

6. EPS 格式

EPS（Encapsulated PostScript）格式为压缩的 PostScript 格式，是为在 PostScript 打印机上输出图像而开发的。该格式能在 PostScript 图形打印机上打印出高品质的图形图像，最高可以表示 32 位图形图像。该格式分为 Photoshop EPS 格式和标准 EPS 格式，其中标准 EPS 格式又可分为图形格式和图像格式。值得注意的是，在 Photoshop 中只能打开图像格式的 EPS 文件。EPS 格式包含两个部分：第一部分是屏幕显示的低解析度影像，方便影像处理时的预览和定位；第二部分包含各个分色的单独资料。EPS 文件以 DCS/CMYK 形式存储，文件中包含 CMYK 四种颜色的单独资料，可以直接输出四色网片。EPS 格式的最大优点是可以在排版软件中以低分辨率预览，而在打印时以高分辨率输出。EPS 格式还有许多缺陷：EPS 格式存储图像效率特别低；EPS 格式的压缩方案也较差，一般同样的图像经过 LZW 压缩后，只有 EPS 的图像大小的 1/4～1/3。

1.4.4 图像显示

图像显示指的是将图像数据以图的形式（常用的形式是亮度模式的空间排列，即在空间 (x,y) 处显示对应的 f 亮度）展示出来（这也是计算机图形学的重要内容）。对图像处理来说，图像显示是数字图像处理的最后一个环节，所有图像处理结果的显示环节都是把数字图像转化为适合于人类使用的形式并显示给人看。从理论上来说，显示对于数字图像分析不一定是必要的，因为对图像分析来说，分析的结果会以数字数据或决策的形式给出。但实际操作时，显示在图像分析中是必要和有用的，因为它可以用于监视和交互控制分析过程，所以图像显示对图像处理和分析系统来说都是非常重要的。

用于显示图像的设备有许多种，我们常见的图像处理和分析系统的主要显示设备是显示器。输入显示器的图像也可以通过硬拷贝转换到幻灯片、照片或透明胶片上。除了显示器，可以随机存取的阴极射线管和各种打印设备也可用于图像的输出和显示。

在阴极射线管中，电子枪束的水平垂直位置由计算机控制。在每个偏转位置，电子枪束的强度是用电压来调整的。每个点的电压都与该点所对应的灰度值成正比，所以灰度图就转化为光亮度空间变化的模式，这个模式被记录在阴极射线管的屏幕上而显示出来。

打印设备也可以看作一种显示图像的设备，一般用于输出较低分辨率的图像。早期在纸上打印灰度图像的一种简便方法是利用标准行打印机的重复打印能力，输出图像上任意一点的灰度值可由该点打印的字符数量和密度来控制。近年来使用的各种热敏、喷墨和激光打印机等则具有更高的能力，可打印较高分辨率的图像。

图像的原始灰度常有几十到几百级甚至上千级，但有些图像输出设备的灰度只有两级，如黑白激光打印机（打印，输出黑；不打印，输出白）。为了在这些设备上输出灰度图像并保持其原有的灰度级，我们常使用一种称为半调输出（Halftoning）的技术。半调输出的原理是利用人眼的集成特性，在每个像素位置打印一个黑圆点，它的尺寸反比于该像素灰度，即在亮的图像区域打印的点小，而在暗的图像区域打印的点大，或者说通过控制二值点模式的形式（如数量、尺寸、形状等）来获得视觉上不同的灰度感觉。当点足够小，观察距离足够远时，人眼就不容易区分开各个小点，从而得到比较连续、平滑的灰度图像。一般报纸上图片的分辨率约为每英寸 100 点（Dot Per Inch，DPI），也就是每英寸有 100 像素，而书或杂志上图片的分辨率约为每英寸 300 点。

1. 半调输出技术

半调输出技术的一种具体实现方法是先将图像区域细分，取邻近的单元结合起来组成输出区域，这样在每个输出区域内包含若干个单元，只要把一些单元输出黑，而把其他单元输出白就可得到不同灰度的效果。例如，将一个区域分成 2×2 个单元，按照图 1-37 所示的方式可以输出 5 种不同的灰度；将一个区域分成 3×3 个单元，按照图 1-38 的方式可以输出 10 种不同的灰度。这里如果一个单元在某个灰度为黑，则在所有大于这个灰度的输出中仍为黑。按这种方法，要输出 256 种灰度需要将一个区域分成 16×16 个单元。需要注意的是，这种方法通过减少图像的空间分辨率来增加图像的幅度分辨率，所以有可能导致图像采样过粗而影响图像的显示质量。改善图像质量可以通过幅度调制和频率调制来实现。幅度调制可通过调整输出黑点的尺寸来显示不同的灰度。例如，早期报纸上的图片在每个空间位置打印一个其尺寸反比于该处灰度的黑圆点。频率调制输出黑点的尺寸是固定的，其在空间的分布（点间的间隔或一定区域内点出现的频率）取决于所需表示的灰度。半调输出的缺点是点增益（打印单元尺寸相对原始单元尺寸的增加量）的增加会导致打印图灰度范围的减少或压缩。

2. 抖动输出技术

半调输出技术可以通过牺牲图像的空间点数来增加图像的灰度级数以保持细节，但灰度级数有限，为了改善上述方法得到的图像质量，可以采用抖动（Dithering）输出技术通过变动图像的幅度值来改善量化过粗图像的显示质量。抖动的实现一般是对原始图像 $f(x,y)$附加一个随机的小噪声 $d(x,y)$，即将两者加起来进行显示，由于 $d(x,y)$的值与 $f(x,y)$没有任何有规律的联系，所以可以帮助消除量化不足而导致的图像中出现虚假轮廓的现象。

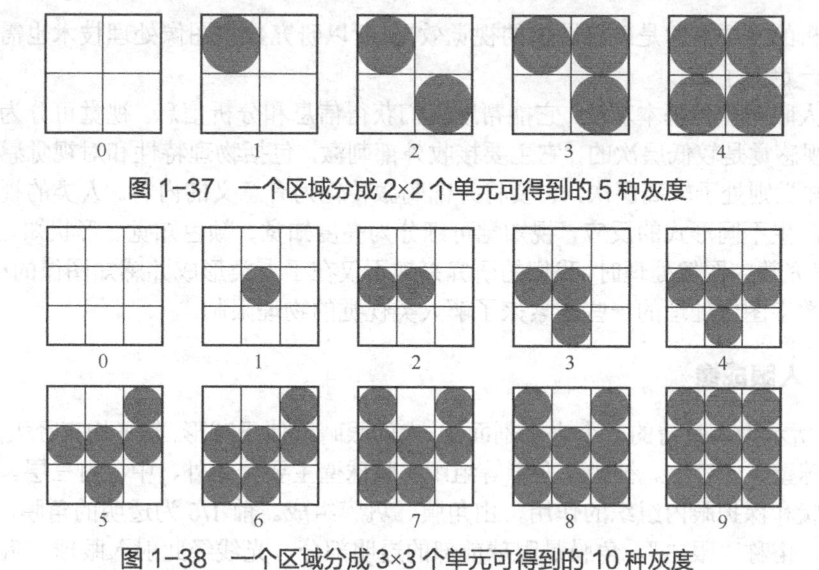

图 1-37 一个区域分成 2×2 个单元可得到的 5 种灰度

图 1-38 一个区域分成 3×3 个单元可得到的 10 种灰度

例如，实现抖动的一种具体方法如下，设 b 为图像显示的比特数，$d(x,y)$的值可以有如下构造：

$$d(x,y)=\begin{cases}-2^{(6-b)}\\-2^{(5-b)}\\0\\2^{(5-b)}\\2^{(6-b)}\end{cases}\tag{1-7}$$

图 1-39 所示为利用抖动技术进行改善的示例图，其中图 1-39（a）是 256 个灰度级的原始图像；图 1-39（b）是借助图 1-38 的半调技术得到的输出图，由于只有 10 个灰度级，所以在脸部和肩部等灰度变换比较缓慢的区域有比较明显的虚假轮廓现象；图 1-39（c）是利用抖动技术进行改善的结果，所叠加的抖动值分别为-2,-1,0,1,2；图 1-39（d）也是利用抖动技术进行改善的结果，但所叠加的抖动值分别为-4,-2,0,2,4。从图中可以看出，抖动技术可以消除由于灰度级数过少而产生的虚假轮廓，但抖动叠加会带来噪声，抖动值越大，噪声影响就越大。

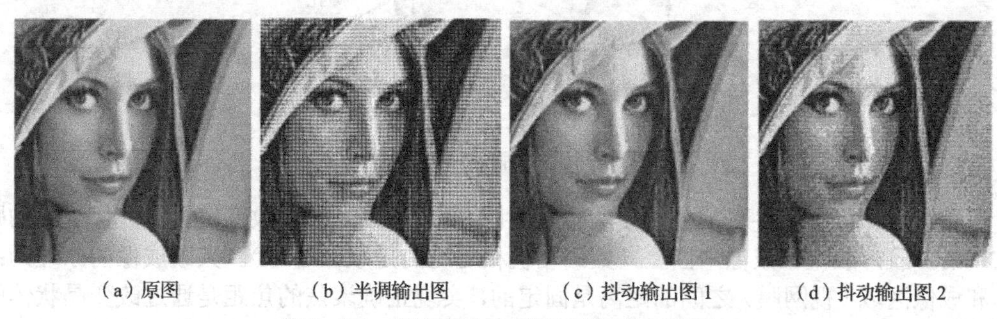

（a）原图 （b）半调输出图 （c）抖动输出图 1 （d）抖动输出图 2

图 1-39 利用抖动技术进行改善的示例图

1.5 视觉基础

数字图像处理这个领域虽然是建立在数学和概率公式等表示的基础之上，但对数字图像进行处理和分析的主要目的是改善图像的视觉效果，所以研究数字图像处理技术也需要对人类的视觉系统做一定的了解。

视觉是人眼的一种基本功能，它能帮助人们获得信息和分析信息。视觉可分为视感觉和视知觉。其中视感觉是较低层次的，它主要接收外部刺激，包括物理特性和对视觉感受器官的刺激程度。视知觉则处于较高层次，它要将外部刺激转化为有意义的内容。人类的视觉系统对不同的刺激会产生不同形式的反应，视知觉可细分为亮度知觉、颜色知觉、形状知觉、空间知觉等。所以在研究数字图像处理时，我们的研究兴趣不仅在于人类形成并感知图像的机理和参数，还在于通过数字图像处理的一些因素来了解人类视觉的物理限制。

1.5.1 人眼成像

图 1-40 所示为人眼睛的一个水平剖面图。人的眼睛近似于球形，其平均直径大约为 20mm。眼球包括眼球壁、内容物、神经、血管等组织。眼球壁主要分为外、中、内三层。眼球外层起维持眼球形状和保护眼内组织的作用，由角膜、巩膜组成。前 1/6 为透明的角膜，其余 5/6 为白色的巩膜，俗称“眼白”。角膜是眼球前部的透明部分，光线经此射入眼球。巩膜不透明，呈乳白色，质地坚韧。中层具有丰富的色素和血管，包括虹膜、睫状体和脉络膜三部分。虹膜呈环圆形，位于晶状体前。不同种族人的虹膜颜色不同。虹膜中央有一个 2.5～4mm 的圆孔，称瞳孔。睫状体前接虹膜根部，后接脉络膜，外侧为巩膜，内侧则通过悬韧带与晶状体相连。脉络膜位于巩膜和视网膜之间。脉络膜的血循环营养视网膜外层，其含有的丰富色素起遮光暗房作用。内层为视网膜，是一层透明的膜，也是视觉形成的神经信息传递的最敏锐的区域。视网膜所得到的视觉信息，经视神经传送到大脑。眼内容物包括房水、晶状体和玻璃体。房水由睫状突产生，有营养角膜、晶体及玻璃体，维持眼压的作用。晶状体为富有弹性的透明体，形如双凸透镜，位于虹膜、瞳孔之后，玻璃体之前。

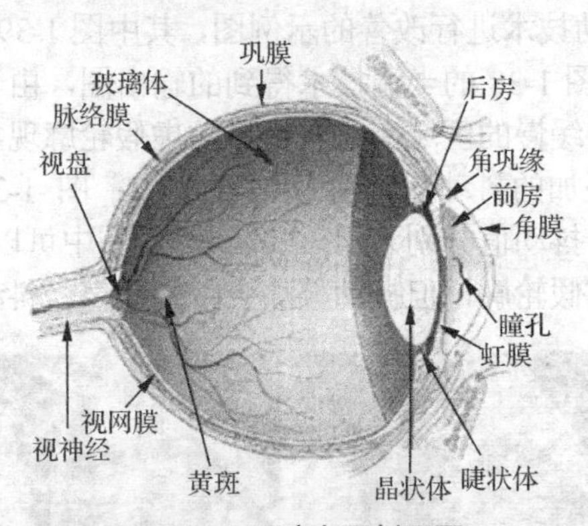

图 1-40 眼睛水平剖面图

在普通照相机中，镜头有固定的焦距，各种距离的聚焦是通过改变镜头和成像平面的距离来实现的，胶片放置在成像平面上（数码相机相对应的是成像芯片）。人眼成像的原理为：晶状体和成像区域（视网膜）之间的距离是固定的，实现正确聚焦的焦距是通过改变晶状体的形状来得到的。睫状体中的纤维可起到调节晶状体形状的作用，在远离或接近目标时，纤维会相应变扁或加厚，从而起到调节作用。晶状体和视网膜沿视轴的距离大约为 17mm，焦距约为 14～17mm。图 1-41 所示为相机和人眼结构的对应关系。

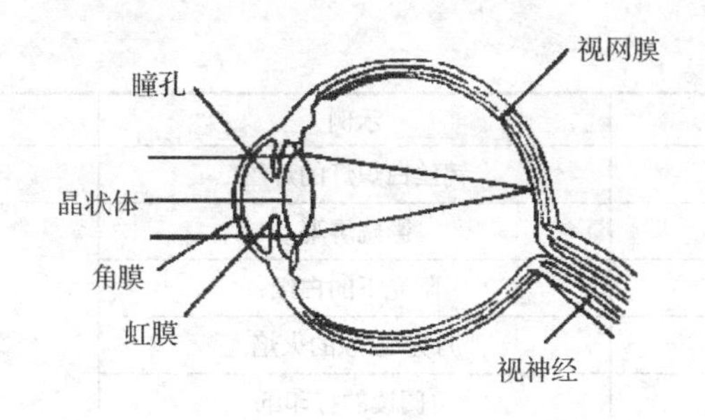

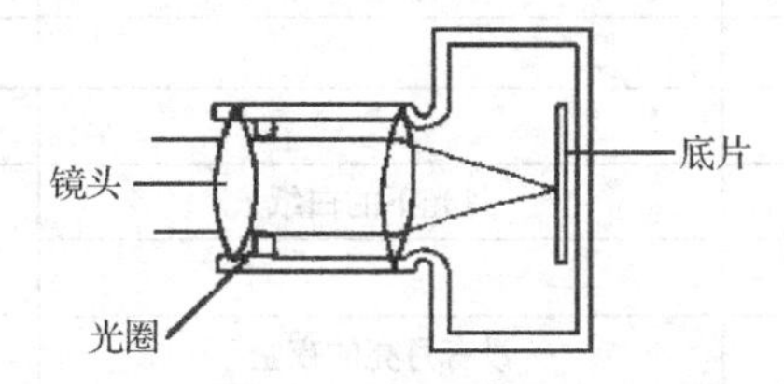

图 1-41 相机与人眼的结构对应关系

图 1-42 说明了物体在视网膜上形成图像的原理和尺度。例如，假设一个人在观看距离其 100m 处的一棵高为 15m 的树。根据人眼成像原理，可以计算出树在视网膜上成像的高度。即通过图中的几何形状，可以算出 $h/17=15/100$，$h=2.55\text{mm}$，其中 h 为视网膜图像中物体的高度。

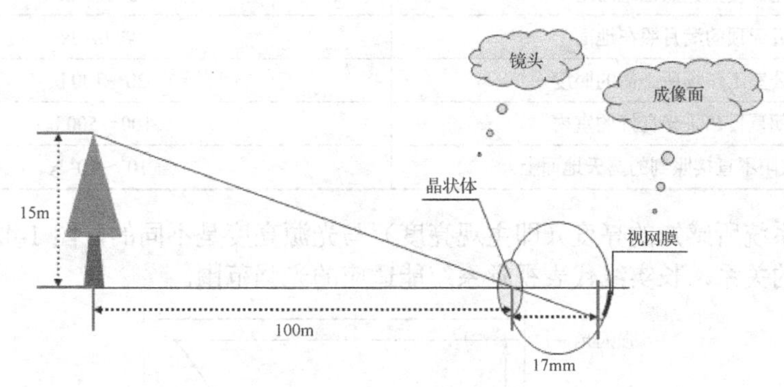

图 1-42 人眼成像原理

1.5.2 亮度知觉

视觉形成过程是从光源发光开始的，光通过场景中的物体反射或漫射进入人的眼睛，并同时作用在视网膜上产生视感觉，视网膜得到视觉信息后，经视网膜上的神经处理并通过视觉通道传送到人的大脑皮层，经大脑皮层分析处理最终形成视知觉。或者说大脑经过分析处理后，直接对光刺激产生响应，形成关于场景的图像。数字图像是以亮度集合的形式显示的，人的视觉系统对亮度有很大的适应范围，从暗视觉门限到炫目极限大概有 10^{10} 量级。表 1-4 列出了一些日常所见光源和景物的亮度（以 cd/m^2 为单位），表 1-5 列出了一些实际情况下的照度。

表 1-4 一些日常所见光源和景物的亮度

亮度/（cd/m^2）	示例	分区
10^{10}	通过大气看到的太阳	危险视觉区
10^9	电弧光（Electric Arc Light）	
10^8		
10^7		

续表

亮度/（cd/m^2）	示例	分区
10^6	钨丝白炽灯的灯丝	
10^5	影院屏幕	
10^4	阳光下的白纸	适亮视觉区
10^3	月光/蜡烛的火焰	
10^2	可阅读的打印纸	
10		
1		
10^{-1}		
10^{-2}	月光下的白纸	
10^{-3}		
10^{-4}	没有月亮的夜空	适暗视觉区
10^{-5}		
10^{-6}	绝对感知阈值	

表 1–5　一些实际情况下的照度

实际情况	照度
无月夜天光照在地面上	$3×10^{-4}$ lx
接近天顶的满月照在地面上	约 0.2 lx
办公室工作场所必需的照度	20～100 lx
晴朗夏日在采光良好的室内	100～500 lx
夏天太阳不直接照到的露天地面上	10^3～10^4 lx

人的视觉系统所感知的亮度（即主观亮度）与光源亮度是不同的，图 1-43 所示为光强和主观亮度之间的关系，长实线代表视觉系统能适应的光强范围。

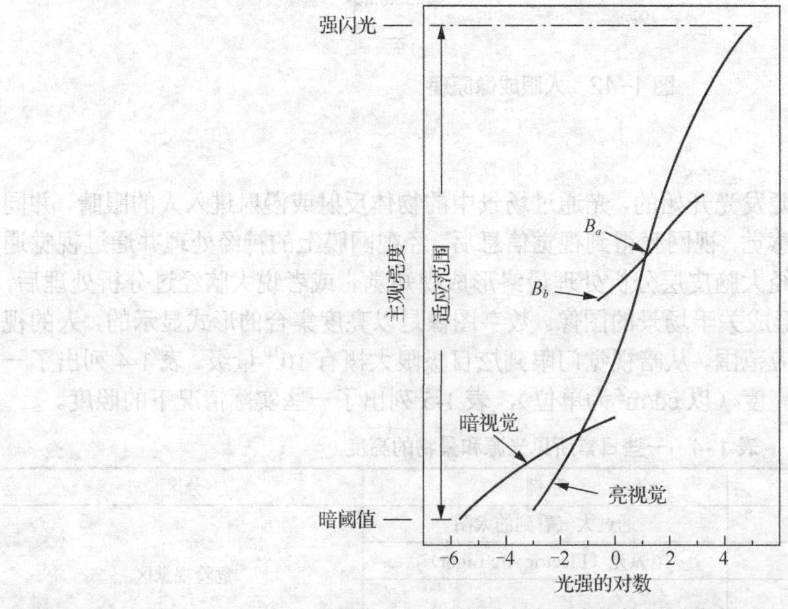

图 1–43　光强和主观亮度的关系分布

从图 1-43 中可以看出，人的视觉系统并不能同时在一个范围内工作，需靠改变它的总体敏感度来实现适应亮度变化，这就是亮度适应现象。人的视觉系统在同一时刻所能够区分的亮度的具体范围比总的适应范围要小得多，一般仅在几十级亮度左右。对任何给定的条件集合，视觉系统的当前灵敏度级别称为亮度适应级别，例如，它可能对应于图 1-43 中的亮度 B_a。较短的交叉线表示当眼睛适应这一强度级别时人眼所能感知的主观亮度范围。注意，这一范围也是有一定限制的，级别 B_b 或低于 B_b 的刺激都被感知为不可辨别的黑色。

下面两种现象表明人眼所感觉到的亮度并不是强度的简单函数。第一种现象基于这样一个事实，即视觉系统往往会在不同强度区域的边界处出现“下冲”或“上冲”现象。图 1-44 所示为这种现象的一个典型例子。虽然条带的强度恒定，但是在靠近边界处我们实际上感知到了带有毛边的亮度模式，如图 1-44 中的主观亮度曲线。这些看起来有毛边的带称为马赫带，厄恩斯特·马赫于 1865 年首次描述了这个现象。第二种现象称为同时对比，它描述了这样一个事实，即人眼所感知的区域亮度并不简单取决于它的强度，同时会受到背景的影响。如图 1-45 所示，各小图中所有位于中心的正方形都有完全一样的亮度，但是背景暗时正方形看起来亮些，背景亮时正方形看起来暗些。

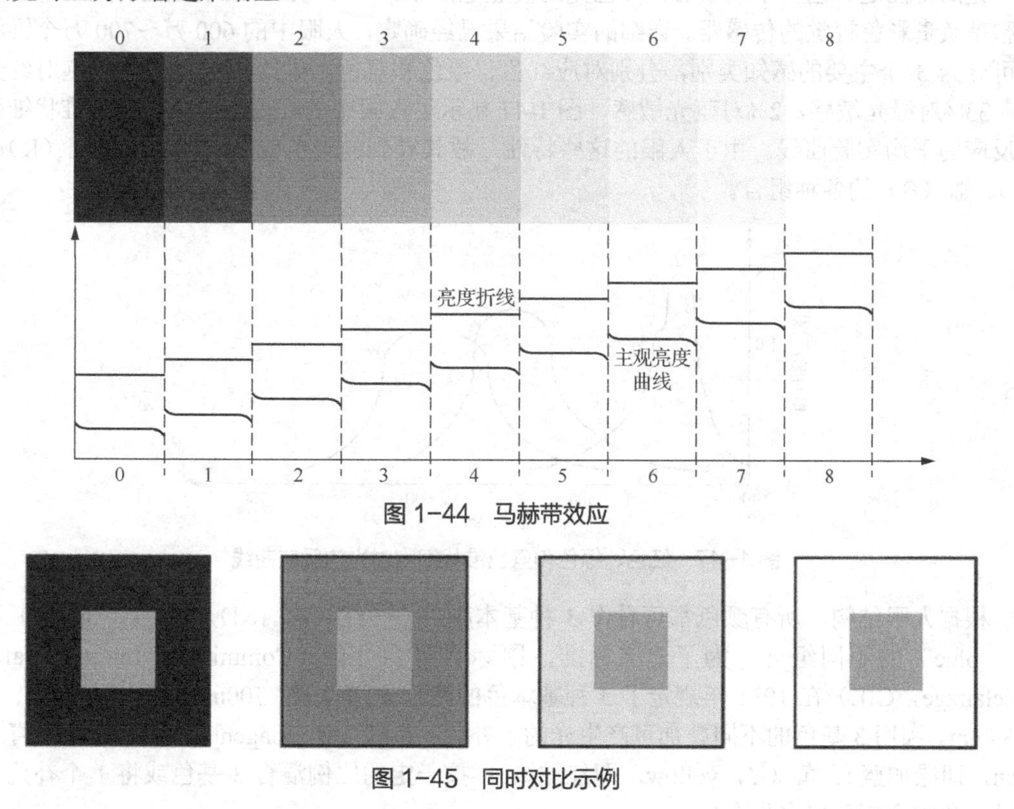

图 1-44　马赫带效应

图 1-45　同时对比示例

1.5.3　颜色视觉和色度学

人的颜色视觉的产生是一个复杂的过程，除了光源对眼睛的刺激，还需要人脑对刺激的解释。人感受到的物体颜色主要取决于反射光的特性，如图 1-46 所示，可见光是由电磁波中相对较窄的频段组成的。一个物体反射的光如果在所有可见光波长范围内是平衡的，那么观察者看到的就是白色。然而，如果一个物体反射有限的可见光谱，则物体会呈现某种颜色。例如，绿色物体会反射 500～570 nm 范围内主要波长的光，吸收其他波长的多数能量。

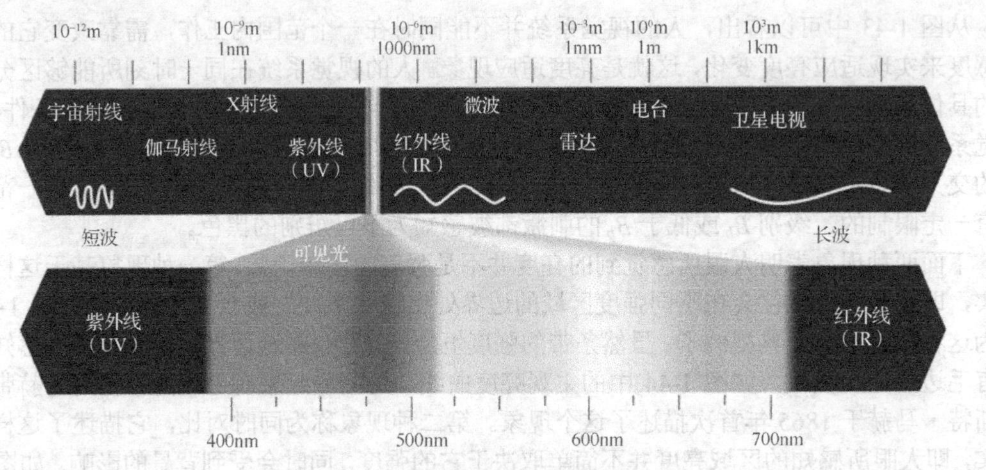

图 1–46　可见范围电磁波谱的波长组成

光的特性是彩色科学的核心，彩色光约覆盖电磁波谱 400～700nm 的范围。人眼中的锥状细胞是负责彩色视觉的传感器。详细的实验结果已经确定，人眼中的 600 万～700 万个锥状细胞可分为 3 个主要的感知类别，分别对应红色、绿色和蓝色。大约 65%的锥状细胞对红光敏感，33%对绿光敏感，2%对蓝光敏感。图 1-47 显示了人眼中的红色、绿色和蓝色锥状细胞对光反应的平均实验曲线。由于人眼的这些特性，故其看到的彩色就是所谓的原色红（R）、绿（G）、蓝（B）的各种组合。

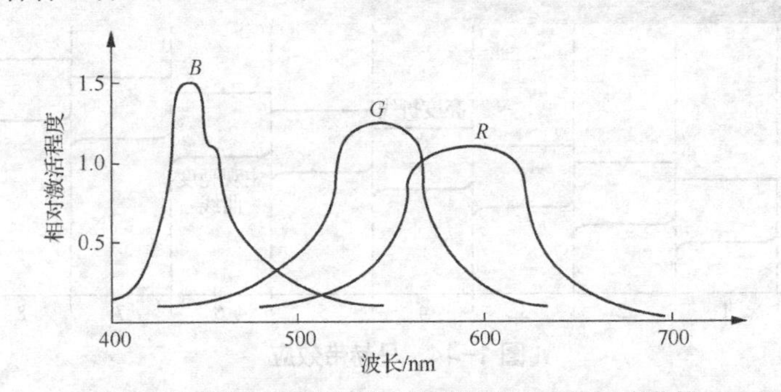

图 1–47　红色、绿色和蓝色锥状细胞对光的反应曲线

根据人眼结构，所有颜色都可看作 3 种基本颜色——红（R，red），绿（G，green）和蓝（B，blue）的不同组合。为了建立标准，国际照明委员会（Commission Internationale de L'Eclairage，CIE）在 1931 年规定了 3 种基本色的波长分别为 R：700nm；G：546.1nm；B：435.8nm。利用 3 基色的不同叠加可产生光的 3 补色：品红（M，magenta，即红加蓝）、青（C，cyan，即绿加蓝）、黄（Y，yellow，即红加绿）。按一定的比例混合 3 基色或将 1 个补色与相对的基色混合就可以产生白色。

人们区分颜色常用 3 种基本特性量来表示：亮度、色调和饱和度。亮度与物体的反射率成正比，如果无彩色就只有亮度 1 个自由度的变化。对彩色来说，颜色中掺入白色越多就越明亮，掺入黑色越多亮度就越小。色调是与混合光谱中主要光波长相联系的。饱和度与一定色调的纯度有关，纯光谱色是完全饱和的，随着白光的加入，饱和度会逐渐减少。

色调与饱和度合起来称为色度。颜色可用亮度和色度共同表示。当把红、绿、蓝三色光混合时，通过改变三者各自的强度比例可得到白色以及各种彩色，如式（1-8）所示。

$$C \equiv rR + gG + bB \tag{1-8}$$

其中，C 表示一种特定色，≡表示匹配，R、G、B 为三原色，r、g、b 为比例系数，且

$$r+g+b=1 \tag{1-9}$$

确定颜色的另一种方法是使用CIE色度图，如图1-48所示，图中波长单位是nm，横轴对应红色色系数 r，纵轴对应绿色色系数 g，蓝色色系数 b 可由式（1-9）求得，它在与纸面垂直的方向上。

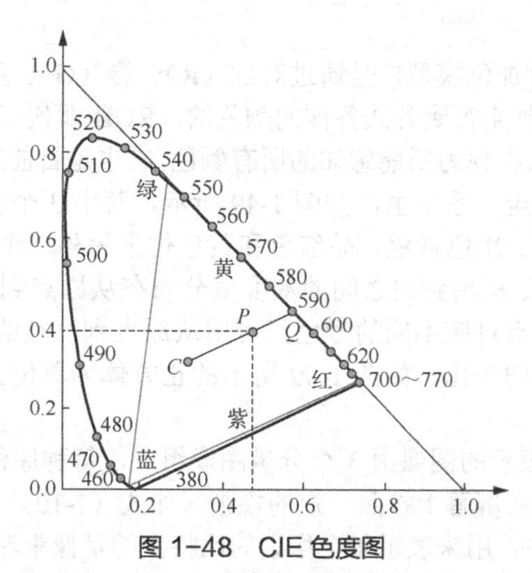

图 1-48 CIE 色度图

从图1-48中可以得知以下结论。

（1）从380nm的紫色到700nm的红色的各种谱色的位置标在舌形色度图周围的边界上。这些都是图1-46的谱图中的纯色。任何不在边界上而在色度图内部的点都表示谱色的混合色。

（2）在色度图中每点都对应一种可见的颜色，任何可见的颜色都在色度图中占据确定的位置。（0，0），（0，1），（1，0）为顶点的三角形内且色度图外的点对应的不可见的颜色。

（3）在色度图中边界上的点代表纯颜色，移向中心表示混合的白光增加而纯度减少。到中心点 C 处各种光谱能量相等而显示为白色，此处纯度为0。某种颜色的纯度一般称为该颜色的饱和度。

（4）在色度图中连接任意两端点的直线上的各点表示将这两端点所代表的颜色相加可组成的一种颜色。根据这种方法，如果要确定由3个给定颜色所组合成的颜色范围，只需将这3种颜色对应的3个点连成三角形（图1-48中给出的三角形是以CIE所规定的3种基本色为顶点的），在该三角形中的任意颜色都可由这3种基本色组合而成。需要注意的是，由于给定3个固定颜色而得到的三角形并不能包含色度图中的所有颜色，所以只用（单波长）3基色并不能组合得到所有颜色。

（5）中心的 C 点对应白色，由3原色各1/3组合产生。P 点的红色度坐标 r=0.48，绿色度坐标 g=0.40。由 C 通过 P 画1条直线至边界上的 Q 点（对应约590nm），P 点颜色的主波长即为590nm，此处光谱的颜色即 Q 点的色调（色）。P 点位于从 C 到纯橙色点的66%的地方，所以它的色纯度（饱和度）是66%。

1.5.4 彩色模型

为了正确地使用颜色，我们需要建立彩色模型（也称彩色空间或彩色系统），建立彩色模型的目的是在某些标准下用通常可以接受的方式对彩色加以说明。前面提到，1种颜色可用3种基本原色来描述，所以建立颜色模型就是建立1个三维坐标系统，其中每个空间点都代表某种颜色。

目前常用的颜色模型有两类，一类面向硬件设备，另一类面向视觉感知。面向硬件设备的彩色模型主要有 RGB 模型、CMY（青、品红、黄）模型和 CMYK（青、品红、黄、黑）模型。RGB 模型主要用于彩色监视器和彩色视频摄像机，CMY 模型和 CMYK 模型主要用于彩色打印机。面向视觉感知的彩色模型则是以彩色处理为目的的应用，主要有 HSI 模型和 HSV 模型等。

1. RGB 彩色模型

RGB 彩色模型是一种加色模型，是通过对红（R）、绿（G）、蓝（B）3 个颜色通道的变化以及它们相互之间的叠加来得到各式各样的颜色的，RGB 即代表红、绿、蓝 3 个通道的颜色，这个标准几乎包括了人类视力所能感知的所有颜色，它也是目前运用最广的颜色系统之一。

该模型建立在笛卡儿坐标系统里，如图 1-49 所示，其中 3 个轴分别为 R、G、B，RGB 三原色值位于 3 个角上，二次色青色、品红色和黄色位于另外 3 个角上，原点对应黑色，离原点最远的顶点对应白色。从黑到白之间的灰度值分布在从原点到离原点最远的顶点间的连线上，而立方体内其余各点对应不同的颜色，可用从原点到该点的矢量表示。为方便使用，一般假定所有的颜色值都归一化，如图 1-49 所示的正方体为单位立方体，这样所有的 RGB 值都在[0，1]内。

在 RGB 彩色模型中表示的图像由 3 个分量图像组成，每种原色一幅图像。当用 RGB 监视器显示时，这 3 幅图像在屏幕上按照一定的规则（如式（1-10））混合生成一幅合成的彩色图像。在 RGB 色彩空间中，用来表示每个像素的比特数的是像素深度。考虑一幅 RGB 图像，其中每一幅红、绿、蓝图像都是 8bit 图像，这样每个 RGB 彩色图像像素就有 24bit 的深度。全彩色图像通常是指用 24bit 表示的 RGB 彩色图像，颜色总数为$(2^8)^3$=16 777 216。图 1-50 所示为与图 1-49 对应的 24bit RGB 彩色立方体。

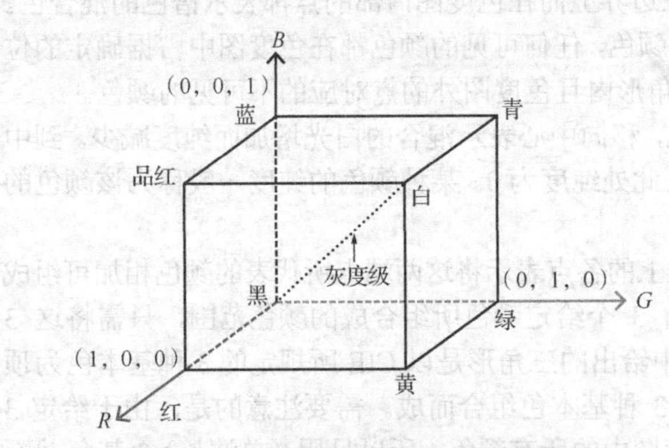

图 1-49 RGB 彩色模型立方体示意图

图 1-50 24bit RGB 彩色立方体

$$C=0.299R+0.587G+0.114B \tag{1-10}$$

在 RGB 彩色模型中，任意两种原色等量相加，则成为三原色中另一种色光的互补色，即等量的红色+绿色=黄色，互补于蓝色；等量的红色+蓝色=品红色（也称洋红，即较浅的紫红），互补于绿色；等量的绿色+蓝色=青色，互补于红色。如果三原色中某一种色与某一种三原色以外的色等量相加后形成白光，则称这两种色为互补色。互补色之间，能够形成相互阻挡的效果。于是可知以下三对互补色：黄色与蓝色、红色与青色、绿色与品红色，如图 1-51 所示。

2. CMY 和 CMYK 彩色模型

CMY 颜色模型主要用于打印，它使用了颜色成分青色（C）、品红色（M）、黄色（Y）。在理论上，将等量的颜料原色青色、紫红色和黄色混合会产生黑色，但在实践中，将这些颜色混合印刷会生成模糊不清的黑色，所以为了生成纯正的黑色（打印中主要的颜色），在印刷中常会添加一种真正的黑色，从而提升为CMYK彩色模型。该模型是一种减色模型，如图1-52所示，颜色（即油墨）会被添加到一种表面上，如白纸，颜色会"减少"该表面的亮度。例如，当在表面涂上青色颜料，再用白光照射时，没有红光从表面反射。也就是说，青色颜料从表面反射的光中减去了红光。

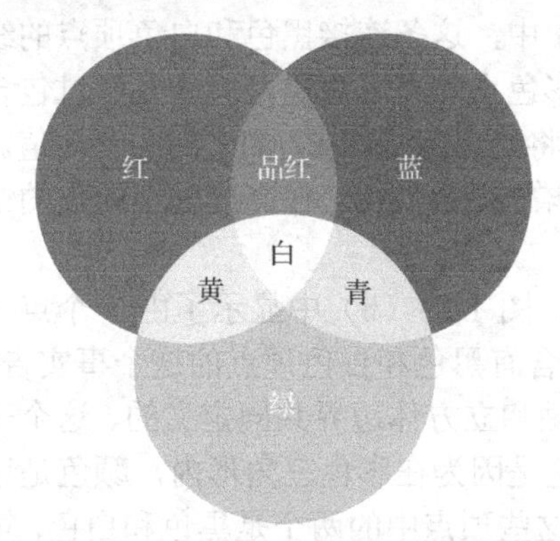

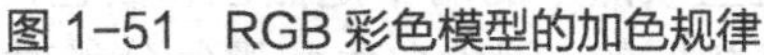
图1-51 RGB彩色模型的加色规律

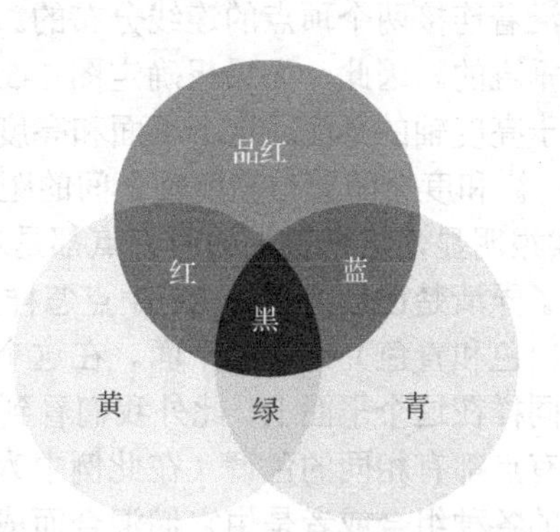

图1-52 CMYK彩色模型的减色规律

大多数将颜料堆积于纸上的设备，如彩色打印机和复印机，都需要CMY数据输入，或在内部将RGB转换为CMY，近似的转换如式（1-11）所示：

$$\begin{bmatrix} C \\ M \\ Y \end{bmatrix} = \begin{bmatrix} 1 \\ 1 \\ 1 \end{bmatrix} - \begin{bmatrix} R \\ G \\ B \end{bmatrix} \tag{1-11}$$

几种常见颜色的RGB表示和对应的CMY表示如表1-6所示。

表1-6 常见颜色的RGB和CMY表示

RGB加色模型混色（红绿蓝）	CMY减色模型混色（红绿蓝）	对应颜色
000	111	黑
001	110	蓝
010	101	绿
011	100	青
100	011	红
101	010	品红
110	001	黄
111	000	白

3. HSI彩色模型

HSI模型是美国色彩学家孟塞尔（H. A. Munseu）于1915年提出的，它反映了人的视觉系统感知彩色的方式，以色调、饱和度和强度3种基本特征量来感知颜色。其中，H定义颜色的波长，称为色调（Hue）；S表示颜色的深浅程度，称为饱和度（Saturation）；I表示强度（Intensity）或亮度（Lightness）。

当人们观察一个彩色物体时，习惯用其色调、饱和度和亮度来描述它。色调是描述纯色的属性；饱和度给出一种纯色被白光稀释的程度的度量；亮度是一种主观的描述，实际上，它是不可以测量的，其体现了无色的强度概念，并且是描述彩色感觉的关键参数。而强度（灰度）是单色图像最有用的描述，这个量是可以测量且很容易解释的。该模型可在彩色图像中从携带的彩色信息（色调和饱和度）里消去强度分量的影响，使HSI模型成为开发基于彩色描述的图像处理方法的良好工具，而这种彩色描述对人们来说是自然而直观的。

RGB 彩色图像是由 3 个单色的亮度图像构成的，所以，我们可以从一幅 RGB 图像中提取出亮度并不奇怪。如果采用图 1-49 中的彩色立方体，假设我们站在黑色顶点（0，0，0）处，那么其正上方正对的是白色顶点（1，1，1），如图 1-53（a）所示。再同图 1-49 联系起来看，亮度是沿着连接两个顶点的连线分布的。在图 1-53 中，这条连接黑色和白色顶点的线（亮度轴）是垂直的。因此，如果想确定图 1-53 中任意彩色点的亮度分量，就需要经过包含彩色点且垂直于亮度轴的平面。这个平面和亮度轴的交点将给出范围在[0，1]之间的亮度值。我们还注意到，饱和度会随着与亮度轴之间的距离函数而增加。事实上，在亮度轴上的点的饱和度为 0，事实很明显，这个轴上的所有点都是灰度色调。

为了弄清楚已经给出的 RGB 点怎样决定色调，图 1-53（b）中显示了由 3 个点（分别为黑色、白色和青色）定义的平面。在这个平面上，含有黑色和白色顶点的这个事实告诉我们：亮度轴同样在这个平面上。此外我们看到，由亮度轴和立方体边界共同定义的、这个平面上包含的所有点都有相同的色调（在此例中为青色）。这是因为在彩色三角形内，颜色是这 3 个顶点颜色的各种组合或者是由它们混合而成的。如果这些顶点中的两个是黑色和白色，第三个顶点是彩色的点，那么这个三角形中所有点的色调都是相同的，因为白色和黑色分量对色彩的变化没有影响（当然在这个三角形中，点的亮度和饱和度会有变化）。以垂直的亮度轴旋转这个深浅平面，我们可以获得不同的色调。从这些概念中，我们得到下面的结论：形成 HSI 空间所需的色调、饱和度和亮度值，可以通过 RGB 彩色立方体得到。也就是说，通过几何推理公式，就可以将任意的 RGB 点转换成 HSI 模型中对应的点。

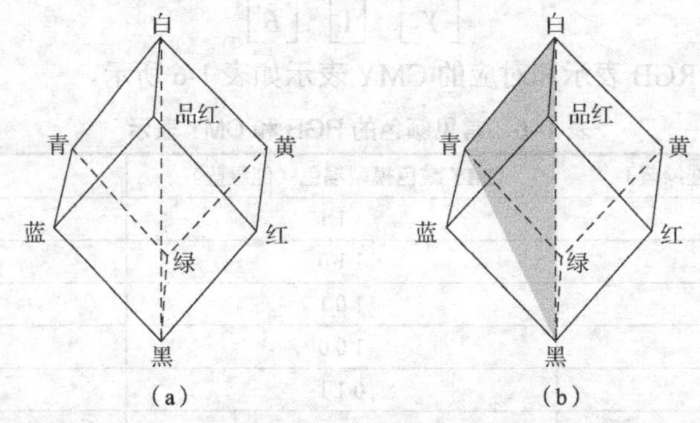

图 1-53　RGB 模型和 HIS 模型间的概念关系

基于前面的讨论，我们认识到：HSI 空间由垂直的亮度轴以及垂直于此轴的某个平面上彩色点的轨迹组成。当平面沿着垂直轴上下移动时，由平面和立方体表面相交定义的边界为三角形或六边形。如果从立方体的灰度轴向下看去，如图 1-54（a）所示，这可能变得更加直观。在这个平面上，我们看到各原色之间都相隔了 120°，各二次色和各原色之间相隔了 60°，这意味着各二次色之间也相隔了 120°。

图 1-54（b）显示了六边形和某个任意的彩色点（用点的形式显示）。这个点的色调由某个参考点的夹角决定。通常（但也并不总是），距红轴 0° 夹角的点，表示色调为 0，并且色调从此点逆时针增长。饱和度（到垂直轴的距离）就是从原点到此点的矢量的长度。注意，这个原点由色彩平面和垂直亮度轴的交点决定。HSI 色彩空间的重要组成部分是：垂直亮度轴到彩色点的矢量长度，以及该矢量与红轴的夹角。因此，用我们刚才讨论过的六边形，甚至如图 1-54（c）和图 1-54（d）所示的三角形或圆形定义 HSI 平面是不足为奇的。选择哪个形状并不重要，因为任意形状都可以通过几何变换变换成另外两个。

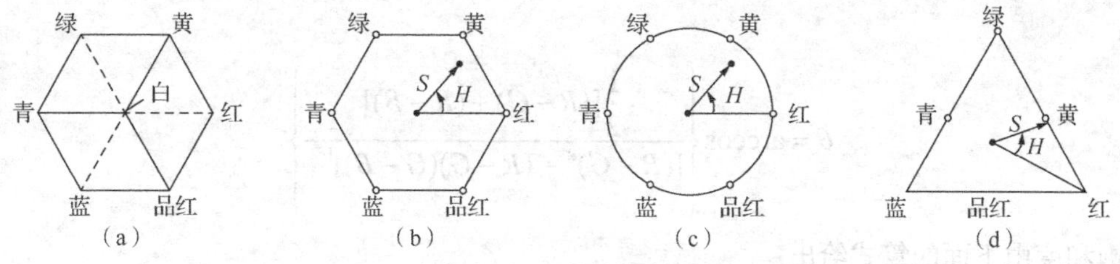

图 1-54　HIS 彩色模型中的色调和饱和度

黑点是一个任意彩色点。与红轴的夹角给出了色调，向量的长度是饱和度。这些平面中的所有彩色的亮度由垂直亮度轴上的平面的位置给出。

图 1-55 显示了基于彩色三角形和圆形的 HSI 模型。

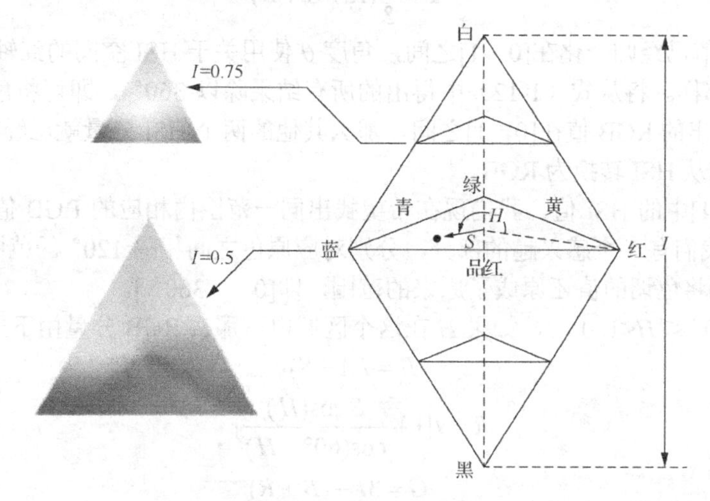

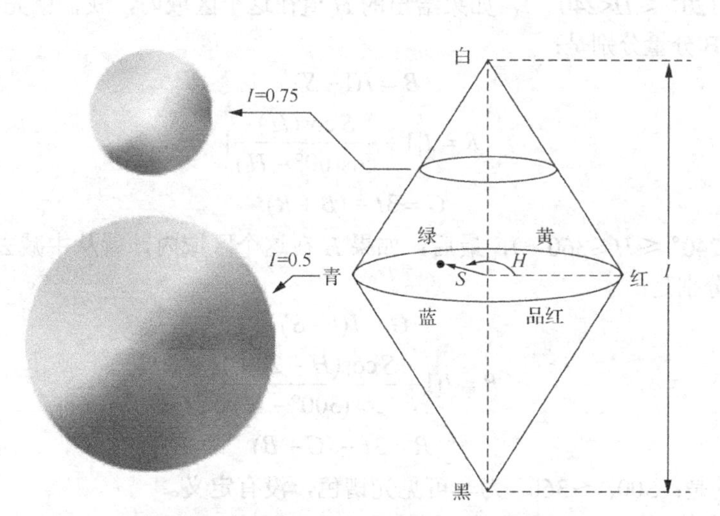

图 1-55　基于彩色三角形和圆形的 HSI 模型

（1）将颜色从 RGB 转换为 HSI。

给出一幅 RGB 彩色格式的图像，那么每个 RGB 像素的 H 分量可用下面的公式得到：

$$H=\begin{cases}\theta & G\geqslant B\\ 360-\theta & G<B\end{cases} \tag{1-12}$$

其中：

$$\theta = \arccos\left\{\frac{\frac{1}{2}[(R-G)+(R-B)]}{[(R-G)^2+(R-G)(G-B)]^{1/2}}\right\}$$

饱和度由下面的算式给出：

$$S = 1 - \frac{3}{R+G+B}[\min(R,G,B)] \quad (1\text{-}13)$$

最后，亮度由下面的算式给出：

$$I = \frac{1}{3}(R+G+B) \quad (1\text{-}14)$$

假定 RGB 值已经归一化在[0，1]之间，角度 θ 使用关于 HSI 空间的红轴来度量，正如图 1-55 中指出的那样。将从式（1-12）中得出的所有结果除以 360°，即可将色调归一化在[0，1]区间。如果给出的 RGB 值在[0，1]之间，那么其他的两个 HSI 分量就已经在[0，1]区间了。

（2）将颜色从 HSI 转换为 RGB。

给定在[0，1]中的 HSI 值，我们现在希望找出同一范围内相应的 RGB 值。可用的公式依赖于 H 的值。我们有 3 个感兴趣的部分，分别对应原色之间相隔 120° 的范围。我们用 360° 乘以 H，这样就将色调的值还原成了原来的范围，即[0°，360°]。

RG 扇区（0° ≤H<120°），如果 H 在这个区域内，那么 RGB 分量由下式给出：

$$B = I(1-S) \quad (1\text{-}15)$$

$$R = I[1 + \frac{S\cos(H)}{\cos(60° - H)}] \quad (1\text{-}16)$$

$$G = 3I - (B+R) \quad (1\text{-}17)$$

GB 扇区（120° ≤H<240°），如果给出的 H 值在这个区域内，我们就先从中减去 120°。那么，这时 RGB 分量分别是：

$$B = I(1-S) \quad (1\text{-}18)$$

$$R = I[1 + \frac{S\cos(H)}{\cos(60° - H)}] \quad (1\text{-}19)$$

$$G = 3I - (B+R) \quad (1\text{-}20)$$

BR 扇区（240° ≤H≤360°），最后，如果 H 在这个区域内，就从中减去 240°。

RGB 分量分别是：

$$G = I(1-S) \quad (1\text{-}21)$$

$$B = I[1 + \frac{S\cos(H-240°)}{\cos(300° - H)}] \quad (1\text{-}22)$$

$$R = 3I - (G+B) \quad (1\text{-}23)$$

值得注意的是：300°～360° 为非可见光谱色，没有定义。

4. HSV 彩色模型

HSV（Hue Saturation Value，色调饱和度值）是由史密斯（A. R. Smith）根据颜色的直观特性在 1978 年创建的一种颜色空间，也称六角锥体模型（Hexcone Model）。

这个模型中颜色的参数分别是：色调（H）、饱和度（S）、明度（V）。色调 H 用角度度量，取值范围为 0°～360°，从红色开始按逆时针方向计算，红色为 0°，绿色为 120°，蓝色为 240°。它们的补色是：黄色为 60°，青色为 180°，品红为 300°。饱和度 S 表示颜色接近光谱色的程度。一种颜色可以看成某种光谱色与白色混合的结果。其中光谱色所占的比例越大，颜色接近光谱色的程度就越高，颜色的饱和度也就越高。饱和度高，颜色则深而艳。光谱色的白光成分为 0，饱和度达到最高。通常取值范围为 0%～100%，值越大，颜色越饱和。明度 V 表示颜色明亮的程度，对于光源色，明度值与发光体的光亮度有关；对于物体色，此值和物体的透射比或反射比有关。通常取值范围为 0%～100%。

HSV 模型的三维表示从 RGB 立方体演化而来。设想从 RGB 沿立方体对角线的白色顶点向黑色顶点观察，就可以看到立方体的六边形外形。六边形边界表示色彩，水平轴表示纯度，明度沿垂直轴测量，如图 1-56 所示。

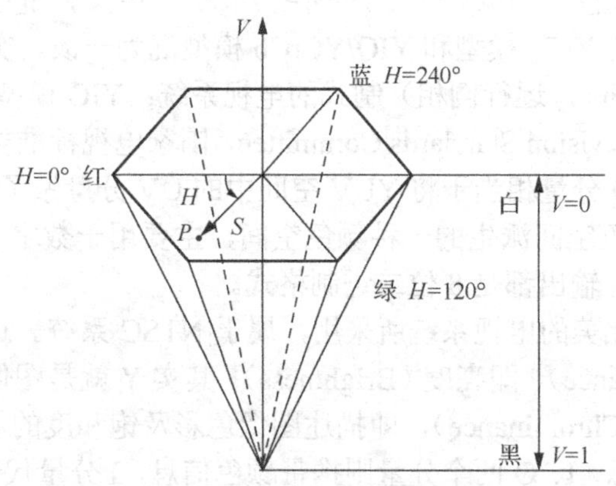

图 1-56　HSV 的六角锥体彩色模型

HSV 和 RGB 模型之间的转换如下：

$$\begin{cases} V = \max(R,G,B) \\ S = \dfrac{mm}{V} \qquad mm = \max(r,g,b) - \min(r,g,b) \\ H = h \times 60^{\circ} \end{cases} \tag{1-24}$$

$$h = \begin{cases} 5+b' & 若\ r=\max(r,g,b)和\ g=\min(r,g,b) \\ 1-g' & 若\ r=\max(r,g,b)和\ g\neq\min(r,g,b) \\ 1+r' & 若\ g=\max(r,g,b)和\ b=\min(r,g,b) \\ 3-b' & 若\ g=\max(r,g,b)和\ b\neq\min(r,g,b) \\ 3+g' & 若\ b=\max(r,g,b)和\ g=\min(r,g,b) \\ 5-r' & 其他 \end{cases} \tag{1-25}$$

其中：

$$\begin{cases} r' = \dfrac{V-r}{mm} \\ g' = \dfrac{V-g}{mm} \\ b' = \dfrac{V-b}{mm} \end{cases}$$

5. 其他彩色模型

YUV 彩色模型是一种彩色传输模型，主要用于彩色电视信号传输标准，Y 表示黑白亮度分量，U、V 表示彩色信息色差信号，用以显示彩色图像。这样表示的目的是使电视节目可以同时被黑白电视机及彩色电视机接收。电视信号在发射时，转换成 YUV 形式；接收时再还原成 RGB 三基色信号，由显示器显示。YUV 与 RGB 的转换如式（1-26）和式（1-27）所示。

$$\begin{bmatrix} Y \\ U \\ V \end{bmatrix} = \begin{bmatrix} 0.299 & 0.587 & 0.114 \\ -0.148 & -0.289 & -0.437 \\ 0.615 & 0.515 & -0.100 \end{bmatrix} \begin{bmatrix} R \\ G \\ B \end{bmatrix} \tag{1-26}$$

$$\begin{bmatrix} R \\ G \\ B \end{bmatrix} = \begin{bmatrix} 1 & 0 & 1.140 \\ 1 & -0.395 & -0.581 \\ 1 & 2.032 & 0 \end{bmatrix} \begin{bmatrix} Y \\ U \\ V \end{bmatrix} \tag{1-27}$$

很多时候，我们会把 YUV 模型和 YIQ/YCrCb 模型混为一谈。实际上，YUV 模型多用于 PAL（Phase Alteration Line，逐行倒相）制式的电视系统；YIQ 模型与 YUV 模型类似，但多用于 NTSC（National Television Standards Committee，国家电视标准委员会）制式的电视系统。YIQ 颜色空间中的 I 和 Q 分量相当于将 YUV 空间中的 UV 分量做了一个 33° 的旋转。YCbCr 颜色空间是由 YUV 颜色空间派生的一种颜色空间，主要用于数字电视系统中。从 RGB 到 YCbCr 的转换中，输入、输出都是 8 位二进制格式。

YIQ 色彩空间常被北美的电视系统所采用，属于 NTSC 系统。这里 Y 不是指黄色，而是指颜色的明视度（Luminance），即亮度（Brightness）。其实 Y 就是图像的灰度值（Gray Value），而 I 和 Q 则是指色调（Chrominance），即描述图像色彩及饱和度的属性。在 YIQ 系统中，Y 分量代表图像的亮度信息，I、Q 两个分量则携带颜色信息，I 分量代表从橙色到青色的颜色变化，而 Q 分量则代表从紫色到黄绿色的颜色变化。将彩色图像从 RGB 转换到 YIQ 色彩空间，可以把彩色图像中的亮度信息与色度信息分开，并分别独立进行处理。

思考与练习

1. 什么是数字图像？什么是模拟图像？模拟图像转换为数字图像需要进行哪些步骤？
2. 什么是采样？什么是量化？它们各有什么特点？
3. 数字图像按照颜色和灰度可分成哪些类型？
4. 已知图1-57所示的2个像素p和q，求它们之间的欧氏距离、城区距离和棋盘距离。

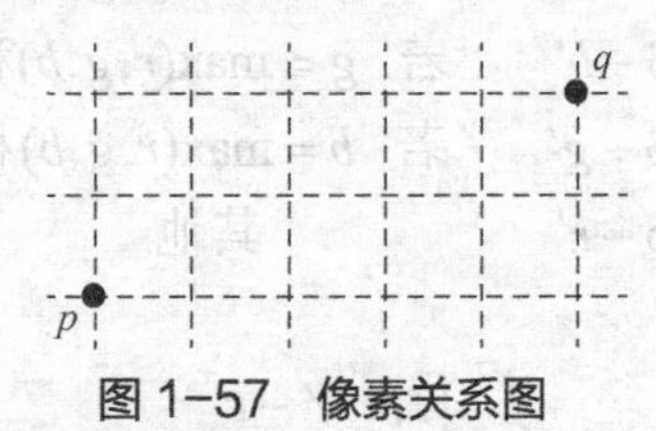

图 1-57 像素关系图

5. 数字图像处理常用的图像文件格式有哪些？
6. 目前常用的颜色模型是哪两类？每类各有哪些彩色模型？
7. 给定RGB彩色立方体的两个点a和b，将它们的对应坐标加起来得到一个新点，设为c。如果把这3个点对应到HSI坐标系中，它们的H、S、I值有什么关系？分别用H_a、H_b、H_c表示3个点的H值，S_a、S_b、S_c表示3个点的S值，I_a、I_b、I_c表示3个点的I值。

第 2 章　图像运算及应用

从一般意义上说，图像运算（Image Operation）是指对图像中的所有像素都做相同的处理或运算。广义的图像运算是对图像进行的处理操作，按涉及的波段不同，图像运算可分为单波段运算和多波段运算。按运算涉及的像素范围不同，图像运算可分为点运算、邻域运算、局部运算、几何运算、全局运算等。按计算方法与像素位置的关系不同，图像运算可分为位置不变运算、位置可变运算或位移可变运算。按运算执行的顺序不同，图像运算又可分为顺序运算、迭代运算、跟踪运算等。狭义的图像运算专指图像的代数运算（或算术运算）、逻辑运算和数学形态学运算。本章主要介绍图像的代数运算与逻辑运算，数学形态学运算会在第 9 章中介绍。

2.1 代数运算与应用

代数运算是指将两幅或多幅图像通过对应像素间的加、减、乘、除运算得到输出图像的方法。相加和相乘的情形可能不止有两幅图像参与运算。

2.1.1 加法运算与应用

加法运算一般表示为 $C(x,y)=A(x,y)+B(x,y)$，主要应用于去除“叠加性”随机噪声和生成图像叠加效果。

假设一幅混入噪声的图 $g(x,y)$ 是由原始图 $f(x,y)$ 和噪声图 $h(x,y)$ 叠加而成的，即

$$g(x,y) = f(x,y) + h(x,y) \tag{2-1}$$

假如图像各点的噪声是互不相关的，且具有零均值。那么在这种情况下，可以通过将一系列图像 $g(x,y)$ 相加来消除噪声。设将 M 个图像相加求平均得到 1 幅新图像，即

$$\overline{g}(x,y)=\frac{1}{M}\sum_{i=1}^{M}g_i(x,y) \tag{2-2}$$

如果 $h(x,y)$ 的均值为 0 的话，那么可以证明它们的期望值为：

$$E[\overline{g}(x,y)]=f(x,y) \tag{2-3}$$

如果考虑新图像和噪声图像各自均方差间的关系，则有

$$\sigma_{\overline{g}(x,y)}=\sqrt{\frac{1}{M}}\times\sigma_{h(x,y)} \tag{2-4}$$

可见随着平均图像数量 M 的增加，噪声在每个像素位置上的影响逐步减少。图 2-1 所示为当 M 取不同的值时，噪声削减的情况。其中图 2-1（a）为 1 幅叠加了零均值高斯随机噪声（σ=32）的 8 bit 灰度级图像。图 2-1（b）～（d）分别为用 2、4 和 16 幅同类图（噪声均值和方差一样的不同样本）进行相加平均的结果。由此可见，随着平均图像数量的增加，噪声的影响在逐步减少。

加法运算既可用于生成图像叠加效果，也可得到各种图像合成的效果，还可用于两张图片的衔接。如图 2-2 所示，其中图 2-2 中的（a）、（b）是原图，图 2-2（c）为叠加效果图。

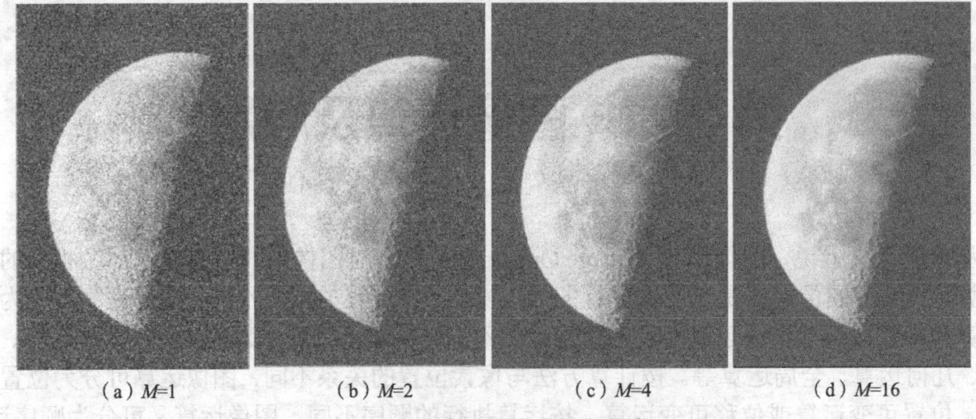

图 2-1 为图像平均消除噪声的情况

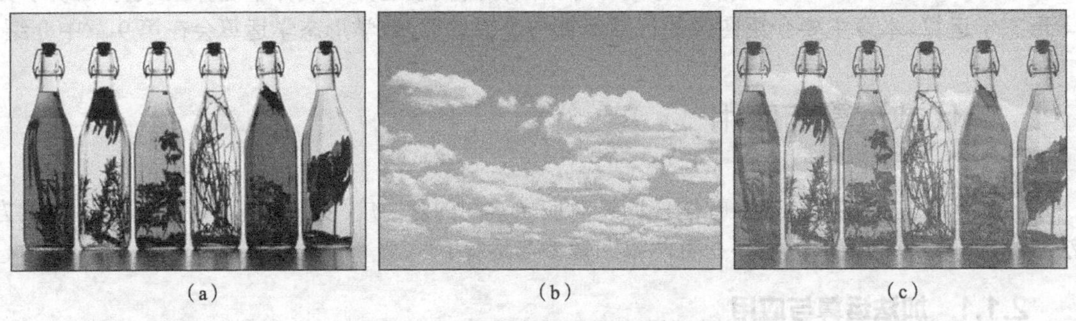

图 2-2 加法运算的图像叠加效果

（1）在叠加效果生成过程中，假设原图 1 为 P，原图 2 为 Q，结果图为 M，那么

$$M=aP+bQ \tag{2-5}$$

其中，系数 a、b 为待叠加原图为叠加效果所做的贡献，a、b 的取值范围都是[0,1]，并且 $a+b=1$。如果 $a=b$，就代表新生成的效果图中的像素值是由原图 1 和图 2 对应位置的像素值的 50%相加得到的。如果是灰度图，则是对应的灰度值乘以各自的系数后相加；如果是彩色图，则是对应彩色通道值乘以各自的系数后相加。例如，图 2-2 中（a）、（b）的系数都为 0.5。

（2）在进行加法运算生成叠加效果时，待叠加的图像可以大小相同，也可以大小不同，图 2-2 中（a）、（b）是大小相同的图，而图 2-3 中（a）、（b）的大小是不同的。

图 2-3 对两张图进行加法运算

（3）加法运算叠加效果在很多商用软件上都有类似的应用。例如，Photoshop 中透明度的设置可以利用式（2-5）来实现，美图秀秀中给图片加边框的功能以及拼图功能都可以利用加法运算实现。

2.1.2　减法运算与应用

减法运算是指将两幅输入图像同样位置的像素相减，得到的一个输出图像的过程。一般表示为：$C(x,y)=A(x,y)-B(x,y)$。其主要应用于消除背景影响、差影法、求梯度幅度。

1. 消除背景影响

消除背景影响最明显的用途就是去除不需要的叠加性图案。设背景图像为 $b(x,y)$，前景背景混合图像为 $f(x,y)$，$g(x,y)$则为去除了背景的图像，则

$$g(x,y)=f(x,y)-b(x,y) \tag{2-6}$$

如图 2-4 所示，图 2-4（a）为混合图，图 2-4（b）为背景图，图 2-4（c）为去除背景后的图像。

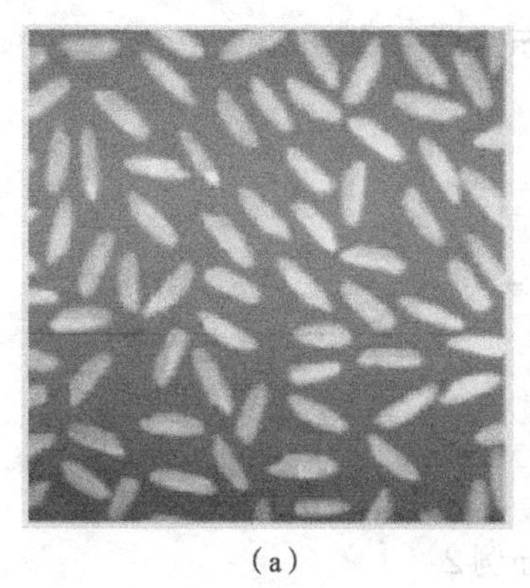

（a）

（b）

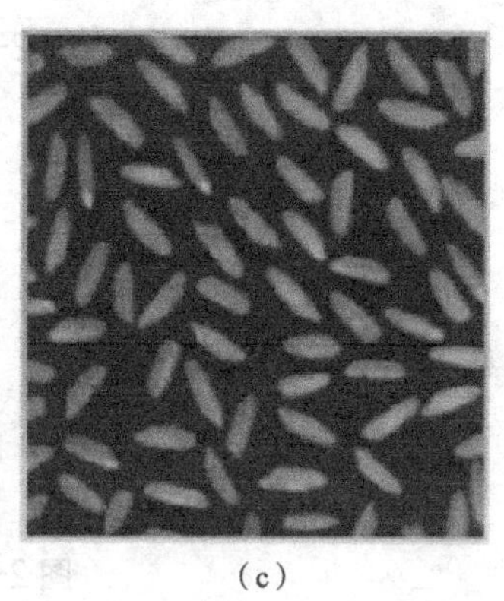

（c）

图 2-4　去除背景的减法运算

2. 差影法

差影法是指把同一景物在不同时间拍摄的图像或同一景物在不同波段的图像相减，得到差值图像。差值图像提供了图像间的差异信息，能用于指导动态监测、运动目标检测及目标识别等。目前差影法在自动现场监测中的应用非常广泛，例如，在银行金库内，摄像头每隔一定时间拍摄一幅图像，并与上一幅图像做比较，如果图像差别超过了预先设置的阈值，则表明可能有异常情况发生，应自动或以某种方式报警。差影法也可用于遥感图像的动态监测，通过差值图像发现森林火灾、洪水泛滥并监测灾情变化等；还可用于监测河口、海岸的泥沙淤积及江河、湖泊、海岸等的污染；通过差值图像还能鉴别出耕地及不同作物的覆盖情况。

（1）差影法可以看作加法运算的逆运算，用于混合图像的分离，如图 2-5 所示，图 2-5（a）为混合图，图 2-5（b）为被分离图，图 2-5（c）为分离后的图。

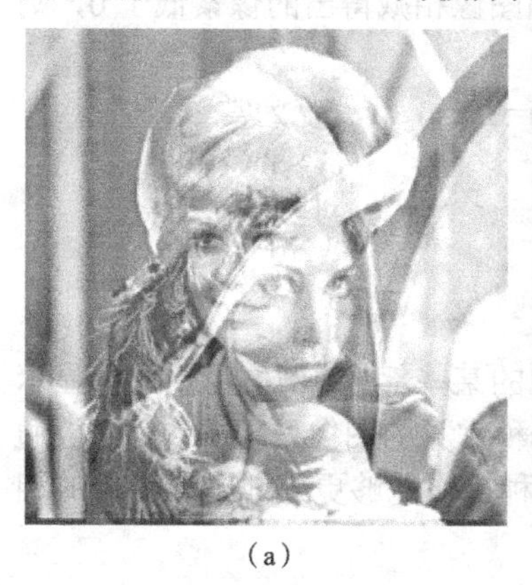

（a）

（b）

（c）

图 2-5　混合图像分离

（2）检测同一场景两幅图像之间的变化。

假设，时刻 1 的图像为 $T_1(x,y)$，时刻 2 的图像为 $T_2(x,y)$，$g(x,y) = T_2(x,y) - T_1(x,y)$，如图 2-6 和图 2-7 所示。

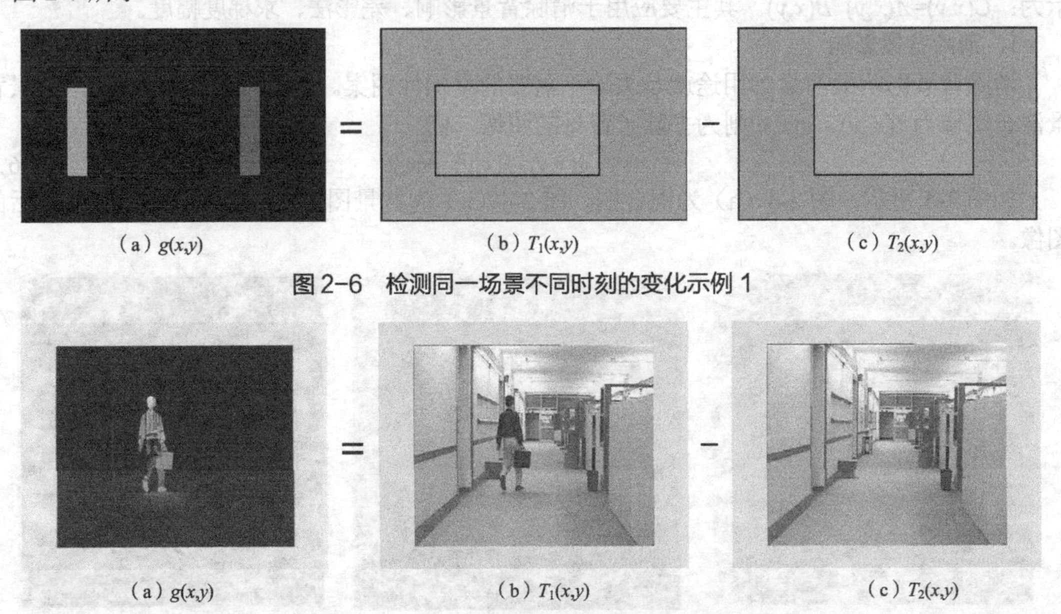

（a）$g(x,y)$　（b）$T_1(x,y)$　（c）$T_2(x,y)$

图 2-6　检测同一场景不同时刻的变化示例 1

（a）$g(x,y)$　（b）$T_1(x,y)$　（c）$T_2(x,y)$

图 2-7　检测同一场景不同时刻的变化示例 2

3. 求梯度幅度

梯度的表示形式如下：

$$\nabla f(x,y) = i\frac{\partial f}{\partial x} + j\frac{\partial f}{\partial y} \tag{2-7}$$

梯度幅度表示为：

$$|\nabla f(x,y)| = \sqrt{\left(\frac{\partial f}{\partial x}\right)^2 + \left(\frac{\partial f}{\partial y}\right)^2} \tag{2-8}$$

由于上式幅度计算需要进行平方和开根号的计算，过于复杂，所以在实际应用中我们经常采用差分（减法运算）来做近似计算，如下式：

$$|\nabla f(x,y)| = \max[|f(x,y) - f(x+1,y)|, |f(x,y) - f(x,y+1)|] \tag{2-9}$$

注意：（1）进行减法运算时，要注意下限问题，如果两幅图像相减得出的像素低于 0，则一律归为 0。

（2）常值问题，输入图像也可以有一个是常量，即 $C(x,y)=A(x,y)-M$，M 为常量。

2.1.3　乘法运算与应用

乘法运算一般表示为：

$$C(x,y) = A(x,y) \times B(x,y) \tag{2-10}$$

两幅图像进行乘法运算可以实现掩模操作，即屏蔽掉图像的某些部分，例如用于局部显示或局部屏蔽。一幅图像乘以一个常数通常被称为缩放，这是一种常见的图像处理操作。缩放通常会产生比简单添加像素偏移量自然得多的明暗效果，因为这种操作能够更好地维持图像的相关对比度。

1. 图像的局部显示

如图 2-8 所示，乘法运算可用于突出显示图中的蝴蝶；如图 2-9 所示，利用 1 和 0 组成的掩膜图与待处理图像相乘可以遮住图像的指定部分。

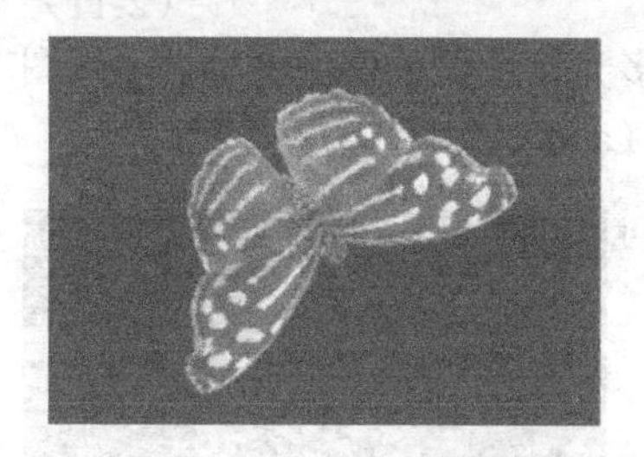
=

×

图 2-8　图像局部显示示例

图 2-9　图像局部屏蔽示例

2. 图像乘以一个常数

用一幅图像乘以一个常数，如果是灰度图，则会改变图像的灰度级，如图 2-10 所示。

（a）原图

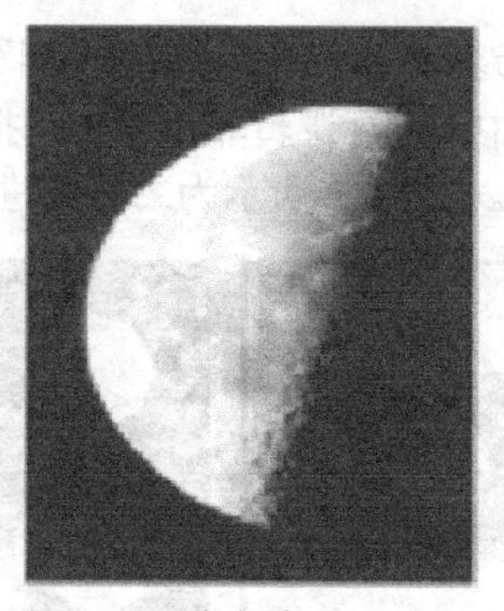

（b）乘 1.2

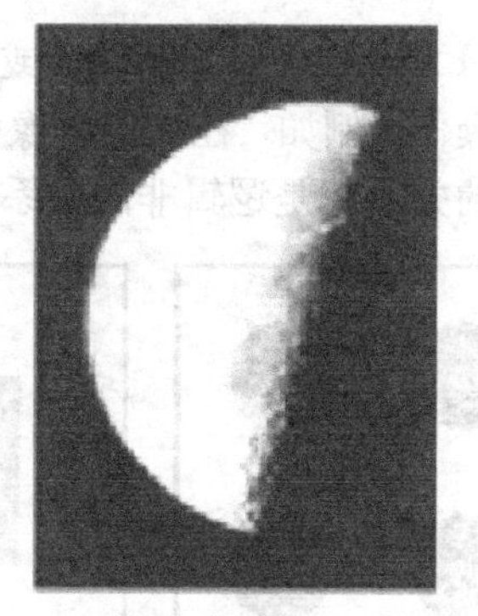

（c）乘 2

图 2-10　用乘法运算改变图像灰度级

注意

在进行乘法运算时，应注意乘法运算后的像素值的上下限问题。

2.1.4 除法运算与应用

除法运算一般表示为：

$$C(x,y) = A(x,y)/B(x,y) \tag{2-11}$$

除法运算常用于遥感图像处理中，用于求不同谱段的两幅多光谱图像的比率图像，消除图像中的阴影部分，加深不同类别物件的差别。如图 2-11 所示，（a）/（b）=（c）。

（a）

（b）

（c）

图 2-11 除法运算示例

2.2 逻辑运算与应用

图像的逻辑运算是指将单幅、两幅或多幅图像通过对应像素之间的与、或、非逻辑运算得到输出图像的方法，在图像理解与分析领域比较有用。利用这些方法可以为图像提供模板，与其他运算方法结合起来可以获得一些特殊效果。

2.2.1 逻辑非（NOT）运算

逻辑非运算也称为逻辑反或逻辑补，一般是针对单幅图像进行的，主要用于处理二值图像，即反向操作。例如，在二值图像中，进行逻辑非运算就是把黑变成白、白变成黑，如照片和底片之间的关系就是逻辑非的关系。图 2-12 所示为二值图进行逻辑非运算后的效果。

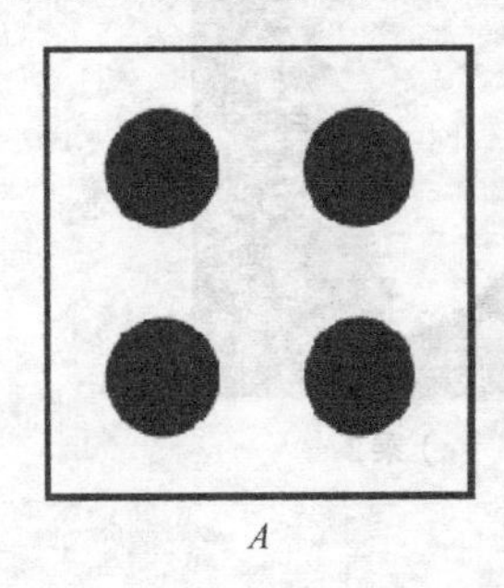
A
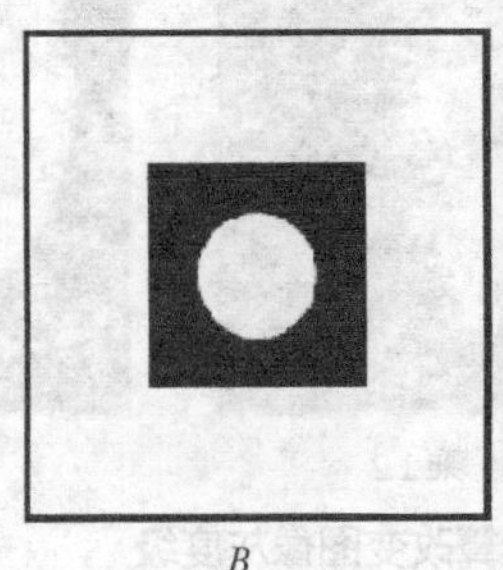
B
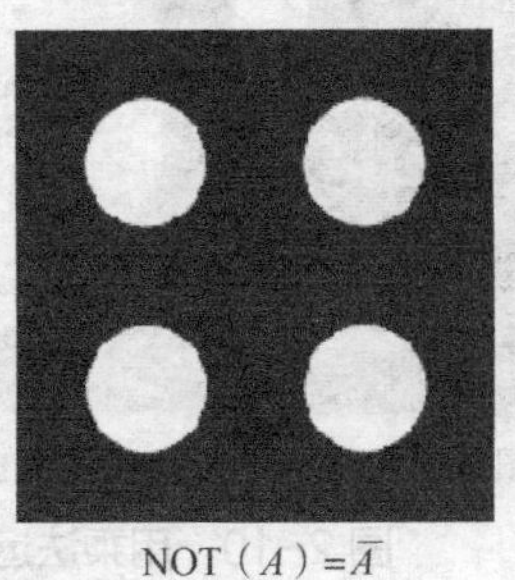
NOT（A）=$\overline{A}$
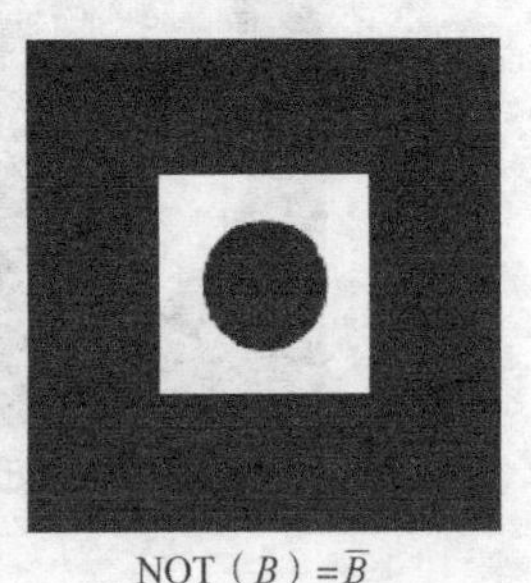
NOT（B）=$\overline{B}$

图 2-12 逻辑非运算示例

逻辑非运算也可以用于灰度图像或彩色图像，运算的公式如下：

$$g(x,y)=R-f(x,y) \tag{2-12}$$

其中，R 为原图 $f(x,y)$ 的灰度级或颜色数，$g(x,y)$ 为逻辑非处理后的图像。逻辑非运算主要用于获取一个图像的负像或一个子图像的补图像，如图 2-13 所示。

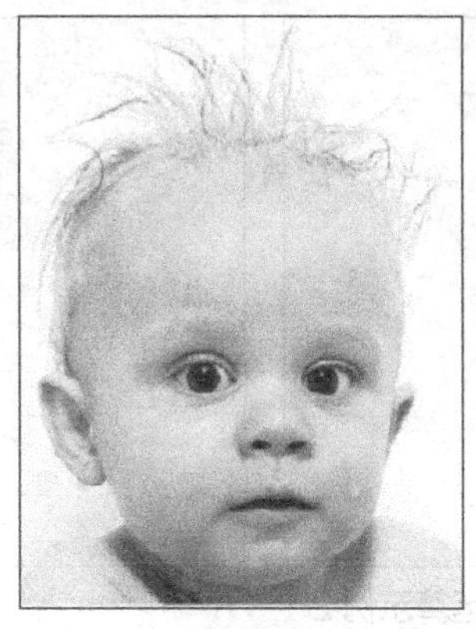
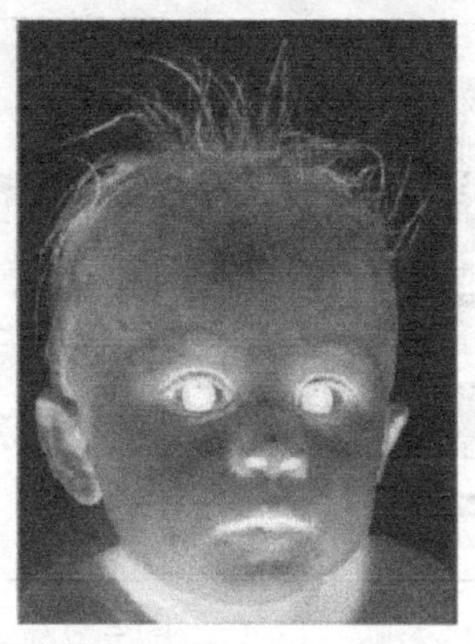

图 2-13　彩色图的逻辑非运算效果

2.2.2　逻辑与（AND）运算

若两个像素 p 和 q 分别表示参与逻辑与运算的两幅图像上的对应像素，则逻辑与运算可以表示为 p AND q（也可写为 $p \cdot q$ 或 pq）。其主要应用于求两个子图像的相交子图（见图 2-14）和提取感兴趣的子图像（见图 2-15）。

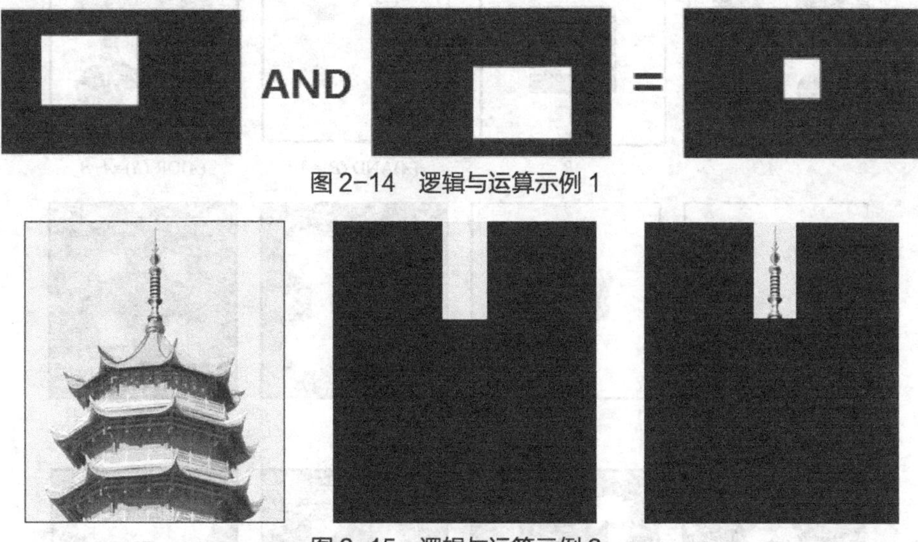

图 2-14　逻辑与运算示例 1

图 2-15　逻辑与运算示例 2

2.2.3　逻辑或（OR）运算

若两个像素 p 和 q 分别表示参与逻辑或运算的两幅图像上的对应像素，则逻辑或运算可以表示为 p OR q（也可写为 $p+q$）。其主要用于合并子图像（见图 2-16），有时也用于提取感兴趣的子图像（见图 2-17）。

图 2-16　逻辑或运算示例 1

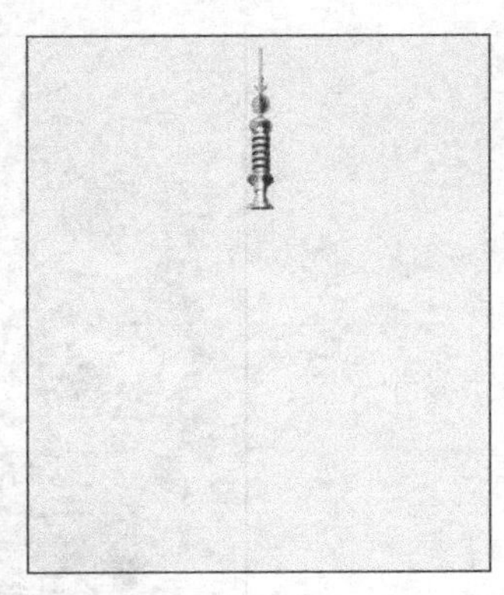

图 2-17　逻辑或运算示例 2

2.2.4　逻辑运算综合实例

从图 2-18 可以看出，2 幅简单的图形经过逻辑运算可以变换出多种效果图，因此逻辑运算的实际应用非常广泛。

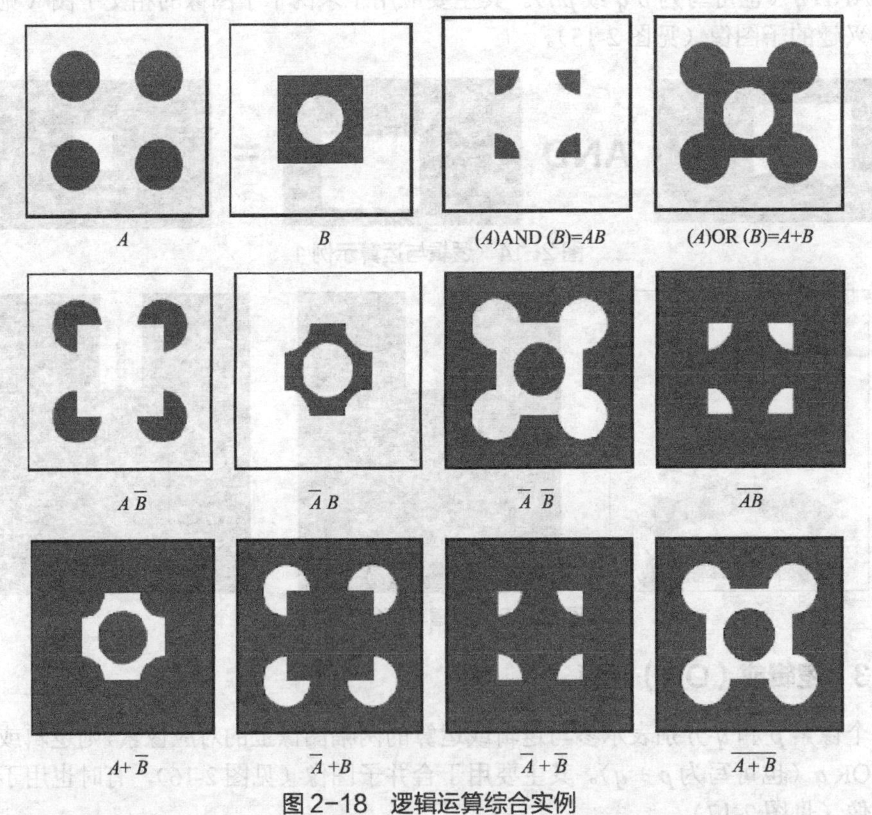

图 2-18　逻辑运算综合实例

2.3　应用案例

2.3.1　拼图并加框案例

现在是微博、微信流行的年代，我们经常会在微博或微信朋友圈发照片，但有时候受照片张数的限制，需要把多张照片拼成一张（见图 2-19，左图是结果图，右图是待拼的 3 个原图），或是需要给照片添加一些简单的修饰，例如给人脸加修饰（见图 2-20），或者给照片加个边框来实现特定效果（见图 2-21）。这些功能我们都可以利用代数运算来实现。

图 2-19　拼图示例

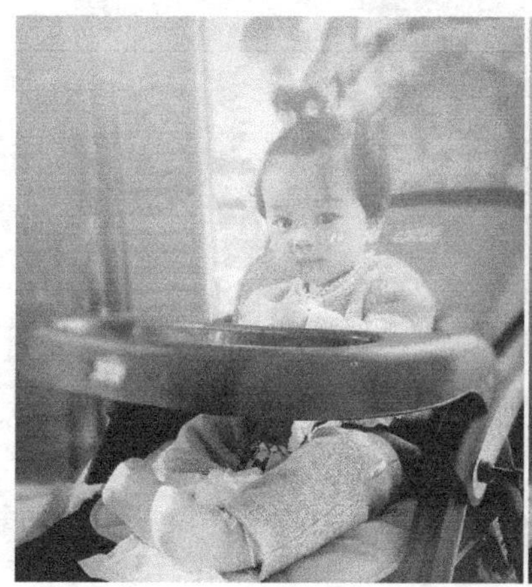
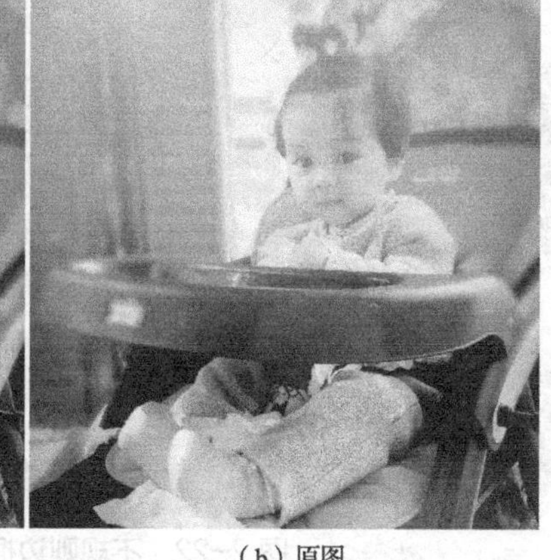

（a）在儿童脸颊上加了修饰　　（b）原图

图 2-20　修饰图示例

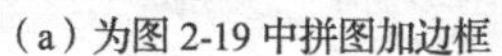

（a）为图 2-19 中拼图加边框　　（b）为图 2-20 中修饰过的图加边框

图 2-21　加边框示例

拼图的实现过程为：首先制作一幅大小可以容纳待拼图片的图，然后计算好位置。例如，假设图 2-19 中右边原图中的上图大小为 880×600，下图两幅图的大小分别为 500×400 和 380×400；那么需要先制作一幅至少大小为 910×1025 的空图，然后从坐标（10，10）位置开始把 880×600 的图与该空图利用式（2-5）进行加法运算，如果 p 图为空图的话，那么 a 取 0，b 取 1。然后从（10，620）和（515，620）位置开始利用式（2-5）叠加大小分别为 500×400 和 380×400 的图，同样 a 取 0，b 取 1，即可生成图 2-19 中的左图。

加边框的实现过程类似拼图，不过由于边框大小是固定的，所以给原图加边框的时候可能会涉及对原图进行缩放或旋转等操作，有关缩放或旋转变换我们将在后面章节介绍。图 2-21 中的边框都比较规则，所以首先读取边框图像中的空白位置，从空白位置开始与待加边框的原图利用式（2-5）进行加法运算，a 取 0，b 取 1。如果边框本身就不规则，那就不能简单地进行加法运算，还需要做一些复杂处理，例如利用乘法运算的局部显示功能，把边框的空白部分作为乘法的模板部分把原图局部显示出来，再与边框图片进行叠加运算。图 2-22 所示为不规则边框的图像加框处理过程。

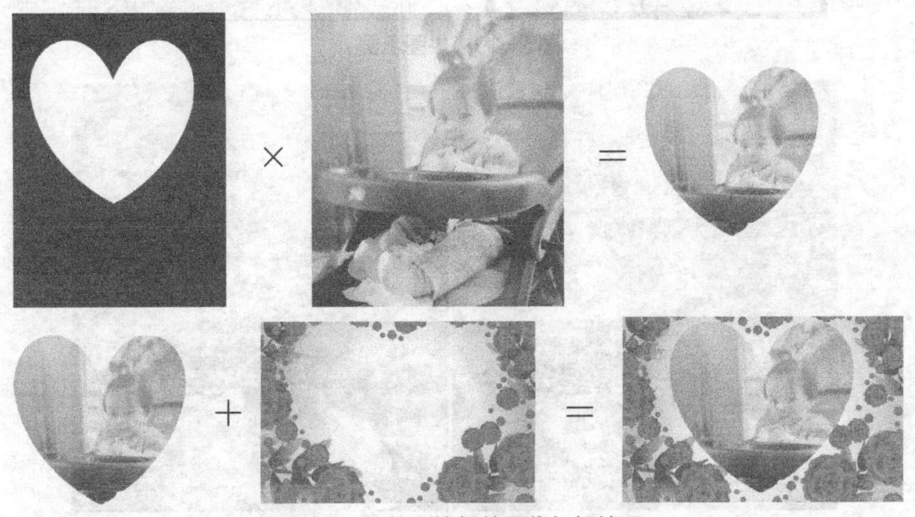

图 2-22　不规则边框的图像加框处理

2.3.2　电视制作的蓝屏技术

蓝屏技术（Blue Screen）是通道提取的主要手段。随着数字技术的进步，通道提取（Matte Extraction）成为数字合成的重要功能。很多影视作品中的场景在现实中并不存在或很难实现，这就需要后期通过计算机来制作合成，或者通过把摄影棚中拍摄的内容与外景拍摄的内容以通道提取的方式叠加，创造出更加精彩的视觉效果。我们常把通道提取称为抠像。由于抠像的背景常常选择蓝色，故也称之为蓝屏抠像。

蓝屏抠像的原则是前景物体上不能包含所选用的背景颜色。从原理上讲，只要背景所用的颜色在前景画面中不存在，用任何颜色做背景都可以，但实际上最常用的背景是蓝背景和绿背景两种。原因在于，人身体的自然颜色中不包含这两种色彩，用它们做背景不会和人物混在一起；同时这两种颜色是 RGB 系统中的原色，处理起来比较方便。我国一般使用蓝背景，欧美国家经常使用绿背景和蓝背景，尤其是拍摄人物时常用绿屏幕，主要是因为很多欧美人的眼睛是蓝色的。

下面介绍如何利用图像运算实现蓝屏的制作。图 2-23（a）为原图，图 2-23（b）是去掉背景后的图像，图 2-23（c）是蓝屏图。具体实现过程如下。

（1）我们可以利用图像点运算的减法运算，把原图减去背景图（假设背景图已知），设 $f(x,y)$

表示原图，$b(x,y)$表示背景图，$g(x,y)$表示去掉背景后的图。那么：

$$g(x,y)=f(x,y)-b(x,y) \tag{2-13}$$

（2）经过上一步运算后可得到 $g(x,y)$，除了目标外，其他部分都为黑色，那么进行如下运算：

$$G(x,y)=\begin{cases} g(x,y) & g(x,y)\neq 0 \\ RGB(0,0,255) & \text{其他} \end{cases} \tag{2-14}$$

可得到蓝屏图，如果想要得到绿屏图，可把式（2-14）改为：

$$G(x,y)=\begin{cases} g(x,y) & g(x,y)\neq 0 \\ RGB(0,255,0) & \text{其他} \end{cases} \tag{2-15}$$

（a）

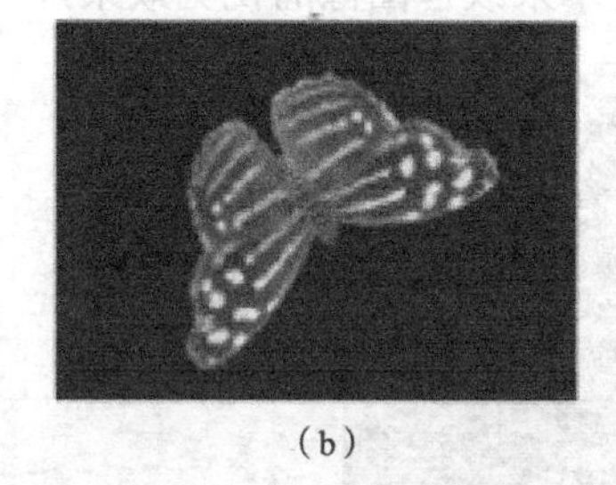
（b）

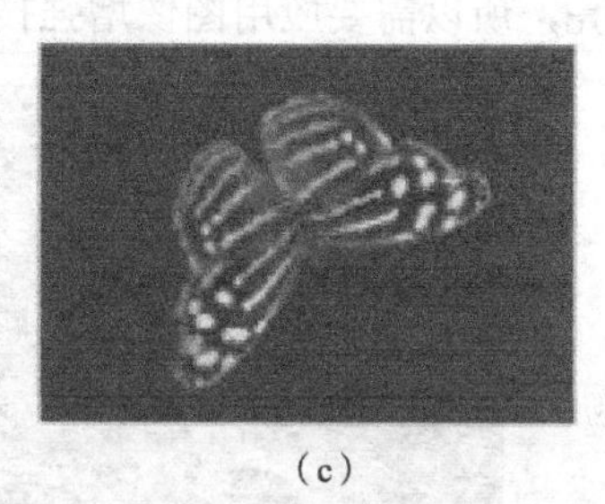
（c）

图 2-23　蓝屏图的制作过程

这里需要说明的是，如果背景图不是已知的，那么就要利用一些其他的技术来去除背景，具体方法可以参见 11.2 节。

思考与练习

1. 图像的加运算与减运算是否为可逆运算？为什么？请说明理由。

2. 参与逻辑或运算、逻辑与运算的两幅图像是否要求大小一样？为什么？请说明理由。

3. 若有一幅彩色图像与一幅灰度图像进行加运算，要求结果是彩色图像，请详细说明实现步骤。

第 3 章　图像增强技术

人类传递信息的主要媒介是语言和图像。据统计，在人类接收的各种信息中，视觉信息占 80%。但是在实际应用中，由于各种因素的影响，如拍摄条件、传输条件等，使我们获得的图像或多或少存在一些缺陷或不尽如人意的地方。如图 3-1 所示，图 3-1（a）偏黑，图 3-1（b）偏亮，所以需要应用图像增强技术来改善图像的视觉效果，从而满足特定的需求。

（a）

（b）

图 3-1　待改善视觉效果的图

图像增强技术是数字图像处理的一个重要分支，研究的主要内容是突出图像中包含关键信息的部分，减弱或去除不需要的信息，使有用信息得到加强，从而得到一种更加实用的图像或者转换成一种更适合人或机器进行分析处理的图像，图 3-2 所示为增强脑部局部区域。图像增强的应用领域也十分广阔。例如，在军事应用中，增强红外图像可提取我方感兴趣的敌军目标；在医学应用中，增强 X 射线所拍摄的患者脑部、胸部图像，可确定病症的准确位置；在空间应用中，对用太空照相机传来的月球图片进行增强处理，可改善图像的质量；在农业应用中，增强遥感图像，可了解农作物的分布；在交通应用中，对大雾天气图像进行增强，可对车牌、路标等重要信息进行识别；在数码相机中，增强彩色图像可以减少光线不匀、颜色失真等造成的图像退化现象。

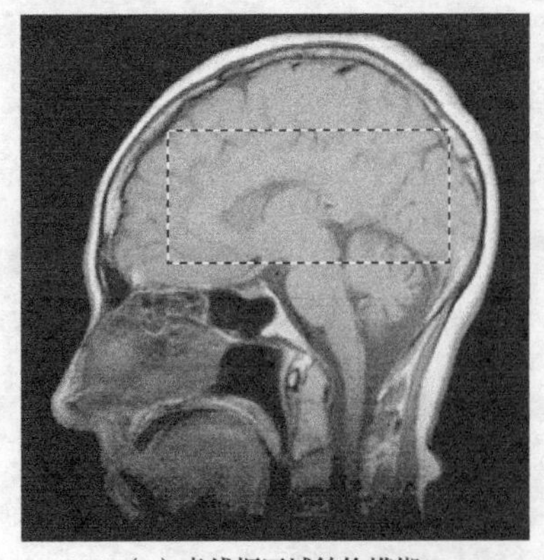

（a）虚线框区域结构模糊

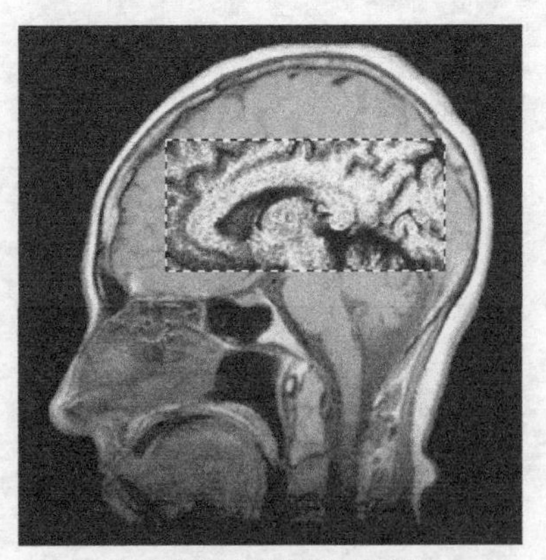

（b）虚线框区域增强后的效果

图 3-2　局部区域增强示例

图像增强技术就是通过一定的手段对原图像附加一些信息或变换数据，有选择地突出图像中感兴趣的特征或者抑制（掩盖）图像中某些不需要的特征，使图像与视觉响应特性相匹配。图像增强技术根据增强处理过程所在的作用域不同，可分为基于空域的算法和基于频域的算法两大类。基于空域的算法一般是直接对图像灰度级做运算，基于频域的算法一般是在图像的某种变换域内对图像的变换系数值进行某种修正，是一种间接增强的算法。

基于空域的算法分为点运算算法和空域滤波算法。点运算算法即灰度级校正、灰度变换和直方图修正等，目的是使图像成像均匀，或扩大图像动态范围，扩展对比度。空域滤波增强算法分为图像平滑和锐化两种。平滑一般用于消除图像噪声，但是在消除噪声的同时容易引起边缘的模糊，常用算法有均值滤波、中值滤波。锐化的目的在于突出物体的边缘轮廓，以方便目标识别，常用算法有梯度法、高通滤波、掩模匹配法、统计差值法等。

基于频域的算法分为低通滤波算法、高通滤波算法以及带通和带阻滤波算法等。低通滤波算法主要是突出低频分量，使图像显得比较平滑。而高通滤波算法主要是突出高频分量，以增强图像的边缘信息。带通和带阻滤波算法是指在某些情况下，信号或图像中的有用成分和希望除掉的成分主要分别出现在频谱的不同频段，这时需要设置特定的传递函数允许或阻止特定频段通过，以增强特定区域特征。

3.1 噪声及其描述

图像增强技术出现的主要原因是要解决图像在采集、传输、存储过程中受到的各种干扰的影响，主要的干扰是图像噪声。图像噪声主要来源于图像的获取和传输过程，如图像在获取过程中的环境条件和传感元器件自身的质量。例如，使用摄像机获取图像时，光照水平和传感器温度是影响结果图像中噪声数量的主要因素。图像在传输中被污染主要是由于传输信道的干扰，例如，使用无线网络传输的图像可能会因为光照或其他大气因素干扰而导致图像污染。

3.1.1 图像噪声的分类

图像噪声多种多样，其性质也千差万别，因此了解图像噪声的产生及分类是很有必要的。

1. 按产生的原因分类

图像噪声产生的原因分为外部原因和内部原因两种：外部原因引起的噪声称为外部噪声，内部原因引起的噪声称为内部噪声。这种分类方法有助于我们理解噪声产生的源头，有助于我们对噪声位置的定位，对降噪算法起到了原理上的帮助。

（1）外部噪声是指系统外部干扰以电磁波或经电源窜进系统内部而引起的噪声，如电气设备、天体放电现象等。这种干扰一般来说对模拟图像的影响比较明显，可直接干扰模拟信号，导致图像产生噪声。对数字图像，主要由于外部干扰干扰了传输和存储的电子设备结构等，导致数字图像数据的变化而形成噪声。

（2）内部噪声一般有以下 4 个源头。

① 因光和电的基本性质引起的噪声。例如，根据光的粒子性，图像是由光量子传输的，而光量子密度随时间和空间变化形成的光量子噪声等会导致图像噪声出现。

② 因电器的机械运动而产生的噪声。例如，因各种接头抖动而导致磁头、磁带等一起抖动的现象，使图像在存储过程中产生噪声。

③ 因器材材料引起的噪声。例如，因正片、负片的表面颗粒性和磁带、磁盘表面缺陷而

产生的噪声。随着科技的进步，目前此类噪声对图像的影响比较小。

④ 因系统内部设备电路引起的噪声。例如，图像传感器采集图像内部结构受传感器材料属性、工作环境、电子元器件和电路结构等影响，会引入各种噪声（如光响应非均匀性噪声等），导致图像在采集过程中携带了噪声。

2. 按噪声与信号的关系分类

（1）加性噪声：加性噪声和图像信号强度是不相关的（如运算放大器），又如图像在传输过程中引进的“信道噪声”、电视摄像机扫描图像中的噪声，这类带有噪声的图像 g 可看成理想无噪声图像 f 与噪声 n 之和，即噪声是加性叠加在图像上，所以称为加性噪声。

（2）乘性噪声：乘性噪声和图像信号是相关的，它往往随图像信号的变化而变化，如飞点扫描图像中的噪声、电视扫描光栅、胶片颗粒造成等，由于载送每一个像素信息的载体的变化而产生的噪声受信息本身调制。在某些情况下，如信号变化很小，则噪声也不大。

在图像处理中，为了分析处理的方便，我们常常将乘性噪声近似认为是加性噪声，而且总是假定信号和噪声是相互独立的。

3. 按概率密度函数分类

（1）高斯噪声：在空间域和频域中，由于高斯噪声（也称为正态噪声）在数学上的易处理性，这种噪声模型经常被用于实践中。

（2）瑞利噪声：瑞利密度对近似偏移的直方图十分适用。

（3）伽马噪声。

（4）指数噪声。

（5）均匀分布噪声。

（6）（双极）脉冲噪声：（双极）脉冲噪声也称为椒盐噪声或者散粒和尖峰噪声。

3.1.2 噪声的特点

1. 噪声的扫描变换

图像系统的输入光电变换都是先把二维图像信号扫描变换成一维电信号再进行处理加工，再将一维电信号变成二维图像信号，所以噪声也存在着同样的变换方式。

2. 噪声与图像的相关性

光导摄像管的摄像机拍摄的图像信号幅度和噪声幅度无关；而使用超正析摄像机拍摄的图像信号和噪声相关，黑暗部分噪声大，明亮部分噪声小。在数字图像处理技术中量化噪声是肯定存在的，它和图像相位有关，如图像内容接近平坦时，量化噪声呈现伪轮廓，但在此时图像信号中的随机噪声会因为颤噪效应反而使量化噪声变得不那么明显。

3. 噪声的叠加性

在串联图像传输系统中，各部分窜入噪声若属同类噪声可以进行功率相加，因此信噪比会下降。若不属同类噪声应区别对待，而且要考虑视觉检出特性的影响。但是因为视觉检出特性中的许多问题还没有研究清楚，所以也只能进行一些主观的评价试验。例如，空间频率特性不同的噪声叠加要考虑视觉空间频谱的带通特性；而时间特性不同的噪声叠加就要考虑视觉滞留和其闪烁的特性等；亮度和色度噪声的叠加一定要清楚视觉的彩色特性。以上的这些都因为视觉特性未获解决而无法进行分析。

3.1.3 常见的噪声概率密度函数

噪声本身的灰度可看作随机变量，其分布可用概率密度函数来刻画。下面讲解在图像处理应用中常见的噪声概率密度函数。

1. **高斯噪声**

高斯噪声是一种源于电子电路和由低照明度或高温带来的传感器噪声。它的概率密度函数服从高斯分布（即正态分布），所以高斯噪声也称为正态噪声，其概率密度函数为：

$$p(z)=\frac{1}{\sqrt{2\pi\sigma}}\mathrm{e}^{-(z-\mu)^2/2\sigma^2} \tag{3-1}$$

其中，高斯随机变量 z 表示灰度值；μ 表示 z 的平均值或期望值；σ 表示 z 的标准差，而标准差的平方 σ^2 称为 z 的方差。高斯函数的曲线如图 3-3 所示。

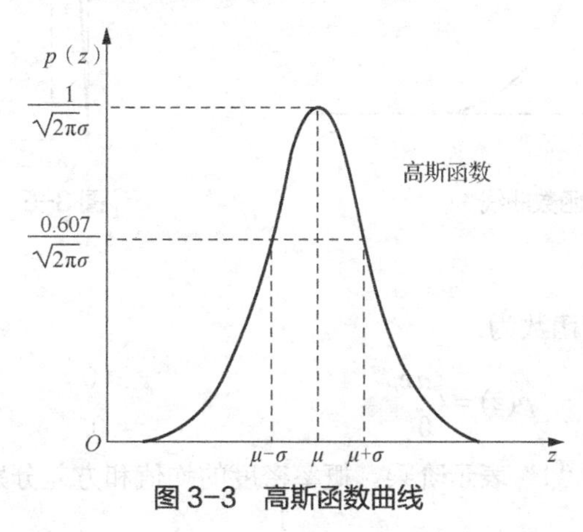

图 3-3　高斯函数曲线

如果一个噪声，它的幅度分布服从高斯分布，而它的功率谱密度又是均匀分布的，则称它为高斯白噪声。

2. **瑞利噪声**

瑞利噪声的概率密度函数为：

$$p(z)=\begin{cases}\dfrac{2}{b}(z-a)\mathrm{e}^{-(z-a)^2/b} & z\geqslant a\\ 0 & z<a\end{cases} \tag{3-2}$$

其中，概率密度的均值和方差分别为：

$$\mu=a+\sqrt{\pi\cdot b/4}\,,\quad \sigma^2=\frac{b(4-\pi)}{4}$$

瑞利函数的曲线如图 3-4 所示。

3. **伽马噪声**

伽马噪声的概率密度函数为：

$$p(z)=\begin{cases}\dfrac{a^b z^{b-1}}{(b-1)!}\mathrm{e}^{-az} & z\geqslant a\\ 0 & z<a\end{cases} \tag{3-3}$$

其中，$a>0$，b 为正整数，“!”表示阶乘。概率密度的均值和方差分别为：

$$\overline{z}=\frac{b}{a} \tag{3-4}$$

$$\sigma^2=\frac{b}{a^2} \tag{3-5}$$

伽马分布密度的函数曲线如图 3-5 所示。

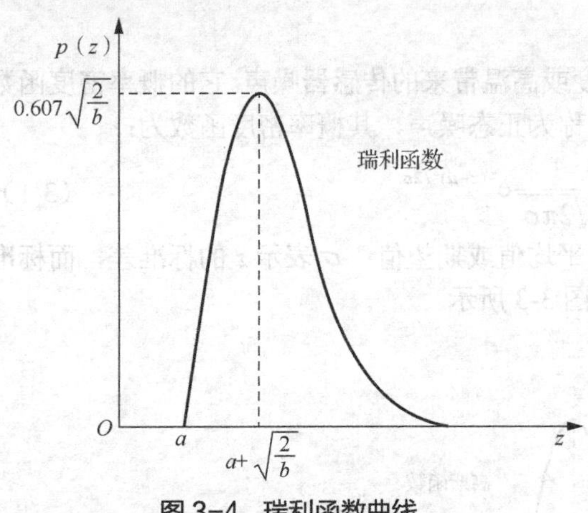

图 3-4 瑞利函数曲线

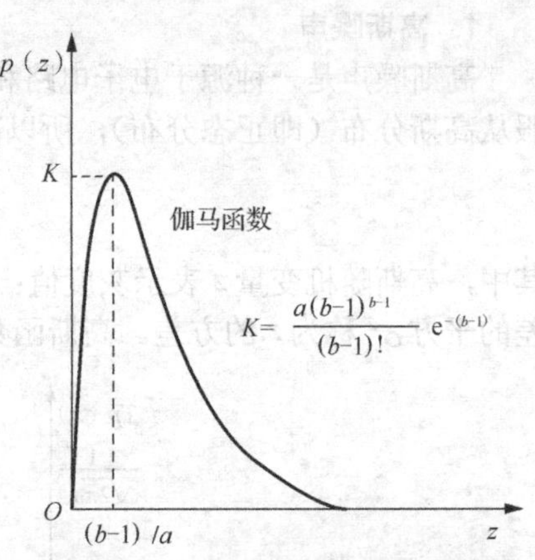

图 3-5 伽马分布密度的函数曲线

4. 指数噪声

指数噪声的概率密度函数为：

$$p(z)=\begin{cases}a\mathrm{e}^{-az} & z\geqslant 0\\ 0 & z<0\end{cases} \tag{3-6}$$

其中，$a>0$，b 为正整数，“！”表示阶乘。概率密度的均值和方差分别为：

$$\bar{z}=\frac{1}{a} \tag{3-7}$$

$$\sigma^2=\frac{1}{a^2} \tag{3-8}$$

指数分布密度的函数曲线如图 3-6 所示。

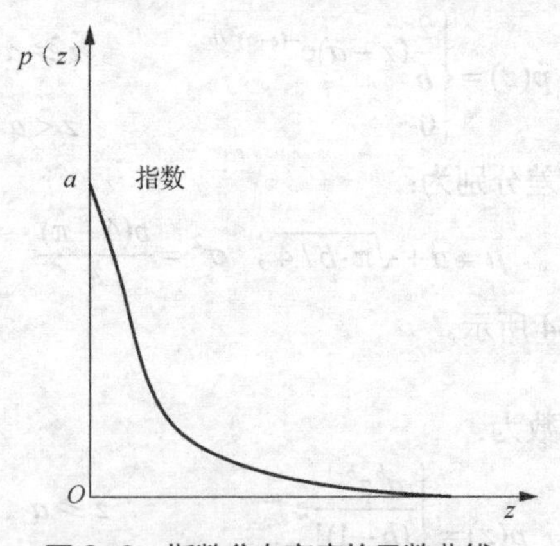

图 3-6 指数分布密度的函数曲线

5. 均匀分布噪声

均匀分布噪声的概率密度函数为：

$$p(z)=\begin{cases}\dfrac{1}{b-a} & a\leqslant z\leqslant b\\ 0 & 其他\end{cases} \tag{3-9}$$

其中，概率密度的期望值和方差分别为：

$$\mu = \frac{a+b}{2}$$

$$\sigma^2 = \frac{(b-a)^2}{12}$$

均匀分布函数的曲线如图 3-7 所示。

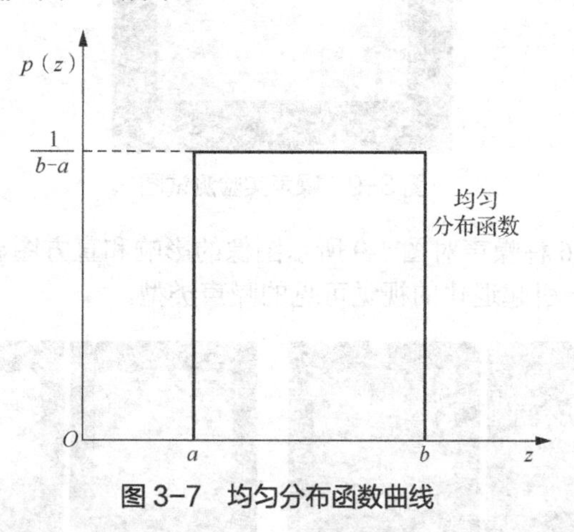

图 3-7　均匀分布函数曲线

6. 脉冲噪声（椒盐噪声）

（双极）脉冲噪声的概率密度为：

$$p(z) = \begin{cases} P_a & z = a \\ P_b & z = b \\ 0 & 其他 \end{cases} \tag{3-10}$$

表示的脉冲噪声在 P_a 或 P_b 均不可能为 0，且在脉冲可能是正值也可能是负值的情况下，我们可称之为（双极）脉冲噪声。

如果 $b>a$，灰度 b 的值在图像中将显示一个亮点，而灰度 a 的值在图像中将显示一个暗点。如果 P_a 或 P_b 均不可能为零，尤其是它们近似相等时，脉冲噪声值就类似随机分布在图像上的胡椒和盐粉微粒，所以（双极）脉冲噪声也称为椒盐噪声。

如果式（3-10）表示的脉冲噪声中 P_a 或 P_b 为 0，则其称为单极脉冲噪声。通常情况下脉冲噪声总是数字化为允许的最大值或最小值，所以负脉冲以黑点（胡椒点）出现在图像中，正脉冲以白点（盐点）出现在图像中。脉冲函数的曲线如图 3-8 所示。噪声实验测试图如图 3-9 所示。

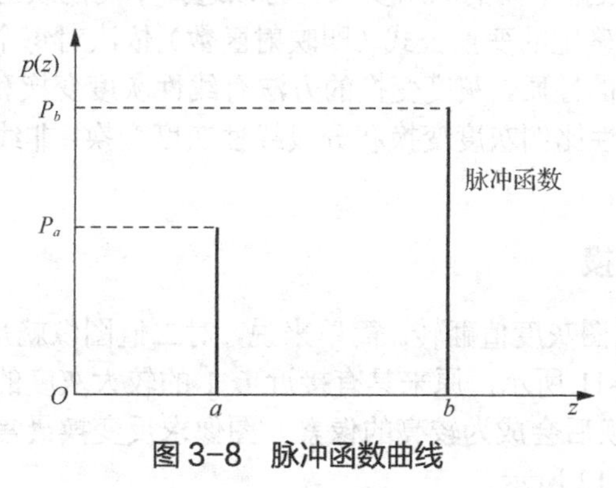

图 3-8　脉冲函数曲线

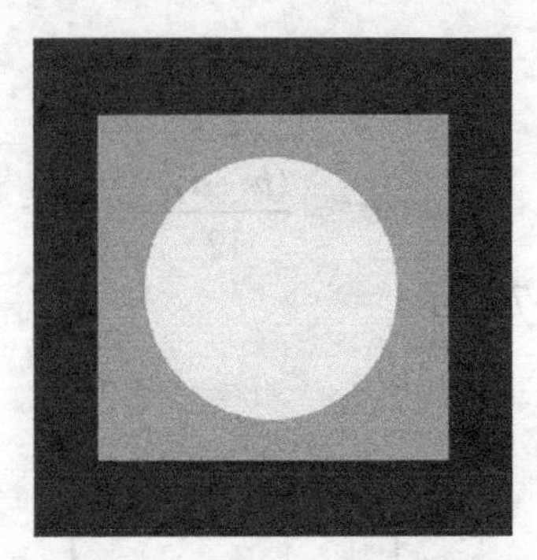

图 3-9　噪声实验测试图

图 3-10 所示为上述 6 种噪声对图 3-9 所示图像的影响和直方图显示，实验表明：对上述 6 种噪声，椒盐噪声是唯一引起退化的视觉可见的噪声类型。

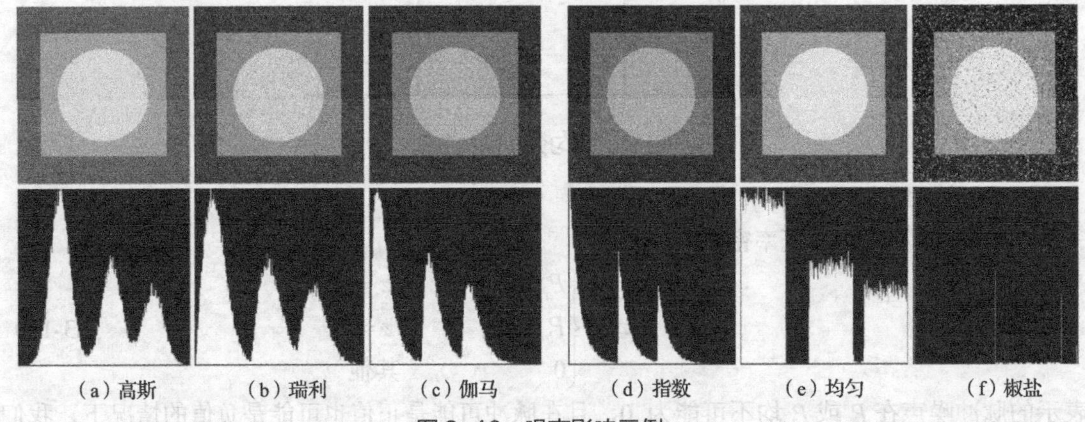

（a）高斯　（b）瑞利　（c）伽马　（d）指数　（e）均匀　（f）椒盐

图 3-10　噪声影响示例

3.2 灰度变换

灰度变换是所有图像处理技术中最简单的技术，是基于点操作的增强方法，它将每一个像素的灰度值按照一定的数学变换公式转换为一个新的灰度值。灰度变换的过程可表示为 $g(x,y)=T[f(x,y)]$，它是指将输入图像中每个像素(x,y)的灰度值 $f(x,y)$，通过映射函数变换成输出图像中的灰度值 $g(x,y)$。根据不同的应用要求，可以选择不同的映射函数，如正比函数和指数函数等，由于是直接应用确定的变换公式（即映射函数）依次对每个像素进行处理，故也称为直接灰度变换。根据函数的性质，灰度变换的方法有线性灰度变换和非线性灰度变换，其中线性变换包含求反变换、线性比例灰度变换和分段线性灰度变换；非线性灰度变换包含指数变换和对数变换。

3.2.1 图像求反变换

对图像求反就是将原图灰度值翻转。简单来说，对二值图像就是使黑变白，使白变黑。灰度图像的求反曲线如图 3-11 所示，原来具有接近 L-1 的较大灰度的像素在变换后其灰度接近 0，而原来较暗的像素变换后会成为较亮的像素。图像求反变换最常见的例子就是普通黑白底片和照片的关系，如图 3-12 所示。

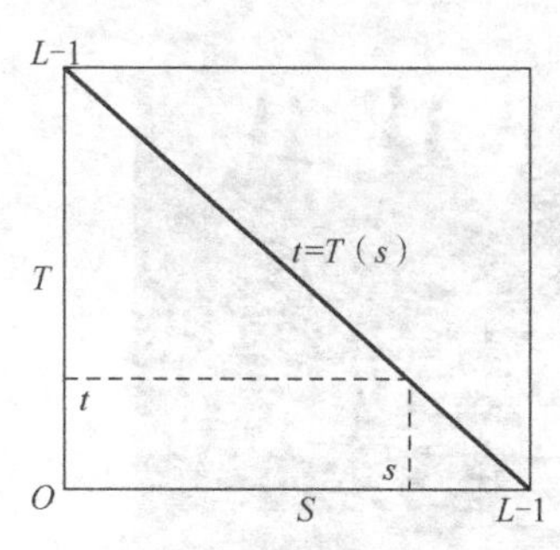

图 3-11　灰度图像求反曲线

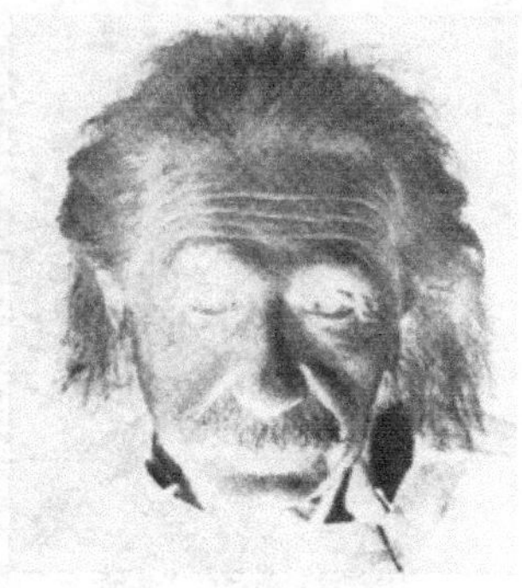
图 3-12　图像求反示例

3.2.2　线性比例变换

假设变换前图像$f(x,y)$的灰度范围为（a，b），变换后图像$g(x,y)$的灰度范围为（c，d），简单的线性比例灰度变换法可以表示为：

$$g(x,y)=\frac{d-c}{b-a}[f(x,y)-a]+c \tag{3-11}$$

其中，b和a分别是输入图像亮度分量的最大值和最小值，d和c分别是输出图像亮度分量的最大值和最小值，a和c的取值≥0。经过线性灰度变化法，图像亮度分量的线性范围从$[a,b]$变化到$[c,d]$，如图 3-13 所示。线性比例变换既可以用在整幅图像的灰度变换，也可以用在部分图像的灰度变换，例如假设原图的灰度级为 0～M，若图像中大部分像素的灰度级分布在区间$[a,b]$内，为了改善该区间的视觉效果，那么线性变化可以表示为：

$$g(x,y)=\begin{cases} c & 0\leqslant f(x,y)\leqslant a \\ \dfrac{d-c}{b-a}[f(x,y)-a]+c & a\leqslant f(x,y)\leqslant b \\ d & b\leqslant f(x,y)\leqslant M \end{cases} \tag{3-12}$$

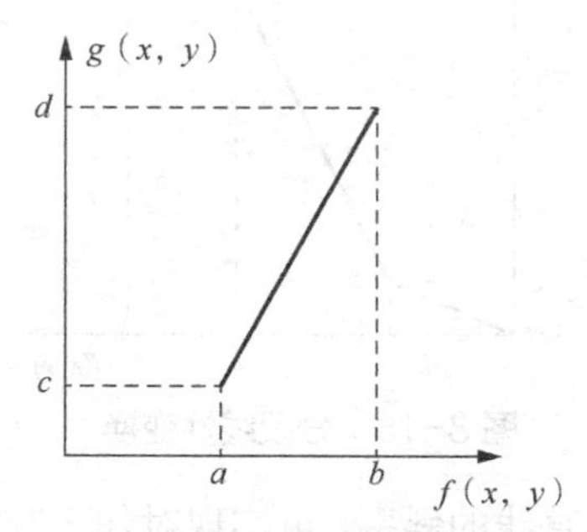

图 3-13　线性比例变换

由于人眼对灰度级别的分辨能力有限，只有当相邻像素的灰度值相差到一定程度时才能被辨别出来。所以通过线性比例变换，扩大图像的灰度分布范围，使图像中相邻像素灰度的差值增加，所以有时也称为灰度拉伸，例如在曝光不足或过度的情况下，图像的灰度可能会局限在一个很小的范围内，这时得到的图像可能是一个模糊不清、似乎没有灰度层次的图像。采用线性变换对图像中每一个像素灰度做线性拉伸，将有效改善图像视觉效果。图 3-14 所示为线性拉伸效果图。

原图

变换后的图

图 3-14　线性拉伸效果图

3.2.3　分段线性变换

为了突出图像中包含关键信息的目标或灰度区间，相对抑制那些不感兴趣的灰度区间，可采用分段线性变换，将图像灰度区间分成两段乃至多段分别作线性变换。进行变换时，把 0～255 整个灰度区间分为若干线段，每一个直线段都对应一个局部的线性变换关系。常用的 3 段线性变换如图 3-15 所示，变换公式如下：

$$g(x,y)=\begin{cases}\dfrac{c}{a}f(x,y) & 0\leqslant f(x,y)\leqslant a\\ \dfrac{d-c}{b-a}[f(x,y)-a]+c & a\leqslant f(x,y)\leqslant b\\ \dfrac{N-d}{M-b}[f(x,y)-b]+d & b\leqslant f(x,y)\leqslant M\end{cases}\tag{3-13}$$

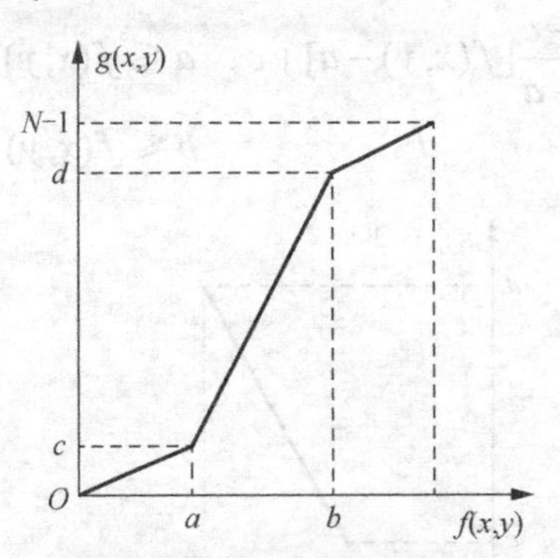

图 3-15　分段线性变换

通过调节节点的位置及分段直线的斜率，可实现对任一灰度区间尽量拉伸或压缩。所以分段线性变换可以根据用户的需要，拉伸需要识别物体的特征灰度细节。下面对一些特殊的情况进行分析。令 $k_1=c/a$，$k_2=(d-c)/(b-a)$，$k_3=(N-d)/(M-b)$，即它们分别为对应直线段的斜率。

（1）当 $k_1=k_3=0$ 时，如图 3-16（a）所示，表示对[a，b]以外的原图灰度不感兴趣，均令其为 0，而处于[a，b]之间的原图灰度，则均匀地变换成新图灰度。

（2）当 $k_1=k_2=k_3=0$，但 $c=d$ 时，如图 3-16（b）、（c）所示，表示只对[a，b]间的灰度感兴趣，指定一个较高的灰度值，而给其他部分指定一个较低的灰度值或 0 值。这种操作又称为灰度级（或窗口）切片或灰度切分。

（3）当 $k_1=k_3=1$，$c=d=N$ 时，如图 3-16（d）所示，表示在保留背景的前提下，提升[a，b]

区间像素的灰度级。它也是灰度切分的一种。

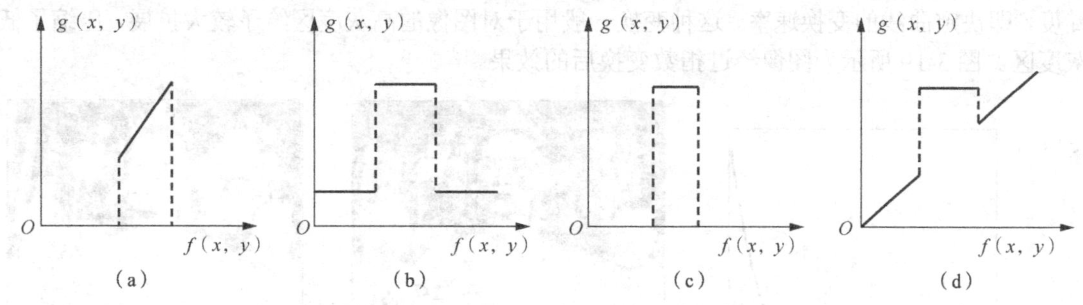

图 3-16　3 种特殊情况的分段线性变换

分段线性变换还可应用在一些特殊场合，比如阶梯量化和阈值切分。阶梯量化是指将图像灰度分阶段量化成较少的级数，获得数据量压缩的效果，但是经过阶梯量化的图像一般视觉效果相对会差一点，图像数据量（存储空间）会大大减少，经常被用在图像传输上。阶梯量化的分段线性变换和变换效果如图 3-17 所示。阈值切分是指设定一个阈值，使图像变成二值图，大于阈值的灰度变成一个值，如 255；小于阈值的灰度变成另外一个值，如 0。增强图只剩下 2 个灰度级，对比度最大但细节基本全部丢失，如图 3-18 所示。

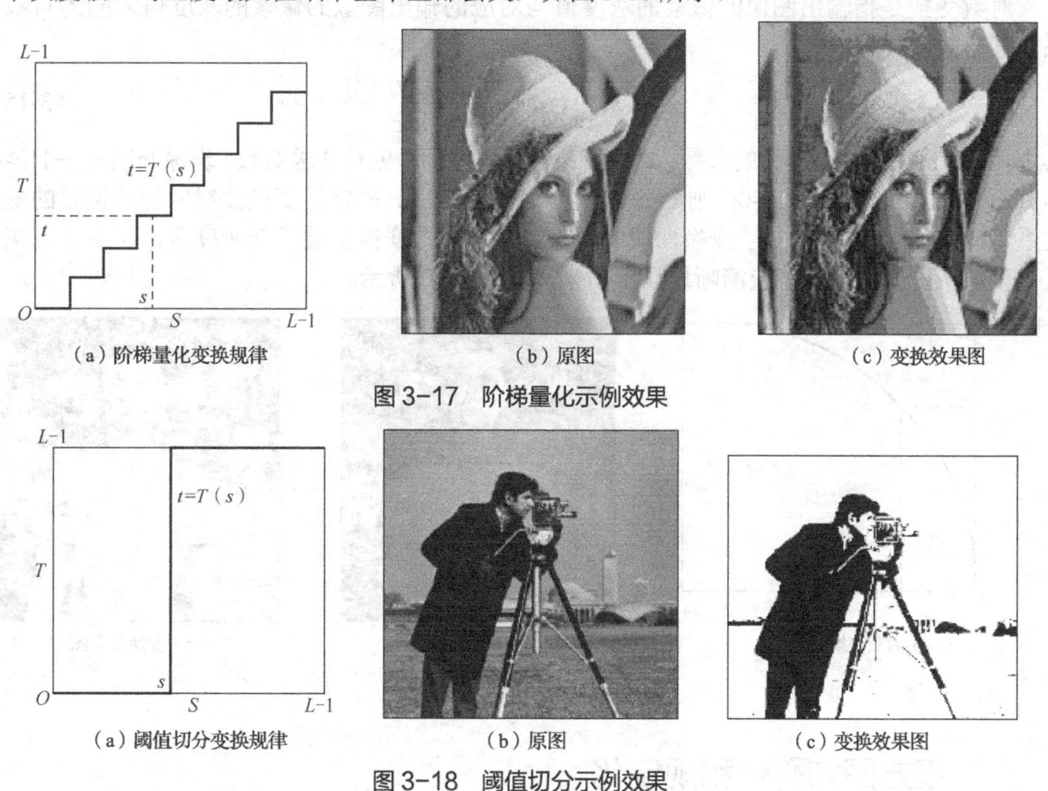

（a）阶梯量化变换规律　（b）原图　（c）变换效果图

图 3-17　阶梯量化示例效果

（a）阈值切分变换规律　（b）原图　（c）变换效果图

图 3-18　阈值切分示例效果

3.2.4　指数变换

指数变换是指输出图像的像素的灰度值与对应的输出图像的像素灰度值之间满足指数关系，其一般公式为：

$$g(x,y) = b^{c[f(x,y)-a]} - 1 \tag{3-14}$$

其中，a，b，c 是引入的参数，用来调整曲线的位置和形状。当 $f(x,y)=a$ 时，$g(x,y)=0$，此时指

数曲线交于 x 轴，由此可见参数 a 决定了指数变换曲线的初始位置；参数 c 决定了变换曲线的陡度，即决定曲线的变换速率。这种变换一般用于对图像的高灰度区给予较大扩展，压缩了低灰度区。图 3-19 所示为图像经过指数变换后的效果。

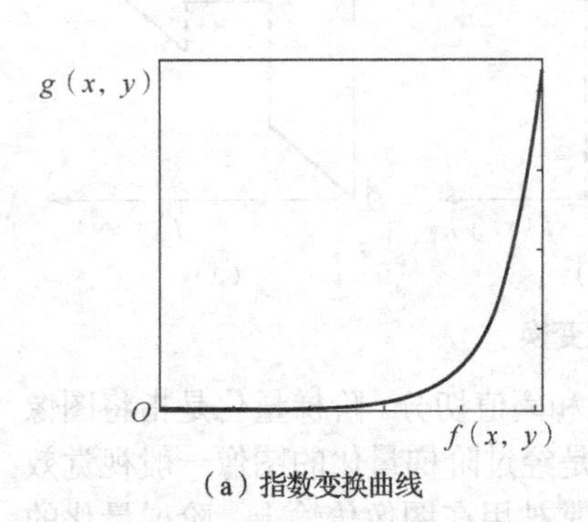

(a) 指数变换曲线

(b) 原图

(c) 变换效果图

图 3-19 指数变换示例效果

3.2.5 对数变换

对数变换是指输出图像的像素的灰度值与对应的输出图像的像素的灰度值之间为对数关系，其一般公式为：

$$g(x,y) = a + \frac{\ln[(f(x,y)+1]}{b \cdot \ln c} \tag{3-15}$$

其中，a, b, c 都是可以选择的参数，式中 $f(x,y)+1$ 是为了避免对 0 求对数，确保 $\ln[f(x,y)+1] \geqslant 0$。当 $f(x,y)=0$ 时，$\ln[f(x,y)+1]=0$，则 $y=a$，a 为 y 轴上的截距，确定了变换曲线的初始位置的变换关系，b，c 两个参数确定了变换曲线的变换速率。对数变换扩展了低灰度区，压缩了高灰度区，使低灰度区的图像能较清晰地显示出来，如图 3-20 所示。

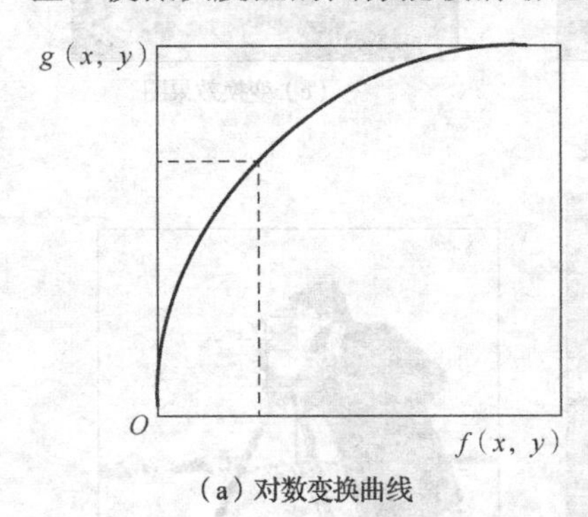

(a) 对数变换曲线

(b) 原图

(c) 变换效果图

图 3-20 对数变换示例效果

3.3 直方图均衡化和规定化

图像直方图是指一个图像像素灰度分布的统计表，其横坐标代表了图像像素的种类，可以是灰度的，也可以是彩色的；纵坐标代表了每一种灰度值（或颜色值）在图像中的像素总数或者占所有像素个数的百分比。图 3-21 所示为同一场景获得的不同图像和它们所对应的直方图。图 3-21（a）对应正常的图像，其直方图基本跨越整个灰度范围，整幅图像层次分明。图 3-21（b）对应动态范围偏小的图像，其直方图的各个值集中在灰度范围的中部。由于整幅图像反差小，看起来比较暗淡。图 3-21（c）对应动态范围比较大，但其直方图与图 3-21（a）的直方图相比整个向左移动。由于灰度值比较集中在低灰度一边，整幅图像偏暗。图 3-21（d）对应动态范围也比较大，但其直方图与图 3-21（a）的直方图相比整个向右移动。由于灰度值比较集中在高灰度一边，整幅图像偏亮，与图 3-21（c）正好相反。

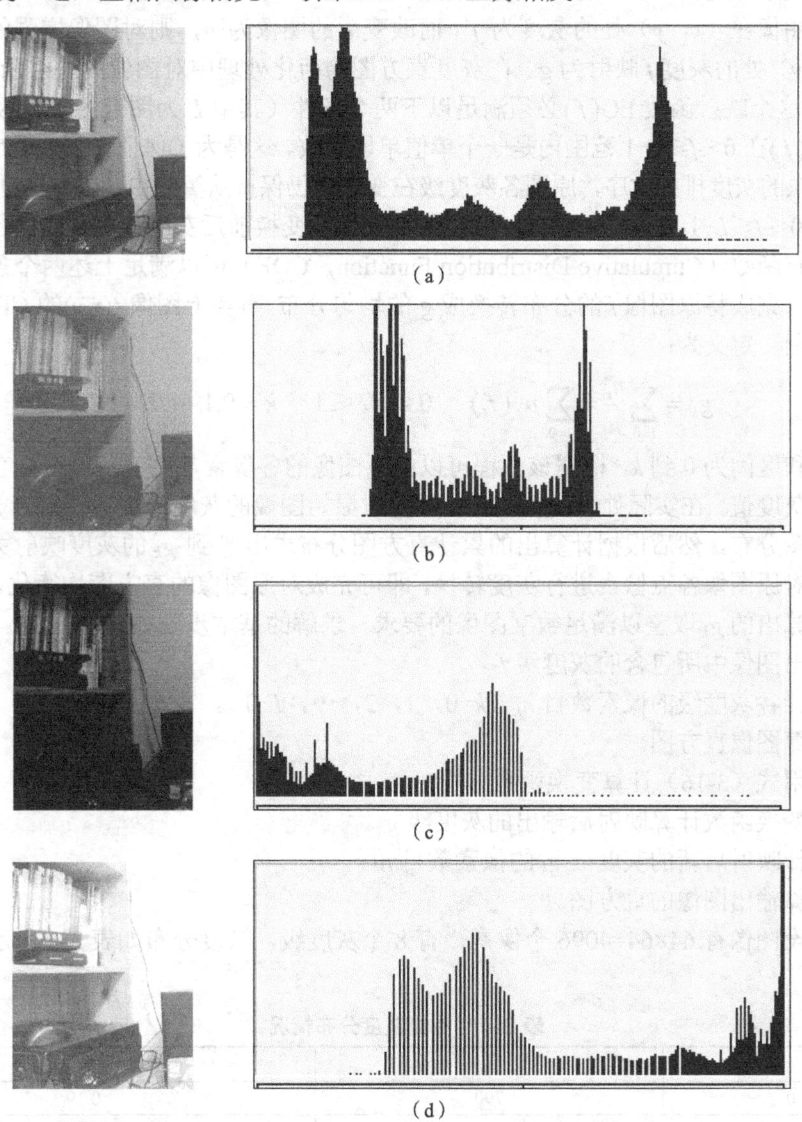

图 3-21　不同类型的图像以及直方图示例

从这些图可以看出，图像的视觉效果和其直方图具有较直接的对应关系。由于直方图反映了图像的特点，所以可以通过改变直方图的形状来达到改善视觉效果、增强图像的目的。

3.3.1　直方图均衡化

直方图均衡化（Histogram Equalization）是一种借助直方图变换实现灰度映射从而达到增强图像视觉效果目的的方法。如果一幅图像的像素的灰度级多而且分布均匀，那么这幅图像往往具有较高的对比度和多变的灰度色调。如图 3-21（a）所示，直方图均衡化的基本思想是对图像中像素个数多的灰度级进行扩展，而对图像中像素个数少的灰度进行压缩，从而扩展原图像取值的动态范围，提高了对比度和灰度色调的变化，使图像更加清晰。它的中心思想是把原始图像的灰度直方图从比较集中的某个灰度区间变成在全部灰度范围内的均匀分布。这是一种非线性拉伸，重新分配图像像素值，使一定灰度范围内的像素数量大致相同，把给定图像的直方图分布改变成“均匀”分布直方图分布。

设原始图像在（x，y）处的灰度为 f，而改变后的图像为 g，则对图像增强的方法可表述为将在（x，y）处的灰度 f 映射为 g。在灰度直方图均衡化处理中对图像的映射函数可定义为：$g=\mathrm{EQ}(f)$，这个映射函数 $\mathrm{EQ}(f)$ 必须满足以下两个条件（其中 L 为图像的灰度级数）。

（1）$\mathrm{EQ}(f)$ 在 $0\leqslant f\leqslant L-1$ 范围内是一个单值单增函数。这是为了保证增强处理后的图像没有打乱原始图像的灰度排列次序，原图各灰度级在变换后仍保持从黑到白（或从白到黑）的排列。

（2）对 $0\leqslant f\leqslant L-1$ 有 $0\leqslant g\leqslant L-1$，这个条件保证了变换前后灰度值的动态范围一致。

累积分布函数（Cumulative Distribution Function，CDF）可以满足上述两个条件，并且通过该函数可以完成将原图像 f 的分布转换成 g 的均匀分布。事实上图像 $f(x,y)$ 的 CDF 就是 $f(x,y)$ 的累积直方图，定义为：

$$g_k=\sum_{i=0}^{k}\frac{n_i}{n}=\sum_{i=0}^{k}p_f(f_i)\quad 0\leqslant f_k\leqslant 1\quad k=0,1,\cdots,L-1 \tag{3-16}$$

上述求和区间为 0 到 k，根据该方程可以由原图像的各像素灰度值直接得到直方图均衡化后各像素的灰度值。在实际处理变换时，一般先对原始图像的灰度情况进行统计分析，并计算出原始直方图分布，然后根据计算出的累计直方图分布求出 f_k 到 g_k 的灰度映射关系，按照这个映射关系对原图像各点像素进行灰度转换，即可完成对原图像的直方图均衡化。当然实际中还要对这样算出的 g_k 取整以满足数字图像的要求。求解的基本步骤如下。

（1）求出图像中所包含的灰度级 f_k。

（2）统计各灰度级的像素数目 n_k（k=0，1，2，…，L-1）。

（3）计算图像直方图。

（4）利用式（3-16）计算变换函数。

（5）用变换函数计算映射后输出的灰度级 g_k。

（6）统计映射后新的灰度级 g_k 的像素数目 n_k。

（7）计算输出图像的直方图。

例如，设图像有 64×64=4096 个像素，有 8 个灰度级，灰度分布如表 3-1 所示，求直方图均衡化。

表 3-1　图像灰度分布情况

f_k	n_k	$P(f_k)$
f_0=0	790	0.19
f_1=1/7	1023	0.25
f_2=2/7	850	0.21
f_3=3/7	656	0.16
f_4=4/7	329	0.08
f_5=5/7	245	0.06
f_6=6/7	122	0.03
f_7=1	81	0.02

利用式（3-16）计算变换函数的过程如下：

$g_0=P_f(f_0)$ =0.19

$g_1=P_f(f_0)+P_f(f_1)$=0.19+0.25= 0.44

$$g_2 = P_f(f_0) + P_f(f_1) + P_f(f_2) = 0.19+0.25+0.21= 0.65$$

$$g_3 = P_f(f_0) + P_f(f_1) + P_f(f_2) + P_f(f_3) = 0.19+0.25+0.21+0.16= 0.81$$

$$g_4= P_f(f_0) + P_f(f_1) + P_f(f_2) + P_f(f_3) + P_f(f_4)$$
$$=0.19+0.25+0.21+0.16+0.08= 0.89$$

$$g_5= P_f(f_0) + P_f(f_1) + P_f(f_2) + P_f(f_3) + P_f(f_4) + P_f(f_5)$$
$$= 0.19+0.25+0.21+0.16+0.08+0.06= 0.95$$

$$g_6= P_f(f_0) + P_f(f_1) + P_f(f_2) + P_f(f_3) + P_f(f_4) + P_f(f_5) + P_f(f_6)$$
$$= 0.19+0.25+0.21+0.16+0.08+0.06 +0.03=0.98$$

$$g_7= P_f(f_0) + P_f(f_1) + P_f(f_2) + P_f(f_3) + P_f(f_4) + P_f(f_5) + P_f(f_6) + P_f(f_7)$$
$$= 0.19+0.25+0.21+0.16+0.08+0.06 +0.03+0.02= 1$$

直方图均衡化计算如表 3-2 所示，从表中可以看到，均衡化后的灰度级仅有 5 级：$g_1 = 1/7$；$g_3 = 3/7$；$g_5 = 5/7$；$g_6 = 6/7$；$g_7 = 1$。f_k 和 g_k 的对应关系为：$f_0 \to g_1$；$f_1 \to g_3$；$f_2 \to g_5$；f_3 和 $f_4 \to g_6$；f_5、f_6、$f_7 \to g_7$。原图像直方图和均衡化后的直方图如图 3-22 所示。

表 3-2　直方图均衡化计算列表

f_k	n_k	$P(f_k)$	g_k 计算	g_k 舍入	$P(g_k)$
$f_0=0$	790	0.19	0.19	1/7	0.19
$f_1=1/7\approx0.14$	1023	0.25	0.44	3/7	0.25
$f_2=2/7\approx0.29$	850	0.21	0.65	5/7	0.21
$f_3=3/7\approx0.43$	656	0.16	0.81	6/7	0.24
$f_4=4/7\approx0.57$	329	0.08	0.89	6/7	
$f_5=5/7\approx0.72$	245	0.06	0.95	1	0.11
$f_6=6/7\approx0.86$	122	0.03	0.98	1	
$f_7=1$	81	0.02	1.00	1	

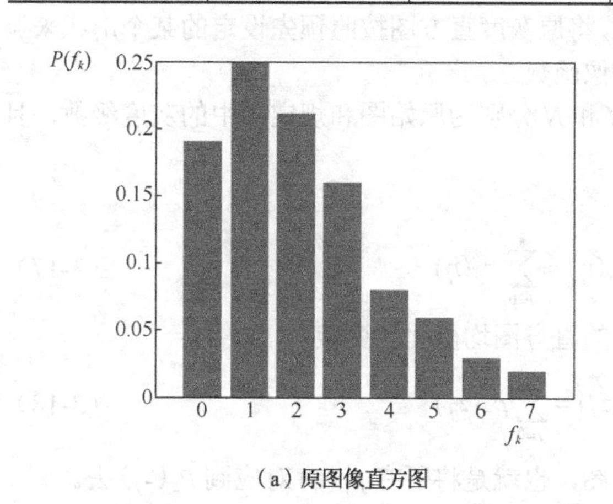

（a）原图像直方图

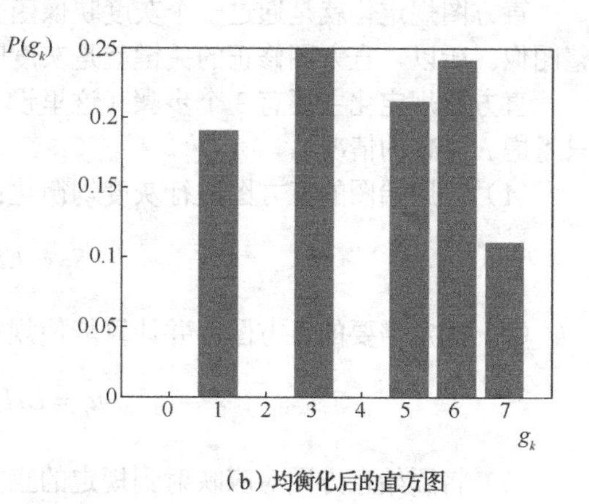

（b）均衡化后的直方图

图 3-22　直方图均衡化示例

直方图均衡化方法对背景和前景都太亮或者太暗的图像非常有用。这种方法可以更好地显示 X 射线图像中骨骼的结构以及曝光过度或者曝光不足照片中的细节。这种方法的主要优势是：它是一个相当直观的技术并且是可逆操作，如果已知均衡化函数，那么就可以恢复原始的直方图，并且计算量也不大。但是这种方法的缺点是：它对处理的数据不加选择，可能会增加背景噪声的对比度并且降低有用信号的对比度；变换后图像的灰度级减少，某些细节消失；某些图像（如高峰的直方图）经处理后峰谷不明显。图 3-23 所示为经过直方图均衡化前后的图像和直方图对比。

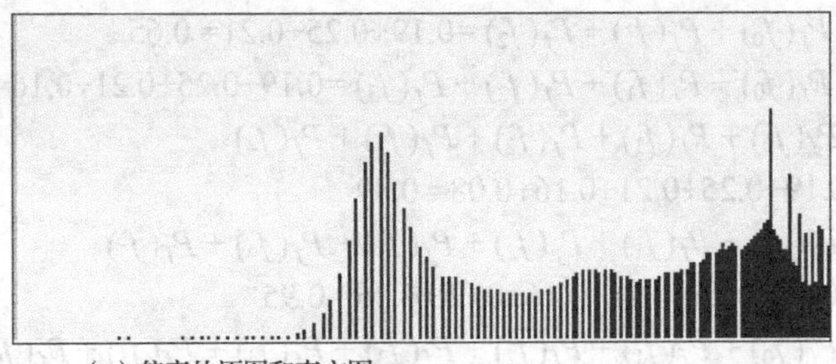

（a）偏亮的原图和直方图

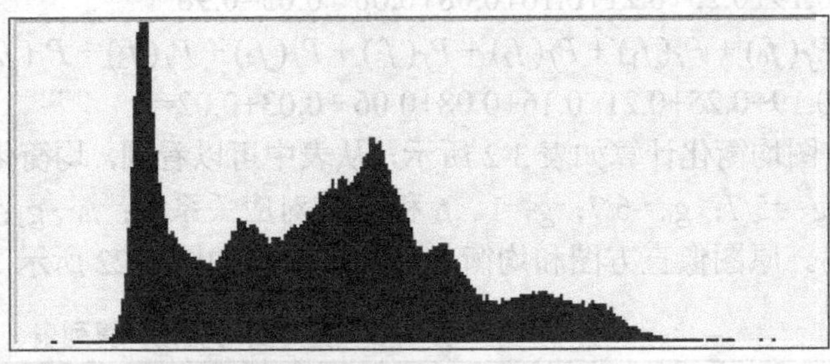

（b）直方图均衡化后的图和直方图

图 3-23 直方图均衡化示例

3.3.2 直方图规定化

直方图均衡化能够自动增强整个图像的对比度，但它的增强效果不容易被控制，处理的结果也总是得到全局均匀化的直方图。而实际上我们有时需要变换直方图，使之成为某个特定的形状，从而有选择地增强某个灰度值范围内的对比度。这时我们可以采用比较灵活的直方图规定化。一般来说，正确地选择规定化的函数可以获得比直方图均衡化更好的效果。

直方图规定化就是通过一个灰度映像函数，将原灰度直方图按照预先设定的某个形状来调整图像。所以，直方图修正的关键就是灰度映像函数。

直方图规定化主要有 3 个步骤（这里设 M 和 N 分别为原始图和规定图中的灰度级数，且只考虑 $N \leqslant M$ 的情况）。

（1）对原始图的直方图进行灰度均衡化：

$$S_k = EH_r(r_i) = \sum_{i=0}^{k} p_r(r_i) \tag{3-17}$$

（2）规定需要的直方图，并计算能使规定的直方图均衡化的变换：

$$u_l = EH_z(z_j) = \sum_{j=0}^{l} p_z(z_j) \tag{3-18}$$

（3）将原始直方图对应映射到规定的直方图，也就是将所有 $p_r(r_i)$ 对应到 $p_z(z_j)$ 去。

直方图规定化的基本思想：设 $P_r(r)$ 和 $P_z(z)$ 分别表示原始图像和目标图像灰度分布的概率密度函数，直方图规定化就是建立 $P_r(r)$ 和 $P_z(z)$ 之间的联系。首先对原始图像进行直方图均衡化处理，即求变换函数：

$$s = T(r) = \int_0^r P_r(\omega)\mathrm{d}\omega \tag{3-19}$$

对目标图像用同样的变换函数进行均衡化处理，即：

$$u = G(z) = \int_0^z P_z(\omega)\mathrm{d}\omega \tag{3-20}$$

原始图像和目标图像做了同样的均衡化处理，所以 $P_s(s)$ 和 $P_u(u)$ 具有同样的均匀密度。变换函数的逆过程为：

$$Z=G^{-1}(u) \tag{3-21}$$

用原始图像得到的均匀灰度级 s 来代替逆过程中的 u，结果灰度级就是所要求的概率密度函数 $P_z(z)$的灰度级，即：

$$Z=G^{-1}(u)= G^{-1}(s) \tag{3-22}$$

例如，图 3-24 所示为原始直方图和规定化直方图。下面介绍直方图规定化的求解过程。

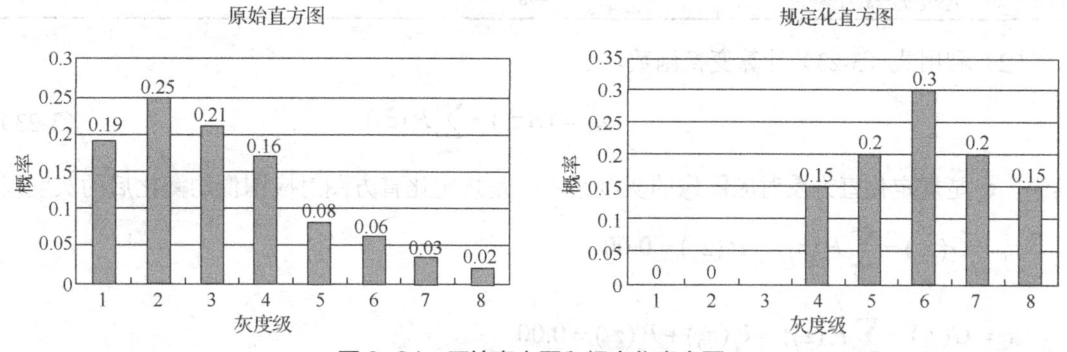

图 3-24 原始直方图和规定化直方图

假设图像为 64×64 像素，灰度级为 8（从图 3-24 中可以看到）。原始直方图和规定化直方图的数值分别列于表 3-3 和表 3-4 中。r_k、z_k 为灰度级，n_k 为像素数目，P_r 和 P_z 为灰度分布概率。

表 3-3 原始直方图数据

r_k	n_k	$P_r(r_k)$
$r_0=0$	790	0.19
$r_1=1/7$	1023	0.25
$r_2=2/7$	850	0.21
$r_3=3/7$	656	0.16
$r_4=4/7$	329	0.08
$r_5=5/7$	245	0.06
$r_6=6/7$	122	0.03
$r_7=1$	81	0.02

表 3-4 规定的直方图数据

z_k	$P_z(z_k)$
$z_0=0$	0.19
$z_1=1/7$	0.25
$z_2=2/7$	0.21
$z_3=3/7$	0.16
$z_4=4/7$	0.08
$z_5=5/7$	0.06
$z_6=6/7$	0.03
$z_7=1$	0.02

（1）首先对原始直方图进行均衡化，均衡化过程参见前面章节，均衡化后的结果如表 3-5 所示，s_k 为均衡化处理后的灰度级。

表 3–5　对表 3–3 均衡化处理的直方图数据

$r_t \to s_k$	n_k	$P_r(r_k)$
$r_0 \to s_0$=1/7	790	0.19
$r_1 \to s_1$=3/7	1023	0.25
$r_2 \to s_2$=5/7	850	0.21
$r_3+r_4 \to s_3$=6/7	985	0.24
$r_5+r_6+r_7 \to s_4$=1	448	0.11

（2）利用式（3-23）计算变换函数。

$$u_k = G(z_k) = \sum_{j=0}^{k} P_z(z_j) \tag{3-23}$$

其中，z_k 是规定化直方图对应图像的灰度级，u_k 是规定化直方图对应图像均衡化后的灰度级。

$$u_0 = G(z_0) = \sum_{j=0}^{0} P_z(z_j) = P_z(z_0) = 0.00$$

$$u_1 = G(z_1) = \sum_{j=0}^{1} P_z(z_j) = P_z(z_0) + P_z(z_1) = 0.00$$

$$u_2 = G(z_2) = \sum_{j=0}^{2} P_z(z_j) = P_z(z_0) + P_z(z_1) + P_z(z_2) = 0.00$$

$$u_3 = G(z_3) = \sum_{j=0}^{3} P_z(z_j) = P_z(z_0) + P_z(z_1) + P_z(z_2) + P_z(z_3) = 0.15$$

$$u_4 = G(z_4) = \sum_{j=0}^{4} P_z(z_j) = 0.35$$

$$u_5 = G(z_5) = \sum_{j=0}^{5} P_z(z_j) = 0.65$$

$$u_6 = G(z_6) = \sum_{j=0}^{6} P_z(z_j) = 0.85$$

$$u_7 = G(z_7) = \sum_{j=0}^{7} P_z(z_j) = 1$$

（3）用直方图均衡化中的 s_k 进行 G 的逆变换，求：

$$z_k = G^{-1}(s_k) \tag{3-24}$$

然后找出 s_k 与 $G(z_k)$的最接近值，例如 s_0=1/7≈0.14，与它最接近的是 $G(z_3)$=0.15，所以用这种方法可得到下列变换值：

$$s_0 = \frac{1}{7} \to z_3 = \frac{3}{7} \quad s_1 = \frac{3}{7} \to z_4 = \frac{4}{7}$$

$$s_2 = \frac{5}{7} \to z_5 = \frac{5}{7} \quad s_3 = \frac{6}{7} \to z_6 = \frac{6}{7}$$

$$s_4 = 1 \to z_7 = 1$$

（4）用式（3-25）找出 r 与 z 的映射关系，如图 3-25 所示。根据这些映射重新分配像素灰度级，可得到对原始图像直方图规定化增强的最终结果。

$$z = G^{-1}[T(r)] \tag{3-25}$$

$$r_0 = 0 \rightarrow z_3 = \frac{3}{7} \quad r_1 = \frac{1}{7} \rightarrow z_4 = \frac{4}{7}$$

$$r_2 = \frac{2}{7} \rightarrow z_5 = \frac{5}{7} \quad r_3 = \frac{3}{7} \rightarrow z_6 = \frac{6}{7}$$

$$r_4 = \frac{4}{7} \rightarrow z_6 = \frac{6}{7} \quad r_5 = \frac{5}{7} \rightarrow z_7 = 1$$

$$r_6 = \frac{6}{7} \rightarrow z_7 = 1 \quad r_7 = 1 \rightarrow z_7 = 1$$

z_k		r_k	n_k	$P_z(z_k)$
$z_0=0$		0	0	0.00
$z_1=1/7$		1/7	0	0.00
$z_2=2/7$		2/7	0	0.00
$z_3=3/7$ →	$s_0=1/7$	3/7	790	0.19
$z_4=4/7$ →	$s_1=3/7$	4/7	1023	0.25
$z_5=5/7$ →	$s_2=5/7$	5/7	850	0.21
$z_6=6/7$ →	$s_3=6/7$	6/7	985	0.24
$z_7=1$ →	$s_4=1$	1	448	0.11

图 3-25 找出 r 与 z 的映射关系

3.4 空域滤波增强

空域滤波是指使用空域模板进行的图像处理，模板本身被称为空域滤波器。空域滤波的原理就是在待处理的图像中逐点地移动模板，通过事先定义的滤波器系数与滤波模板扫描区域的相应像素值进行运算，从而得到增强的图像。空域滤波器可按照以下关系进行分类。

（1）从数学形态上，空域滤波器分为线性滤波器和非线性滤波器：典型的线性滤波器如邻域平均法；典型的非线性滤波器如中值滤波、最大最小值滤波。

（2）从处理效果上，空域滤波器分为平滑空域滤波器和锐化空域滤波器：平滑空域滤波器用于模糊处理和减小噪声，经常在图像的预处理中使用；锐化空域滤波器主要用于突出图像中的细节或者增强被模糊了的细节。

空域滤波是在图像空间通过邻域操作完成的，实现的方式大多是利用模板（窗）进行卷积来进行，实现的基本步骤为：①将模板中心与图中某个像素位置重合；②将模板的各个系数与模板下各对应像素的灰度值相乘；③将所有乘积相加，再除以模板的系数个数；④将上述运算结果赋给图中对应模板中心位置的像素。

图 3-26（a）给出 1 幅图像中的一部分，其中所标为一些像素的灰度值。现设有 1 个 3×3 的模板，如图 3-26（b）所示，模板内标的为模板系数。如将 k_0 所在位置与图中灰度值为 s_0 的像素重合[即将模板中心放在图中（x，y）位置]，则模板卷积的输出响应 R 为：

$$R=k_0s_0+k_1s_1+\cdots+k_8s_8 \tag{3-26}$$

然后将 R 赋给增强图，作为在（x，y）位置的灰度值，如图 3-26（c）所示。如果对原图每个像素都这样进行操作就可得到增强图所有位置的新灰度值。如果在设计滤波器时给各个 k 赋不同的值，就可得到不同的增强效果。

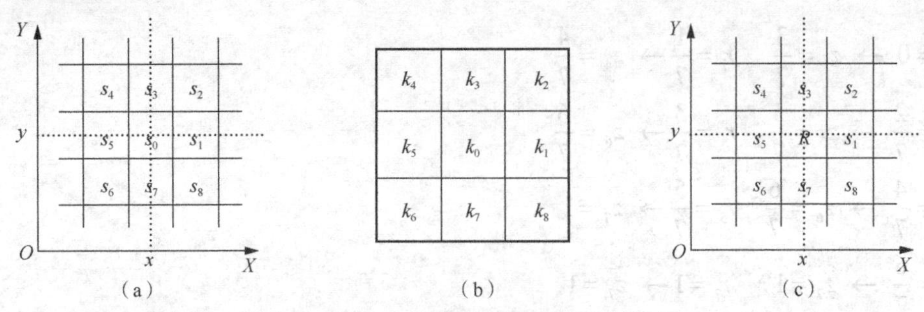

（a） （b） （c）

图 3-26 用 3×3 的模板进行空域滤波示例

3.4.1 均值滤波

均值滤波是典型的线性滤波算法，其采用的主要方法为邻域平均法。这种方法的基本思想是用几个像素灰度的平均值来代替一个像素原来的灰度值，实现图像的平滑。在图 3-27（a）所示的图像中，为了获取图像中 $f(x,y)$对应像素的新值，新开一个 $M×N$ 的窗口 S，可以根据窗口内各点的灰度来确定 $f(x,y)$的新值，一般把该窗口 S 就称为 $f(x,y)$的邻域，所以均值滤波也称为邻域平均法。邻域的大小和形状可以根据实际需要而定，一般有正方形、长方形、十字形等，如图 3-27（b）～（d）所示。假设对应 $f(x,y)$像素的新值为 $g(x,y)$，则均值滤波的计算公式为：

$$g(x,y)=\frac{1}{M\times N}\sum_{(i,j)\in S}f(i,j) \tag{3-27}$$

其中，S 为邻域。

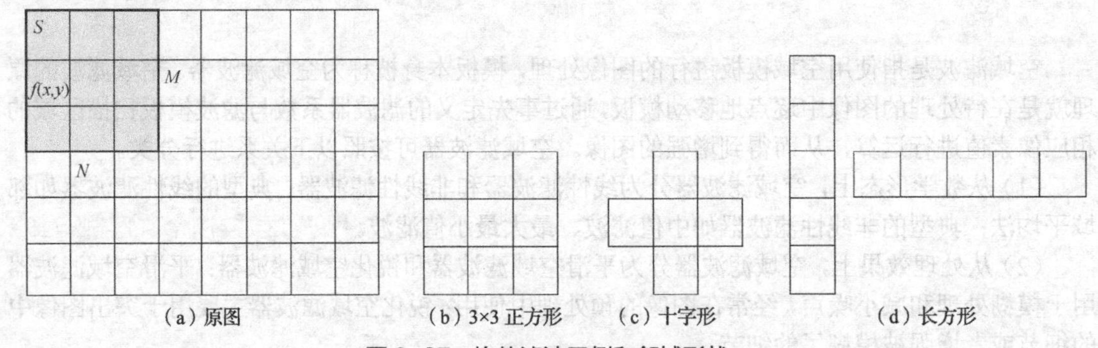

（a）原图 （b）3×3 正方形 （c）十字形 （d）长方形

图 3-27 均值滤波示例和邻域形状

均值滤波（邻域平均法）常见的方法有简单平均法和加权平均法。简单平均法为我们常见的线性滤波，而加权平均法可以看作非线性滤波方式。

1. 简单平均法

设图像像素的灰度值为 $f(x,y)$，取以其为中心的 $M×N$ 大小的窗口，用窗口内各像素灰度平均值代替 $f(x,y)$的值，见式（3-28）：

$$\overline{f}(x,y)=\frac{1}{M\times N}\sum_{(u,v)\in S}f(u,v) \tag{3-28}$$

其中，S 为 $M×N$ 的邻域窗口。M 和 N 值的大小对计算速度有直接影响，且 M 与 N 值越大，变换后的图像越模糊，特别是在边缘和细节处，所以 M 和 N 的值不宜过大，即窗口（模板）内各个系数均为 1，如图 3-28 所示的 3×3 模板（窗口）。

k_4	k_3	k_2
k_5	k_0	k_1
k_6	k_7	k_8

1	1	1
1	1	1
1	1	1

图 3-28　简单平均均值滤波模板示例

所以式（3-27）可以表示为：

$$g(x,y)=\frac{1}{M\times N}\sum_{i=0}^{M\times N-1}k_i s_i \tag{3-29}$$

其中，$g(x,y)$为（x，y）位置像素对应均值滤波后的新值，$M\times N$为模板的大小，k_i为模板系数，s_i为对应像素的原灰度值。图 3-29 和图 3-30 所示为分别利用 3×3、5×5、7×7 模板对带有椒盐噪声和高斯噪声的图像进行均值滤波。从图 3-29 和图 3-30 中的图（b）～（d）可以看出，均值滤波随着模板大小的增加，噪声去除的效果也在不断提高，同时图像的模糊程度也随之提高，所以在实际应用中，我们应根据实际情况选择合适的模板。

（a）带椒盐噪声的原图

（b）3×3 模板的均值滤波

（c）5×5 模板的均值滤波

（d）7×7 模板的均值滤波

图 3-29　均值滤波处理带椒盐噪声图像示例

（a）带高斯噪声的原图　（b）3×3 模板的均值滤波

（c）5×5 模板的均值滤波　（d）7×7 模板的均值滤波

图 3-30　均值滤波处理带高斯噪声图像示例

2. 加权平均法

很多学者认为如果简单进行邻域平均，并没有考虑邻域像素对被求解像素的影响程度，因此提出加权平均法。加权平均法就是对不同位置的系数采用不同的数值，接近模板中心的系数比较大而模板边界附近的系数比较小。图 3-28 所示为 3×3 加权平均模板。处于该模板中心位置的像素所乘的值比其他任何像素所乘的值都大，因此在均值计算时模板中心位置的像素的贡献最大。由于对角项和中心点的距离（单位为$\sqrt{2}$）比正交方向相邻像素和中心的距离（单位为 1）更远，所以它的权重比与中心直接相邻的像素更小。赋予中心点最高权重，然后随着距中心点距离的增加而减小系数值的加权策略的目的是在平滑处理中试图降低模糊程度。在应用时可以根据这个原则来确定模板的系数，但是图 3-31 所示的模板是常用的模板，这是因为该模板中所有系数的和等于 16，是 2 的整数次幂，对计算机计算来说这是一个非常有吸引力的特性。图 3-32 所示为利用图 3-31 的模板进行加权均值滤波的效果示例。

1	2	1
2	4	2
1	2	1

图 3-31　加权平均法模板示例

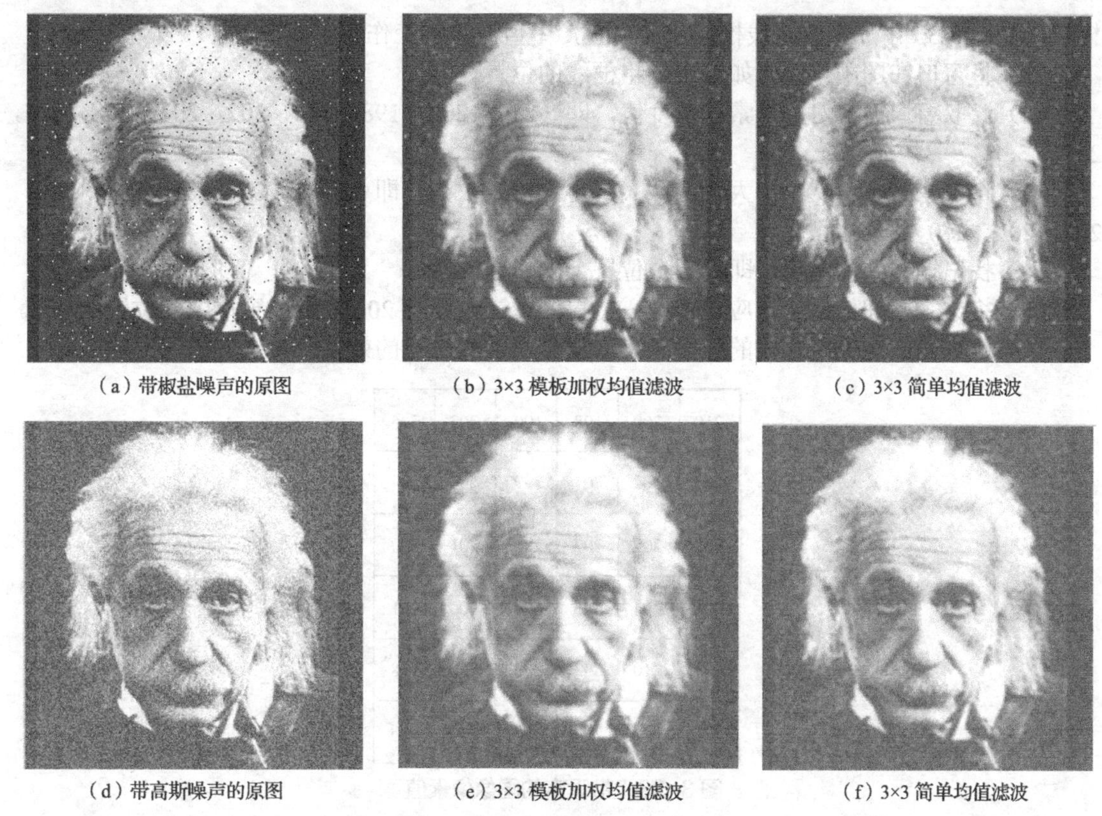

（a）带椒盐噪声的原图 （b）3×3 模板加权均值滤波 （c）3×3 简单均值滤波

（d）带高斯噪声的原图 （e）3×3 模板加权均值滤波 （f）3×3 简单均值滤波

图 3-32 加权均值滤波与简单均值对比

从图 3-28 中可以看出，同样是 3×3 模板，利用加权均值滤波的效果比简单均值滤波的效果好，特别是对被椒盐噪声污染的图像。因为椒盐噪声属于脉冲型分布，所以没有被噪声污染的像素由于自身所获的权重比较大，邻域中即便存在噪声点也会被平滑；而高斯噪声自身是高斯均匀分布，所以利用加权均值滤波的优势并没有那么明显。

3.4.2 中值滤波

邻域平均法是低通滤波的处理方法，在抑制噪声的同时使图像变得模糊，即图像的细节被削弱。如果既要消除噪声又想更好地保持细节，可以使用中值滤波。中值滤波法是一种非线性平滑技术，它将每一像素的灰度值设置为该点某邻域窗口内的所有像素灰度值的中值。

中值滤波是基于排序统计理论的一种能有效抑制噪声的非线性信号处理技术，它的基本原理是用某种形状的窗口（或模板），将模板内像素按照像素值的大小进行排序，生成单调上升（或下降）的数据序列，然后用该数据序列中间位置的值代替被求位置点的值，从而消除孤立的噪声点。中值滤波也是一种典型的低通滤波器，主要用来抑制脉冲噪声，它能彻底滤除尖波干扰噪声，同时又能较好地保护目标图像边缘。设增强图像在（x，y）点的原灰度值为$f(x,y)$，经过中值滤波后在对应位置(x,y)的灰度值为$g(x,y)$，则有：

$$g(x,y)=\text{median}\{f(x-k,y-l),k,l\in W\} \tag{3-30}$$

其中，W 为选定窗口大小，通常为 3×3 和 5×5 区域，也可以是不同的形状，如线状、圆形、十字形、圆环形等，通常采用一个含奇数个点的滑动窗口。对奇数个元素，中值为大小排序后中间的数值；对偶数个元素，中值为排序后中间两个元素灰度值的平均值。

如图 3-33 所示，灰色填充的几个像素值明显比周围邻域像素值大，假设利用 3×3 的滤波模板，如图 3-33 中加粗的框线框起来的窗口，中值滤波的工作步骤如下。

（1）将窗口在图中移动，如图中加粗框线的位置。

（2）读取窗口内各对应像素的灰度值，即（210，200，198，206，302，201，208，205，207）。

（3）将这些灰度值从小到大（或从大到小）排成 1 列，即（198，200，201，205，206，207，208，210，302）。

（4）找出排在中间的值，即第 5 个位置上的值 206。

（5）将这个中间值赋给对应窗口中心位置的像素，即把 206 替换成窗口中间位置的 302。

这样就把 302 这个明显大的值去除了，达到消除噪声点的效果。

210	200	198	190	203	305
206	302	201	199	200	204
208	205	207	298	201	300
206	204	205	199	200	201
209	210	333	205	210	198
201	205	204	197	200	208

图 3-33 带噪声的图像像素值

从图 3-34 和图 3-35 中可以看出，中值滤波法对消除椒盐噪声非常有效，效果比均值滤波明显，但是对于高斯噪声来说，中值滤波和均值滤波的效果相差不大。中值滤波在光学测量条纹图像的相位分析处理方法中有特殊作用，但在条纹中心分析方法中作用不大，在图像处理中常用于保护边缘信息，是经典的平滑噪声的方法。

（a）原图

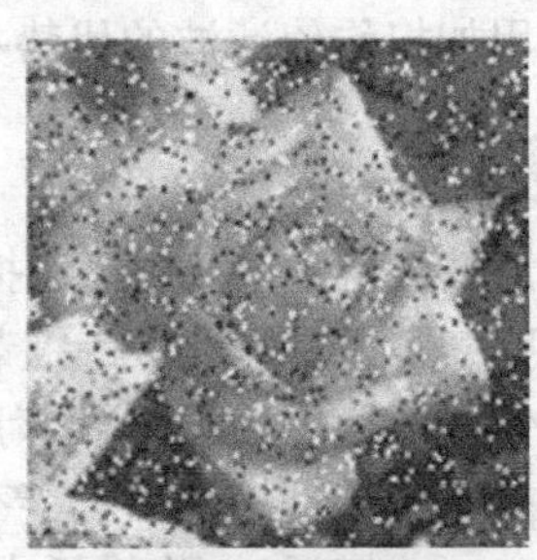

（b）加椒盐噪声

（c）均值滤波结果

（d）中值滤波结果

图 3-34 均值滤波和中值滤波对比示例 1

（a）原图　（b）加高斯噪声

（c）均值滤波结果　（d）中值滤波结果

图 3-35　均值滤波和中值滤波对比示例 2

3.4.3　锐化空域滤波

锐化处理的目的是突出灰度的过渡部分。在图像中，物体和物体之间或物体和背景之间的交界处称为边界、边缘或轮廓。边界区域的灰度是突变或不连续的。物体图像的特征是以轮廓、边缘等形式反映出来的，对图像目标进行机器识别，首要的任务就是依据图像边界的灰度特征，对物体、目标、背景进行分割，以便之后的分析、识别、检测。图像模糊的实质是受到平均或积分处理，使图像中的边界、轮廓处的灰度突变减小，图像特征削弱。为了提高图像的清晰度，有利于图像的机器或人工识别，对图像的轮廓进行补偿所采用的技术称为锐化，或称为边缘增强。图像模糊可通过邻域平均法实现，均值处理与积分类似，从数学的观点来看，考察某区域内灰度的变化就是微分的概念。微分值大，表明灰度的变化率大，边缘明显、清晰；相反，微分值小，表示灰度的变化率小，边缘就变模糊。当微分值等于 0 时，表示灰度无变化。

利用微分运算可以锐化图像。图像处理中最常用的微分方法是利用梯度。对于 1 个连续函数 $f(x,y)$，其梯度是 1 个矢量，用 2 个模板分别沿 x 和 y 方向计算微分的结果构成为：

$$\nabla f=\left[\frac{\partial f}{\partial x}\quad \frac{\partial f}{\partial y}\right]^{\mathrm{T}} \tag{3-31}$$

其模以 2 为范数，模计算（对应欧氏距离）为：

$$\left|\nabla f_{(2)}\right|=\mathrm{mag}(\nabla f)=\left[\left(\frac{\partial f}{\partial x}\right)^2+\left(\frac{\partial f}{\partial y}\right)^2\right]^{1/2} \tag{3-32}$$

在实际中，为了计算方便也可采用以 1 为范数（城区距离），如式（3-33）所示；以∞为范数（棋盘距离），如式（3-34）所示。

$$\left|\nabla f_{(1)}\right|=\left|\frac{\partial f}{\partial x}\right|+\left|\frac{\partial f}{\partial y}\right| \tag{3-33}$$

$$|\nabla f_{(\infty)}| = \max\left\{ \left|\frac{\partial f}{\partial x}\right|, \left|\frac{\partial f}{\partial y}\right| \right\} \tag{3-34}$$

还有更多其他方法可以进行简化计算，例如 Roberts 算子、Sobel 算子和 Laplacian 算子等，具体内容可参见 6.3 节。

一旦计算梯度的算法确定，有许多方法可以使图像轮廓突出显示，假设 $g(x,y)$表示锐化后图像，$f(x,y)$为原始图像，$G[f(x,y)]$为梯度图像函数，最简单的方法就是令(x,y)点上锐化后图像函数 $g(x,y)$值等于原始图像 $f(x,y)$在该点的梯度值，即：

$$g(x,y)= G[f(x,y)] \tag{3-35}$$

此方法的缺点是处理后的图像仅显示出轮廓，灰度平缓变化的部分由于梯度值较少而显得很黑。

第二种是选择适当非负门限值 T，大于 T 的部分用梯度值表示，其余部分仍然保留原值，这样就可以使图像上某些主要轮廓得以突出，而背景保留。

$$g(x,y)=\begin{cases} G[f(x,y)] & G[f(x,y)]>T \\ f(x,y) & \text{其他} \end{cases} \tag{3-36}$$

其中，T 为门限值或阈值。

第三种是背景保留，轮廓取单一灰度值，即：

$$g(x,y)=\begin{cases} LG & G[f(x,y)]>T \\ f(x,y) & \text{其他} \end{cases} \tag{3-37}$$

式中，LG 是根据需要而指定的一个灰度级。在这种图像中，有效边缘是用一个固定的灰度级表征的。

第四种是轮廓保留，背景取单一灰度值，即：

$$g(x,y)=\begin{cases} G[f(x,y)] & G[f(x,y)]>T \\ LB & \text{其他} \end{cases} \tag{3-38}$$

其中，LB 是给背景指定的灰度级。

第五种是轮廓、背景分别取单一灰度值，即二值化。

$$g(x,y)=\begin{cases} LG & G[f(x,y)]>T \\ LB & \text{其他} \end{cases} \tag{3-39}$$

其中，LG 是给轮廓指定的灰度级，LB 是给背景指定的灰度级。

3.5 频域滤波增强

频域滤波增强方法就是把图像从空域变换到频域，然后在频域上进行分析处理，最后再变换回到空域的一种图像增强方法。它的基本原理是让图像在变换域某个范围内的分量受到抑制而让其他分量不受影响，从而改变输出图像的频率分布，达到增强图像的目的。

卷积理论是频域技术的基础。设函数 $f(x,y)$与线性位不变算子 $h(x,y)$的卷积结果是 $g(x,y)$，即 $g(x,y)= h(x,y)\cdot f(x,y)$，那么根据卷积定理在频域有：

$$G(u,v)= H(u,v)\cdot F(u,v) \tag{3-40}$$

其中，$G(u,v)$、$H(u,v)$、$F(u,v)$分别是 $g(x,y)$、$h(x,y)$、$f(x,y)$的傅里叶变换，$H(u,v)$称为转移函数或滤波器函数。

在具体的增强应用中，$f(x,y)$是给定的[所以 $F(u,v)$可利用变换得到]，需要确定的是 $H(u,v)$，这样具有所需特性的 $g(x,y)$ 就可由式（3-40）算出的 $G(u,v)$ 而得到：

$$g(x,y)=F^{-1}[H(u,v)\cdot F(u,v)] \tag{3-41}$$

所以，频域滤波增强的主要步骤如下。

（1）对原始图像 $f(x,y)$ 进行傅里叶变换得到 $F(u,v)$。

（2）将 $F(u,v)$ 与转移函数 $H(u,v)$ 进行卷积运算得到 $G(u,v)$。

（3）将 $G(u,v)$ 进行傅里叶逆变换得到增强图 $g(x,y)$。

图像中的边缘、图像灰度急剧变换之处以及噪声等对应图像傅里叶变换的高频部分，图像中灰度值缓慢变化的区域对应图像傅里叶变换的低频部分。因此可以通过在频域中对图像的特定频率范围进行衰减以实现图像的增强。一般也将 $H(u,v)$ 称为滤波器传递函数。在以下的讨论中，仅考虑传递函数 $H(u,v)$ 对频域图像 $F(u,v)$ 的实部和虚部影响完全相同，这种滤波器称为零相移滤波器。$g(x,y)$ 可以突出 $f(x,y)$ 某一方面的特征，如利用传递函数 $H(u,v)$ 突出高频分量，以增强图像的边缘信息，即高通滤波；如果突出低频分量，就可以使图像显得比较平滑，即低通滤波。

3.5.1 频域低通滤波

频域低通滤波是对图像特定频率范围内的高频成分进行衰减或截断而实现图像的平滑处理。

1. 理想低通滤波器

一个理想的二维低通滤波器可以“截断”傅里叶变换中的所有高频成分。理想的二维低通滤波器的传递函数如下：

$$H(u,v)=\begin{cases}1 & 如\ \ D(u,v)\leqslant D_0\\ 0 & 如\ \ D(u,v)>D_0\end{cases} \tag{3-42}$$

其中，D_0 为截断频率，是一个非负整数，$D(u,v)$ 是从点 (u,v) 到频率平面原点的距离，即

$$D(u,v)=\sqrt{u^2+v^2} \tag{3-43}$$

图 3-36（a）给出 $H(u,v)$ 的 1 个剖面图（设 D 关于原点对称），图 3-36（b）给出 $H(u,v)$ 的 1 个透视图。这里“理想”是指小于 D_0 的频率可以完全不受影响地通过滤波器，而大于 D_0 的频率则完全通不过，因此 D_0 叫截断频率。尽管理想低通滤波器在数学上定义得很清楚，在计算机模拟中也可实现，但在截断频率处直上直下的理想低通滤波器，实际的电子器件是不能实现的。

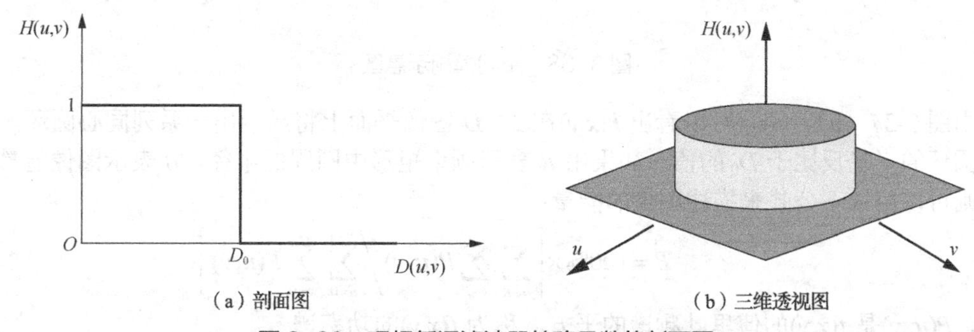

（a）剖面图　　（b）三维透视图

图 3-36　理想低通滤波器转移函数的剖面图

使用理想低通滤波器时，输出的图像会变得比较模糊和出现“振铃（ring）”现象，如图 3-37 所示。这可以借助卷积定理来解释。为方便解释，考虑一维（1D）～D 的情况，对 1 个理想低通滤波器，其 $h(x)$ 的一般形式可由求式（3-42）的傅里叶逆变换得到，其曲线可见图 3-38

（a）。现假设$f(x)$是1幅只有1个亮像素的简单图像，如图3-38（b）所示。这个亮点可看作1个脉冲的近似。在这种情况下，$h(x)$和$f(x)$的卷积实际上是把$h(x)$曲线的中心复制到$f(x)$中亮点的位置。比较图3-38（b）和图3-38（c）可明显看出卷积使原来清晰的点被模糊函数模糊了。对更为复杂的原始图像，如认为其中每个灰度值不为零的点都可看作1个其值正比于该点灰度值的亮点，整幅图像由这些亮点组合而成，则上述结论仍可成立。

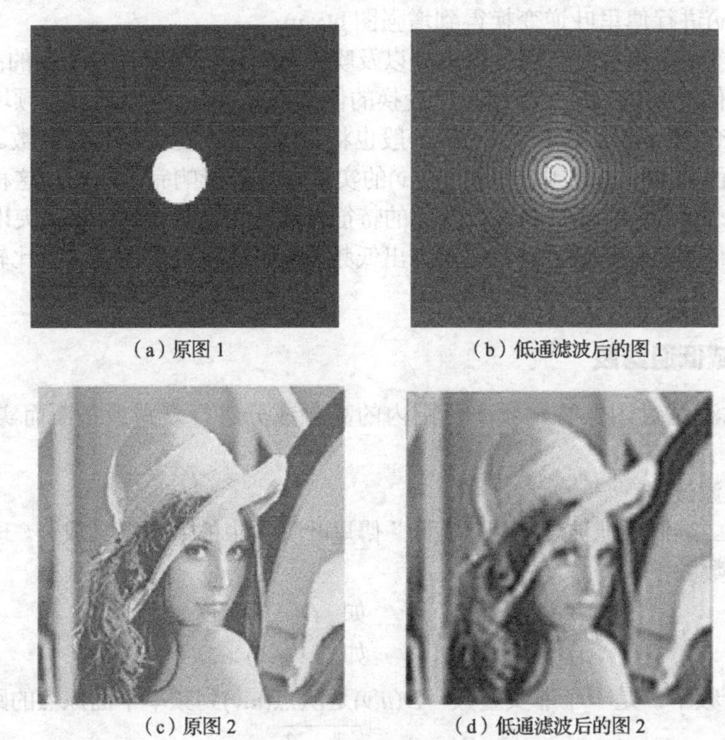

图3-37　低通滤波示例

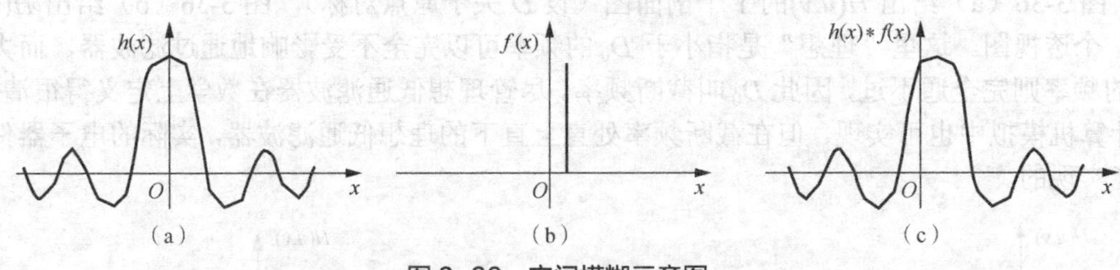

图3-38　空间模糊示意图

由图3-37（b）、（d）可以看出$h(x,y)$在2～D图像平面上将显示出一系列同心圆环，这些同心圆环的半径反比于D_0的值。如果用R表示频率矩形中圆周的半径，B表示图像能量百分比，则可以用以下公式来描述图像的能量：

$$B = 100\% \times \left[\sum_{u \in R} \sum_{v \in R} P(u,v) \Big/ \sum_{u=0}^{N-1} \sum_{v=0}^{N-1} P(u,v) \right] \tag{3-44}$$

其中，$P(u, v)$是$f(x,y)$的傅里叶频谱的平方，称为$f(x,y)$的功率谱。

$$P(u,v) = \left|F(u,v)\right|^2 = R^2(u,v) + I^2(u,v) \tag{3-45}$$

其中，R和I分别为傅里叶变换的实部和虚部。

由于傅里叶变换的实部$R(u,v)$及虚部$I(u,v)$随着频率u、v的升高而迅速下降，所以能量随着频率的升高而迅速减小，因此在频域平面上能量集中于频率很小的圆域内，当 D_0 增大时能量衰减很快。所以如果 D_0 较小，就会使 $h(x,y)$ 产生数量较少但较宽的同心圆环，并使 $g(x,y)$ 模糊得比较厉害。当增加 D_0 时，就会使 $h(x,y)$ 产生数量较多但较窄的同心圆环，并使 $g(x,y)$ 模糊得比较少。如果 D_0 超出 $F(u,v)$ 的定义域，滤波不会使 $F(u,v)$ 发生变化，相当于没有滤波。如图 3-39 所示，一幅 256×256 图像中 D_0 和 B 的值分别为：

$$D_0 = 5，11，22，45$$

$$B = 90\%，95\%，98\%，99\%$$

整个能量的 90%被一个半径为 5 的小圆周包含，大部分尖锐的细节信息都存在于被去掉的 10%的能量中。图 3-39 中，图（a）为原图像；图（b）为该图像的傅里叶频谱图；图（c）的截断频率 D_0=5，虽然平滑滤波的效果很好，噪声都被滤除了，但是图像变得非常模糊，图像中的大部分信息都已丢失，基本分辨不清图像的特征；图（d）的截断频率 D_0=11，噪声点基本上看不到，但是存在明显的振铃现象；图（e）的截断频率 D_0=22，振铃现象减弱，图像比较清晰；图（f）的截断频率 D_0=45，平滑效果很小，基本上和原图像差不多。合理地选取 D_0 是应用低通滤波器平滑图像的关键。

图 3-39　理想低通滤波器效果图

2. 巴特沃斯低通滤波器

物理上可以实现的一种低通滤波器是巴特沃斯（Butterworth）低通滤波器。一个阶数为 n，截断频率为 D_0 的巴特沃斯低通滤波器的转移函数为：

$$H(u,v) = \frac{1}{1+\left[D(u,v)/D_0\right]^{2n}} \tag{3-46}$$

其中，D_0 为截断频率，一般情况下，常取使 H 最大值降到某个百分比的频率为截断频率。n 为函数的阶数。图 3-40 所示为阶数为 1 的巴特沃斯低通滤波器剖面示意。图 3-41 所示为阶数为 1～4 的巴特沃斯低通滤波器剖面示意图。

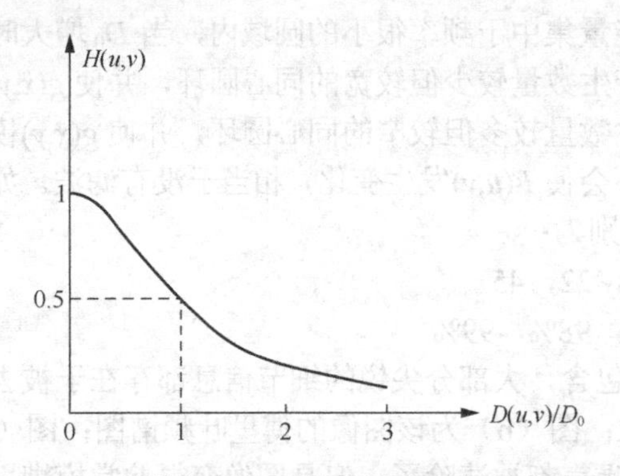

图 3-40　阶数为 1 的巴特沃斯低通滤波器剖面示意

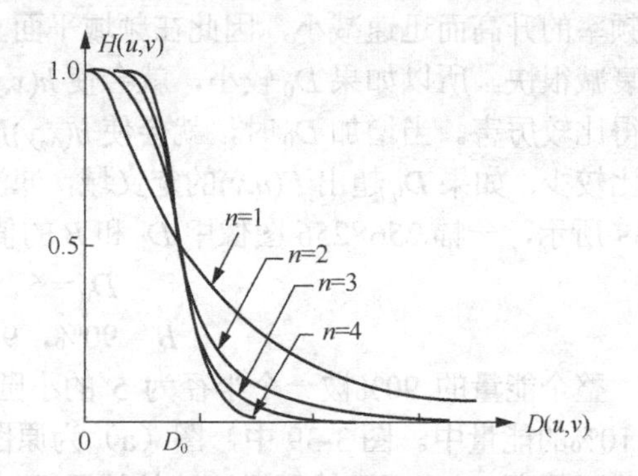

图 3-41　阶数为 1～4 的巴特沃斯低通滤波器剖面示意

从图 3-41 中可以看出，滤波变换函数比较平滑，没有明显的跳变，在通过频率和滤除频率之间没有明显截断的尖锐的不连续点，所以通常把 $H(u,v)$开始小于其最大值的一定比例的点当作其截断频率点。常用的截断频率 D_0 有两种定义：一种是把 $H(u,v)=0.5$ 时的频率 D 作为截断频率；另一种是把 $H(u,v)$降低到 $1/\sqrt{2}$ 时的频率 D 作为截断频率。

用巴特沃斯低通滤波器得到的输出图像仍保留微量的高频成分，但“振铃”现象不明显。如图 3-42 所示，以相同的截断频率分别对图 3-42（a）采用理想低通滤波器和阶数为 1 的巴特沃斯低通滤波器进行处理，处理结果如图 3-42（b）、（c）所示。从图中可以看出同样的截断频率，巴特沃斯低通滤波器的效果明显比理想低通滤波器好。

（a）原图

（b）理想低通滤波器

（c）巴特沃斯低通滤波器

图 3-42　两种低通滤波器的效果比较

3.5.2　频域高通滤波

图像的边缘对应高频分量，所以要锐化图像可用高通滤波器，它能消除对应图像中灰度值缓慢变换区域的低频分量。高通滤波可以让高频分量顺利通过，使图像的边缘轮廓变得清楚，所以高通滤波通常也可用于图像边缘的增强和锐化处理。

1. 理想高通滤波

一个二维的理想高通滤波器定义为：

$$H(u,v)=\begin{cases}0 & \text{如}\ D(u,v)\leqslant D_0 \\ 1 & \text{如}\ D(u,v)>D_0\end{cases} \tag{3-47}$$

其中，D_0 是截断频率，$D(u,v)$是从点(u,v)到频率平面原点的距离，由式（3-43）求得。图 3-43（a）给出了 H 的一个剖面图，图 3-43（b）给出了 H 的一个透视图，它在形状上与理想的低通滤波器正好相反，但与理想低通滤波器一样，也不能用实际的电子器件实现。

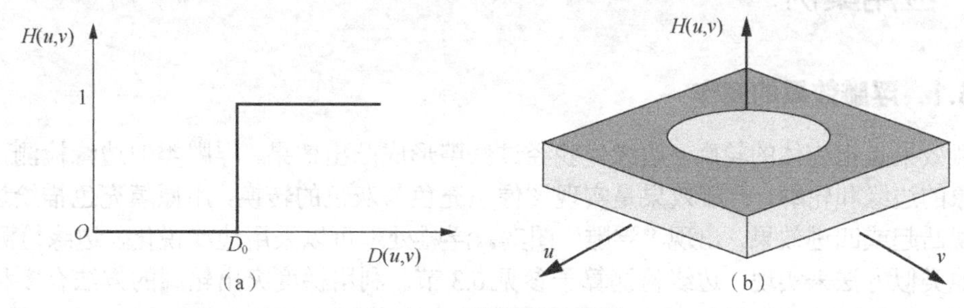

图 3-43　理想高通滤波器

2. 巴特沃斯高通滤波器

巴特沃斯高通滤波器的形状与巴特沃斯低通滤波器的形状正好相反，一个阶数为 n、截断频率为 D_0 的巴特沃斯高通滤波器的转移函数为：

$$H(u,v)=\frac{1}{1+\left[D_0/D(u,v)\right]^{2n}} \tag{3-48}$$

阶数为 1 的巴特沃斯高通滤波器的剖面示意如图 3-44 所示，与巴特沃斯低通滤波器类似，巴特沃斯高通滤波器在通过和滤掉的频率之间也没有不连续的分界。由于在高低频率间的过渡比较光滑，所以巴特沃斯高通滤波器得到的输出图振铃效应不明显。

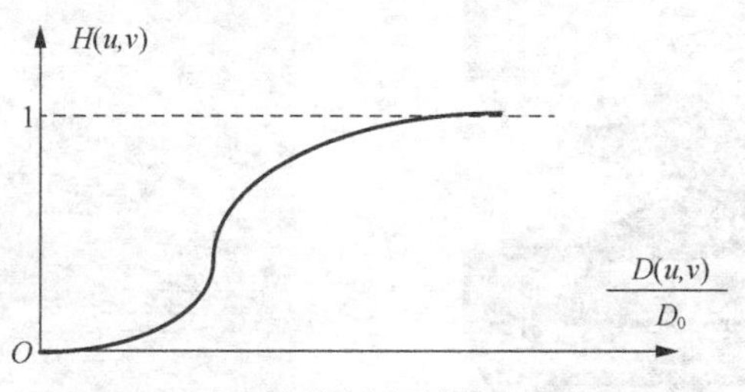

图 3-44　巴特沃斯高通滤波器剖面示意

高通滤波器只记录了图像的变化，并不能保持图像的能量。由于低频分量大部分被滤除，所以虽然图中各区域的边界得到了明显的增强，但图中原来比较平滑区域内部的灰度动态范围被压缩，使整幅图像显得比较昏暗。从图 3-45 中可以看出，理想高通滤波器出现了明显的振铃现象，即图像边缘有抖动现象；而巴特沃斯高通滤波器效果较好，但是计算方法复杂，其优点是有少量的低频通过，故边缘是渐变的，振铃现象也不明显。

（a）原图

（b）理想高通滤波器

（c）巴特沃斯高通滤波器

图 3-45　两种高通滤波器的效果比较

3.6 应用案例

3.6.1 浮雕效果的制作

浮雕效果是指物体的轮廓、边缘外貌经过修整形成凸出效果，浮雕类似边缘检测，目的是突出对象的边缘和轮廓。浮雕效果是实现图像填充色与灰色的转换，用原填充色描绘边缘，使图像呈现凸起或凹进效果，出现“浮雕”图案。浮雕处理可以采用边缘锐化、边缘检测算子检测或其他类似方法来实现，边缘检测算子参见 6.3 节。利用梯度突出轮廓的方法有多种，参见 3.4.3 小节。实现浮雕最常用的方法是用当前点的 RGB 值减去相邻点的 RGB 值后，再加上 128 作为新的 RGB 值。例如：

$$g(i,j)=f(i,j)-f(i-1,j)+常数 \tag{3-49}$$

其中，$g(i,j)$表示新图像上（i,j）位置的值，$f(i,j)$表示原图像上（i,j）位置的值，“常数”通常取值 128。

由于图片中相邻点的颜色值是比较接近的，因此经过这样处理之后，只有颜色的边沿区域，也就是相邻颜色差异较大的部分的结果才会比较明显，而其他平滑区域相减后基本上趋于 0，加上 128 后的值都接近 128，也就是灰色，这样图像整体就具有了浮雕效果，如图 3-46 所示。

（a）原图

（b）浮雕效果图

图 3-46 浮雕示例

在实际的效果中，经过上面的处理后，有些区域可能还存在一些“彩色”的点或者条状痕迹，可以对新的 RGB 值再做一个灰度处理即可达到效果。

3.6.2 美化人脸

现在常用的修图应用程序（例如，美图秀秀、Photoshop 等）一般都具备美化人脸的功能，例如在一些社交网页或应用程序上看到的照片，特别是一些个人照片，往往都会使用美化人脸这个功能，如图 3-47 所示，其中图（a）中的人脸上有雀斑，经过图像增强算法处理之后，变成图（b）所示的效果，雀斑已经被去掉，人脸展现完美效果。下面以图 3-47 为例介绍美化人脸功能。

由于图 3-47（a）中的人脸在眼睛下面和鼻子两侧有明显的雀斑，所以对该图的美化主要是去雀斑。美化人脸的步骤主要包括平滑和锐化。具体实现步骤如下。

（1）首先利用 3×3 模板对图 3-47（a）进行中值滤波（参见 3.4.2 小节），对脸上的雀斑进行平滑处理。因为雀斑的分布类似噪声，具有与周围像素突变的特性，所以可以采用去除噪声的方法来去除雀斑。去除噪声的常见方法有均值滤波和中值滤波等，本例采用中值滤波。

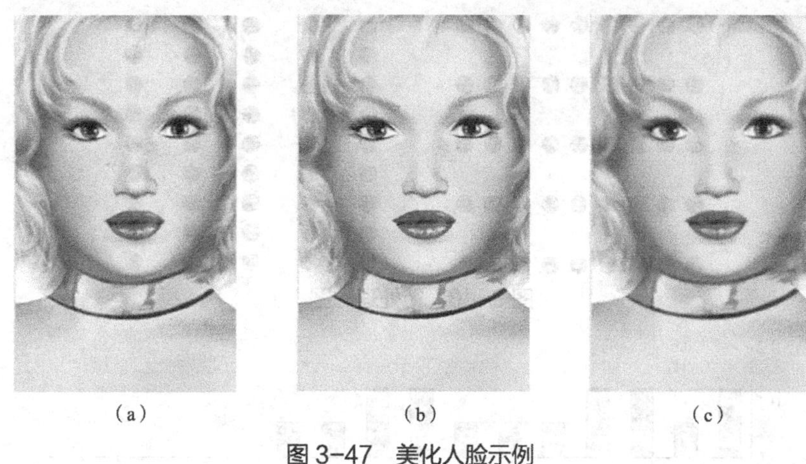

（a）　（b）　（c）

图 3-47　美化人脸示例

（2）由于图 3-47（a）中雀斑分布比较密集，利用一次平滑滤波不能全部去掉雀斑，所以可以采用多次平滑，平滑结果如图 3-47（c）所示，本例进行了 3 次同样的中值滤波，在实际应用中可以将均值滤波和中值滤波结合使用。

（3）从图 3-47（c）中可以看到，平滑雀斑的同时，把睫毛和头发等细节模糊了，所以为保持原图的睫毛和头发等细节，对图 3-47（c）进行锐化操作，锐化可以采用梯度锐化等方法，本例主要采用拉普拉斯算子（参见 6.3.6 小节）进行锐化，经过两次拉普拉斯算子锐化，得到图 3-47（b）所示的效果图。

在实际的应用实例中，一般会根据实际图像的本身特性采用不同的方法进行美化。

思考与练习

1. 设计一个单调的变换函数，使得变换后的图像的最低灰度为C，最高灰度为L−1。

2. 假设对一幅数字图像进行直方图均衡化处理，如果再对该均衡化后的图像进行第二次直方图均衡化处理，问两次处理的结果是否相同？为什么？

3. 如果有两幅图像$f(x,y)$和$g(x,y)$，它们的直方图分别为h_f和h_g。给出根据h_f和h_g确定如下直方图的条件，并解释如何获得每种情形下的直方图：

（1）$f(x,y)+g(x,y)$

（2）$f(x,y)-g(x,y)$

4. 图3-48所示的两幅图都是9×9的图像，其中白色部分即白色像素，虽然它们的视觉效果不同，但它们的直方图却相同。假设每一幅图像都用一个3×3均值模板来进行模糊处理，问这两幅图像模糊后的直方图是否还相同？说明相同或不同的理由，如果不相同，画出模糊后的直方图。

5. 试分析如果用一个3×3低通空域滤波器反复对一幅数字图像进行处理，会产生什么现象？如果改为5×5滤波器，结果会有什么不同？

6. 图3-49所示为一幅灰度图像的统计直方图，求该灰度图像经过直方图均衡化的直方图。

7. 利用图3-50中哪种形状的模板进行中值滤波对目标的影响较小？即该模板在消除噪声的同时造成相对较小的误差（*代表不为零的值），并分析。

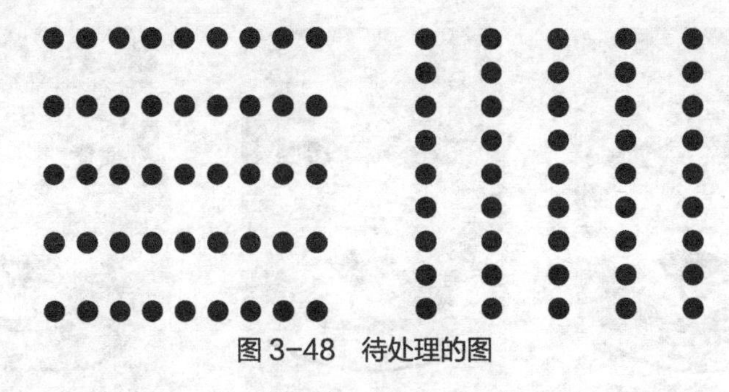

图 3-48 待处理的图

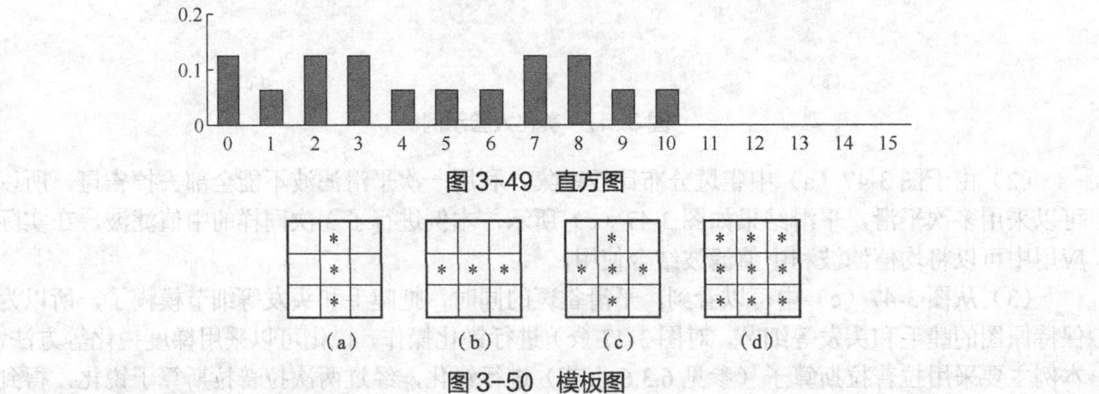

图 3-49 直方图

图 3-50 模板图

第 4 章　图像复原技术

在我们获得的图像中，有些图像不是因为传输和存储过程中其他因素影响造成的变形，而是由特定因素造成了图像质量的变化。例如，由于被拍摄的物体处于运动状态，所获得的图像就会存在运动模糊，导致图像质量下降。图 4-1 所示为运动造成模糊的图像和复原后的图像，图 4-2 则为离焦状态下的图像和复原后的图像。所以图像复原技术的主要目的是按预先确定的目标来改善图像，主要任务是使退化了的图像去掉退化的因素，以最大的保真度恢复成原来的图像。

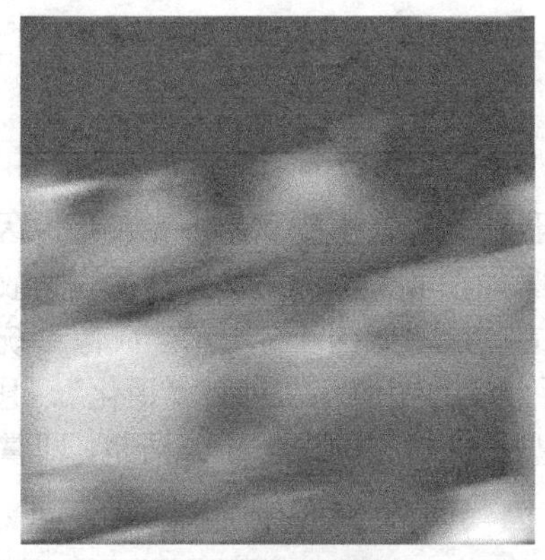

（a）运动造成的模糊

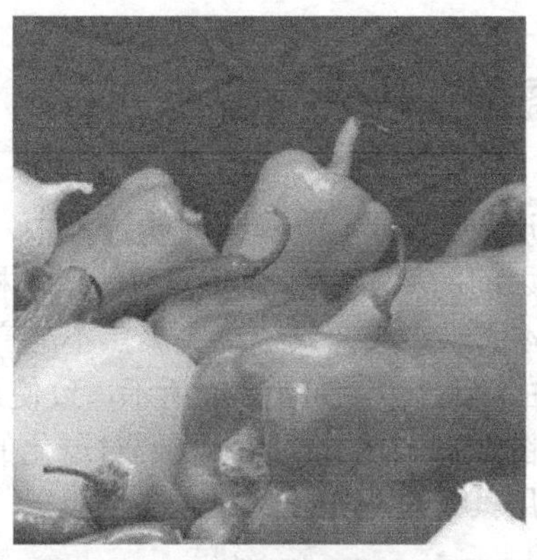

（b）复原后的图像

图 4-1　运动模糊图像复原示例

（a）离焦形成的模糊

（b）复原后的图像

图 4-2　离焦图像复原示例

图像复原（Image Restoration）是指利用退化过程的先验知识，恢复已被退化图像的本来面目。复原的图像质量，不仅仅是根据人的主观感觉来判断，更多的是根据某种客观的衡量标准来判断，例如复原图像和原图像的平方误差等。图像复原与图像增强之间有相互覆盖的领域，但图像增强主要是一个主观过程，而图像复原则大部分是一个客观过程。图像增强与图像复原之间的关系如表 4-1 所示。

表 4-1 图像复原与图像增强的关系

	图像复原	图像增强
共同点	都可以通过空域或频域处理技术改善或增强图像	
目标	恢复图像原来的面目	提高图像的视觉效果或增强某种关键特征
手段	通过分析退化原因，建立退化数学模型，并通过退化的逆过程复原图像	主要是根据视觉的特性或某种特征要求主观判断并选择相应技术
标准	客观准则依据	主观评价+客观标准

图像复原是试图利用退化现象的某种先验知识来复原被退化的图像，或者说是建立一个最佳准则，以产生期望结果的最佳估计。因此，复原技术主要是面向退化模型的，并且采用相反的过程进行处理，以恢复出原图像。

本章主要从给出的一幅退化数字图像的特点来考虑图像复原问题，基本不考虑因传感器、数字化转换器和显示等引起的退化问题。

4.1 图像退化及模型

图像在形成、记录、处理或传输过程中，由于成像系统和技术的不完善等原因，例如目标与成像设备之间的相对高速运动导致的运动模糊，如图 4-3 所示；成像设备的光散射造成的模糊，如图 4-4 所示；成像系统镜头聚焦不准产生的散焦，如图 4-5 所示；成像系统畸变和噪声干扰等引起的“退化”，如图 4-6 所示，致使最后形成的图像存在种种“退化”。退化的形式有图像模糊或图像有干扰等。如果我们对退化的类型、机制和过程都十分清楚，即掌握了先验知识就可以利用其反过程来复原图像。

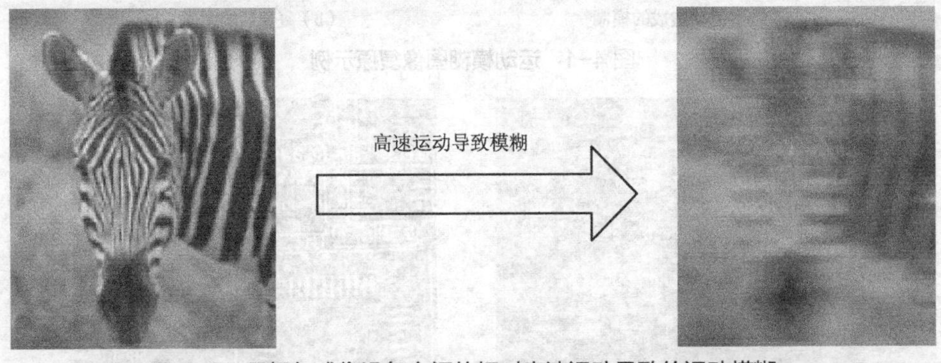

图 4-3 目标与成像设备之间的相对高速运动导致的运动模糊

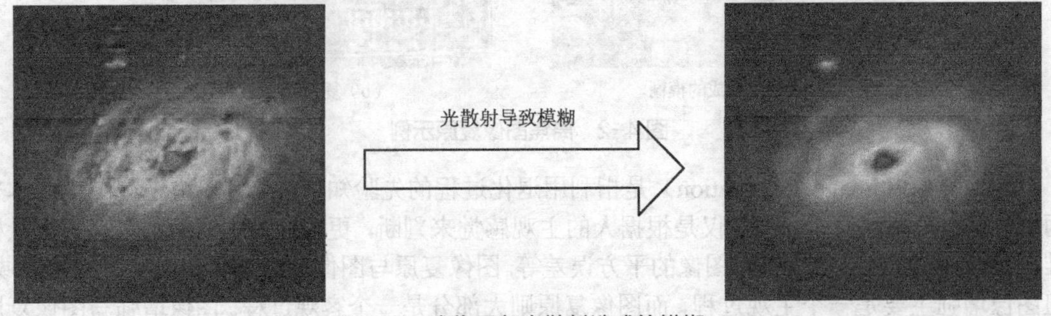

图 4-4 成像设备光散射造成的模糊

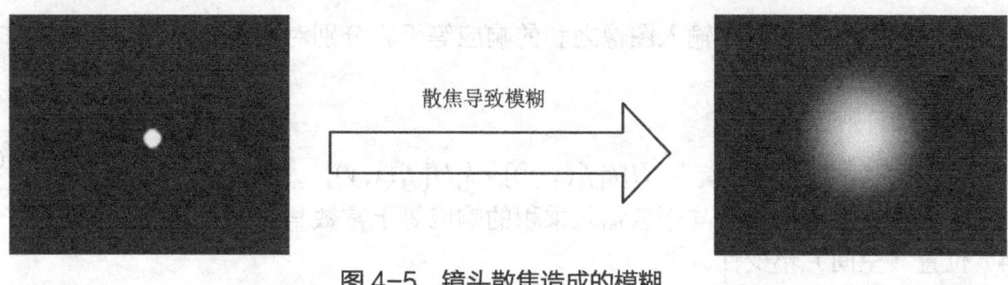

图 4-5　镜头散焦造成的模糊

（a）广角畸变

（b）噪声干扰

图 4-6　成像系统畸变和噪声干扰引起的“退化”

对退化的图像进行复原的一般过程如图 4-7 所示。

图像的退化过程一般被模型化为一个退化函数和一个加性随机噪声项，如图 4-8 所示。对一幅输入图像 $f(x,y)$，其产生退化后的图像为 $g(x,y)$，如果给定 $g(x,y)$和退化函数 H 以及加性随机噪声项 $n(x,y)$，那么图像复原的目的就是获得原始图像的一个估计 $\hat{f}(x,y)$。通常，我们希望这一估计尽可能接近原始输入图像，H 和 n 的信息越多，所得到的 $\hat{f}(x,y)$ 就会越接近 $f(x,y)$。

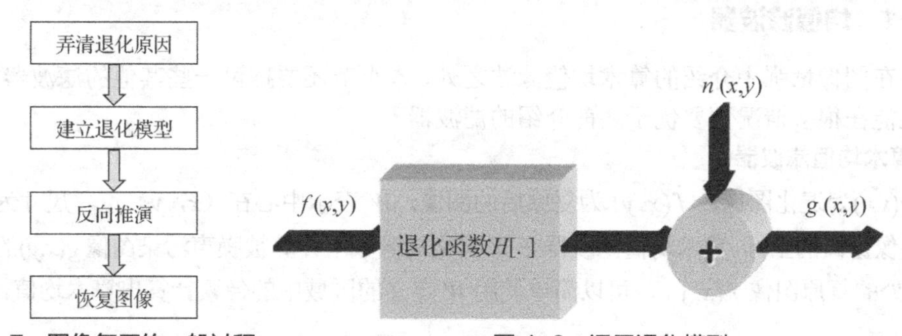

图 4-7　图像复原的一般过程　　图 4-8　通用退化模型

退化后的图像 $g(x,y)$与原始图像 $f(x,y)$之间的关系可以表示为：

$$g(x,y) = H[f(x,y)] + n(x,y) \tag{4-1}$$

退化函数可能具有如下性质。

（1）线性。

如果 $f_1(x,y)$和 $f_2(x,y)$为两幅输入图像，k_1 和 k_2 为常数，则：

$$H[k_1 f_1(x,y) + k_2 f_2(x,y)] = k_1 H[f_1(x,y)] + k_2 H[f_2(x,y)] \tag{4-2}$$

（2）相加性。

令 $k_1 = k_2 = 1$，则式（4-2）可变为：

$$H[f_1(x,y) + f_2(x,y)] = H[f_1(x,y)] + H[f_2(x,y)] \tag{4-3}$$

上式表明线性系统对两个输入图像之和的响应等于它分别对两个输入图像响应的和。

（3）一致性。

令 $f_2(x,y)=0$，则：

$$H[k_1 f_1(x,y)] = k_1 H[f_1(x,y)] \tag{4-4}$$

上式表明线性系统对常数与任意输入乘积的响应等于常数与该输入响应的乘积。

（4）位置（空间）不变性。

对任意的 $f(x,y)$以及 a 和 b，有：

$$H[f(x-a,y-b)] = g(x-a,y-b) \tag{4-5}$$

上式表明线性系统在图像任意位置的响应只与在该位置的输入值有关，而与位置本身无关。

如果退化系统具有并满足以上 4 个性质，则式（4-1）可以表示为：

$$g(x,y) = h(x,y) \otimes f(x,y) + n(x,y) \tag{4-6}$$

其中，$h(x,y)$为退化系统的脉冲响应。根据卷积定理，在频域中有：

$$G(x,y) = H(x,y)F(x,y) + N(x,y) \tag{4-7}$$

4.2 空域噪声滤波器

当一幅图像中只存在噪声退化时，那么式（4-1）可以表示为：

$$g(x,y) = f(x,y) + n(x,y) \tag{4-8}$$

上式中噪声项是未知的。当仅有加性噪声存在时，可以选择空间滤波方法。在这一特殊情况下，图像的增强和复原几乎一样，除通过一种特殊的滤波来计算特性之外，执行所有滤波的机理完全与在图像增强中讨论的情况相同。

4.2.1 均值滤波器

除了在图像增强中介绍的算术均值滤波之外，本小节还要探讨一些其他的滤波器。这些滤波器的性能在很多情况下要优于之前介绍的滤波器。

1. 算术均值滤波器

设 $g(x,y)$为退化图像，$\hat{f}(x,y)$ 为复原后的图像，W 表示中心在（x，y）点，尺寸为 $m\times n$ 的矩形子图像窗口的坐标。算术均值滤波器在 W 定义的区域中计算被噪声污染图像 $g(x,y)$的平均值，在点(x,y)处的复原图像 $\hat{f}(x,y)$，可以简单使用 W 定义的区域中的像素计算出算术均值，即：

$$\hat{f}(x,y) = \frac{1}{mn}\sum_{(s,t)\in W} g(s,t) \tag{4-9}$$

这种方法消除噪声的同时模糊了图像。

2. 几何均值滤波器

使用几何均值滤波器复原的图像可由以下表达式给出：

$$\hat{f}(x,y) = [\prod_{(s,t)\in W} g(s,t)]^{\frac{1}{mn}} \tag{4-10}$$

其中，每个复原的像素都是由子图像窗口中像素的乘积的 $1/mn$ 次幂给出。这种处理方法可以保持更多的图像细节。

3. 谐波均值滤波器

设 $g(x,y)$为退化图像，$\hat{f}(x,y)$ 为复原后的图像，W 表示中心在（x，y）点，尺寸为 $m\times n$

的矩形子图像窗口的坐标，则对图像进行谐波均值滤波的谐波均值滤波器可表示为：

$$\hat{f}(x,y)=\frac{mn}{\sum_{(s,t)\in W}\frac{1}{g(s,t)}} \tag{4-11}$$

谐波均值滤波器善于处理类似高斯噪声的一类噪声，且对“盐”噪声处理效果良好，但不适用于对“胡椒”噪声的处理。

4. 逆谐波均值滤波器

设 $g(x,y)$为退化图像，$\hat{f}(x,y)$ 为复原后的图像，W 表示中心在(x,y)点，尺寸为 $m\times n$ 的矩形子图像窗口的坐标。则对图像进行逆谐波均值滤波的逆谐波均值滤波器可表示为：

$$\hat{f}(x,y)=\frac{\sum_{(s,t)\in W}g(s,t)^{k+1}}{\sum_{(s,t)\in W}g(s,t)^{k}} \tag{4-12}$$

其中，k 称为滤波器的阶数。

逆谐波均值滤波器适用于减少和消除“椒盐”噪声。当 k 为正数时，该滤波器用于消除“胡椒”噪声；当 k 为负数时，该滤波器用于消除“盐”噪声，但它不能同时消除“胡椒”噪声和“盐”噪声。当 $k=0$ 时，逆谐波均值滤波器就退变成算术均值滤波器。当 $k=-1$ 时，逆谐波均值滤波器就退变成谐波均值滤波器。

5. 几种滤波方法的实例比较

如图 4-9 所示，图（a）为电路板的 X 射线图像，图（b）为附加高斯噪声污染的图像，图（c）为用 3×3 算术均值滤波器滤波的结果，图（d）为用 3×3 的几何均值滤波器滤波的结果。

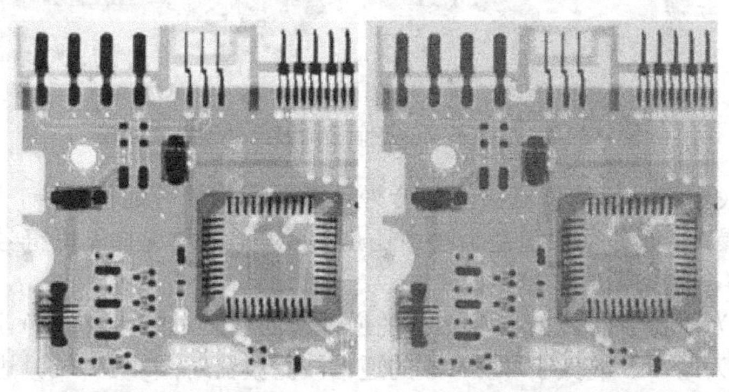

（a）电路板的 X 射线图像　　（b）附加高斯噪声污染的图像

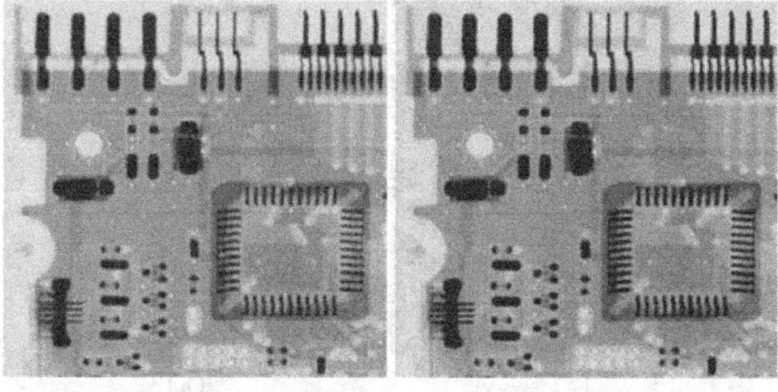

（c）算术均值滤波器滤波的结果　　（d）几何均值滤波器滤波的结果

图 4-9　算术均值与几何均值滤波对比

如图 4-10 所示，图（a）为以 0.1 的概率被“胡椒”噪声污染的图像，图（b）为以 0.1 的概率被“盐”噪声污染的图像，图（c）为用 3×3 大小、阶数为 1.5 的逆谐波滤波器对图（a）滤波的结果，图（d）为用 k=−1.5 逆谐波滤波器对图（b）滤波的结果。

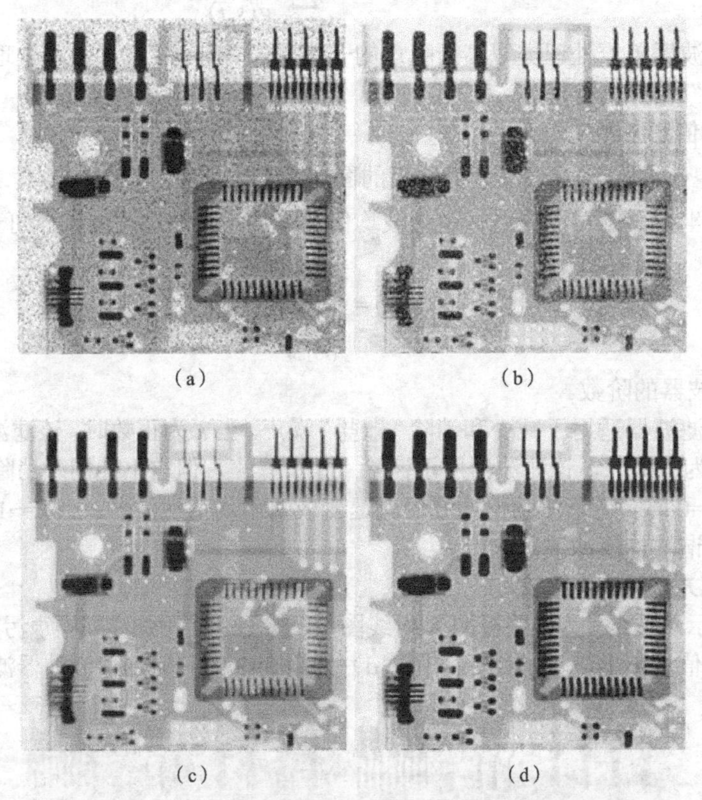

图 4-10 阶数不同的逆谐波滤波器处理结果比较

算术均值滤波器和几何均值滤波器适合处理高斯或均匀等随机噪声，谐波均值滤波器更适用于处理脉冲噪声，但必须知道是暗噪声还是亮噪声，以便选择 k 值符号。如图 4-11 所示，k 值的符号选错将会带来不好的结果。

图 4-11（a）为用 3×3 的大小和 k=−1.5 的逆谐波滤波器对图 4-10（a）进行滤波的结果。

图 4-11（b）为用 3×3 的大小和 k=1.5 的逆谐波滤波器对图 4-10（b）进行滤波的结果。

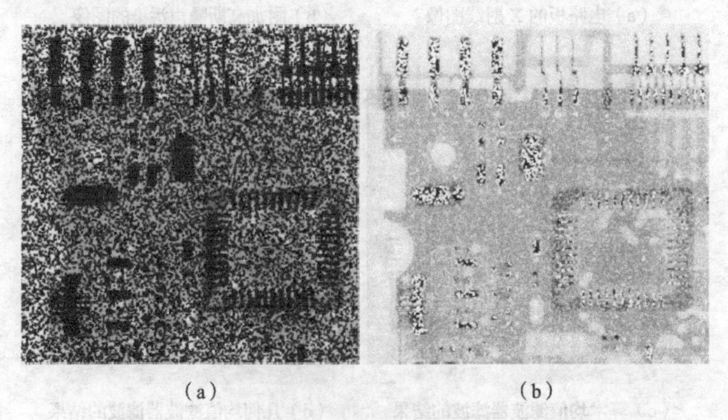

图 4-11 在逆谐波滤波中错误选择符号的结果

4.2.2 统计排序滤波器

在图像增强技术中我们介绍了中值滤波，它属于统计排序滤波，这里将介绍一些其他的统计排序滤波。统计排序滤波仍然是空间域滤波，是由该滤波器包围的图像区域中的像素值的顺序（排序）来决定滤波器的响应。

1. 中值滤波

设 $g(x,y)$为退化图像，$\hat{f}(x,y)$ 为复原后的图像，W 表示中心在（x，y）点，尺寸为 $m \times n$ 的矩形子图像窗口的坐标。用模板所覆盖的区域中像素的中间值作为滤波结果，即：

$$\hat{f}(x,y) = \underset{(s,t)\in W}{\text{median}}\{g(s,t)\} \tag{4-13}$$

具体参见 3.4.2 小节的中值滤波。

2. 最大值和最小值滤波器

设 $g(x,y)$为退化图像，$\hat{f}(x,y)$ 为复原后的图像，W 表示中心在（x，y）点，尺寸为 $m \times n$ 的矩形子图像窗口的坐标。对模板覆盖的区域 W 中的图像像素值进行排序，取序列中最大的一个值作为滤波的结果，为最大值滤波，即：

$$\hat{f}(x,y) = \max_{(s,t)\in W}\{g(s,t)\} \tag{4-14}$$

这种滤波器对发现图像中的最亮点非常有用，一般对消除椒盐噪声比较有效。

如果取序列中的最小值作为滤波的结果，则为最小值滤波，即：

$$\hat{f}(x,y) = \min_{(s,t)\in W}\{g(s,t)\} \tag{4-15}$$

这种滤波器对发现图像中的最暗点非常有用，一般对消除椒盐噪声比较有效。

3. 中点滤波器

在滤波器涉及范围内计算最大值和最小值之间的中点，即：

$$\hat{f}(x,y) = \frac{1}{2}[\max_{(s,t)\in W}\{g(s,t)\} + \min_{(s,t)\in W}\{g(s,t)\}] \tag{4-16}$$

这种滤波器结合了顺序统计和求平均，对滤除高斯和均匀随机分布噪声有较好的效果。

4. 自适应滤波器

自适应滤波器利用由 $m \times n$ 矩形窗口 S_{xy} 定义的区域内图像的统计特征进行处理，所以在一般情况下可以得到更好的处理效果。

（1）自适应局部噪声滤波器。

随机变量最简单的统计度量是均值和方差，这些参数是自适应滤波器的基础。均值给出了计算均值的区域中灰度平均值的度量，而方差给出了这个区域的平均对比度的度量。

假设滤波器作用于局部区域 S_{xy}，滤波器在该区域中心任意一点（x，y）上的响应具有以下 4 个量：

① $g(x,y)$，表示噪声图像在点（x，y）上的值；

② σ_η^2，表示干扰 $f(x,y)$形成 $g(x,y)$的噪声方差；

③ m_L，在 S_{xy} 上像素的局部值；

④ σ_L^2，在 S_{xy} 上像素的局部方差。

同时我们希望滤波器具有以下性能：

① 如果 σ_η^2 为零，那么滤波器应该简单地返回 $g(x,y)$的值，即 $\hat{f}(x,y) = g(x,y)$；

② 如果 $\sigma_\eta^2 < \sigma_L^2$，那么滤波器返回 $g(x,y)$的一个近似值，即 $\hat{f}(x,y) \approx g(x,y)$；

③ 如果 $\sigma_\eta^2 = \sigma_L^2$，那么滤波器返回区域 S_{xy} 中像素的平均值。这种情况一般发生在局部区

域与整个图像有相同特性的条件下，并且局部噪声将通过简单地求平均来降低。

基于这些假设得到自适应局部噪声滤波器的表达式为：

$$\hat{f}(x,y)=g(x,y)-\frac{\sigma_\eta^2}{\sigma_L^2}[g(x,y)-m_L] \tag{4-17}$$

上式中需要知道或估计的参数是叠加噪声的方差 σ_η^2，其他参数都可以根据区域 S_{xy} 的像素来计算。局部区域 S_{xy} 是图像 $g(x,y)$ 区域的一部分，所以上式中隐含的假设为 $\sigma_\eta^2<\sigma_L^2$。

（2）自适应中值滤波器。

自适应中值滤波器是以 $m\times n$ 的矩形窗口 S_{xy} 定义的滤波器区域内图像的统计特性为基础的，可以处理具有更大概率的脉冲噪声如椒盐噪声，在平滑非脉冲噪声时能保留细节。

自适应中值滤波器的自适应体现在滤波器的模板尺寸可根据图像特性进行调节。假设在 S_{xy} 定义的滤波器区域内定义如下变量：

$Z_{\min}=S_{xy}$ 中的最小灰度值；

$Z_{\max}=S_{xy}$ 中的最大灰度值；

$Z_{\text{med}}=S_{xy}$ 中的灰度值的中值；

Z_{xy}=坐标（x，y）处的灰度值；

$S_{\max}=S_{xy}$ 允许的最大尺寸。

自适应中值滤波算法以两个进程工作，表示为进程 A 和进程 B，如下所示。

进程 A：

$A_1=Z_{\text{med}}-Z_{\min}$
$A_2=Z_{\text{med}}-Z_{\max}$
如果 $A_1>0$ 且 $A_2<0$，则转至进程 B
否则增大窗口尺寸
如果窗口尺寸 $<=S_{\max}$，则重复进程 A
否则输出 Z_{med}

进程 B：

$B_1=Z_{xy}-Z_{\min}$
$B_2=Z_{xy}-Z_{\max}$
如果 $B_1>0$ 且 $B_2<0$，则输出 Z_{xy}
否则输出 Z_{med}

自适应中值滤波有 3 个主要目的，即滤除脉冲（椒盐）噪声、平滑其他非脉冲噪声和减少诸如物体边界细化或粗化等失真。$Z_{\min}$ 和 $Z_{\max}$ 有可能并不是图像中的最小和最大像素值，但在算法统计上认为是类似脉冲的噪声成分。

根据以上 3 个目的，可以看出，进程 A 的目的是确定中值滤波器的输出 $Z_{\min}$ 是否为一个脉冲（黑或白）。如果条件 $Z_{\min}<Z_{\text{med}}<Z_{\max}$ 有效，根据前面的原因，可知 Z_{med} 不是脉冲，所以转入进程 B 进行测试，看窗口 Z_{xy} 的中心点本身是否为一个脉冲（回忆可知 Z_{xy} 是正被处理的点）。若 $B_1>0$ 且 $B_2<0$ 为真，$Z_{\min}<Z_{xy}<Z_{\max}$ 不是脉冲，原因与 $Z_{\min}$ 不是脉冲相同。在这种情况下，算法输出一个不变的像素值 Z_{xy}。通过不改变这些“中间灰度级”的点，减少图像中的失真。如果 $B_1>0$ 且 $B_2<0$ 为假，则 $Z_{xy}=Z_{\min}$ 或 $Z_{xy}=Z_{\max}$。在任何一种情况下，像素值都是一个极端值，且算法输出中值 Z_{med}，但从进程 A 可知 Z_{med} 不是噪声脉冲。最后一步与标准的

中值滤波器一样，但标准的中值滤波器对图像中所有像素都用中值替代，这样会导致图像细节的丢失。

继续上面的说明，假设进程 A 确实找到了一个脉冲，若失败则测试会将它转到进程 B，算法会增大窗口尺寸并重复进程 A。该循环会一直继续，直到算法找到一个非脉冲的中值（并跳转到进程 B），或者达到了窗口的最大尺寸。如果达到了窗口的最大尺寸，则算法返回 Z_{med} 值。需要注意的是，这并不能保证 Z_{med} 是一个脉冲。噪声的概率 P_a 和 P_b 越小，或者 S_{max} 在允许的范围内越大，过早出现条件发生的可能性就越小。直观地说，这是合理的，因为脉冲的密度越大，就需要越大的模板来消除噪声。

4.3 几何畸变图像的复原

在式（4-1）中，如果 $n(x,y)=0$，即假设造成图像退化的原因中没有噪声，只有几何畸变，例如线性、位置等引起的变化，那么退化图像与原图像之间的关系可以表示为：

$$g(x,y)=H[f(x,y)] \tag{4-18}$$

如果能分析找到产生畸变的原因，就可以建立退化复原函数。

图像几何畸变（Image Geometric Distortion）是指成像过程中所产生的图像像素的几何位置相对参照系统（地面实际位置或地形图）发生的挤压、伸展、偏移和扭曲等变形，使图像的几何位置、尺寸、形状、方位等发生改变。

例如，由于光学系统、电子扫描系统失真引起的桶形失真（见图 4-12）、枕形失真（见图 4-13）和梯形失真（见图 4-14）等。

又如，从飞行器上所获得的地面图像，由于飞行器的姿态、高度和速度变化引起的不稳定与不可预测的几何失真。这类畸变一般要根据航天器的跟踪资料和地面设置控制点办法来进行校正。这种失真一般称为非系统失真，非系统失真是随机的。图 4-15 所示为非系统失真的几种情况。

（a）桶形失真使正方形膨胀

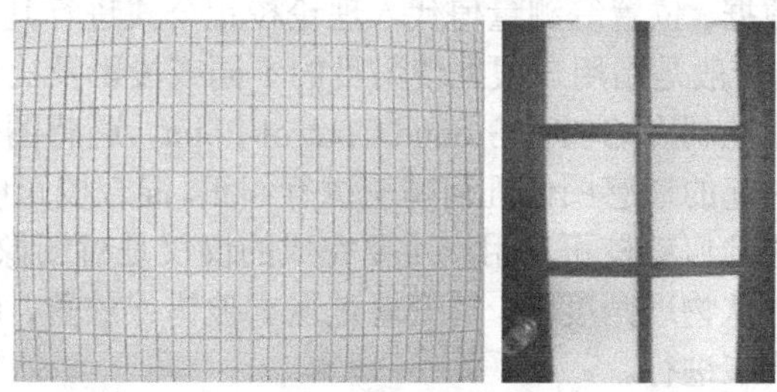

（b）桶形失真实例

图 4-12　桶形失真示例

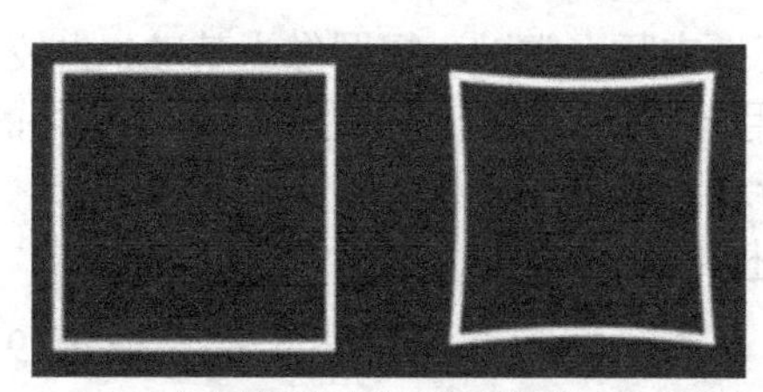

（a）枕形失真使正方形收缩

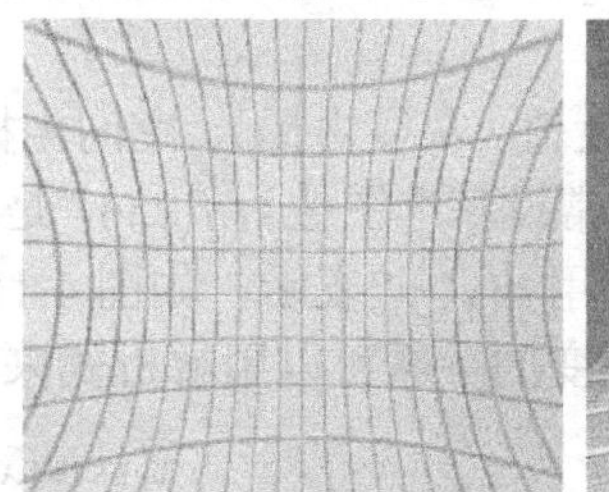

（b）枕形失真实例

图 4-13　枕形失真示例

（a）梯形失真使正方形变梯形　　（b）梯形失真实例

图 4-14　梯形失真示例

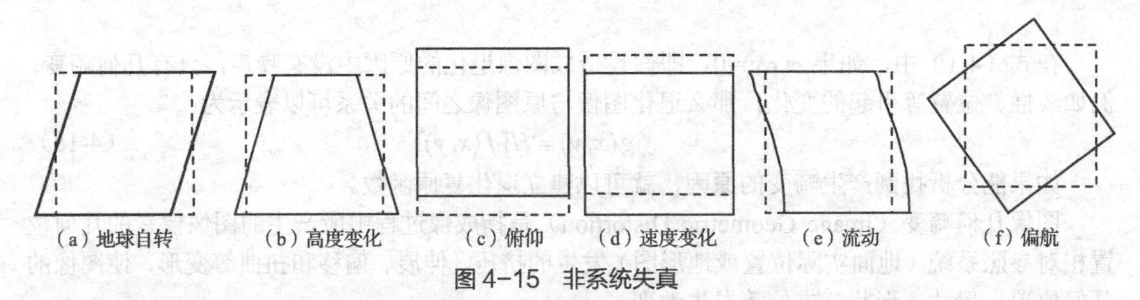

（a）地球自转　（b）高度变化　（c）俯仰　（d）速度变化　（e）流动　（f）偏航

图 4-15　非系统失真

图像的几何畸变可通过几何校正消除，一般是指通过一系列的数学模型来改正和消除影像成像时因摄影材料变形、物镜畸变、大气折光、地球曲率、地球自转、地形起伏等因素导致的原始图像上各物件的几何位置、形状、尺寸、方位等特征与在参照系统中的表达要求不一致时产生的变形。

目前用于遥感图像的几何校正有 3 种方案：系统校正、利用控制点校正以及混合校正。系统校正（又称几何粗校正），即利用摄像机自身的参数等对图像退化进行估计，把摄像机的校准数据、位置等测量值代入理论校正公式进行几何畸变校正。利用控制点校正（又称几何精校正）一般是指用户根据使用目的不同或投影及比例尺不同对图像做进一步的几何校正，即利用地面控制点 GCP（Ground Control-Point，遥感图像上易于识别，且可精确定位的点）对其他因素引起的遥感图像几何畸变进行纠正。混合校正则是由一般地面站提供的遥感图像完成第一阶段的几何粗校正，用户所要完成的仅仅是对图像做进一步的几何精校正。

从物理角度看，畸变就是像素被错误放置，即本该属于此点的像素值却在他处。校正通常分两步进行。

① 图像空间坐标变换。首先建立图像像点坐标（行、列号）和物方（或参考图）对应点坐标间的映射关系，求解映射关系中的未知参数，然后根据映射关系对图像各个像素坐标进行校正。

② 确定各像素的灰度值（灰度内插）。空间坐标变换实际上常以一幅图像为基准，去校正另一幅几何失真图像。通常设基准图像为 $f(x,y)$，是利用无畸变或畸变较小的摄像系统获得的，而有较大几何畸变的图像用 $g(x',y')$表示，如图 4-16 所示。

假设两幅图像几何畸变的关系可以用解析式来描述，即

$$x' = h_1(x, y) \tag{4-19}$$

$$y' = h_2(x, y) \tag{4-20}$$

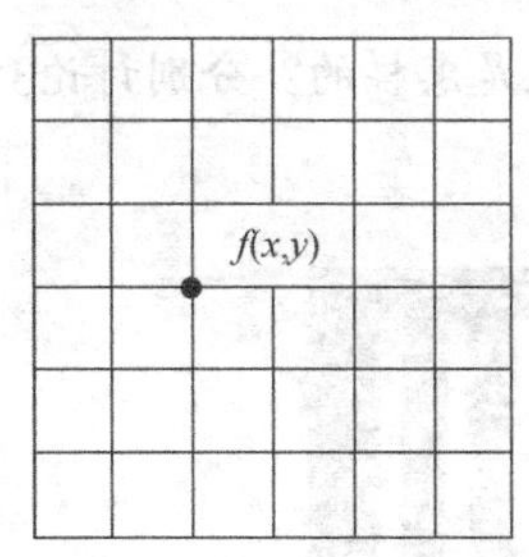

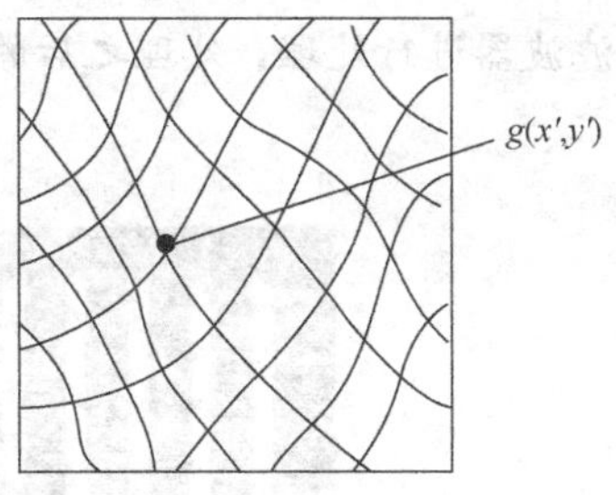

图 4–16　畸变图

通常 $h_1(x,y)$和 $h_2(x,y)$可用多项式来近似表示，式（4-19）和式（4-20）可表示为：

$$x' = \sum_{i=0}^{n}\sum_{j=0}^{n-i} a_{ij}x^i y^j \tag{4-21}$$

$$y' = \sum_{i=0}^{n}\sum_{j=0}^{n-i} b_{ij}x^i y^j \tag{4-22}$$

当 n=1 时，畸变关系为线性变换，那么式（4-21）和式（4-22）可表示为：

$$x' = a_{00} + a_{10}x + a_{01}y \tag{4-23}$$

$$y' = b_{00} + b_{10}x + b_{01}y \tag{4-24}$$

上述式子中包含 a_{00}、a_{10}、a_{01}、b_{00}、b_{10}、b_{01} 6 个未知数，至少需要 3 个已知点来建立方程式解求未知数，所以如果畸变图像中存在 3 个已知点，那么就可以求出畸变关系，从而复原图像。

当 n=2 时，畸变关系式表示为：

$$x' = a_{00} + a_{10}x + a_{01}y + a_{20}x^2 + a_{11}xy + a_{02}y^2 \tag{4-25}$$

$$y' = b_{00} + b_{10}x + b_{01}y + b_{20}x^2 + b_{11}xy + b_{02}y^2 \tag{4-26}$$

上面两个式子包含 12 个未知数，所以至少需要 6 个已知点来建立关系求解未知数，以求出图像的畸变关系。

几何校正方法一般可分为直接法和间接法两种。直接法是利用若干已知点坐标，直接求解式（4-21）和式（4-22）中的未知参数；然后从畸变图像出发，根据上述关系依次计算每个像素的校正坐标，同时把像素灰度值赋予对应像素，这样生成一幅校正图像。但是这种方法由于图像像素分布的不规则，会出现像素挤压、疏密不均等现象，导致出现无法求解的像素，因此最后还需对不规则图像通过灰度内插生成规则的栅格图像。

而间接法是假设恢复的图像像素在基准坐标系统为等距网格的交叉点，从网格交叉点的坐标（x，y）出发，通过若干已知点，求解式（4-21）和式（4-22）中的未知数。根据式（4-21）和式（4-22）推算出各网格点在已知畸变图像上的坐标（x'，y'）。由于（x'，y'）一般不是整数，不会直接位于畸变图像像素中心，因而不能直接确定该点的灰度值，而只能在畸变图像上由该图像点周围的像素灰度值通过内插求出该像素的灰度值，作为对应网格点的灰度，据此获得校正图像。图像灰度内插方法参见 5.1.1 小节。

思考与练习

1. 一幅灰度图像的浅色背景上有一个深色的圆环。如想将圆环变细，可使用什么方法？

2. 如图4-17所示，图中白色条带的大小为7像素宽、210像素高。两个白色条带之间的距离为17像素，如果分别用算术均值滤波器、几何均值滤波器、谐波均值滤波器、中值滤波器、最大滤波器和最小滤波器进行处理，处理之后的结果是怎样的？分别讨论3×3、5×5、9×9大小的滤波器。

图 4-17　待处理的图

第5章 图像变换

图像变换是指按一定的规则，将一幅图像加工成另一幅图像的处理过程。如果只对图像的像素位置进行图像形状的变化，我们一般称之为图像的几何变换，例如4.3节中介绍的几何畸变的空间变换就是几何变换。另外一种常用的变换是利用数学变换把图像从空域变换到其他域（如频域）进行分析和处理，例如，为了用正交函数或正交矩阵表示图像，对原图像进行二维线性可逆的变换，我们称之为图像的正交变换。此外，我们还可称原始图像为空间域图像，称变换后的图像为转换域图像，转换域图像也可逆变换为空间域图像。

常见的几何变换有平移变换、旋转变换、比例变换和对称变换等。这些几何变换应用极为广泛，从航空航天、卫星云图到游戏场景制作等都有涉及。例如，从卫星上获得的图像，由于摄像装置安装在卫星的遥感器或飞机的测试平台上，其位置和姿态不断变化，拍摄的图像存在平移、旋转、缩放等变形，所以需要进行一系列的几何变换才能得到和真实效果接近的图像，我们经常在天气预报中见到的卫星云图就是利用几何变换处理过的图像。又如，游戏场景的制作中需要制作倒影，如图5-1所示，就可以利用对称中的上下对称，图5-2所示的图片为左右对称的图片。对这类图片进行分析处理时，可以先处理一半图像，然后利用对称性质生成另外一半图像，大大节省图片的处理时间。

图5–1 具有上下对称的图像

图5–2 具有左右对称的图像

图 5-3 所示的图像中有很多面包树，如果利用程序或软件来制作一幅这样的数字图像，那么在建模的时候，可以建立一棵标准的面包树，然后根据需要进行综合变换并生成需要的场景。从图 5-3 中可以看到，如果以标号为 1 的树作为标准，要生成标号为 2 的树就要进行放大的变换，要生成标号为 3 的树，就需要进行多种变换，例如树干的粗细要变细，高度要变高，还有错切和旋转等变换。利用图像的几何变换可以把简单的个体通过变换组合成具有复杂视觉效果的图像。

图 5-3　综合变换图像示例

在图像处理中，正交变换被广泛应用于图像特征抽取、增强、压缩和图像编码等处理中，此外，常用的变换还有傅里叶变换、余弦变换、沃尔什哈达玛变换和小波变换等。

5.1 图像空间几何变换

图像的几何变换，就是按照需要使图像产生大小、形状和位置的变化。为了能够用统一的矩阵线性变换形式来表示和实现这些常见的图像几何变换，需要引入一种新的坐标，即齐次坐标。二维图像中的点坐标（x，y）可表示成齐次坐标（Hx，Hy，H），当 H=1 时，则（x，y，1）就称为点（x，y）的规范化齐次坐标。

规范化齐次坐标的前两个数是相应二维点的坐标，仅在原坐标中增加了 H=1 的附加坐标。

由点的齐次坐标（Hx，Hy，H）求点的规范化齐次坐标（x，y，1），可按如下公式进行：

$$x=\frac{Hx}{H} \qquad y=\frac{Hy}{H} \tag{5-1}$$

齐次坐标的几何意义相当于点（x，y）落在三维空间 H=1 的平面上，如图 5-4 所示，如果将 xOy 平面内的三角形 abc 的各顶点表示成齐次坐标（x_i，y_i，1）（i=1，2，3）的形式，就变成 H=1 平面内的三角形 $a_1b_1c_1$ 的各顶点。

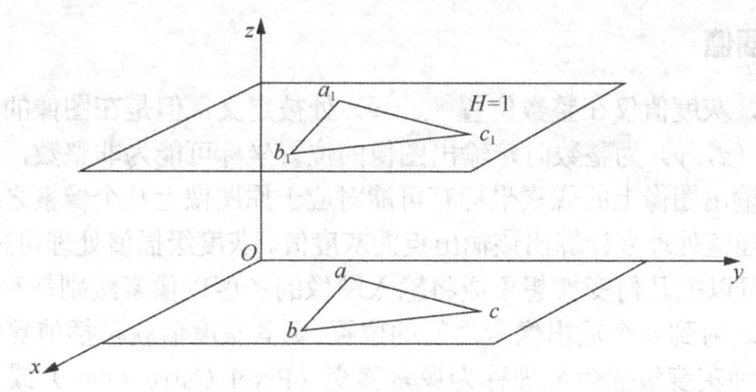

图 5-4　齐次坐标的几何意义

利用齐次坐标实现二维图像几何变换的一般过程如下。

（1）将 2×n 阶的二维点集矩阵$\begin{bmatrix} x_{0i} \\ y_{0i} \end{bmatrix}_{2\times n}$表示成齐次坐标$\begin{bmatrix} x_{0i} \\ y_{0i} \\ 1 \end{bmatrix}_{3\times n}$。

（2）然后乘以相应的变换矩阵即可完成。

设变换矩阵 $\boldsymbol{T}$ 为：

$$\boldsymbol{T}=\begin{bmatrix} a & b & c \\ d & e & f \\ g & h & i \end{bmatrix} \tag{5-2}$$

则图像几何变换可以用公式表示为：

$$\begin{bmatrix} Hx_1' & Hx_2' & \cdots & Hx_n' \\ Hy_1' & Hy_2' & \cdots & Hy_n' \\ H & H & \cdots & H \end{bmatrix}_{3\times n} = \boldsymbol{T}\times\begin{bmatrix} x_1 & x_2 & \cdots & x_n \\ y_1 & y_2 & \cdots & y_n \\ 1 & 1 & \cdots & 1 \end{bmatrix}_{3\times n} \tag{5-3}$$

图像上各点的新齐次坐标规范化后的点集矩阵为：

$$\begin{bmatrix} x_1' & x_2' & \cdots & x_n' \\ y_1' & y_2' & \cdots & y_n' \\ 1 & 1 & \cdots & 1 \end{bmatrix}_{3\times n}$$

引入齐次坐标后，表示二维图像几何变换的 3×3 矩阵的功能就完善了，可以用它完成二维图像的各种几何变换。下面讨论 3×3 阶变换矩阵中各元素在变换中的功能，几何变换的 3×3 矩阵的一般形式如式（5-2）所示。

$$\boldsymbol{T}=\begin{bmatrix} a & b & p \\ c & d & q \\ l & m & s \end{bmatrix} \tag{5-4}$$

3×3 阶的矩阵 $\boldsymbol{T}$ 可以分成 4 个子矩阵。其中，$\begin{bmatrix} a & b \\ c & d \end{bmatrix}_{2\times 2}$这一子矩阵可使图像实现恒等、比例、对称（或镜像）、错切和旋转变换。$[p\ q]^{\mathrm{T}}$ 这一列矩阵可以使图像实现平移变换。$[l\ m]$ 这一行矩阵可以使图像实现透视变换，但当 l=0，m=0 时无透视作用。$[s]$ 这一元素可以使图像实现全比例变换。

5.1.1 灰度插值

在数字图像中，灰度值仅在整数位置（x，y）处被定义，但是在图像的几何变换中，当输入图像的位置坐标（x，y）为整数时，输出图像的位置坐标可能为非整数，反过来也是如此。比如缩放和旋转，输出图像上的像素坐标有可能对应于原图像上几个像素之间的位置，这个时候就需要通过灰度插值处理来计算出该输出点的灰度值。灰度级插值处理可采用如下两种方法。

第一种方法，可以把几何变换想象成将输入图像的灰度以像素级别转移到输出图像中。如果一个输入像素被映射到 4 个输出像素之间的位置，则其灰度值就按插值算法在 4 个输出像素之间进行分配。这种灰度级插值处理称为像素移交（Pixel Carry Over）或向前映射法，如图 5-5 所示。

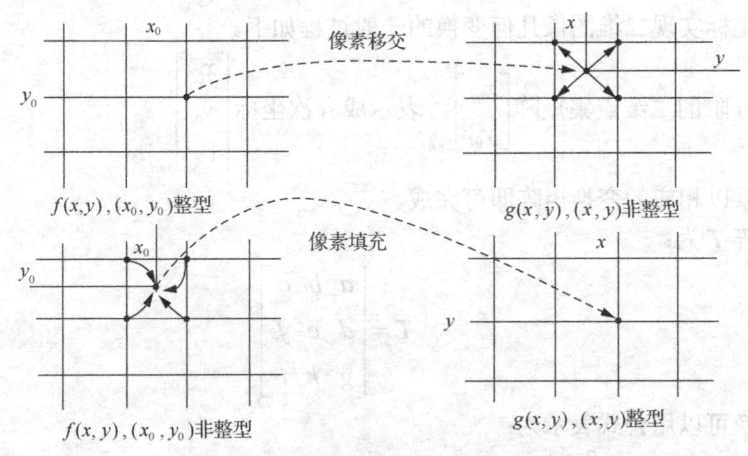

图 5-5 灰度级插值处理（像素变换）

另一种更有效的灰度级插值处理方法是像素填充（Pixel Filling）或称为向后映射算法。输出像素一次一个地映射到原始（输入）图像中，以便确定其灰度级。如果一个输出像素被映射到 4 个输入像素之间，则其灰度值由灰度级插值决定，如图 5-5 所示。向后空间变换是向前变换的逆变换。在像素填充法中，变换后（输出）图像的像素通常被映射到原始（输入）图像中的非整数位置，即位于 4 个输入像素之间。因此，为了确定与该位置相对应的灰度值，必须进行插值运算。常用的图像插值算法有最近邻插值、双线性插值和三次卷积插值。

1. **最近邻插值**

最简单的插值方法是零阶插值或称为最近邻插值，也叫最近邻域法，即选择离它映射到的位置最近的输入像素的灰度值为插值结果。若几何变换后输出图像上坐标为（x，y）的像素在原图像上的对应值坐标为（u，v），则近邻插值公式为：

$$\begin{cases} g(x,y)=f(x,y) \\ x=[u+0.5] \\ y=[v+0.5] \end{cases} \tag{5-5}$$

其中，$g(x,y)$为输出图像位置（x，y）的灰度值，$f(x,y)$为输入图像位置（x，y）的灰度值，[……]表示求整。

与其他两种插值算法相比，最近邻插值具有简单、快速的特点，但是放大后的图像有很严重的马赛克和锯齿现象，如图 5-17（b）所示。

2. **双线性插值**

双线性插值又称为一阶插值，它和零阶插值法相比能产生令人满意的效果，但是运算速度比零阶插值法要慢。由图 5-6 知 Q_{12}、Q_{22}、Q_{11}、Q_{21}，但是要插值的点为 P 点，这就要使用双线性插值了。首先在 x 轴方向上，对 R_1 和 R_2 两个点进行插值，然后根据 R_1 和 R_2 对 P 点进行插值，这就是所谓的双线性插值。

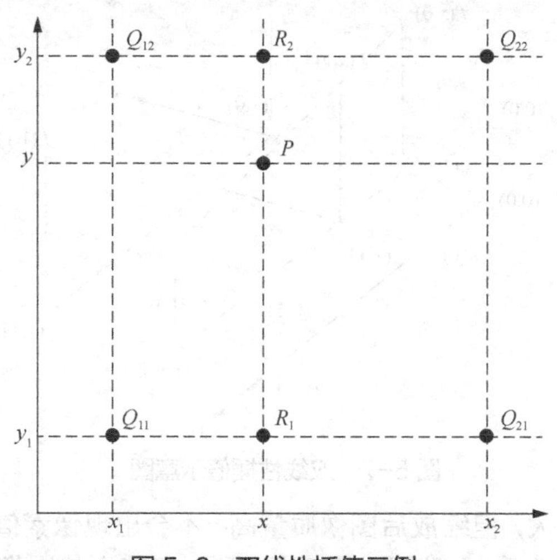

图 5-6 双线性插值示例

在数学上，双线性插值是有两个变量的插值函数的线性插值扩展，其核心思想是在两个方向分别进行一次线性插值。

假如我们想得到未知函数 f 在点 $P=(x, y)$的值，并且已知函数 f 在 $Q_{11}=(x_1, y_1)$、$Q_{12}=(x_1, y_2)$、$Q_{21}=(x_2, y_1)$及 $Q_{22}=(x_2, y_2)$ 4 个点的值。

首先在 x 方向进行线性插值，得到：

$$f(R_1) \approx \frac{x_2 - x}{x_2 - x_1} f(Q_{11}) + \frac{x - x_1}{x_2 - x_1} f(Q_{21}) \quad 其中 R_1 = (x, y_1)$$

$$f(R_2) \approx \frac{x_2 - x}{x_2 - x_1} f(Q_{21}) + \frac{x - x_1}{x_2 - x_1} f(Q_{22}) \quad 其中 R_2 = (x, y_2) \tag{5-6}$$

然后在 y 方向进行线性插值，得到：

$$f(P) \approx \frac{y_2 - y}{y_2 - y_1} f(R_1) + \frac{y - y_1}{y_2 - y_1} f(R_2) \tag{5-7}$$

这样就得到所要的结果 $f(x, y)$：

$$\begin{aligned} f(x,y) \approx & \frac{f(Q_{11})}{(x_2 - x_1)(y_2 - y_1)}(x_2 - x)(y_2 - y) + \frac{f(Q_{21})}{(x_2 - x_1)(y_2 - y_1)}(x - x_1)(y_2 - y) \\ & + \frac{f(Q_{12})}{(x_2 - x_1)(y_2 - y_1)}(x_2 - x)(y - y_1) + \frac{f(Q_{22})}{(x_2 - x_1)(y_2 - y_1)}(x - x_1)(y - y_1) \end{aligned} \tag{5-8}$$

如果选择一个坐标系统使 f 的 4 个已知点坐标分别为（0，0），（0，1），（1，1），（1，0），那么在这 4 个点中插入 1 个点（x，y），线性插值 x 方向为：

$$\begin{aligned} f(x,0) &= f(0,0) + x[f(1,0) - f(0,0)] \\ f(x,1) &= f(0,1) + x[f(1,1) - f(0,1)] \end{aligned} \tag{5-9}$$

线性插值 y 方向为：

$$f(x,y) = f(x,0) + y[f(x,1) - f(x,0)] \tag{5-10}$$

可见，双线性插值实际上是用双曲抛物面和 4 个已知点来拟合，如图 5-7 所示。

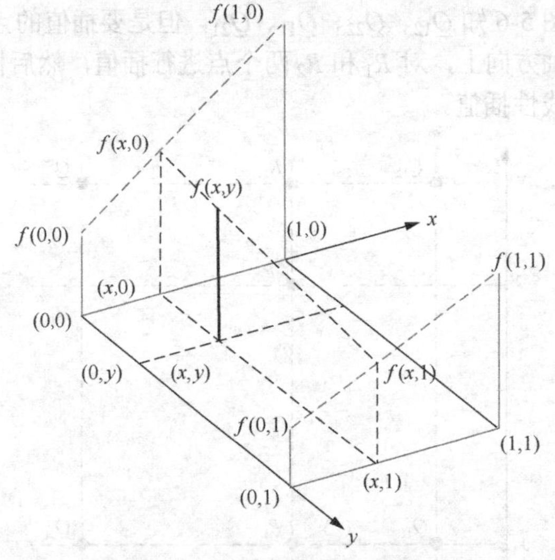

图 5-7　双线性插值示意图

双线性插值法计算量大，但缩放后图像质量高，不会出现像素值不连续的情况。由于双线性插值具有低通滤波器的性质，使高频分量受损，所以可能会使图像轮廓在一定程度上变得模糊，具体可参见 5.1.4 小节的示例。

3. 三次卷积插值

三次卷积插值是一种更加复杂的插值方式。该算法利用待采样点周围 16 个点的灰度值作三次插值，不仅考虑了 4 个直接相邻点的灰度影响，而且考虑了各邻点间灰度值变化率的影响。目标像素值 $f(i+u,j+v)$可由如下插值公式得到：

$$f(i+u,j+v)=[\boldsymbol{A}]\times[\boldsymbol{B}]\times[\boldsymbol{C}] \tag{5-11}$$

其中：

$$[\boldsymbol{A}]=[\ S(u+1)\quad S(u+0)\quad S(u-1)\quad S(u-2)\ ]$$

$$[\boldsymbol{B}]=\begin{bmatrix} f(i-1,j-1) & f(i-1,j) & f(i-1,j+1) & f(i-1,j+2) \\ f(i,j-1) & f(i,j) & f(i,j+1) & f(i,j+2) \\ f(i+1,j-1) & f(i+1,j) & f(i+1,j+1) & f(i+1,j+2) \\ f(i+2,j-1) & f(i+2,j) & f(i+2,j+1) & f(i+2,j+2) \end{bmatrix}$$

$$[\boldsymbol{C}]=\begin{bmatrix} S(v+1) \\ S(v) \\ S(v-1) \\ S(v-2) \end{bmatrix}$$

$$S(\omega)=\begin{cases} 1-2|\omega|^2+|\omega|^3 & |\omega|<1 \\ 4-8|\omega|+5|\omega|^2-|\omega|^3 & 1\leqslant|\omega|<2 \\ 0 & |\omega|\geqslant 2 \end{cases}$$

$S(x)$是对 $\sin(x\times \mathrm{Pi})/x$ 的逼近（Pi 是圆周率 π）。

三次卷积插值算法考虑了待插值像素周围更多已知像素的相关性，因此计算得到的待插值像素的值也会更加接近真实值，如图 5-17（d）所示。插值后图像的效果较双线性插值的结果有了很大提升，精确度较高；但由于 16 个像素的值以及插值核函数是三阶函数，计算量也会增加。插值算法的缺点是不能对图像的第一行、第一列、最后两行与最后两列进行插值计算，

这是由矩阵 **B** 的领域决定的。

5.1.2　图像平移变换

图像平移是指将一幅图像中所有的像素都按照指定的平移量在水平、垂直方向移动，平移后的图像与原图像相同。

设将图像上某个像素 $P_0(x_0, y_0)$平移至 $P(x, y)$位置，其中 x 方向的平移量为 Δx，y 方向的平移量为 Δy。那么，点 $P(x, y)$的坐标为：

$$\begin{cases} x = x_0 + \Delta x \\ y = y_0 + \Delta y \end{cases} \tag{5-12}$$

利用齐次坐标，变换前后图像上的点 $P_0(x_0, y_0)$和 $P(x, y)$之间的关系可以用如下矩阵变换表示：

$$\begin{bmatrix} x \\ y \\ 1 \end{bmatrix} = \begin{bmatrix} 1 & 0 & \Delta x \\ 0 & 1 & \Delta y \\ 0 & 0 & 1 \end{bmatrix} \begin{bmatrix} x_0 \\ y_0 \\ 1 \end{bmatrix} \tag{5-13}$$

对变换矩阵求逆，可以得到式（5-13）的逆变换为：

$$\begin{bmatrix} x_0 \\ y_0 \\ 1 \end{bmatrix} = \begin{bmatrix} 1 & 0 & -\Delta x \\ 0 & 1 & -\Delta y \\ 0 & 0 & 1 \end{bmatrix} \begin{bmatrix} x \\ y \\ 1 \end{bmatrix} \tag{5-14}$$

即

$$\begin{cases} x_0 = x - \Delta x \\ y_0 = y - \Delta y \end{cases}$$

图 5-8 所示为 Δx=2，Δy=1 时图像的平移结果。

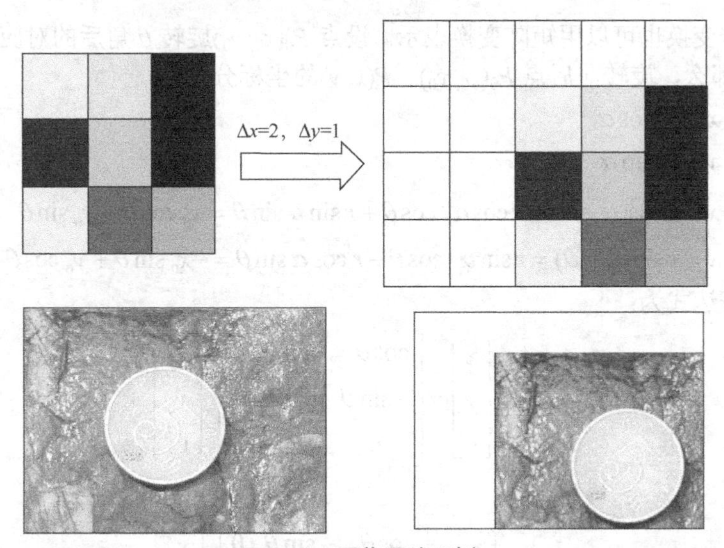

图 5-8　图像平移示例

5.1.3　图像旋转变换

一般图像的旋转是以图像的中心为原点，将图像上的所有像素都旋转一个相同的角度。图像的旋转变换也是图像的位置变换，但旋转后的图像可能会超出显示区域，如图 5-9 所示。一般情况下，可以把超出显示区域的图像截去，如图 5-9（d）所示，也可以扩大图像显示范围以显示所有的图像，如图 5-9（b）所示。

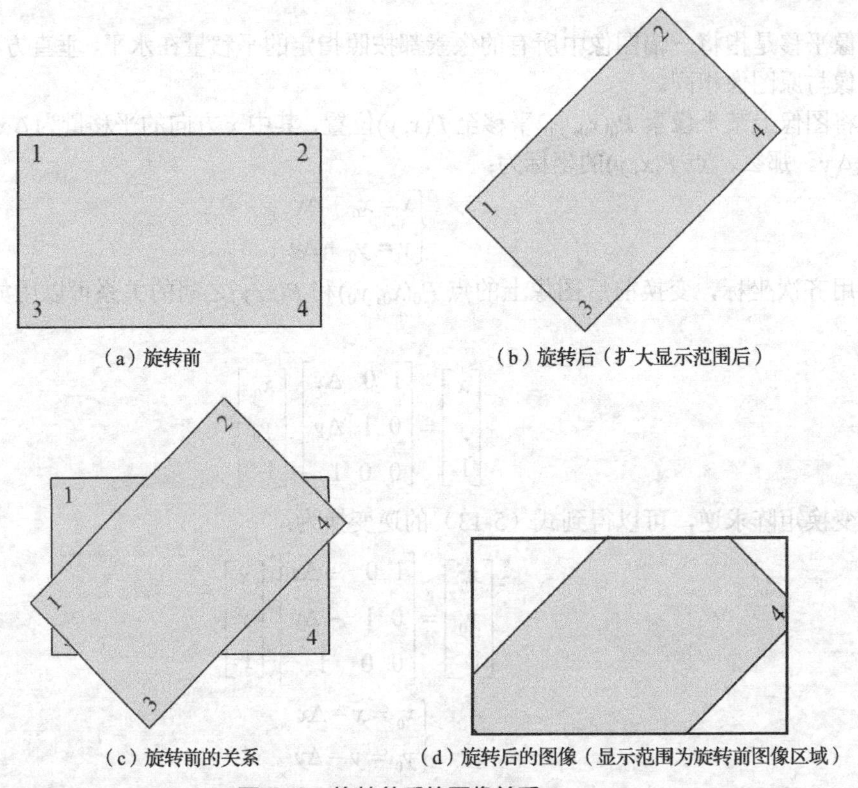

图 5-9　旋转前后的图像关系

图像的旋转变换也可以用矩阵变换表示。设点 $P_0(x_0, y_0)$旋转 θ 角后的对应点为 $P(x, y)$，如图 5-10 所示。那么，旋转前后点 $P_0(x_0, y_0)$、$P(x, y)$的坐标分别是：

$$\begin{cases} x_0 = r\cos\alpha \\ y_0 = r\sin\alpha \end{cases}$$
$$\begin{cases} x = r\cos(\alpha-\theta) = r\cos\alpha\ \cos\theta + r\sin\alpha\sin\theta = x_0\cos\theta + y_0\sin\theta \\ y = r\sin(\alpha-\theta) = r\sin\alpha\ \cos\theta - r\cos\alpha\sin\theta = -x_0\sin\theta + y_0\cos\theta \end{cases} \tag{5-15}$$

写成矩阵表达式为：

$$\begin{bmatrix} x \\ y \\ 1 \end{bmatrix} = \begin{bmatrix} \cos\theta & \sin\theta & 0 \\ -\sin\theta & \cos\theta & 0 \\ 0 & 0 & 1 \end{bmatrix} \begin{bmatrix} x_0 \\ y_0 \\ 1 \end{bmatrix} \tag{5-16}$$

其逆运算为：

$$\begin{bmatrix} x \\ y \\ 1 \end{bmatrix} = \begin{bmatrix} \cos\theta & -\sin\theta & 0 \\ \sin\theta & \cos\theta & 0 \\ 0 & 0 & 1 \end{bmatrix} \begin{bmatrix} x_0 \\ y_0 \\ 1 \end{bmatrix} \tag{5-17}$$

图像旋转之后，会出现有些像素不能正好落在整数位置上，所以出现了许多空洞点，如图 5-11 所示，我们需要对这些空洞点进行填充处理，否则图像旋转后的效果不好，这时就需要进行灰度插值，灰度插值的具体方法参见 5.1.1 小节。

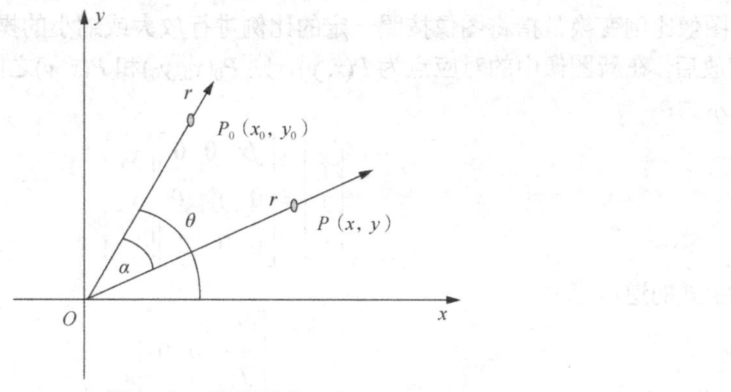

图 5-10 图像旋转 θ 角

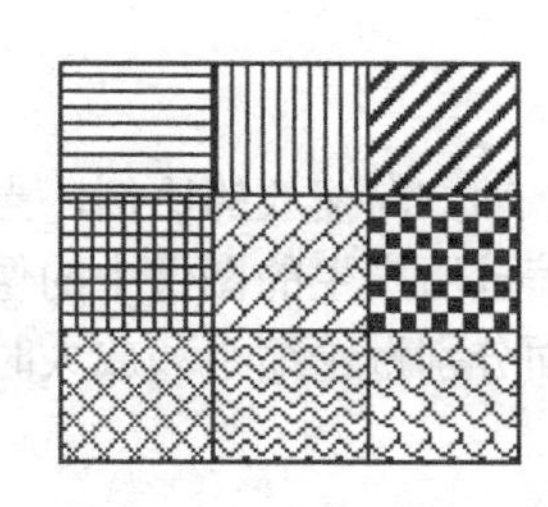

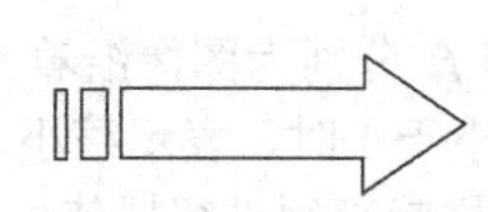

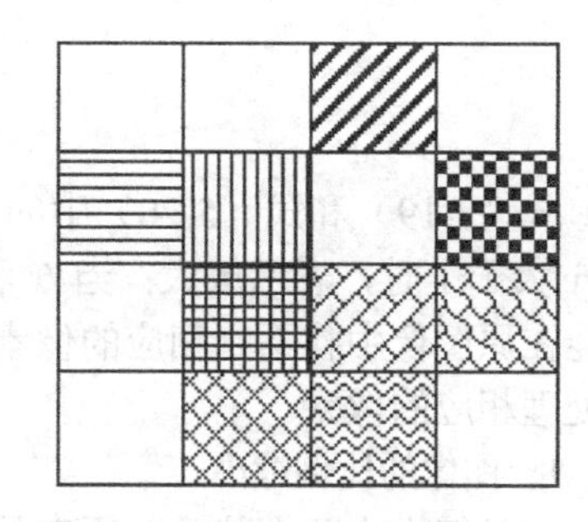

图 5-11 旋转后出现空洞点

式（5-15）表示的旋转是绕坐标轴原点（0，0）进行的，如果是绕某一个指定点（*a*，*b*）（例如图像中心）旋转，则先要将坐标系平移到该点再进行旋转，然后将旋转后的图像平移回原坐标系。绕任意一点（*a*，*b*）的旋转变换公式如式（5-18），图 5-12 所示为图像绕图像中心逆时针旋转 45° 后的原图和结果图。

$$
\begin{aligned}
\begin{vmatrix} x \\ y \\ 1 \end{vmatrix} &= \begin{vmatrix} 1 & 0 & -a \\ 0 & 1 & -b \\ 0 & 0 & 1 \end{vmatrix} \begin{vmatrix} \cos\theta & \sin\theta & 0 \\ -\sin\theta & \cos\theta & 0 \\ 0 & 0 & 1 \end{vmatrix} \begin{vmatrix} 1 & 0 & a \\ 0 & 1 & b \\ 0 & 0 & 1 \end{vmatrix} \begin{vmatrix} x_0 \\ y_0 \\ 1 \end{vmatrix} \\
&= \begin{vmatrix} \cos\theta & \sin\theta & a(\cos\theta-1)+b\sin\theta \\ -\sin\theta & \cos\theta & b(\cos\theta-1)-a\sin(\theta) \\ 0 & 0 & 1 \end{vmatrix} \begin{vmatrix} x_0 \\ y_0 \\ 1 \end{vmatrix}
\end{aligned} \tag{5-18}
$$

（a）原图

（b）结果图

图 5-12 图像绕图像中心逆时针旋转 45° 的示例

5.1.4 图像比例变换

图像比例变换是指将图像按照一定的比例进行放大或缩小的操作。设原图像中的点 $P_0(x_0, y_0)$缩放后，在新图像中的对应点为 $P(x, y)$，则 $P_0(x_0, y_0)$和 $P(x, y)$之间的对应关系用矩阵形式可以表示为：

$$\begin{bmatrix} x \\ y \\ 1 \end{bmatrix} = \begin{bmatrix} fx & 0 & 0 \\ 0 & fy & 0 \\ 0 & 0 & 1 \end{bmatrix} \begin{bmatrix} x_0 \\ y_0 \\ 1 \end{bmatrix} \tag{5-19}$$

上式的逆运算为：

$$\begin{bmatrix} x_0 \\ y_0 \\ 1 \end{bmatrix} = \begin{bmatrix} \frac{1}{fx} & 0 & 0 \\ 0 & \frac{1}{fy} & 0 \\ 0 & 0 & 1 \end{bmatrix} \begin{bmatrix} x \\ y \\ 1 \end{bmatrix} \tag{5-20}$$

式（5-19）和式（5-20）中的 fx 和 fy 分别为图像沿着 x 轴和 y 轴方向缩放的比例，当 fx 和 fy 大于 1 时，表示放大；当 fx 和 fy 小于 1 时，表示缩小。比例缩放所产生的图像中的像素可能在原图像中找不到相应的像素，这样就必须进行插值处理。下面分别讨论缩小和放大时如何处理相应的像素。

1. 图像的比例缩小

图像缩小实际上就是对原有的多个数据进行挑选或处理，获得期望缩小尺寸的数据，并且尽量保持原有的特征不丢失。

设原图像大小为 $M×N$，缩小后为 $k_1M×k_2N$（$k_1<1$，$k_2<1$）。算法步骤如下。

（1）设原图为 $F(i,j)$，i=1，2，…，M，j=1，2，…，N。

压缩后图像是 $G(x,y)$，x=1，2，…，k_1M，y=1，2，…，k_2N。

（2）$G(x,y)=F(c_1×x,c_2×y)$，其中：$c_1=1/k_1$，$c_2=1/k_2$。

例如，图 5-13（a）为原图像，当 k_1=0.6、k_2=0.75 时，缩小后的图像如图 5-13（b）所示。计算过程如下。

i=[1,6]，j=[1,6]

x=[1,6×0.6]=[1,4]，y=[1,6×0.75]=[1,5]

x=[1/0.6,2/0.6,3/0.6,4/0.6]=[1.67,3.33, 5, 6.67]=[i_2,i_3,i_5,i_6]

y=[1/0.75,2/0.75,3/0.75,4/0.75,5/0.75]=[j_1,j_3,j_4,j_5,j_6]

在 i，j 和 x，y 转换时，一般采用四舍五入的取整方式。

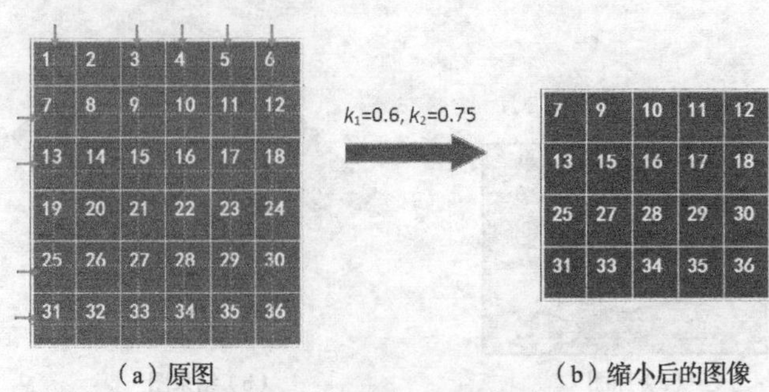

（a）原图　（b）缩小后的图像

图 5-13　图像缩小求解示例

图 5-14 为实际图像缩小示例。图（a）为原图，图（b）为 x 和 y 方向各缩小一半的结果，图（c）为 x 方向缩小一半，y 方向不变。

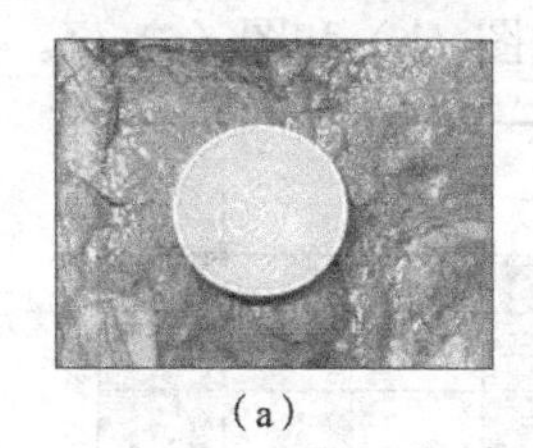
（a）

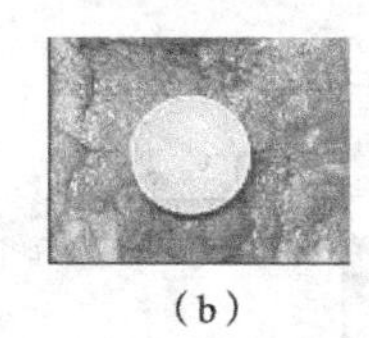
（b）

（c）

图 5-14 图像缩小示例

2. **图像的比例放大**

图像放大从字面意义上看，是图像缩小的逆操作，但是实际上图像缩小是从多个信息中选出所需要的信息，而图像放大则是需要对多出的空位填入适当的值，所以难易程度是完全不同的。

图像放大最简单的思想是，如果需要将原图像放大 k 倍，而且假设 k 为整数，那么只要将原图像中的每个像素值填在新图像中对应的 $k \times k$ 大小的子块中就行，如图 5-15 所示。

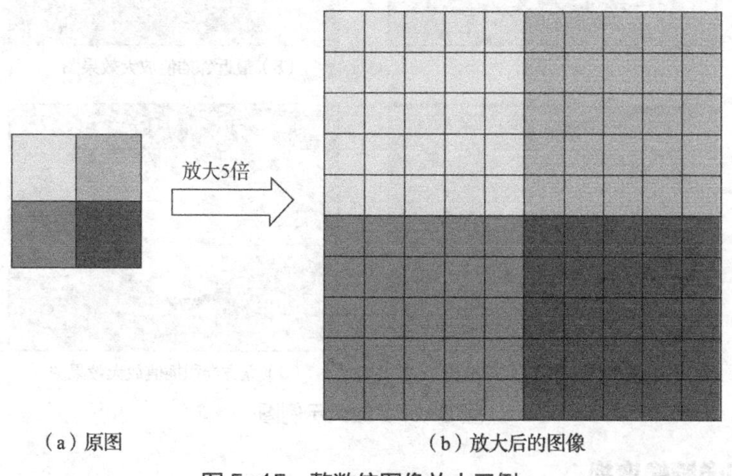

（a）原图　　（b）放大后的图像

图 5-15 整数倍图像放大示例

设原图像大小为 $M \times N$，放大为 $k_1M \times k_2N$（$k_1>1$，$k_2>1$）。简单的插值算法步骤如下。

（1）设旧图像是 $F(i,j)$，$i=1$，2，…，M，$j=1$，2，…，N。

新图像是 $G(x,y)$，$x=1$，2，…，k_1M，$y=1$，2，…，k_2N。

（2）$G(x,y)=F(c_1 \times i, c_2 \times j)$，$c_1=1/k_1$，$c_2=1/k_2$。

如图 5-16 所示，图（a）为原图，图（b）为简单插值后的放大图，当 $k_1=1.5$，$k_2=1.2$ 时计算过程为：

$i=[1,2]$，$j=[1,3]$

$x=[1,3]$，$y=[1,4]$

$x=[1/1.2,2/1.2,3/1.2]=[i_1,i_1,i_2]$

$y=[1/1.5,2/1.5,3/1.5,4/1.5]=[j_1,j_2,j_3,j_3]$

但是在实际应用中，由于图像像素的属性包含更多信息，而且当放大倍数太大时，按照前面的方法处理会出现马赛克效应，所以一般都要采用更专业的插值方法，例如 5.1.1 小节所描述的几种插值方法。如图 5-17 所示，图（b）为对原图的 x 和 y 方向各放大一倍，并采用最近邻插值的结果，从图中可以看出，仍然存在边缘锯齿模糊和马赛克现象，图（c）为利用双线性插值取得的结果，边缘锯齿模糊和马赛克的现象较图（b）有一定改进，图（d）为利用立方卷积插值得到的结果，基本上看不出锯齿现象了，图像细节部分也比图（b）和图（c）好。

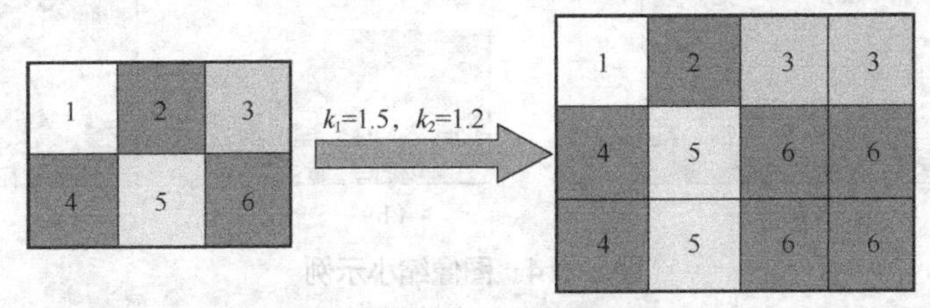

图 5-16 图像放大示例图

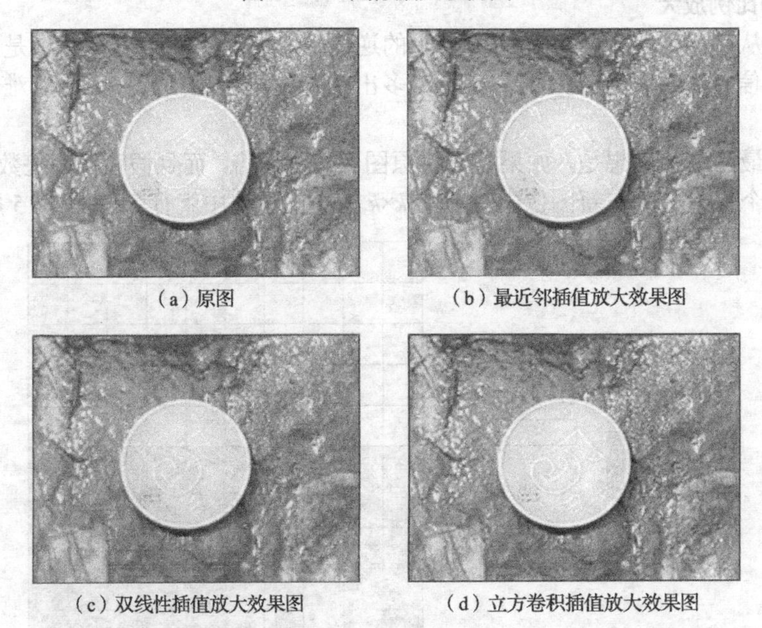

（a）原图　（b）最近邻插值放大效果图

（c）双线性插值放大效果图　（d）立方卷积插值放大效果图

图 5-17 放大示例图

5.1.5 图像镜像变换

图像镜像变换也称为对称变换，主要包括水平镜像和垂直镜像两种，如图 5-18 和图 5-19 所示。图像的水平镜像操作是将图像左半部分和右半部分以图像垂直中轴线为中心进行镜像变换；图像的垂直镜像操作是将图像上半部分和下半部分以图像水平中轴线为中心进行镜像变换，例如图像倒影的生成就是垂直镜像。

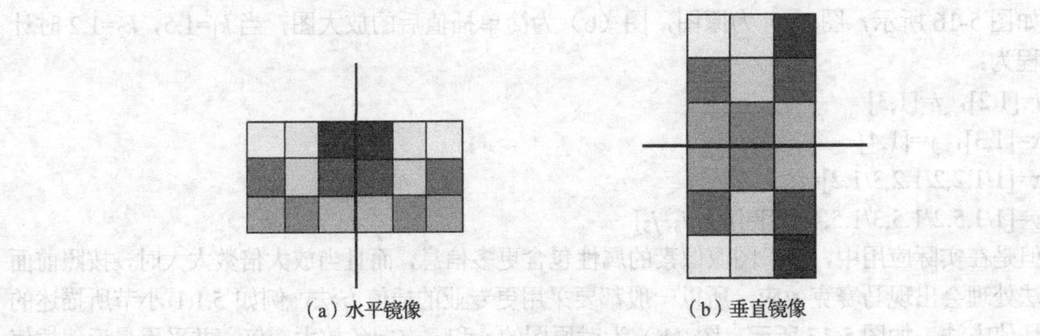

（a）水平镜像　（b）垂直镜像

图 5-18 图像镜像变换示例

图像的镜像变换也可以用矩阵变换表示。设点$P_0(x_0, y_0)$进行镜像后的对应点为$P(x, y)$，图像宽为w，高为h，变换后，图的宽和高不变。那么原图像中$P_0(x_0, y_0)$经过水平镜像后坐标将变为（w-x_0，y_0），其矩阵表达式为：

$$\begin{bmatrix} x \\ y \\ 1 \end{bmatrix} = \begin{bmatrix} -1 & 0 & w \\ 0 & 1 & 0 \\ 0 & 0 & 1 \end{bmatrix} \begin{bmatrix} x_0 \\ y_0 \\ 1 \end{bmatrix} \tag{5-21}$$

逆运算矩阵表达式为：

$$\begin{bmatrix} x_0 \\ y_0 \\ 1 \end{bmatrix} = \begin{bmatrix} -1 & 0 & w \\ 0 & 1 & 0 \\ 0 & 0 & 1 \end{bmatrix} \begin{bmatrix} x \\ y \\ 1 \end{bmatrix} \tag{5-22}$$

即

$$\begin{cases} x_0 = w - x \\ y_0 = y \end{cases}$$

同样，$P_0(x_0, y_0)$经过垂直镜像后坐标将变为（x_0，h-y_0），其矩阵表达式为：

$$\begin{bmatrix} x \\ y \\ 1 \end{bmatrix} = \begin{bmatrix} 1 & 0 & 0 \\ 0 & -1 & h \\ 0 & 0 & 1 \end{bmatrix} \begin{bmatrix} x_0 \\ y_0 \\ 1 \end{bmatrix} \tag{5-23}$$

逆运算矩阵表达式为：

$$\begin{bmatrix} x_0 \\ y_0 \\ 1 \end{bmatrix} = \begin{bmatrix} 1 & 0 & 0 \\ 0 & -1 & h \\ 0 & 0 & 1 \end{bmatrix} \begin{bmatrix} x \\ y \\ 1 \end{bmatrix} \tag{5-24}$$

即

$$\begin{cases} x_0 = x \\ y_0 = h - y \end{cases}$$

（a）水平镜像

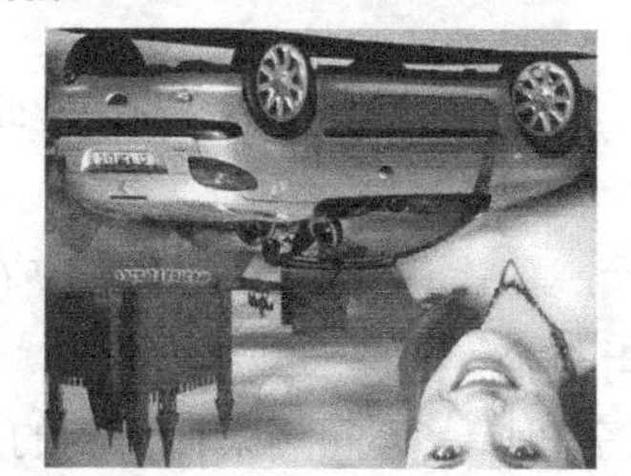

（b）垂直镜像

图5-19 图像镜像示例2

5.2 空间频域变换和处理

图像空间频域变换是将图像从空间域（2D 平面）变换到变换域（或频率域）。变换的目的是利用频率成分和图像外表之间的对应关系，来完成一些在空间域表述困难的增强任务。这些在空间域难以获取的图像性质，在变换域中变得非常普通直观，所以可以根据图像在变换域的这些性质对其进行处理，在变换域处理完毕后将处理结果逆变换到空间域。图像变换类似数学中采用的其他变换，例如，求两个数乘积的乘法运算，可采用对数变换的方法将其改为加法运算。

5.2.1 傅里叶变换

图像的傅里叶变换是数字图像处理的一种基础变换，也是使用最广泛的一种变换，被广泛地用于图像特征提取、图像增强等方面。把傅里叶变换的理论同其物理解释相结合，将有助于解决大多数图像处理问题。例如，图像的频谱统计表明，图像的绝大部分信息集中在低频部分，高频部分的信息极少，因此图像压缩时就可以做到有的放矢。傅里叶变换的大部分变换是线性的，其基本线性运算式是严格可逆的，并且满足一定的正交条件，有时也称为正交变换。

1. 一维傅里叶变换

对一个连续函数 $f(x)$，如果对它进行等间隔采样，即可得到一个离散序列。假设共采样 N 个，则这个离散序列可表示为$\{f(0), f(1), f(2), \cdots, f(N-1)\}$。借助这种表达，并令 x 为离散实变量，u 为离散频率变量，可将离散傅里叶变换定义为：

$$F\{f(x)\} = F(u) = \frac{1}{N}\sum_{x=0}^{N-1} f(x)\exp[-\mathrm{j}2\pi ux/N] \qquad u = 0, 1, \cdots, N-1 \tag{5-25}$$

$$F^{-1}\{F(u)\} = f(x) = \sum_{u=0}^{N-1} F(u)\exp[\mathrm{j}2\pi ux/N] \qquad x = 0, 1, \cdots, N-1 \tag{5-26}$$

根据欧拉公式 $\mathrm{e}^{\pm ix} = \cos x \pm i\sin x$，所以式（5-25）中的指数部分可以替换为 $\exp(-\mathrm{j}2\pi xu) = \cos 2\pi ux - \mathrm{j}\sin 2\pi ux$，同样式（5-26）的指数部分也可以进行替换。

一般情况下，$f(x)$是实函数，但 $F(u)$是复函数，表示为：

$$F(u) = R(u) + \mathrm{j}I(u) \tag{5-27}$$

其中，$R(u)$和 $I(u)$分别是 $F(u)$的实部和虚部。上式也常表示成指数形式，即

$$F(u) = |F(u)| \exp[\mathrm{j}\phi(u)] \tag{5-28}$$

$f(x)$的傅里叶频谱，即幅度函数$|F(u)|$可表示为：

$$|F(u)| = \left[R^2(u) + I^2(u)\right]^{1/2} \tag{5-29}$$

相位角为：

$$\phi(u) = \arctan[I(u)/R(u)] \tag{5-30}$$

功率谱为：

$$P(u) = |F(u)|^2 = R^2(u) + I^2(u) \tag{5-31}$$

2. 二维傅里叶变换

设 $f(x,y)$是在空间域上等间隔采样得到的 $M \times N$ 的二维离散信号，x 和 y 是离散实变量，u 和 v 为离散频率变量，则二维离散傅里叶变换一般定义为：

$$F(u,v)=\sqrt{\frac{1}{MN}}\sum_{x=0}^{M-1}\sum_{y=0}^{N-1}f(x,y)\exp[-\mathrm{j}2\pi(\frac{xu}{M}+\frac{yv}{N})] \quad (u=0,1,\cdots,M-1;\ v=0,1,\cdots,N-1) \tag{5-32}$$

$$f(x,y)=\sqrt{\frac{1}{MN}}\sum_{u=0}^{M-1}\sum_{v=0}^{N-1}F(u,v)\exp[\mathrm{j}2\pi(\frac{ux}{M}+\frac{vy}{N})] \quad (x=0,1,\cdots,M-1;\ y=0,1,\cdots,N-1) \tag{5-33}$$

在图像处理中，有时为了讨论上的方便，取 $M=N$，并考虑正变换与逆变换的对称性，就将二维离散傅里叶变换定义为：

$$F(u,v)=\frac{1}{N}\sum_{x=0}^{N-1}\sum_{y=0}^{N-1}f(x,y)\exp[-\frac{\mathrm{j}2\pi(xu+yv)}{N}] \tag{5-34}$$

$$f(x,y)=\frac{1}{N}\sum_{u=0}^{N-1}\sum_{v=0}^{N-1}F(u,v)\exp[\frac{\mathrm{j}2\pi(ux+vy)}{N}] \tag{5-35}$$

其中，x，y，u，$v=0$，1，…，$N-1$。

与一维的情况类似，可将二维离散傅里叶变换的频谱和相位角定义为：

$$|F(u,v)|=\sqrt{R^2(u,v)+I^2(u,v)} \tag{5-36}$$

$$\phi(u,v)=\arctan[I(u,v)/R(u,v)] \tag{5-37}$$

将二维离散傅里叶变换的频谱的平方定义为$f(x,y)$的功率谱，记为：

$$P(u,v)=|F(u,v)|^2=R^2(u,v)+I^2(u,v) \tag{5-38}$$

反映了二维离散信号的能量在空间频率域上的分布情况。

3. 二维傅里叶变换的性质

（1）分离性

一个二维傅里叶变换可由连续两次运用一维傅里叶变换来实现。式（5-34）和式（5-35）可以写成：

$$F(u,v)=\frac{1}{N}\sum_{x=0}^{N-1}\exp[-\frac{\mathrm{j}2\pi xu}{N}]\sum_{y=0}^{N-1}f(x,y)\exp[-\frac{\mathrm{j}2\pi yv}{N}] \quad u,\ v=0,1,\cdots,N-1; \tag{5-39}$$

$$f(x,y)=\frac{1}{N}\sum_{u=0}^{N-1}\exp[\frac{\mathrm{j}2\pi ux}{N}]\sum_{v=0}^{N-1}F(u,v)\exp[\frac{\mathrm{j}2\pi vy}{N}] \quad x,\ y,\ =0,1,\cdots,N-1; \tag{5-40}$$

式（5-39）可分成：

$$F(x,v)=N[\frac{1}{N}\sum_{y=0}^{N-1}f(x,y)\exp[-\frac{\mathrm{j}2\pi yv}{N}]] \quad v=0,1,\cdots,N-1; \tag{5-41}$$

$$F(u,v)=\frac{1}{N}\sum_{x=0}^{N-1}F(x,v)\exp[-\frac{\mathrm{j}2\pi ux}{N}] \quad u,\ v=0,1,\cdots,N-1; \tag{5-42}$$

对每个 x 值，式（5-41）方括号中是一个一维傅里叶变换，所以$F(x,v)$可由沿$f(x,y\}$的每一列求变换再乘以 N 得到。在此基础上，再对 $F(x,v)$每一行求傅里叶变换就可以得到 $F(u,v)$。这个过程如图 5-20 所示。

（2）平移性质

给离散函数 $f(x,y)$乘以一个指数项，就相当于把其变换后的傅里叶频谱在频率域进行平移，即

$$f(x,y)\exp[\mathrm{j}2\pi(u_0x+v_0y)/N]\Leftrightarrow F(u-u_0,v-v_0) \tag{5-43}$$

同样给傅里叶频谱乘以一个指数项，就相当于把其逆变换后得到的函数在空间域进行平移，即

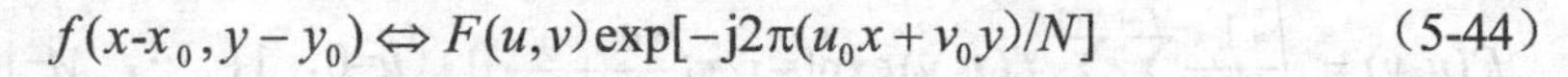

$$f(x-x_0, y-y_0) \Leftrightarrow F(u,v)\exp[-\mathrm{j}2\pi(u_0x+v_0y)/N] \tag{5-44}$$

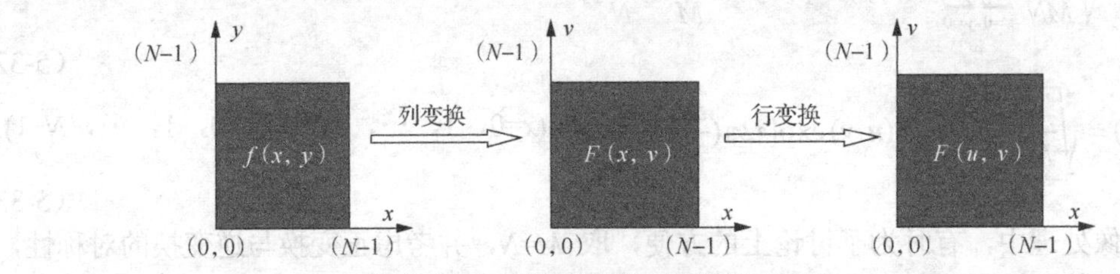

图 5-20　二维傅里叶变换的分离过程

在数字图像处理中，为了更好地观察二维傅里叶变换的频谱，常常要将 $F(u,v)$ 的原点移到图像的中心，即（$M/2$，$N/2$）处。将 $f(x, y)$ 乘以因子 $(-1)^{x+y}$，再进行离散傅里叶变换，即可将图像的频谱原点（0，0）移动到图像中心（$M/2, N/2$）处。

如图 5-21 所示，图（a）为原图，图（b）为原图直接进行傅里叶变换后的结果图，图（c）为原点移到图像中心后的傅里叶变换图。

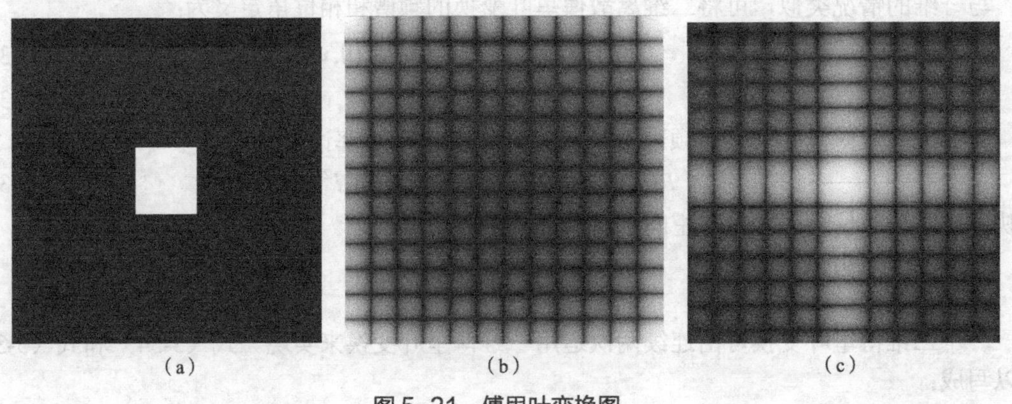

图 5-21　傅里叶变换图

（3）周期性

傅里叶变换和它的逆变换是以 N 为周期的。对一维傅里叶变换有 $F(u)=F(u+N)$。二维傅里叶变换及逆变换在 u 方向和 v 方向是无限周期的，即

$$F(u,v)=F(u+k_1M,v)=F(u,v+k_2N)=F(u+k_1M,v+k_2N) \tag{5-45}$$

和

$$f(x,y)=F(x+k_1M,y)=f(x,y+k_2N)=f(x+k_1M,y+k_2N) \tag{5-46}$$

其中，k_1 和 k_2 是整数，另有：

$u=0, 1, 2, \cdots, M-1$　　　　$x=0, 1, 2, \cdots, M-1$

$v=0, 1, 2, \cdots, N-1$　　　　$y=0, 1, 2, \cdots, N-1$

（4）共轭对称性

傅里叶变换结果是以原点为中心的共轭对称函数。

对一维傅里叶变换有：

$$F(u)=F\times(-u)$$

对二维傅里叶变换有：

$$F(u,v)=F\times(-u,-v)$$

图像傅里叶频谱关于（$M/2$，$N/2$）的对称性：设 $f(x,y)$ 是一幅大小为 $M\times N$ 的图像，根据离散傅里叶变换的周期性公式

$$F(u,v)=F(u+mM,v+nN) \tag{5-47}$$

则有：

$$|F(u,v)|=|F(u+M,v+N)| \tag{5-48}$$

再根据离散傅里叶变换的共轭对称性式：

$$|F(u,v)|=|F(-u,-v)| \tag{5-49}$$

以及式（5-48）和式（5-49），可以得到：

$$|F(u,v)|=|F(M-u,N-v)| \tag{5-50}$$

根据式（5-50），当 u=0 时，可以得到：

当 v=0 时，$|F(0,0)|=|F(M,N)|$

当 v=1 时，$|F(0,1)|=|F(M,N-1)|$

当 v=2 时，$|F(0,2)|=|F(M,N-2)|$

……

当 v=N/2 时，$|F(0,N/2)|=|F(M,N/2)|$

当 u=M 时，可以得到：

当 v=N 时，$|F(M,N)|=|F(0,0)|$

当 v=N−1 时，$|F(M,N-1)|=|F(0,1)|$

当 v=N−2 时，$|F(M,N-2)|=|F(0,2)|$

……

当 v=N/2 时，$|F(M,N/2)|=|F(0,N/2)|$

把上面的关系用坐标图表示，如图 5-22（a）所示。从图中可以看出，A 区与 D 区箭头表示的值关于坐标（M/2，N/2）对称。

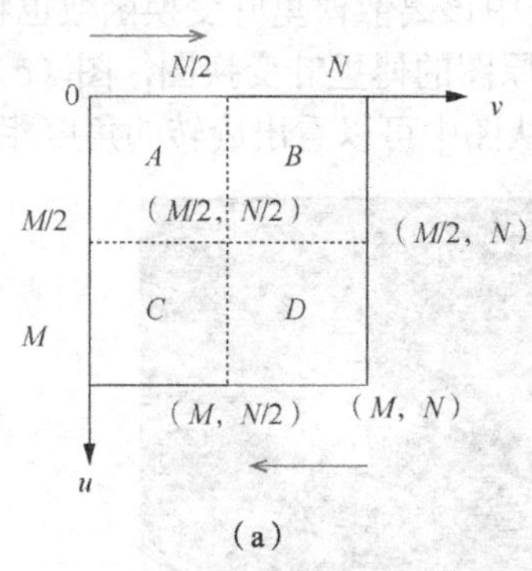

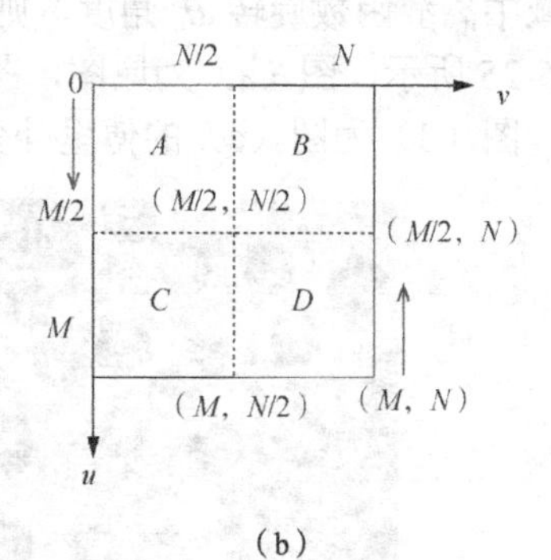

图 5-22 傅里叶频谱坐标图

同理，对于 v=0：

当 u=0 时，$|F(0,0)|=|F(M,N)|$

当 u=1 时，$|F(0,1)|=|F(M-1,N)|$

当 u=2 时，$|F(0,2)|=|F(M-2,N)|$

……

当 u=M/2 时，$|F(0,M/2)|=|F(M/2,N)|$

对于 v=N：

当 u=M 时，$|F(M,N)|=|F(0,0)|$

当 u=M−1 时，$|F(M-1,N)|=|F(0,1)|$

当 $u=M-2$ 时，$|F(M-2,N)|=|F(0,2)|$

……

当 $u=M/2$ 时，$|F(M/2,N)|=|F(0,M/2)|$

把上面的关系用坐标图表示，如图 5-22（b）所示。从图中可以看出，A 区与 D 区箭头表示的值关于坐标（$M/2$，$N/2$）对称。

同理可以知道，图 5-22 中的 B 区与 C 区关于坐标（$M/2$，$N/2$）对称。图 5-23 和图 5-24 所示为傅里叶变换关于（$M/2$，$N/2$）对称的实际示例。

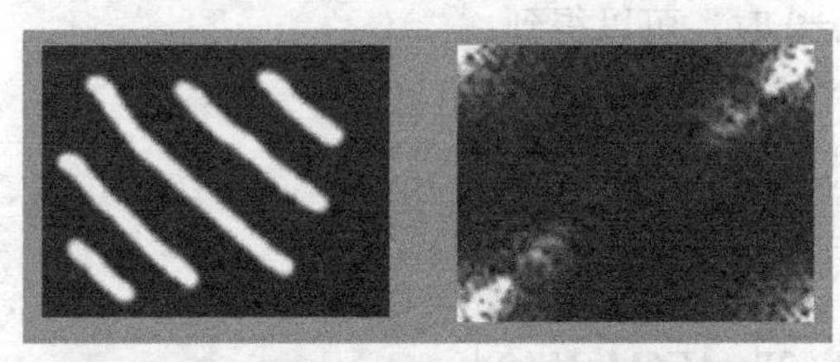

图 5-23　关于（$M/2$，$N/2$）对称示例 1

图 5-24　关于（$M/2$，$N/2$）对称示例 2

（5）旋转性质

如果时域中离散函数旋转 θ_0 角度，则在变换域中该离散傅里叶变换函数也将旋转同样的角度。如图 5-25 所示，图（a）为原图，图（b）为原图的傅里叶变换图，图（c）为原图旋转 45° 后的图，图（d）为图（c）的傅里叶变换图。从图中可以看出旋转的角度相同。

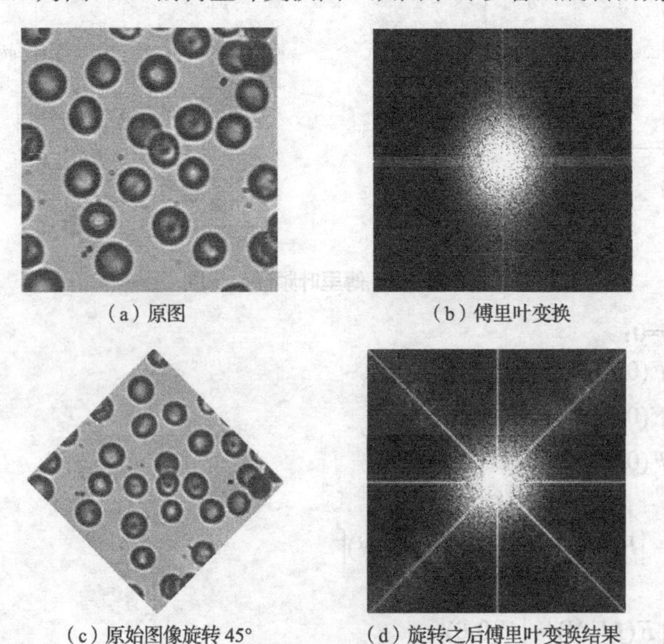

（a）原图　（b）傅里叶变换

（c）原始图像旋转 45°　（d）旋转之后傅里叶变换结果

图 5-25　傅里叶变换旋转实例

旋转的性质可以借助极坐标变换来解释，$x=r\cos\theta$，$y=r\sin\theta$，$u=w\cos\varphi$，$v=w\sin\varphi$，将 $f(x,y)$ 和 $F(u,v)$ 转换为 $f(r,\theta)$ 和 $F(w,\varphi)$，然后代入傅里叶变换可以得到：

$$f(r,\theta+\theta_0)\Leftrightarrow F(w,\varphi+\theta_0) \tag{5-51}$$

（6）分配律（加法原理）

根据傅里叶变换的定义可以得到：

$$F\{f_1(x,y)+f_2(x,y)\} = F\{f_1(x,y)\}+F\{f_2(x,y)\} \tag{5-52}$$

（7）尺度变换（缩放）

给定 2 个标量 a 和 b，傅里叶变换满足以下两式：

$$af(x,y) \Leftrightarrow a\ F(u,v) \tag{5-53}$$

$$f(ax,by) \Leftrightarrow 1/|ab|F(u/a,v/b) \tag{5-54}$$

（8）卷积定理

卷积定理是研究两个函数的傅里叶变换之间的关系，这构成了空间域和频域之间的基本关系。

对 2 个二维连续函数 $f(x,y)$ 和 $g(x,y)$ 的卷积定义为：

$$f(x,y)*g(x,y)=\iint_{-\infty} f(a,\beta)g(x-a,y-\beta)\mathrm{d}a\mathrm{d}\beta \tag{5-55}$$

设

$$f(x,y)\Leftrightarrow F(u,v) \qquad g(x,y)\Leftrightarrow G(u,v)$$

其二维卷积定理可由下面关系表示：

$$\begin{aligned} f(x,y)*g(x,y)&\Leftrightarrow F(u,v)\cdot G(u,v)\\ f(x,y)\cdot g(x,y)&\Leftrightarrow F(u,v)*G(u,v) \end{aligned} \tag{5-56}$$

上式表明，与其在一个域中作晦涩的卷积，不如在另外一个域中作乘法，可以达到相同的效果，这也是傅里叶变换的一个主要优点。

5.2.2　快速傅里叶变换

1．算法原理

根据傅里叶变换的分离性可知，二维傅里叶变换可由连续 2 次一维傅里叶变换得到，所以只需考虑一维的情况。为计算式（5-25）中的求和，对 u 的 N 个取值中的每一个都需进行 N 次复数乘法（将 $f(x)$ 与 $\exp[-\mathrm{j}2\pi ux/N]$ 相乘），另考虑到 x 的取值为 N 个，所以还需要 $N-1$ 次加法，即复数乘法和加法的次数都正比于 N^2。注意到对 $\exp[-\mathrm{j}2\pi ux/N]$ 可先只计算一次然后存在一个表中以备查用，所以正确地分解式（5-25）可将复数乘法和加法的次数减少为正比于 $N\log_2 N$。这个分解过程是快速傅里叶变换算法的基础。快速傅里叶变换算法与原始变换算法的计算量之比是 $N/\log_2 N$，当 N 比较大时，节省的计算量是相当可观的。

下面介绍一种称为逐次加倍法的快速傅里叶变换算法。先将式（5-25）写成：

$$F(u)=\frac{1}{N}\sum_{x=0}^{N-1} f(x)W_N^{UX} \tag{5-57}$$

其中：

$$W_N=\exp[-\mathrm{j}2\pi/N] \tag{5-58}$$

设 N 为 2 的正整数次幂，即

$$N=2^n \tag{5-59}$$

如令 M 为正整数，且

$$N=2M \tag{5-60}$$

将式（5-60）代入式（5-57）可得到：

$$F(u)=\frac{1}{2M}\sum_{x=0}^{2M-1}f(x)W_{2M}^{ux}=\frac{1}{2}\left[\frac{1}{M}\sum_{X=0}^{M-1}f(2x)W_{2M}^{u(2x)}+\frac{1}{M}\sum_{X=0}^{M-1}f(2x+1)W_{2M}^{u(2x+1)}\right] \quad (5\text{-}61)$$

由前面式子可知$W_{2M}^{2ux}=W_{M}^{ux}$，所以式（5-61）可以写成：

$$F(u)=\frac{1}{2}\left[\frac{1}{M}\sum_{X=0}^{M-1}f(2x)W_{M}^{ux}+\frac{1}{M}\sum_{X=0}^{M-1}f(2x+1)W_{M}^{ux}W_{2M}^{u}\right] \quad (5\text{-}62)$$

设

$$F_{\text{even}}(u)=\frac{1}{M}\sum_{X=0}^{M-1}f(2x)W_{M}^{ux} \quad (5\text{-}63)$$

$$F_{\text{odd}}(u)=\frac{1}{M}\sum_{X=0}^{M-1}f(2x+1)W_{M}^{ux} \quad (5\text{-}64)$$

这样式（5-62）可以简化为：

$$F(u)=\frac{1}{2}\left[F_{\text{even}}(u)+F_{\text{odd}}(u)W_{2M}^{u}\right] \quad (5\text{-}65)$$

同样，由于$W_{M}^{u+M}=W_{M}^{u}$和$W_{M}^{u+M}=-W_{M}^{u}$，所以可得：

$$F(u+M)=\frac{1}{2}\left[F_{\text{even}}(u)-F_{\text{odd}}(u)W_{2M}^{u}\right] \quad (5\text{-}66)$$

现在来仔细分析式（5-63）～式（5-66）。式（5-65）和式（5-66）表明1个N点的变换可通过将原始表达式分成两半来计算。对$F(u)$第一半的计算需要根据式（5-63）和式（5-64）计算两个（$N/2$）点的变换。这样所得到的$F_{\text{even}}(u)$和$F_{\text{odd}}(u)$可代入式（5-65）和式（5-66）以得到$u=0$，1，2，…，$N/2-1$时的$F(u)$。对剩下的$F(u)$的计算与此类似。实现该算法的关键是将输入数据排列成满足连续运用式（5-65）和式（5-64）的次序。

2. 逆变换

只需对正变换的输入做一点小修改就可将上述快速算法用于逆变换。先取式（5-26）的复共轭，再两边同除以N得到：

$$\frac{1}{N}f^{*}(x)=\frac{1}{N}\sum_{u=0}^{N-1}F^{*}(u)\exp[-\text{j}2\pi ux/N] \quad x=0,\ 1,\ \cdots,\ N-1 \quad (5\text{-}67)$$

将上式与式（5-26）相比可知，上式右边对应1个正变换。把$F^{*}(u)$输入1个正变换算法得到$f^{*}(x)/N$，对此再求复共轭并乘以N就得到所需的逆变换$f(x)$。

同理在二维的情况可先取式（5-35）的复共轭，再两边同除以N得到：

$$f^{*}(x,y)=\frac{1}{N}\sum_{u=0}^{N-1}\sum_{v=0}^{N-1}F^{*}(u,v)\exp[\frac{-\text{j}2\pi(ux+vy)}{N}] \quad x,\ y=0,\ 1,\ \cdots,\ N-1 \quad (5\text{-}68)$$

上式右边对应1个正变换。把$F^{*}(u,v)$输入1个正变换算法得到$f^{*}(x,y)$，对此再求复共轭就得到所需的逆变换$f(x,y)$。对实函数，有$f(x)=f^{*}(x)$和$f(x,y)=f^{*}(x,y)$成立。此时就不需要计算复共轭了。

5.2.3 离散余弦变换

余弦变换是傅里叶变换的一种特殊情况。在傅里叶级数展开式中，如果被展开的函数是实偶函数，那么其傅里叶级数中只包含余弦项，再将其离散化可导出余弦变换，或称之为离散余弦变换（Discrete Cosine Transform，DCT）。

一维离散余弦变换的定义为：

$$C(u)=a(u)\sum_{x=0}^{N-1}f(x)\cos\left[\frac{(2x+1)u\pi}{2N}\right]\qquad u=0,\ 1,\ \cdots,\ N-1\tag{5-69}$$

$$f(x)=\sum_{u=0}^{N-1}a(u)C(u)\cos\left[\frac{(2x+1)u\pi}{2N}\right]\qquad u=0,\ 1,\ \cdots,\ N-1\tag{5-70}$$

其中：

$$a(u)=\begin{cases}\sqrt{1/N} & 当\quad u=0\\ \sqrt{2/N} & 当\quad u=1,\ 2,\ \cdots,\ N-1\end{cases}\tag{5-71}$$

二维离散余弦变换的定义为：

$$C(u,v)=a(u)a(v)\sum_{x=0}^{N-1}\sum_{y=0}^{N-1}f(x,y)\cos\left[\frac{(2x+1)u\pi}{2N}\right]\cos\left[\frac{(2y+1)v\pi}{2N}\right]\quad u,\ v=0,\ 1,\ \cdots,\ N-1\tag{5-72}$$

$$f(x,y)=\sum_{x=0}^{N-1}\sum_{y=0}^{N-1}a(u)a(v)C(u,v)\cos\left[\frac{(2x+1)u\pi}{2N}\right]\cos\left[\frac{(2y+1)v\pi}{2N}\right]\quad x,\ y=0,\ 1,\ \cdots,\ N-1\tag{5-73}$$

由式（5-72）可知二维离散余弦变换的正变换核表达式为：

$$G(x,y,u,v)=a(u)a(v)\cos\left[\frac{(2x+1)u\pi}{2N}\right]\cos\left[\frac{(2y+1)v\pi}{2N}\right]\tag{5-74}$$

由上式可以看出，离散余弦变换核具有可分离性，即：

$$G(x,y,u,v)=g(x,u)g(y,v)=a(u)\cos\left[\frac{(2x+1)u\pi}{2N}\right]a(v)\cos\left[\frac{(2y+1)v\pi}{2N}\right]\tag{5-75}$$

其中：

$$g=g(x,u)=\sqrt{\frac{2}{N}}a(u)\cdot\cos[\frac{\pi(2x+1)u}{2N}]\tag{5-76}$$

则二维离散余弦变换的正、逆变换的空间矢量表示形式为：

$$C=g\cdot f\cdot g^{\mathrm{T}}\tag{5-77}$$

$$f=g^{\mathrm{T}}C\cdot g\tag{5-78}$$

其中：

$$g^{\mathrm{T}}=\sqrt{\frac{2}{N}}\begin{bmatrix}\frac{1}{\sqrt{2}} & \frac{1}{\sqrt{2}} & \cdots & \frac{1}{\sqrt{2}}\\ \cos\frac{\pi}{2N} & \cos\frac{3\pi}{2N} & \cdots & \cos\frac{(2N-1)\pi}{2N}\\ \vdots & \vdots & \ddots & \vdots\\ \cos\frac{(N-1)\pi}{2N} & \cos\frac{3(N-1)\pi}{2N} & \cdots & \cos\frac{(2N-1)(N-1)\pi}{2N}\end{bmatrix}\tag{5-79}$$

所以离散余弦变换正变换和逆变换可描述为：

$$C(u,v)=\sum_{x=0}^{N-1}\sum_{y=0}^{N-1}f(x,y)\cdot G(x,y,u,v)\tag{5-80}$$

$$f(x,y)=\sum_{u=0}^{N-1}\sum_{v=0}^{N-1}C(u,v)\cdot G(x,y,u,v)\tag{5-81}$$

其中，正、逆变换核 $Q(x,y,u,v)$ 也称为二维离散余弦变换变换的基函数或基图像。

同时由式（5-76）可以看出离散余弦变换具有对称性。

下面讨论离散余弦变换变换核的值，当 N=2 时，二维离散余弦变换的正变换核的值如下：

$G(x,y,0,0)=1/2$

$G(0,y,1,0)=1/2$　　$G(1,y,1,0)=-1/2$

$G(x,0,0,1)=1/2$　　$G(x,1,0,1)=-1/2$

$G(1,1,0,0)=G(1,1,1,1)=1/2$　　$G(1,1,0,1)=G(1,1,1,0)=-1/2$

由于二维离散余弦变换的正逆变换核是一样的，所以逆变换核的值相同。

当 N=4 时，二维离散余弦变换的正变换核的值由一维解析式定义可得如下展开式：

$$\begin{cases} C(0)=0.500f(0)+0.500f(1)+0.500f(2)+0.500f(3) \\ C(1)=0.653f(0)+0.271f(1)-0.272f(2)-0.653f(3) \\ C(2)=0.500f(0)-0.500f(1)-0.500f(2)+0.500f(3) \\ C(3)=0.271f(0)-0.653f(1)+0.653f(2)-0.271f(3) \end{cases} \tag{5-82}$$

写成矩阵形式：

$$\begin{bmatrix} C(0) \\ C(1) \\ C(2) \\ C(3) \end{bmatrix} = \begin{bmatrix} 0.500 & 0.500 & 0.500 & 0.500 \\ 0.653 & 0.271 & -0.271 & -0.653 \\ 0.500 & -0.500 & -0.500 & 0.500 \\ 0.271 & -0.653 & 0.653 & -0.271 \end{bmatrix} \cdot \begin{bmatrix} f(0) \\ f(1) \\ f(2) \\ f(3) \end{bmatrix} \tag{5-83}$$

同理，可得到逆变换展开形式：

$$\begin{cases} f(0)=0.500C(0)+0.653C(1)+0.500C(2)+0.271C(3) \\ f(1)=0.500C(0)+0.271C(1)-0.500C(2)-0.653C(3) \\ f(2)=0.500C(0)-0.271C(1)-0.500C(2)+0.653C(3) \\ f(3)=0.500C(0)-0.653C(1)+0.500C(2)-0.271C(3) \end{cases} \tag{5-84}$$

写成矩阵形式：

$$\begin{bmatrix} f(0) \\ f(1) \\ f(2) \\ f(3) \end{bmatrix} = \begin{bmatrix} 0.500 & 0.653 & 0.500 & 0.271 \\ 0.500 & 0.271 & -0.500 & -0.653 \\ 0.500 & -0.271 & -0.500 & 0.653 \\ 0.500 & -0.653 & 0.500 & -0.271 \end{bmatrix} \cdot \begin{bmatrix} C(0) \\ C(1) \\ C(2) \\ C(3) \end{bmatrix} \tag{5-85}$$

图 5-26 所示为离散余弦变换示例，从图 5-26（b）中可以看出图 5-26（a）的大部分能量集中在低频部分。

（a）原图

（b）余弦变换图

图 5-26　离散余弦变换示例

5.2.4　沃尔什变换

离散傅里叶变换和余弦变换在快速算法中都要用到复数乘法，占用的计算时间比较多。在某些应用领域，需要更为便利、更为有效的变换方法。沃尔什变换就是其中的一种。

1923 年，美国数学家沃尔什（Walsh）提出了沃尔什函数。沃尔什函数展开有三种：沃尔什排列的沃尔什函数、佩利排列的沃尔什函数、哈达玛排列的沃尔什函数。沃尔什的原始论文中给出了沃尔什函数的递推公式，这个公式是按照函数的序数由正交区间内过零点平均数来定义的。1931 年，美国数学家佩利（R. Paley）又给沃尔什函数提出了一个新的定义，他指出，沃尔什函数可以用有限个拉德梅克（Rademacher）函数的乘积来表示。这样得到的函数的序数与沃尔什得到的函数的序数完全不同。这种定序方法是用二进制来定序的，所以称为二进制序数或自然序数。利用只包含＋1 和－1 阵元的正交矩阵可以将沃尔什函数表示为矩阵形式。早在 1867 年，英国数学家希尔威斯特（J. J. Sylvester）就已经研究过这种矩阵。1893 年，法国数学家哈达玛（M. Hadamard）将这种矩阵加以普遍化，建立了所谓的哈达玛矩阵。利用克罗内克乘积算子（Kronecker Product Operator）可把沃尔什函数表示为哈达玛矩阵形式。利用这种形式定义的沃尔什函数称为克罗内克序数，即哈达玛排列的沃尔什函数。与傅里叶变换相比，沃尔什变换的主要优点在于存储空间少和运算速度高，这一点对于图像处理来说至关重要，特别是在大量数据需要进行实时处理时，沃尔什变换就更能显示出它的优越性。

1. 拉德梅克函数

拉德梅克函数集是一个不完备的正交函数集，由它可以构成完备的沃尔什函数。拉德梅克函数定义为：

$$R(n,t)=\mathrm{sgn}(\sin 2^n \pi t) \tag{5-86}$$

其中，n 为序号（n=0，1，…，N−1），t 为连续时间变量。

$$\mathrm{sgn}(x)=\begin{cases}1 & x>0\\ -1 & x<0\end{cases} \quad 当 x=0 时，\mathrm{sgn}(x)无定义$$

由 sin 函数的周期性可知 $R(n,t)$也是周期性函数。由式（5-86）可知：

当 n=0 时，$R(n,t)$的周期为 2;

当 n=1 时，$R(n,t)$的周期为 1;

当 n=2 时，$R(2,t)$的周期为 1/2;

当 n=3 时，$R(3,t)$的周期为 $1/2^2$;

……

所以 $R(n,t)$的一般形式可以表示为：

$$R(n,t)=R(n,t+\frac{1}{2^{n-1}}) \quad n=0，1，2，\cdots \tag{5-87}$$

拉德梅克函数的波形如图 5-27 所示。

由图 5-27 可见，拉德梅克函数有如下一些规律。

（1）$R(n,t)$的取值只有+1 和−1。

（2）$R(n,t)$是 $R(n-1,t)$的二倍频。因此，如果已知最高次数 m=n，则其他拉德梅克函数可由脉冲分频器来产生。

（3）如果已知 n，则 $R(n,t)$在（$0<t<1$）范围内有 $2n-1$ 个周期。

（4）如果在 $t=(k+1/2)/2^n$ 处取样，则可得到一个离散的数据序列 $R(n,k)$，其中，k=0，1，2，…，2^n-1。

2. 沃尔什排列的沃尔什函数

沃尔什排列的沃尔什函数定义为：

$$Wal_w(i,t)=\prod_{k=0}^{p-1}[R(k+1,t)]^{g(i)_k} \quad (5\text{-}88)$$

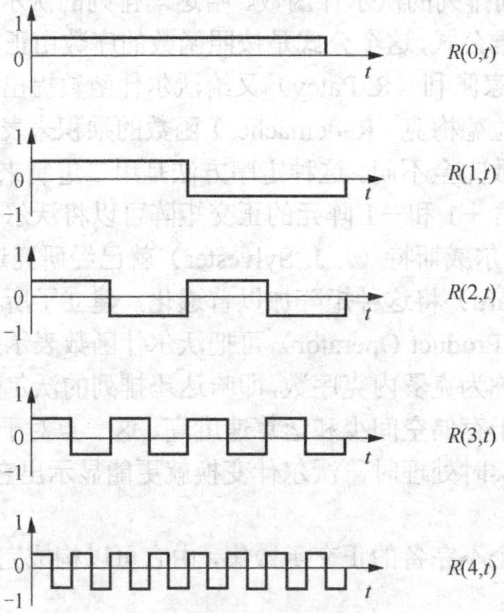

图 5-27　拉德梅克函数波形图

其中，$R(k+1,t)$是任意拉德梅克函数，$g(i)$是 i 的格雷码，$g(i)_k$ 是此格雷码的第 k 位数。n 为序号（n=0，1，…，N-1）。

格雷码来自 1953 年公开的弗兰克・格雷（Frank Gray）的专利“Pulse Code Communication”。在一组数的编码中，若任意两个相邻的代码只有一位二进制数不同，则称这种编码为格雷码（Gray Code）。它是一种数字排序系统，其中的所有相邻整数在它们的数字表示中只有一个数字不同。它在任意两个相邻的数之间转换时，只有一个数位发生变化。它大大地减少了由一个状态到下一个状态时逻辑的混淆。

表 5-1 所示为自然数的二进制数和格雷码的对应关系。

表 5-1　自然数的二进制数与格雷码的对应关系

自然数	自然二进制数	格雷码	自然数	自然二进制数	格雷码
0	0000	0000	8	1000	1100
1	0001	0001	9	1001	1101
2	0010	0011	10	1010	1111
3	0011	0010	11	1011	1110
4	0100	0110	12	1100	1010
5	0101	0111	13	1101	1011
6	0110	0101	14	1110	1001
7	0111	0100	15	1111	1000

二进制数转格雷码的方法是从最右边一位起，依次将每一位与左边一位异或（XOR 或⊕），作为对应格雷码该位的值，最左边一位不变（相当于左边是 0）。

设一个十进制数对应的自然二进制数为：

$$n=(n_{p-1}n_{p-2}\cdots n_k\cdots n_2n_1n_0)_B$$

并设该数的格雷码为：

$$g=(g_{p-1}g_{p-2}\cdots g_k\cdots g_2g_1g_0)_G$$

其中，n_k 和 g_k 分别为自然二进制数和格雷码内的码位数字，并且 n_k、$g_k\in\{0,1\}$。它们之间的关系可用下式表示：

$$\begin{cases} g_{p-1}=n_{p-1} \\ g_{p-2}=n_{p-1}\oplus n_{p-2} \\ g_{p-2}=n_{p-2}\oplus n_{p-3} \\ \cdots \\ g_k=n_{k+1}\oplus n_k \\ \cdots \\ g_1=n_2\oplus n_1 \\ g_0=n_1\oplus n_0 \end{cases} \tag{5-89}$$

例如，二进制数 0110 转换为格雷码的过程如下：

二进制数最右边 0 和它左边的 1 异或，得到 1，这就是格雷码的最右边的数；

二进制数右边第二位的 1 与它左边的 1 异或，得到 0，这就是格雷码右边的第二位数；

二进制数右边第三位数 1 与它左边的 0 异或，得到 1，这就是格雷码右边的第三位数；

保持最高位不变，这样就得到了格雷码 0101。

格雷码转换为二进制数，也就是解码的过程。

解码从左边第二位起，将每位与左边一位解码后的值异或，作为该位解码后的值（最左边一位依然不变），最高位也就是最左边的一位依然是不变的，与编码是一样的。

设正整数的格雷码为：

$$g=(g_{p-1}g_{p-2}\cdots g_k\cdots g_2g_1g_0)_G$$

且该数的自然二进制数为：

$$n=(n_{p-1}n_{p-2}\cdots n_k\cdots n_2n_1n_0)_B$$

则它们之间的关系可用下式表示：

$$\begin{cases} n_{p-1}=g_{p-1} \\ n_{p-2}=g_{p-1}\oplus g_{p-2} \\ n_{p-2}=g_{p-1}\oplus g_{p-2}\oplus g_{p-3} \\ \cdots \\ n_k=g_{p-1}\oplus g_{p-2}\oplus g_{p-3}\oplus\cdots\oplus g_k \\ \cdots \\ n_2=g_{p-1}\oplus g_{p-2}\oplus g_{p-3}\oplus\cdots\oplus g_2 \\ n_1=g_{p-1}\oplus g_{p-2}\oplus g_{p-3}\oplus\cdots\oplus g_2\oplus g_1 \\ n_0=g_{p-1}\oplus g_{p-2}\oplus g_{p-3}\oplus\cdots\oplus g_2\oplus g_1\oplus g_0 \end{cases} \tag{5-90}$$

例如，n 的格雷码为 1011，求其自然二进数表示。

$$(n)_G=(1011)_G$$

所以：

$$g_3=1，g_2=2，g_1=1，g_0=1$$

$$n_3 = g_3 = 1$$
$$n_2 = g_3 \oplus g_2 = 1 \oplus 0 = 1$$
$$n_1 = g_3 \oplus g_2 \oplus g_1 = 1 \oplus 0 \oplus 1 = 0$$
$$n_0 = g_3 \oplus g_2 \oplus g_1 \oplus g_0 = 1 \oplus 0 \oplus 1 \oplus 1 = 1$$

即自然码为 1101。

例如，当 p=3 时，对前 8 个 $Wal_w(i,t)$取样，则

$Wal_w(0,t)=1$ ——{1, 1, 1, 1, 1, 1, 1, 1}

$Wal_w(1,t)=R(1,t)$ ——{1, 1, 1, 1,−1,−1,−1,−1}

$Wal_w(2,t)=R(1,t)\,R(2,t)$ ——{1, 1, −1,−1,−1,−1, 1,1}

$Wal_w(3,t)=R(2,t)$ ——{1, 1,−1,−1, 1, 1,−1,−1}

$Wal_w(4,t)=R(2,t)\,R(3,t)$ ——{1,−1,−1, 1, 1,−1,−1, 1}

$Wal_w(5,t)=R(1,t)\,R(2,t)\,R(3,t)$ ——{1,−1,−1, 1,−1, 1, 1,−1}

$Wal_w(6,t)=R(1,t)\,R(3,t)$ ——{1,−1, 1,−1,−1, 1,−1, 1}

$Wal_w(7,t)=R(3,t)$ ——{1,−1, 1,−1, 1,−1, 1,−1}

取样后得到的沃尔什排列的沃尔什函数矩阵：

$$\boldsymbol{H}_w = \begin{bmatrix} 1 & 1 & 1 & 1 & 1 & 1 & 1 & 1 \\ 1 & 1 & 1 & 1 & -1 & -1 & -1 & -1 \\ 1 & 1 & -1 & -1 & -1 & -1 & 1 & 1 \\ 1 & 1 & -1 & -1 & 1 & 1 & -1 & -1 \\ 1 & -1 & -1 & 1 & 1 & -1 & -1 & 1 \\ 1 & -1 & -1 & 1 & -1 & 1 & 1 & -1 \\ 1 & -1 & 1 & -1 & -1 & 1 & -1 & 1 \\ 1 & -1 & 1 & -1 & 1 & -1 & 1 & -1 \end{bmatrix}$$

3. 佩利排列的沃尔什函数

佩利（Paley）排列的沃尔什函数也可以由拉德梅克函数产生，表示为：

$$Wal_p(i,t) = \prod_{k=0}^{p-1}[R(k+1,t)]^{i_k} \tag{5-91}$$

式中，$R(k+1,t)$是拉德梅克函数，i_k是将函数序号写成自然二进制数的第 k 位数字，$i_k \in \{0,1\}$，p 为正整数，即：

$$(i) = (i_{n-1}i_{n-2}\cdots i_2 i_1 i_0)_B$$

例如，p=3 时，求 $Wal_p(1,t)$。

因为 i= 1，所以自然二进制数为：

$$\begin{matrix} [0 & 0 & 1] \\ \uparrow & \uparrow & \uparrow \\ \text{第2位} & \text{第1位} & \text{第0位} \end{matrix}$$

代入式（5-91）可得：

$$\begin{aligned} Wal_p(i,t) &= \prod_{k=0}^{p-1}[R(k+1,t)]^{i_k} \\ &= [R(1,t)]^1 \cdot [R(2,t)]^0 \cdot [R(3,t)]^0 = R(1,t) \end{aligned}$$

所以，当 p=3 时，对前 8 个 $Wal_p(i,t)$进行取样，则有：

$Wal_p(0,t)=1$ ——{1, 1, 1, 1, 1, 1, 1, 1}

$Wal_p(1,t)=R(1,t)$ ——{1, 1, 1, 1,−1,−1,−1,−1}

$Wal_p(2,t)=R(2,t)$ ——{1, 1,−1,−1, 1, 1,−1,−1}

$Wal_p(3,t)= R(1,t)\,R(2,t)$ ——{1, 1, −1,−1,−1,−1, 1,1}

$Wal_p(4,t)=R(3,t)$ ——{1,−1, 1,−1, 1,−1, 1,−1}

$Wal_p(5,t)=R(1,t)\,R(3,t)$ ——{1,−1, 1,−1,−1, 1,−1, 1}

$Wal_p(6,t)=R(2,t)\,R(3,t)$ ——{1,−1,−1, 1, 1,−1,−1, 1}

$Wal_p(7,t)=R(1,t)\,R(2,t)\,R(3,t)$ ——{1,−1,−1, 1,−1, 1, 1,−1 }

取样后得到的按佩利排列的沃尔什函数矩阵为：

$$H_p=\begin{bmatrix}1&1&1&1&1&1&1&1\\1&1&1&1&-1&-1&-1&-1\\1&1&-1&-1&1&1&-1&-1\\1&1&-1&-1&-1&-1&1&1\\1&-1&1&-1&1&-1&1&-1\\1&-1&1&-1&-1&1&-1&1\\1&-1&-1&1&1&-1&-1&1\\1&-1&-1&1&-1&1&1&-1\end{bmatrix}$$

4. 哈达玛排列的沃尔什函数

哈达玛（Hadamard）排列的沃尔什函数是从 2^n 阶哈达玛矩阵得来的。2^n 阶哈达玛矩阵每一行的符号变化规律，对应某个沃尔什函数在正交区间内符号变化的规律，也就是说，2^n 阶哈达玛矩阵的每一行对应着一个离散沃尔什函数。2^n 阶哈达玛矩阵有如下形式：

$$\boldsymbol{H}_1=[1] \tag{5-92}$$

$$\boldsymbol{H}_2=\begin{bmatrix}1&1\\1&-1\end{bmatrix} \tag{5-93}$$

$$\boldsymbol{H}_4=\begin{bmatrix}H_2&H_2\\H_2&-H_2\end{bmatrix}=\begin{bmatrix}1&1&1&1\\1&-1&1&-1\\1&1&-1&-1\\1&-1&-1&1\end{bmatrix} \tag{5-94}$$

$$\boldsymbol{H}_N=\boldsymbol{H}_{2^n}=\boldsymbol{H}_2\otimes\boldsymbol{H}_{2^{n-1}}=\begin{bmatrix}H_{2^{n-1}}&H_{2^{n-1}}\\H_{2^{n-1}}&-H_{2^{n-1}}\end{bmatrix}=\begin{bmatrix}H_{\frac{N}{2}}&H_{\frac{N}{2}}\\H_{\frac{N}{2}}&-H_{\frac{N}{2}}\end{bmatrix} \tag{5-95}$$

式（5-95）是哈达玛矩阵的递推关系式。利用这个关系式可以产生任意 2^n 阶哈达玛矩阵。这个关系也叫作克罗内克积（Kronecker Product）关系，或叫直积关系。

哈达玛排列的沃尔什函数也可以由拉德梅克函数产生，用式（5-96）的形式表示。

$$Wal_H(i,t)=\prod_{k=0}^{p-1}[R(k+1,t)]^{\langle i_k\rangle} \tag{5-96}$$

其中，$R(k+1,t)$仍然是拉德梅克函数，$\langle i_k\rangle$是倒序的二进制数的第 k 位数。p 为正整数，$i_k\in\{0,1\}$。

即

$$<i>=(i_{n-1}i_{n-2}\cdots i_2 i_1 i_0)$$

倒序后为

$$<i_k>=(i_0 i_1 i_2 \cdots i_{n-2} i_{n-1})$$

$$\cdots\cdots \quad \uparrow \quad \uparrow$$

第1位 第0位

例如，当 p=3 时，对前 8 个 $Wal_H(i,t)$进行取样，则有：

$Wal_H(0,t)=1$ ——{1, 1, 1, 1, 1, 1, 1, 1}
$Wal_H(1,t)=R(3,t)$ ——{1,−1, 1,−1, 1,−1, 1,−1}
$Wal_H(2,t)=R(2,t)$ ——{1, 1,−1,−1, 1, 1,−1,−1}
$Wal_H(3,t)=R(2,t)\,R(3,t)$ ——{1,−1,−1, 1, 1,−1,−1, 1}
$Wal_H(4,t)=R(1,t)$ ——{1, 1, 1, 1,−1,−1,−1,−1}
$Wal_H(5,t)=R(1,t)\,R(3,t)$ ——{1,−1, 1,−1,−1, 1,−1, 1}
$Wal_H(6,t)=R(1,t)\,R(2,t)$ ——{1, 1,−1,−1,−1,−1, 1,1}
$Wal_H(7,t)=R(1,t)\,R(2,t)\,R(3,t)$ ——{1,−1,−1, 1,−1, 1, 1,−1}

取样后得到的哈达玛排列的沃尔什函数矩阵为：

$$\boldsymbol{H}_H=\begin{bmatrix} 1 & 1 & 1 & 1 & 1 & 1 & 1 & 1 \\ 1 & -1 & 1 & -1 & 1 & -1 & 1 & -1 \\ 1 & 1 & -1 & -1 & 1 & 1 & -1 & -1 \\ 1 & -1 & -1 & 1 & 1 & -1 & -1 & 1 \\ 1 & 1 & 1 & 1 & -1 & -1 & -1 & -1 \\ 1 & -1 & 1 & -1 & -1 & 1 & -1 & 1 \\ 1 & 1 & -1 & -1 & -1 & -1 & 1 & 1 \\ 1 & -1 & -1 & 1 & -1 & 1 & 1 & -1 \end{bmatrix}$$

5.2.5 快速沃尔什变换

离散沃尔什变换也有快速算法。利用快速算法，运算速度可大大提高，完成一次变换只需 $N\log_2 N$ 次加减法。

由于沃尔什-哈达玛变换有清晰的分解过程，而且快速沃尔什变换可由沃尔什-哈达玛变换修改得到，所以下面着重讨论沃尔什-哈达玛变换。

1. 一维离散沃尔什-哈达玛变换

一维离散沃尔什-哈达玛变换定义为：

$$W(u)=\frac{1}{N}\sum_{x=0}^{N-1}f(x)Wal_H(u,x) \tag{5-97}$$

一维离散沃尔什-哈达玛逆变换定义为：

$$f(x)=\sum_{u=0}^{N-1}W(u)Wal_H(u,x) \tag{5-98}$$

表示为如下矩阵：

$$\begin{bmatrix} W(0) \\ W(1) \\ \vdots \\ W(N-1) \end{bmatrix} = \frac{1}{N}[H_N]\begin{bmatrix} f(0) \\ f(1) \\ \vdots \\ f(N-1) \end{bmatrix} \tag{5-99}$$

和

$$\begin{bmatrix} f(0) \\ f(1) \\ \vdots \\ f(N-1) \end{bmatrix} = [H_N]\begin{bmatrix} W(0) \\ W(1) \\ \vdots \\ W(N-1) \end{bmatrix} \tag{5-100}$$

式中，$[H_N]$ 为 N 阶哈达玛矩阵。

由哈达玛矩阵的特点可知，沃尔什-哈达玛变换的本质上是将离散序列 $f(x)$ 的各项值的符号按一定规律改变后进行加减运算，因此，它比采用复数运算的傅里叶变换和采用余弦运算的余弦变换要简单得多。

例如，将一维信号序列｛0，0，1，1，0，0，1，1｝作沃尔什-哈达玛变换及逆变换。

$$\begin{bmatrix} W(0) \\ W(1) \\ W(2) \\ W(3) \\ W(4) \\ W(5) \\ W(6) \\ W(7) \end{bmatrix} = \frac{1}{8}\begin{bmatrix} 1 & 1 & 1 & 1 & 1 & 1 & 1 & 1 \\ 1 & -1 & 1 & -1 & 1 & -1 & 1 & -1 \\ 1 & 1 & -1 & -1 & 1 & 1 & -1 & -1 \\ 1 & -1 & -1 & 1 & 1 & -1 & -1 & 1 \\ 1 & 1 & 1 & 1 & -1 & -1 & -1 & -1 \\ 1 & -1 & 1 & -1 & -1 & 1 & -1 & 1 \\ 1 & 1 & -1 & -1 & -1 & -1 & 1 & 1 \\ 1 & -1 & -1 & 1 & -1 & 1 & 1 & -1 \end{bmatrix}\begin{bmatrix} 0 \\ 0 \\ 1 \\ 1 \\ 0 \\ 0 \\ 1 \\ 1 \end{bmatrix} = \begin{bmatrix} 1/2 \\ 0 \\ -1/2 \\ 0 \\ 0 \\ 0 \\ 0 \\ 0 \end{bmatrix}$$

2. 二维离散沃尔什-哈达玛变换

很容易将一维沃尔什-哈达玛变换的定义推广到二维沃尔什-哈达玛变换。二维沃尔什-哈达玛变换的正变换核和逆变换核分别为：

$$W(u,v) = \frac{1}{MN}\sum_{x=0}^{M-1}\sum_{y=0}^{N-1} f(x,y)Wal_H(u,x)Wsl_H(v,y) \tag{5-101}$$

和

$$f(x,y) = \sum_{u=0}^{M-1}\sum_{v=0}^{N-1} W(u,v)Wal_H(u,x)Wsl_H(v,y) \tag{5-102}$$

式中，$x,u=0,1,2,\cdots,M-1$；$y,v=0,1,2,\cdots,N-1$。

例如：求 $f_1 = \begin{bmatrix} 1 & 3 & 3 & 1 \\ 1 & 3 & 3 & 1 \\ 1 & 3 & 3 & 1 \\ 1 & 3 & 3 & 1 \end{bmatrix}$ 信号的二维沃尔什-哈达玛变换。

假设 $M=N=4$，其二维沃尔什-哈达玛变换核为：

$$\boldsymbol{H}_4 = \begin{bmatrix} 1 & 1 & 1 & 1 \\ 1 & -1 & 1 & -1 \\ 1 & 1 & -1 & -1 \\ 1 & -1 & -1 & 1 \end{bmatrix}$$

那么：

$$W_1=\frac{1}{4^2}\begin{bmatrix}1&1&1&1\\1&-1&1&-1\\1&1&-1&-1\\1&-1&-1&1\end{bmatrix}\begin{bmatrix}1&3&3&1\\1&3&3&1\\1&3&3&1\\1&3&3&1\end{bmatrix}\begin{bmatrix}1&1&1&1\\1&-1&1&-1\\1&1&-1&-1\\1&-1&-1&1\end{bmatrix}=\begin{bmatrix}2&0&0&-1\\0&0&0&0\\0&0&0&0\\0&0&0&0\end{bmatrix}$$

从以上例子可看出，二维沃尔什-哈达玛变换具有能量集中的特性，而且原始数据中数字越是均匀分布，经变换后的数据越集中于矩阵的边角上。因此，二维沃尔什-哈达玛变换可用于压缩图像信息。

3. 快速沃尔什-哈达玛变换

快速沃尔什-哈达玛变换就是输入序列 $f(x)$按奇偶进行分组，分别进行沃尔什-哈达玛变换，可以表示为：

$$W(u)=\frac{1}{2}[W_e(u)+W_o(u)] \tag{5-103}$$

下面以 8 阶沃尔什-哈达玛变换为例，说明其快速算法。

$$H_1=[1]$$
$$H_2=\begin{bmatrix}1&1\\1&-1\end{bmatrix} \tag{5-104}$$

$$H_8=H_2\otimes H_4=\begin{bmatrix}H_4&H_4\\H_4&-H_4\end{bmatrix}=\begin{bmatrix}H_4&0\\0&H_4\end{bmatrix}\begin{bmatrix}I_4&I_4\\I_4&-I_4\end{bmatrix}=\begin{bmatrix}H_2&H_2&0&0\\H_2&-H_2&0&0\\0&0&H_2&H_2\\0&0&H_2&-H_2\end{bmatrix}\begin{bmatrix}I_4&I_4\\I_4&-I_4\end{bmatrix}$$

$$=\begin{bmatrix}H_2&0&0&0\\0&H_2&0&0\\0&0&H_2&0\\0&0&0&H_2\end{bmatrix}\begin{bmatrix}I_2&I_2&0&0\\I_2&-I_2&0&0\\0&0&I_2&I_2\\0&0&I_2&-I_2\end{bmatrix}\begin{bmatrix}I_4&I_4\\I_4&-I_4\end{bmatrix} \tag{5-105}$$

$$=[G_0][G_1][G_2]$$

其中：

$$[G_0]=\begin{bmatrix}H_2&0&0&0\\0&H_2&0&0\\0&0&H_2&0\\0&0&0&H_2\end{bmatrix} \tag{5-106}$$

$$[G_1]=\begin{bmatrix}I_2&I_2&0&0\\I_2&-I_2&0&0\\0&0&I_2&I_2\\0&0&I_2&-I_2\end{bmatrix} \tag{5-107}$$

$$[G_2]=\begin{bmatrix}I_4&I_4\\I_4&-I_4\end{bmatrix} \tag{5-108}$$

第一种快速运算，根据式（5-99）可知，把式（5-105）带入式（5-99），可得8阶沃尔什-哈达玛变换：

$$W(u)=\frac{1}{8}\boldsymbol{H}_8 f(x)=\frac{1}{8}[\boldsymbol{G}_0][\boldsymbol{G}_1][\boldsymbol{G}_2]f(x) \tag{5-109}$$

上式可以通过三级迭代运算完成，假设

$$[f_1(x)]=[\boldsymbol{G}_2][f(x)]$$
$$[f_2(x)]=[\boldsymbol{G}_1][f_1(x)]$$
$$[f_3(x)]=[\boldsymbol{G}_0][f_2(x)]$$

则式（5-109）可以表示为：

$$W(u)=\frac{1}{8}f_3(x) \tag{5-110}$$

其中，$[f_1(x)]=[\boldsymbol{G}_2][f(x)]$ 的8阶展开式为：

$$\begin{bmatrix} f_1(0)\\ f_1(1)\\ f_1(2)\\ f_1(3)\\ f_1(4)\\ f_1(5)\\ f_1(6)\\ f_1(7) \end{bmatrix}=[\boldsymbol{G}_2]\begin{bmatrix} f(0)\\ f(1)\\ f(2)\\ f(3)\\ f(4)\\ f(5)\\ f(6)\\ f(7) \end{bmatrix}=\begin{bmatrix} f(0)+f(4)\\ f(1)+f(5)\\ f(2)+f(6)\\ f(3)+f(7)\\ f(0)-f(4)\\ f(1)-f(5)\\ f(2)-f(6)\\ f(3)-f(7) \end{bmatrix}$$

$[f_2(x)]=[\boldsymbol{G}_1][f_1(x)]$ 的8阶展开式为：

$$\begin{bmatrix} f_2(0)\\ f_2(1)\\ f_2(2)\\ f_2(3)\\ f_2(4)\\ f_2(5)\\ f_2(6)\\ f_2(7) \end{bmatrix}=[\boldsymbol{G}_1]\begin{bmatrix} f_1(0)\\ f_1(1)\\ f_1(2)\\ f_1(3)\\ f_1(4)\\ f_1(5)\\ f_1(6)\\ f_1(7) \end{bmatrix}=\begin{bmatrix} f_1(0)+f_1(2)\\ f_1(1)+f_1(3)\\ f_1(0)-f_1(2)\\ f_1(1)-f_1(3)\\ f_1(4)+f_1(6)\\ f_1(5)+f_1(7)\\ f_1(4)-f_1(6)\\ f_1(5)-f_1(7) \end{bmatrix}$$

$[f_3(x)]=[\boldsymbol{G}_0][f_2(x)]$ 的8阶展开式为：

$$\begin{bmatrix} f_3(0)\\ f_3(1)\\ f_3(2)\\ f_3(3)\\ f_3(4)\\ f_3(5)\\ f_3(6)\\ f_3(7) \end{bmatrix}=[\boldsymbol{G}_0]\begin{bmatrix} f_2(0)\\ f_2(1)\\ f_2(2)\\ f_2(3)\\ f_2(4)\\ f_2(5)\\ f_2(6)\\ f_2(7) \end{bmatrix}=\begin{bmatrix} f_2(0)+f_2(1)\\ f_2(0)-f_2(1)\\ f_2(2)+f_2(3)\\ f_2(2)-f_2(3)\\ f_2(4)+f_2(5)\\ f_2(4)-f_2(5)\\ f_2(6)+f_2(7)\\ f_2(6)-f_2(7) \end{bmatrix}$$

上述的运算过程如图5-28所示，由图中可以看出，快速沃尔什-哈达玛运算是由基本的蝶式计算单元组成，所以快速沃尔什-哈达玛运算也称为蝶形运算，基本蝶式计算单元的运算规则如下。

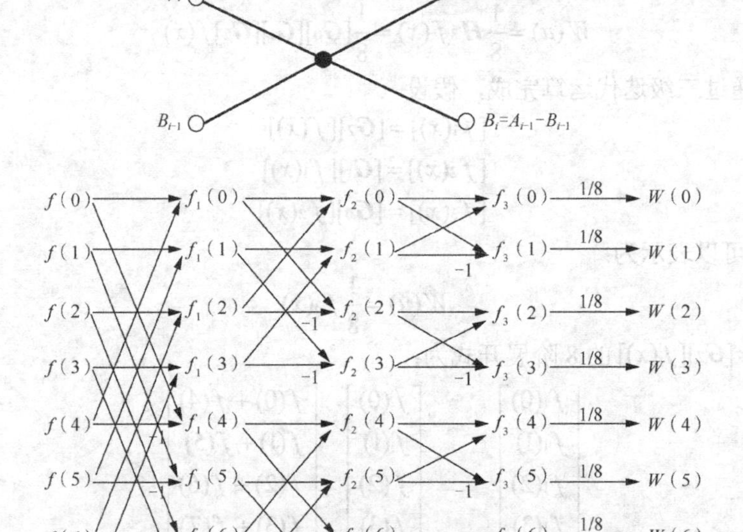

图 5-28　沃尔什-哈达玛的快速运算算法运算过程

由于矩阵 $\boldsymbol{H}_8$、$\boldsymbol{G}_0$、$\boldsymbol{G}_1$、$\boldsymbol{G}_2$ 均为对称矩阵，即 $\boldsymbol{H}_8^{\mathrm{T}}=\boldsymbol{H}_8$、$\boldsymbol{G}_0^{\mathrm{T}}=\boldsymbol{G}_0$、 $\boldsymbol{G}_1^{\mathrm{T}}=\boldsymbol{G}_1$、 $\boldsymbol{G}_2^{\mathrm{T}}=\boldsymbol{G}_2$，所以：

$$\begin{aligned}\boldsymbol{H}_8^{\mathrm{T}}&=\{[\boldsymbol{G}_0][\boldsymbol{G}_1][\boldsymbol{G}_2]\}^{\mathrm{T}}\\&=[\boldsymbol{G}_2]^{\mathrm{T}}[\boldsymbol{G}_1]^{\mathrm{T}}[\boldsymbol{G}_0]^{\mathrm{T}}\\&=[\boldsymbol{G}_2][\boldsymbol{G}_1][\boldsymbol{G}_0]\\&=\boldsymbol{H}_8\end{aligned} \tag{5-111}$$

把式（5-111）的变换带入式（5-109）得：

$$W(u)=\frac{1}{8}\boldsymbol{H}_8 f(x)=\frac{1}{8}[\boldsymbol{G}_2][\boldsymbol{G}_1][\boldsymbol{G}_0]f(x) \tag{5-112}$$

设

$$\begin{aligned}[f_1(x)]&=[\boldsymbol{G}_0][f(x)]\\ [f_2(x)]&=[\boldsymbol{G}_1][f_1(x)]\\ [f_3(x)]&=[\boldsymbol{G}_2][f_2(x)]\end{aligned}$$

则 $W(u)=\dfrac{1}{8}f_3(x)$。

由此可得到第二种快速运算，运算过程如图 5-29 所示。

一般情况下，$N=2^p$，$p=0$，1，…，则矩阵$[\boldsymbol{H}_{2^p}]$可分解成 P 个矩阵$[\boldsymbol{G}_P]$之乘积，即

$$\begin{aligned}[\boldsymbol{H}_{2^p}]&=\prod_{r=0}^{p-1}[\boldsymbol{G}_r]=[\boldsymbol{G}_0][\boldsymbol{G}_1][\boldsymbol{G}_2]\cdots[\boldsymbol{G}_{P-1}]\\&=[\boldsymbol{G}_{P-1}][\boldsymbol{G}_{P-2}]\cdots[\boldsymbol{G}_1][\boldsymbol{G}_0]\end{aligned} \tag{5-113}$$

所以，任意 2^r 阶快速沃尔什-哈达玛变换蝶式运算不难用上述方法引申。从上面的运算也可以看出离散沃尔什-哈达玛变换只有加减运算，没有乘除运算，运算速度快。$[\boldsymbol{H}]$是对称矩阵，

[*H*]=[*H*]′，所以，正逆变换均用一样的公式、一样的运算程序，甚至用一样的硬件，给工程带来极大的方便。

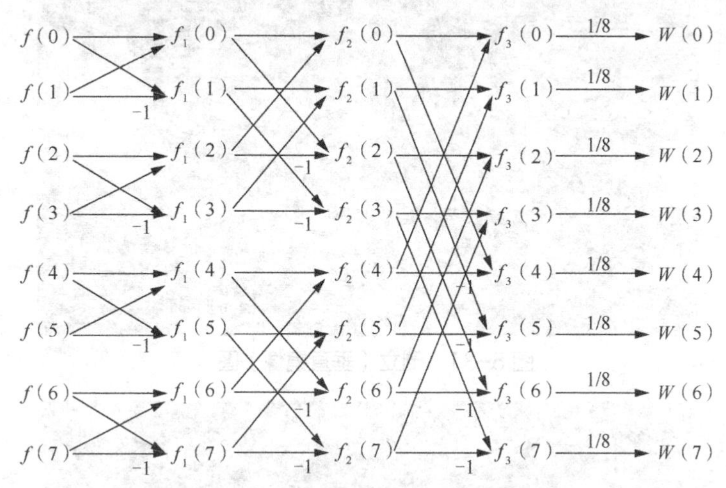

图 5-29 第二种沃尔什-哈达玛的快速运算算法运算过程

5.3 应用案例——水中倒影的制作

引言中提到倒影可以利用垂直镜像结合其他技术得到。下面介绍倒影的制作，具体制作过程如下。

1. 制作原图的倒立效果

图 5-30 所示为制作倒影的原图，使用 5.1.5 小节中介绍的垂直镜像的原理，得到图 5-31 所示的结果，该图只有垂直镜像的效果，还没有达到水中倒影的视觉效果。

图 5-30 原图

2. 模糊倒立图的边缘

物体在水中的倒影会因为水的波动和光的折射等影响看起来比原物体模糊，所以接着要对倒立图进行模糊处理，利用 3.4.2 小节中的平滑滤波，可以实现边缘模糊，所以本例采用 3×3 中值滤波的模板对图 5-31 做中值滤波，结果如图 5-32 所示。该图已经有点倒影的感觉了，但是为了产生更加逼真的效果，要增加与水波纹图进行融合的处理。

图 5-31　倒立（垂直镜像）图

图 5-32　对垂直镜像图中值滤波结果图

3. 与水波纹图进行加法融合

为了获得更加逼真的倒影视觉效果，可以增加一张水波纹的图，如图 5-33 所示，利用 2.1.1 小节中的加法运算，给水波纹的图和图 5-32 设置不同的透明度进行加法运算。通过公式 $M=aP+bQ$（其中 P 为图 5-33 所示的图像，Q 为图 5-32 所示的图像），并在本例中设置 a=0.15，b=0.85，即可得到图 5-34 所示的结果图。

图 5-33　水波纹图

图 5-34 具有水波纹的倒影图

4. 原图与水波纹倒影图进行拼接

最后把图 5-30 和图 5-34 拼接起来，就可以得到倒影的效果图，如图 5-35 所示。具体操作如下：首先生成一张两倍原图大小的空白图像，例如本例原图大小为 500×305，建立的空白图像为 500×610，然后把原图置入开始的位置，即放在（0，0）到（499，304）这段区间上，然后把图 5-34 读入，并放在（0，305）到（499，609）的位置上，即可得到图 5-35 所示的效果。

注：本例处理的图像为 256 色位图图像。

图 5-35 倒影效果图

思考与练习

1. 令$F(109,775)=113$，$F(109,776)=109$，$F(110,775)=105$，$F(110,776)=103$，试求$F(110.27, 776.44)$的值。请用最邻近插值法求解，并求出各系数的值。

2. 求经过如下变换后的几何变换式：绕点（64，120）逆时针旋转30°，再放大1.5倍。

3. 设计一个几何变换程序，可以实现根据输入的参数进行平移、旋转、比例缩放等功能。

4. 设有一个一维序列$\{1, 1, 2, 2\}$，求它经过傅里叶变换后的值。

5. 设有二维函数$f(x, y)$，$f(0, 0) = 1$，$f(0, 1) = 1$，$f(1, 0) = 1$，$f(1, 1) = 1$，求它的傅里叶变换$F(u, v)$。

6. 已知4阶离散余弦变换矩阵为：

$$\begin{bmatrix} 0.500 & 0.653 & 0.500 & 0.271 \\ 0.500 & 0.271 & -0.500 & -0.653 \\ 0.500 & -0.271 & -0.500 & 0.653 \\ 0.500 & -0.653 & 0.500 & -0.271 \end{bmatrix}$$

求该4阶离散余弦逆变换矩阵。

第 6 章　图像分割

从本章开始，我们主要着眼于分析图像的内容，即从图像中寻找我们关心的对象并进行处理和分析。

图像分割（Segmentation）就是将图像细分为构成它的子区域或物体，细分的程度取决于要解决的问题。在实际应用中，当感兴趣的物体或区域已经被检测出来时，分割就会停止。具体来说，图像分割就是把图像细分为若干个特定的、具有独特性质的图像子区域（像素的集合），并提取感兴趣目标的技术和过程。图像分割的目的是简化或改变图像的表示形式，使图像更容易理解和分析。图像分割通常用于定位图像中的物体和边界（线、曲线等）。更精确的图像分割是对图像中的每个像素添加标签的一个过程，这一过程使有相同标签的像素具有某种共同的视觉特性。它是由图像处理到图像分析的关键步骤。例如，在图 6-1（a）中，我们感兴趣的目标是那匹马；如果图 6-1（b）要进行人脸识别，那么我们感兴趣的目标就是框出来的人脸部分。

（a）

（b）

图 6-1　示例图

本章主要介绍用于灰度图像分割的相关概念和算法，本章中的多数分割算法均基于灰度值（也可以是其他某种特征值）的两个基本性质：不连续性和相似性。不连续性分割指的是以灰度突变为基础分割一幅图像，例如图像的边缘。相似性分割一般是根据一组预定义的准则将一幅图像分割为相似的区域，例如阈值处理区域生长、区域分裂和区域聚合等都是基于相似性准则分割的算法。

6.1　图像分割处理综述——以人脸识别为例

图 6-1（b）所指出的人脸识别是图像分割的一个典型应用，也是目前在很多领域使用的技术，例如作为我们身份代表的身份证，在很多场合都是把身份证上的人脸和实际的人

脸进行比对。还有目前很多手机应用都可用人脸作为密码锁，图 6-2 所示就是一款应用的刷脸登录界面。很多拍照软件中的自动美颜效果，也是要先识别出脸部，再对脸部进行修饰处理。人脸识别一般要经过图像获取、图像预处理、人脸定位等步骤，具体流程如图 6-3 所示。

图 6-2　某应用的刷脸登录界面

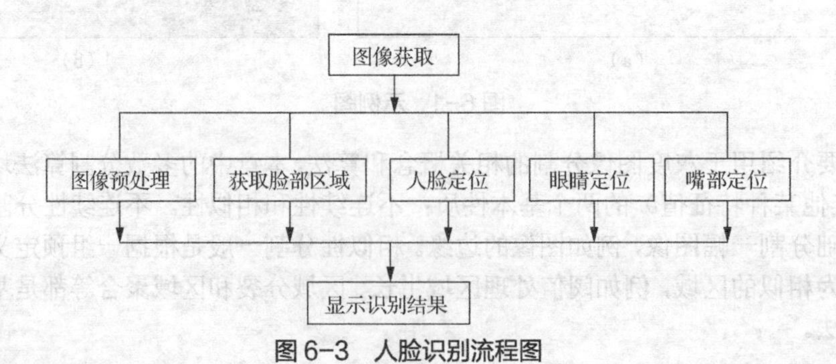

图 6-3　人脸识别流程图

其中，图像获取模块主要实现的功能是读取图片，图片可以从图片库读取或从摄像头获取。

6.1.1　图像预处理

图像预处理模块就是对获取的图像进行适当的处理，使它具有的特征能够在图像中明显表现出来。图像预处理一般包括图 6-4 所示的几个步骤，实际应用时可根据需要选择其中的具体步骤。

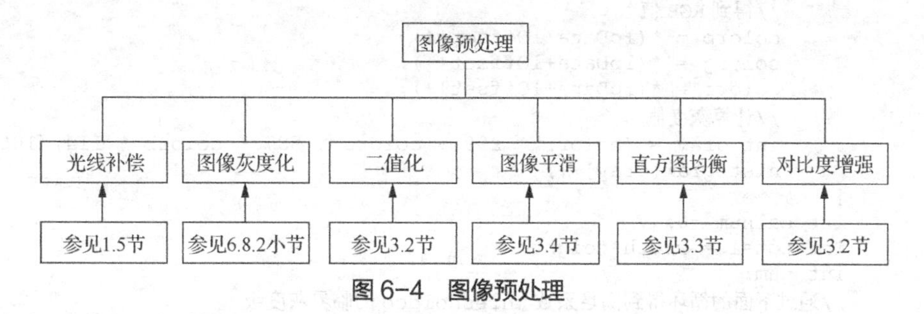

图 6-4　图像预处理

（1）光线补偿。

有的图片因存在光线不平衡的情况，会影响我们对特征的提取。人脸识别中的光线补偿主要是考虑到肤色等色彩信息经常受到光源颜色、图像采集设备的色彩偏差等因素的影响，而在整体上偏离本质色彩向某一方向移动，即人们通常所说的色彩偏冷或偏暖、照片偏黄或偏蓝等。这种现象在艺术照片中更为常见，为了抵消这种整个图像中存在的色彩偏差，我们将整个图像中所有像素亮度（图像亮度一般需要经过非线性 r-校正后的亮度）从高到低进行排列，取前 5%的像素，如果这些像素的数目足够多（例如，大于 100），我们就将它们的亮度作为“参考白”（Reference White），即将其色彩的 R、G、B 分量值都调整为 255。整幅图像的其他像素的色彩值也都会按这一调整尺度进行变换。

光线补偿功能的核心 VC++代码如下：

```
BOOL DIB::LightingCompensate(HANDLE hDIB)//光线补偿
{
    if(!hDIB)
        return false;
    LPBITMAPINFOHEADER lpbi;
    int width,height;
    LPBYTE lpData;
    WORD wBytesPerLine;
    lpbi = (LPBITMAPINFOHEADER)GlobalLock(hDIB);
    //得到图片的宽和高
    width = lpbi->biWidth;
    height = lpbi->biHeight;
    //得到图片数据区
    lpData = this->FindDIBBits(hDIB);
    //得到图片每行像素所占的字节个数
    wBytesPerLine = this->BytePerLine(hDIB);
    //比例系数
    const float thresholdco = 0.05;
    //像素个数的临界常数
    const int thresholdnum = 100;
    //灰度级数组
    int histogram[256];
    for(int i =0;i<256;i++)
        histogram[i] = 0;
    //对于过于小的图片的判断
    if(width*height*thresholdco < thresholdnum)
        return false;
    int colorr,colorg,colorb;
    long lOffset;
    //考察整个图片
    for( i=0;i<height;i++)
        for(int j=0;j<width;j++)
```

```
        {
            //得到像素数据的偏移
            lOffset = this->PixelOffset(i,j,wBytesPerLine);
            //得到RGB值
            colorb = *(lpData+lOffset++);
            colorg = *(lpData+lOffset++);
            colorr = *(lpData+lOffset++);
            //计算灰度值
            int gray = (colorr * 299 + colorg * 587 + colorb * 114)/1000;
            histogram[gray]++;
        }
        int calnum =0;
        int total = width*height;
        int num;
        //通过下面的循环得到满足系数thresholdco的临界灰度级
        for(i =0;i<256;i++)
        {
            if((float)calnum/total < thresholdco)
            {
                    calnum+= histogram[255-i];
                    num = i;
            }
            else
                    break;
        }
        int averagegray = 0;
        calnum =0;
        //得到满足条件的像素总的灰度值
        for(i = 255;i>=255-num;i--)
        {
            averagegray += histogram[i]*i;
            calnum += histogram[i];
        }
        averagegray /=calnum;
        //得到光线补偿的系数
        float co = 255.0/(float)averagegray;
        //通过下面的循环对图像进行光线补偿
        for(i =0;i<height;i++)
             for(int j=0;j<width;j++)
             {
                   //得到数据偏移
                   lOffset = this->PixelOffset(i,j,wBytesPerLine);
                   //得到蓝色分量
                   colorb = *(lpData+lOffset);
                   //调整
                   colorb *=co;
                   //临界判断
                   if(colorb >255)
                        colorb = 255;
                   //保存
                   *(lpData+lOffset) = colorb;
                   //绿色分量
                   colorb = *(lpData+lOffset+1);
                   colorb *=co;
                   if(colorb >255)
                        colorb = 255;
                   *(lpData+lOffset+1) = colorb;
                   //红色分量
                   colorb = *(lpData+lOffset+2);
                   colorb *=co;
                   if(colorb >255)
                        colorb = 255;
```

```
                *(lpData+lOffset+2) = colorb;

        }
        return TRUE;
}
```

（2）图像灰度化。

图像灰度化的过程就是把彩色图像转换为灰阶图像的过程，我们常采用加权变换的经验式，其他的变换可参见 6.7.2 小节。

$$gray=0.39\times R+0.50\times G+0.11\times B \tag{6-1}$$

其中，gray 为灰度值，R、G、B 分别为红色、绿色和蓝色分量值。

模块的 VC++核心代码如下：

```
//获取蓝色分量
    ColorB=*(lpData + lOffset);
//获取绿色分量
    ColorG=*(lpData + lOffset+1);
//获取红色分量
    ColorR=*(lpData + lOffset+2);
//计算灰度值
    gray = (ColorG*50+ColorR*39+ColorB*11)/100;
//显示灰度图像
    *(lpData + lOffset)=gray ;
    *(lpData + lOffset+1)=gray ;
    *(lpData + lOffset+2)=gray ;
```

其中，lpData 是图片数据区，lOffset 是图片像素的偏移。

（3）二值化。

二值化的目的是将采集获得的多层次灰度图像处理成二值图像，以便于分析理解及识别图像并减少计算量。二值化就是通过一些算法，以及一个阈值（阈值的确定可参见 6.4.2 小节）改变图像中的像素颜色。令整幅图像中仅存在黑白二值，该图像一般由黑色区域和白色区域组成，可以用一比特表示一个像素，“1”表示黑色，“0”表示白色，当然也可以倒过来表示，这种图像我们称之为二值图像。二值化有利于我们对图像特征的提取。其核心 VC++代码如下：

```
//扫描整个图片，实现二值化
    for(int i = 0;i<height;i++)
        for(int j = 0 ;j<width;j++)
        {   //得到像素数据在数据区中的偏移
            lOffset = this->PixelOffset(i,j,wBytesPerLine);
            if(*(lpData +lOffset)<n)//像素值小于临界值 n
            {   //把像素填充为黑色
                *( lpData +lOffset++) = 0;
                *( lpData +lOffset++) = 0;
                *( lpData +lOffset)   = 0;
            }
            else //像素值大于临界值
            {

                //把像素填充为白色
                *( lpData +lOffset++) = 255;
                *( lpData +lOffset++) = 255;
                *( lpData +lOffset)   = 255;
            }
        }
```

其中各个变量的含义参见光线补偿核心代码。

（4）图像平滑。

人脸识别中对于图像的平滑主要是去除图像的噪声点对人脸轮廓边缘点的影响，一般采用中值滤波。中值滤波参见 3.4.2 小节。

（5）直方图均衡。

直方图均衡的目的是通过点运算使输入转换为在每一灰度级上都有相同的像素值的输出图像（即输出的直方图是平的）。这对在进行图像比较或分割之前将图像转化为一级的格式是十分有效的。具体操作参见 3.3 节。

（6）对比度增强。

对比度增强就是对图像的进一步处理，将对比度再一次拉开。它针对原始图像的每一个像素直接对其灰度进行处理，其处理过程主要是通过增强函数对像素的灰度级进行运算并将运算结果作为该像素的新灰度值来实现。通过改变选用的增强函数的解析表达式就可以得到不同的处理效果。具体操作参见 3.2 节。

6.1.2 人脸区域的获取

人脸区域的获取主要是根据肤色来进行，通过肤色非线性分段色彩变换来实现。获取的方法有很多种，例如基于先验规则、基于几何形状信息、基于色彩信息、基于外观信息和基于关联信息等。

① 基于先验规则。根据脸部特征的一般特点总结出一些经验规则，搜索前先对输入图像作变换，使目标特征得到强化，而后根据上述规则从图中筛选出候选点或区域。

② 基于几何形状信息。根据脸部特征的形状特点构造一个带可变参数的几何模型，并设定一个评价函数量度被检测区域与模型的匹配度。搜索时不断调整参数使评价函数最小化，从而使模型收敛于待定位的脸部特征。

③ 基于色彩信息。使用统计方法建立起脸部特征的色彩模型，搜索时遍历候选区域，根据被测点的色彩与模型的匹配度筛选出候选点。

④ 基于外观信息。将脸部特征附近一定区域（窗口）内的子图像作为一个整体，映射为高维空间中的一个点，这样，同类脸部特征就可以用高维空间中的点集来描述，并可以使用统计方法得到其分布模型。在搜索中，通过计算待测区域与模型的匹配度可判定其是否包含目标脸部特征。

⑤ 基于关联信息。在局部信息的基础上，引入脸部特征之间的相对位置信息，可以缩小候选点范围。

下面结合本章的分割算法和基于色彩信息介绍证件照的人脸区域的获取方法。证件照中，一般人脸部分在整个照片中占的比例比较大，而且人脸的色彩（肤色）比较均匀，和其他部分的色彩区别较大，比较容易区分开来。但是图像上往往除了人脸部分，还有颈部的颜色也与之相似，如果仅仅依靠肤色的色彩来分辨的话，一般会将脸部和颈部一起分割出来，所以在实际应用时一般不采用直接的分割算法来分割，而是借助一些脸部特征来辅助。采用分割和基于色彩信息的人脸区域的获取方法一般包括色彩空间选择、区域生长、水平直方图、垂直直方图和人脸区域标记等步骤。

1. 色彩空间选择

目前多数图像采集设备都是使用 RGB 色彩空间，这种色彩空间不利于肤色分割，因为肤色会受到亮度的影响。为了消除光照因素的影响，在肤色分割时一般选择 YCbCr 颜色模型，YCbCr 是目前常用的肤色统计空间，它有将亮度分离的优点，聚类特性比较好，能有效获取肤色区域，排除一些类似人脸肤色的非人脸区域。RGB 色彩系统与 YCbCr 色彩系统的转换关系如下：

$$\begin{pmatrix} Y \\ Cb \\ Cr \\ 1 \end{pmatrix} = \begin{pmatrix} 0.2990 & 0.5870 & 0.1140 & 0 \\ -0.1687 & -0.3313 & 0.5000 & 128 \\ 0.5000 & -0.4187 & -0.0813 & 125 \\ 0 & 0 & 0 & 1 \end{pmatrix} \begin{pmatrix} R \\ G \\ B \\ 1 \end{pmatrix} \tag{6-2}$$

$$\begin{pmatrix} R \\ G \\ B \end{pmatrix} = \begin{pmatrix} 1 & 1.4020 & 0 \\ 1 & -0.3441 & -0.7141 \\ 1 & 1.7720 & 0 \end{pmatrix} \begin{pmatrix} Y \\ Cb-128 \\ Cr-128 \end{pmatrix} \tag{6-3}$$

其中，Y 为亮度，Cb 和 Cr 分量分别表示红色和蓝色的色度。

一般情况下，正常黄种人的 Cb 分量和 Cr 分量的范围为 Cb∈[90，125]，Cr∈[135，165]。

2. 区域生长

经过上面的色彩空间转换后，就可以使用 Cb 和 Cr 分量的范围，利用区域生长方法进行证件照的区域分割，区域生长分割算法参见 6.7 节，分割的结果如图 6-5 所示，关键代码如下：

```
for (i=0; i<nHeight; i++)
{  for (j=0; j<nWidth; j++)
   {
    if(pUnRegion[i*nWidth+j]==0) //如果当前点没有被处理
    {
     region_index = region_index + 1;
     pUnRegion[i*nWidth+j]=region_index;
     // 对应该区域的点数加 1
     region_index_n[region_index]++;
     // 更新该类别的和
     rginfoarr[region_index].l += luvData[i*nWidth+j].l;
     rginfoarr[region_index].u += luvData[i*nWidth+j].u;
     rginfoarr[region_index].v += luvData[i*nWidth+j].v;
     //m_pR 为图像分割后存储结果的图像指针，算法中用分割后的区域均值作为该区域所有像素的灰度值
     rginfoarr1[ region_index].l = (FLOAT) ( rginfoarr[ region_index].l/region_
index_n[ region_index] );
     rginfoarr1[ region_index].u = (FLOAT) ( rginfoarr[ region_index].u/region_
index_n[ region_index] );
     rginfoarr1[ region_index].v = (FLOAT) ( rginfoarr[ region_index].v/region_
index_n[ region_index] );
     //初始化
     nStart = 0;
     nEnd   = 0;
     //设置种子点为当前点
     pnGrowQueX[nEnd] = i;
     pnGrowQueY[nEnd] = j;// 把种子点的坐标压入栈
     while (nStart <= nEnd)
     {
      // 当前种子点的坐标
      nCurrX = pnGrowQueX[nStart];
      nCurrY = pnGrowQueY[nStart];
      // 对当前点的 4 邻域进行遍历
      for (k=0; k<4; k++)
      {
       // 4 邻域像素的坐标
       xx = nCurrX+nDx[k];
       yy = nCurrY+nDy[k];
       // pUnRegion[yy*nWidth+xx]==0 表示还没有处理
       if ( (yy < nWidth) && (yy>=0) && (xx<nHeight) && (xx>=0)
       && (pUnRegion[xx*nWidth+yy]==0)&&region_index_n[region_index]<=nHeight*
nWidth)
```

```
        {
        int ccl=rginfoarr1[region_index].l;
        int ccu=rginfoarr1[region_index].u;
        int ccv=rginfoarr1[region_index].v;

        int ttl=luvData[xx*nWidth+yy].l;
        int ttu=luvData[xx*nWidth+yy].u;
        int ttv=luvData[xx*nWidth+yy].v;
        DOUBLE tempdis = pow(ttl-ccl, 2) + pow(ttu-ccu, 2) + pow(ttv-ccv, 2);
        if (tempdis<nThreshold)
        {                        // 堆栈的尾部指针后移一位
            nEnd++;
            // 像素(xx, yy) 压入栈
            pnGrowQueX[nEnd] = xx;
            pnGrowQueY[nEnd] = yy;
            // 把像素(xx, yy)设置成 region_index
            // 同时也表明该像素已被处理过
            pUnRegion[xx*nWidth+yy] = region_index ;
            // 对应该区域的点数加 1
            region_index_n[region_index]++;
            // 更新该类别的和
            //region_index_sum[region_index] +=image.m_pR[xx*nWidth+yy];
            rginfoarr[region_index].l += luvData[xx*nWidth+yy].l;
            rginfoarr[region_index].u += luvData[xx*nWidth+yy].u;
            rginfoarr[region_index].v += luvData[xx*nWidth+yy].v;
        }
        // 当前像素属于的类别号
        }
       }
      nStart++;
     }//end while
    }//end if
   }
  }
```

从图 6-5 中可以看出，证件照上的分割结果还存在很多区域，要把人脸区域分割开来，还需要做进一步的处理，包括利用人脸特征等参数进行精细分割，具体操作参见第 11 章。

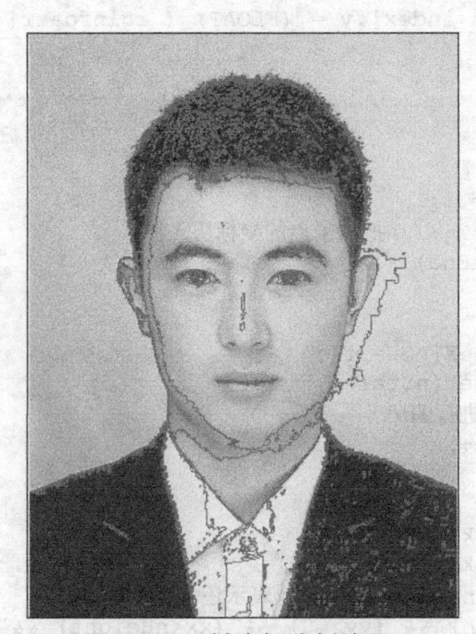

图 6-5 区域生长分割结果

6.2 基础知识

6.2.1 图像分割的定义

首先借助集合来表示图像，那么图像分割相当于把一个大集合分成多个小集合。令 R 代表整个图像区域，对 R 的分割可看作将 R 分成若干个满足以下条件的非空子集（子区域）R_1，R_2，R_3，…，R_n 的过程，并且满足以下条件。

① $\bigcup_{i=1}^{n} R_i = R$。

② R_i 是一个连通集，i=1，2，…，n。

③ 对所有的 i 和 j，$i \neq j$，且 $R_i \cap R_j = \varnothing$。

④ $P(R_i)$=TRUE，i=1，2，…，n。

⑤ 当 $i \neq j$ 时，对任何 R_i 和 R_j 的邻接区域，$P(R_i \cup R_j)$=FALSE。

其中，$P(R_i)$是定义在集合 R_i 的点上的一个逻辑属性，且∅表示空集，∪表示集合的并，∩表示集合的交。若 R_i 和 R_j 的并形成一个连通集，则认为这两个区域是邻接的。

条件①指出，分割必须是完全的，分割所得到的全部子区域的总和（并集）应能包括图像中所有像素，或者说分割应将图像中的每个像素都分进某一个子区域中。条件②要求同一个子区域内的像素应当是连通的，或者一个区域中的点以某些预定义的方式连接（即这些点必须是 4 连接或 8 连接的）。条件③说明各个子区域是互不重叠的，或者说 1 个像素不能同属于两个区域。条件④说明在分割后得到的属于同一个区域中的像素应该具有某些相同特性，例如，若 R_i 中的所有像素都有相同的灰度级，则 $P(R_i)$=TRUE。最后，条件⑤说明在分割后得到的属于不同区域中的像素应该具有一些不同的特性，也就是说，两个相邻区域 R_i 和 R_j 在属性 P 的意义上必须是不同的。对图像的分割总是根据一些分割的准则进行的，条件①与③说明分割准则适用于所有区域和所有像素，而条件④与⑤说明分割准则应能帮助确定各区域像素有代表性的特性。

根据以上的定义和讨论，我们可知，图像分割就是将图像划分成满足上述条件的若干互不相交子区域的过程，子区域是某种意义下具有共同属性的像素的连通集合。

6.2.2 图像分割的依据和分类

图像分割的依据是各区域具有不同的特性，这些特性可以是灰度、颜色、纹理等。对灰度图像的分割常可依据像素灰度值的不连续性和相似性这两个性质，区域内部的像素一般具有灰度相似性，而在区域之间的边界上一般具有灰度不连续性，所以图像分割算法可据此分为：利用区域间灰度不连续性的基于边界的算法，即边缘检测算法；利用区域内灰度相似性的基于区域的算法，即区域生成法，主要包括种子区域生长法、区域分裂合并法和分水岭法等几种类型。其次，根据分割过程中处理策略的不同，分割算法又可分为并行算法和串行算法。在并行算法中，所有判断和决定都可独立地和同时地做出，而在串行算法中，早期处理的结果可被其后的处理过程所利用。一般串行算法所需计算时间常比并行算法要长，但抗噪声能力一般也较强。上述这两个准则互不重合又互为补充，所以分割算法可根据这两个准则分成以下 4 类：①并行边界类；②串行边界类；③并行区域类；④串行区域类。这种分类法既能满足上述分割定义的 5 个条件，也可以包括现有图像分割综述文献中所提到的各种算法。

6.3 边缘检测

6.3.1 边缘的概念和性质

边缘（Edge）是指图像局部特性变化最显著的部分。边缘主要存在于目标与目标、目标与背景、区域与区域（包括不同色彩）之间，是图像分割、纹理特征和形状特征等图像分析的重要基础。常见的边缘剖面有 3 种：①阶梯状；②脉冲状；③屋顶状。阶梯状的边缘处于图像中两个具有不同灰度值的相邻区域之间；脉冲状的边缘主要对应细条状的灰度值突变区域；而屋顶状的边缘上升下降沿都比较缓慢，处于灰度值由小到大再到小的变化转折点处。边缘是灰度不连续的结果，这种不连续性可利用求导数方便地检测到，一般可用一阶和二阶导数来检测边缘，如图 6-6 所示。

图 6-6（a）中，对灰度值剖面的一阶导数在图像由暗变明的位置处有一个向上的阶跃，而在其他位置都为零。这表明可用一阶导数的幅度值来检测边缘的存在，幅度峰值一般对应边缘位置。对灰度值剖面的二阶导数在一阶导数的阶跃上升区有一个向上的脉冲，而在一阶导数的阶跃下降区有一个向下的脉冲。在这两个阶跃之间有一个过零点，它的位置正对应原图像中边缘的位置。所以可用二阶导数的过零点检测边缘位置，而用二阶导数在过零点附近的符号确定边缘像素在图像边缘的暗区或明区。分析图 6-6（b）可以得到相似的结论。这里图像由明变暗，所以与图 6-6（a）相比，剖面左右对换，一阶导数上下对换，二阶导数左右对换。

图 6-6（c）中，脉冲状的剖面边缘与图 6-6（a）的一阶导数形状相同，所以图 6-6（c）的一阶导数形状与图 6-6（a）的二阶导数形状相同，而它的两个二阶导数过零点正好分别对应脉冲的上升沿和下降沿。通过检测脉冲剖面的两个二阶导数过零点就可确定脉冲的范围。

图 6-6（d）中，屋顶状边缘的剖面可看作将脉冲边缘底部展开得到的，所以它的一阶导数是将图 6-6（c）脉冲剖面的一阶导数的上升沿和下降沿展开得到的，而它的二阶导数是将脉冲剖面二阶导数的上升沿和下降沿拉开得到的。通过检测屋顶状边缘剖面的一阶导数过零点可以确定屋顶位置。

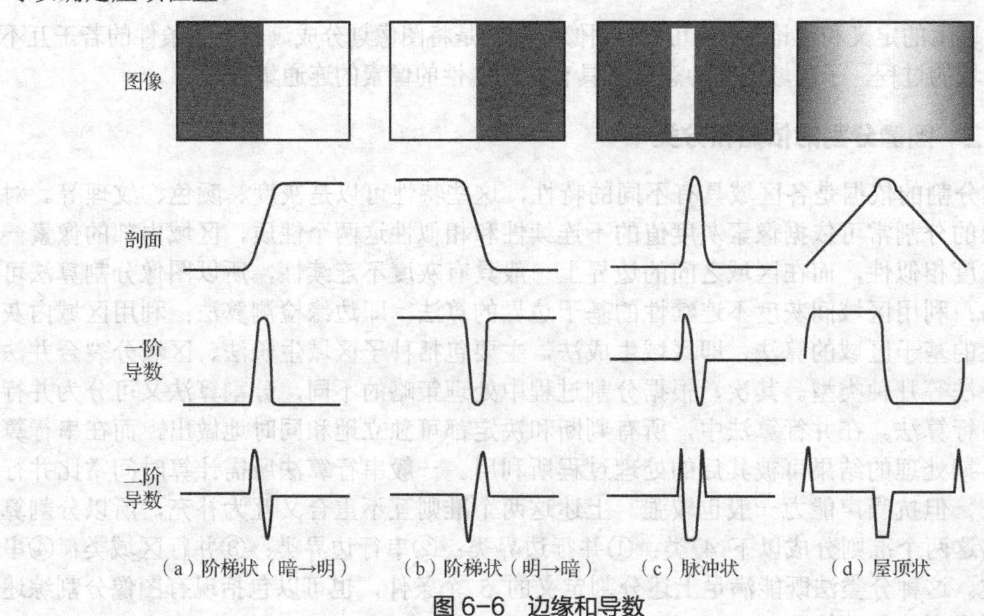

图 6-6 边缘和导数

对图像边缘的检测可借助空域微分算子通过卷积完成。实际上数字图像中求导数是利用差分近似微分来进行的。下面介绍几种简单的空域微分算子。

6.3.2 梯度算子

在图像处理中，一阶导数通常是通过梯度来实现的，因此，利用一阶导数检测边缘点的方法就称为梯度算子法。对于一个连续图像函数 $f(x,y)$，它在位置（x，y）的梯度 ∇f 可表示如下：

$$\nabla f(x,y)=\begin{bmatrix} G_x \\ G_y \end{bmatrix}=\begin{bmatrix} \dfrac{\partial f}{\partial x} \\ \dfrac{\partial f}{\partial y} \end{bmatrix} \tag{6-4}$$

该向量有一个重要的几何性质，它指出了 f 在位置 $f(x,y)$ 处的最大变化率的方向。

向量 ∇f 的大小（长度），也称为幅度，表示为 $M(x,y)$ 或 $|\nabla f|$，如下式：

$$M(x,y)=mag(\nabla f)=\sqrt{G_x^2+G_y^2} \tag{6-5}$$

其中，G_x、G_y 和 $M(x,y)$ 都是与原图像大小相同的图像，是图像所有像素在 x 方向、y 方向和 xy 两方向上关于 f 性质的在（x，y）位置上的变化。通常称 $M(x,y)$ 为源图像的梯度图像，或者在定义很清楚的时候简称为梯度，而 G_x 和 G_y 分别称为水平梯度和垂直梯度。有时也用其他方式计算 $M(x,y)$，如：

$$M(x,y)\approx|G_x|+|G_y|$$

或

$$M(x,y)\approx\max\{G_x,G_y\}$$

梯度向量的方向可以由式（6-6）所给出的对 x 轴度量的角度表示：

$$\alpha(x,y)=\arctan\left(\frac{G_y}{G_x}\right) \tag{6-6}$$

与梯度图像的情况相同，$\alpha(x,y)$ 也是与由 G_y 除以 G_x 的阵列创建的尺寸相同的图像。任意点（x，y）处一个边缘的方向与该点处梯度向量的方向 $\alpha(x,y)$ 正交。

在实际计算中常用小区域模板卷积来近似计算上面3式中的偏导数。对 G_x、G_y 各用一个模板，所以需要两个模板组合起来构成一个梯度算子。根据模板的大小，以及模板中元素（系数）值的不同，对应多种不同的算子。

在数字图像处理中，把待处理的平面数字图像看作一个大矩阵，图像的每个像素对应矩阵的每个元素，假设平面的分辨率是1024×768，那么对应的大矩阵的行数为1024，列数为768。用于滤波的是一个滤波器小矩阵（也叫卷积核），滤波器小矩阵一般是个方阵，也就是行数和列数相同，例如常见的用于边缘检测的就是两个 3×3 的小矩阵。对图像大矩阵和滤波小矩阵对应位置元素相乘再求和的操作就叫作卷积（Convolution），如图6-7所示。

对数字图像而言，就是把图像看成二维离散函数，图像梯度其实就是对这个二维离散函数求导数：

$$G(x,y)=\mathrm{d}x(i,j)+\mathrm{d}y(i,j) \tag{6-7}$$

$$\mathrm{d}x(i,j)=I(i+1,j)-I(i,j) \tag{6-8}$$

$$\mathrm{d}y(i,j)=I(i,j+1)-I(i,j) \tag{6-9}$$

其中，I 是图像像素的值（如RGB值），（i，j）为像素的坐标。

在数字图像中，更多的情况是使用差分来求近似导数，最简单的梯度近似表达式如下：

$$G_x=f(x,y)-f(x-1,y) \tag{6-10}$$

$$G_y=f(x,y)-f(x,y-1) \tag{6-11}$$

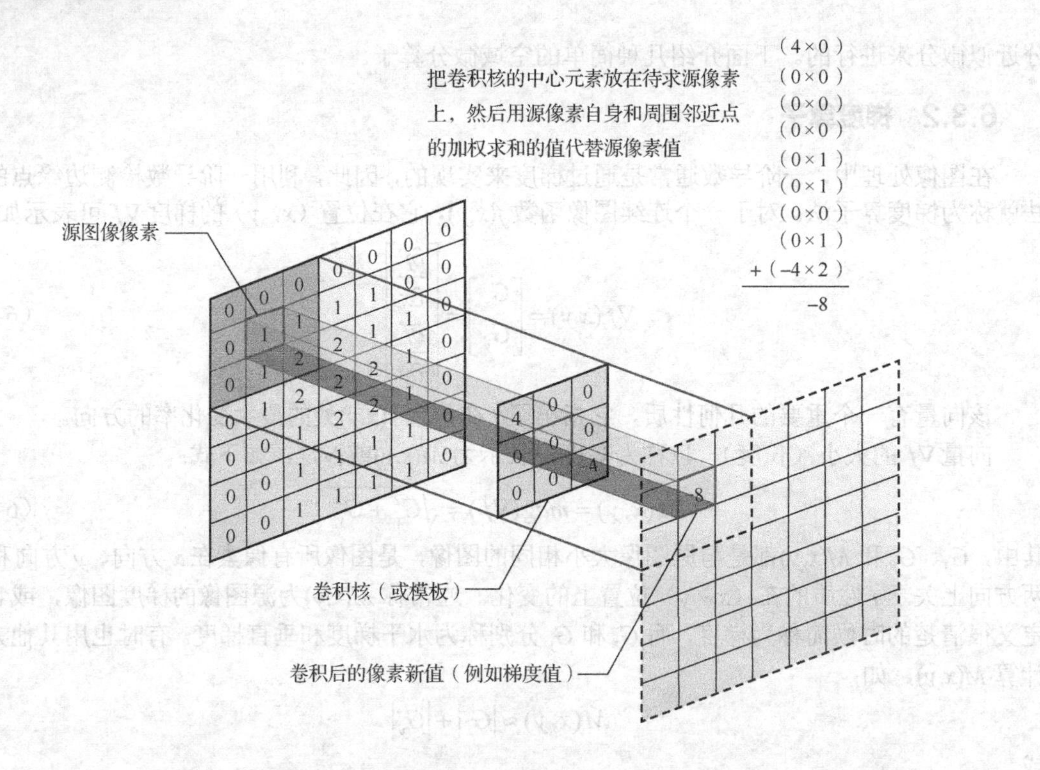

图 6-7 卷积过程

6.3.3 Roberts 算子

Roberts 算子（罗伯茨算子）是一种最简单的算子。罗伯茨（Roberts）在 1963 年提出这种寻找边缘的算子，这是一种利用局部差分算子寻找边缘的算子。

Roberts 边缘算子是一个 2×2 的模板，如图 6-8 所示，采用对角线方向相邻两像素之差近似梯度幅值检测边缘，也称为 4 点差分法。Roberts 梯度计算公式如式（6-12）所示。从图像处理的实际效果来看，检测垂直边缘的效果好于斜向边缘，边缘定位较准，对噪声敏感，无法抑制噪声的影响，适用于边缘明显且噪声较少的图像分割。

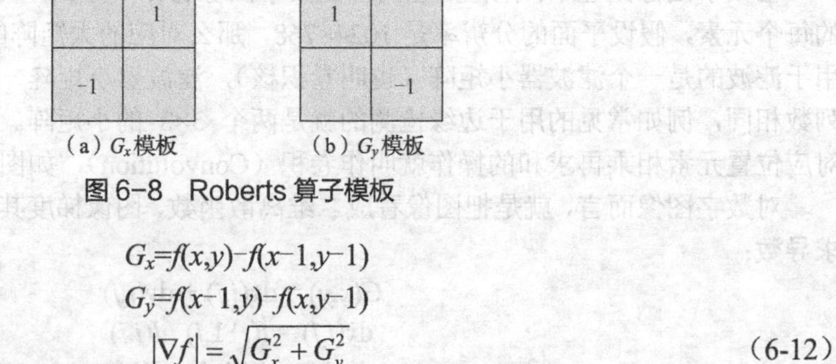

图 6-8 Roberts 算子模板

$$G_x=f(x,y)-f(x-1,y-1)$$
$$G_y=f(x-1,y)-f(x,y-1)$$
$$\left|\nabla f\right|=\sqrt{G_x^2+G_y^2} \qquad (6\text{-}12)$$

6.3.4 Sobel 算子

Sobel 算子是一种常用的边缘检测算子，当年其提出者索贝尔（Sobel）并没有为这个边缘算子公开发表过论文，仅仅是在一次博士生课题讨论会（1968）上提出，后在 1973 年出

版的一本专著 *Pattern Classification and Scene Analysis*（模式分类与场景分析）的脚注里作为注释出现和公开了。在算法实现过程中，一般通过 3×3 模板作为核与图像中的每个像素做卷积和运算，然后选取合适的阈值以提取边缘。在技术上，它是一阶离散性差分算子，用来计算图像亮度函数的灰度近似值。在图像的任何一点使用此算子，将会产生对应的灰度矢量。

Sobel 算子有两个，一个检测水平边缘，另一个检测垂直边缘。所以该算子包含两组 3×3 的矩阵，分别为横向及纵向，将之与图像作平面卷积，即可分别得出横向及纵向的亮度差分近似值。如果以 A 代表原始图像，$\boldsymbol{G}_x$ 及 $\boldsymbol{G}_y$ 分别代表经横向及纵向边缘检测的图像，其公式如下：

$$\boldsymbol{G}_x=\begin{bmatrix}-1 & 0 & +1\\ -2 & 0 & +2\\ -1 & 0 & +1\end{bmatrix}\times A \qquad \boldsymbol{G}_y=\begin{bmatrix}-1 & -2 & -1\\ 0 & 0 & 0\\ +1 & +2 & +1\end{bmatrix}\times A \tag{6-13}$$

可利用图像的每一个像素的横向及纵向梯度近似值来计算梯度的大小：

$$|\nabla f|=\sqrt{\boldsymbol{G}_x^2+\boldsymbol{G}_y^2} \tag{6-14}$$

再用式（6-15）计算梯度方向：

$$\theta=\arctan\left(\frac{\boldsymbol{G}_y}{\boldsymbol{G}_x}\right) \tag{6-15}$$

6.3.5 Prewitt 算子

Prewitt（普瑞维特）边缘检测算子是一种利用局部差分平均方法寻找边缘的算子，它体现了三对像素的像素值之差的平均概念，是一种一阶微分算子的边缘检测，利用像素上下、左右邻点的灰度差，在边缘处达到极值检测边缘，去掉部分伪边缘，对噪声具有平滑作用。其原理是在图像空间利用两个方向模板与图像进行邻域卷积来完成的，这两个方向模板一个检测水平边缘，一个检测垂直边缘。如果以 A 代表原始图像，$\boldsymbol{G}_x$ 及 $\boldsymbol{G}_y$ 分别代表经横向及纵向边缘检测的图像，其公式如下：

$$\boldsymbol{G}_x=\begin{bmatrix}-1 & 0 & +1\\ -1 & 0 & +1\\ -1 & 0 & +1\end{bmatrix}\times A \qquad \boldsymbol{G}_y=\begin{bmatrix}-1 & -1 & -1\\ 0 & 0 & 0\\ +1 & +1 & +1\end{bmatrix}\times A \tag{6-16}$$

那么可利用图像的每一个像素的横向及纵向梯度近似值来计算梯度的大小，如式（6-17）所示。

$$\nabla f=|\boldsymbol{G}_x|+|\boldsymbol{G}_y| \quad 或 \quad \nabla f=\max\{\boldsymbol{G}_x,\boldsymbol{G}_y\} \tag{6-17}$$

再计算梯度方向。

6.3.6 Laplacian 算子

Laplacian（拉普拉斯）算子是一种二阶导数算子，通常写成 Δ 或 ∇^2，是为了纪念皮埃尔-西蒙·拉普拉斯（Pierre-Simon Laplace）而命名的。Laplacian 算子不依赖于边缘方向，是一个标量而不是矢量，具有旋转不变（即各向同性）的性质。对一个连续函数 $f(x,y)$，它在图像中位置（x，y）的拉普拉斯值定义如式（6-18）所示：

$$\nabla^2 f=\frac{\partial^2 f}{\partial x^2}+\frac{\partial^2 f}{\partial y^2} \tag{6-18}$$

在数字图像中，对拉普拉斯值的计算也可借助各种模板实现，对模板的基本要求是对应中心像素的系数应是正的，而对应中心像素邻近像素的系数应是负的，且它们的和应该是零。其常用的模板如图 6-9 所示。Laplacian 算子是一种二阶导数算子，所以对图像中的噪声相当敏感。

另外它常产生双像素宽的边缘，且也不能提供边缘方向的信息。由于以上原因，Laplacian 算子可根据已知边缘像素确定该像素在图像的暗区或者明区，也可根据其检测过零点的性质（见图 6-6）确定边缘的位置。

0	-1	0
-1	4	-1
0	-1	0

（a）

-1	0	-1
0	4	0
-1	0	-1

（b）

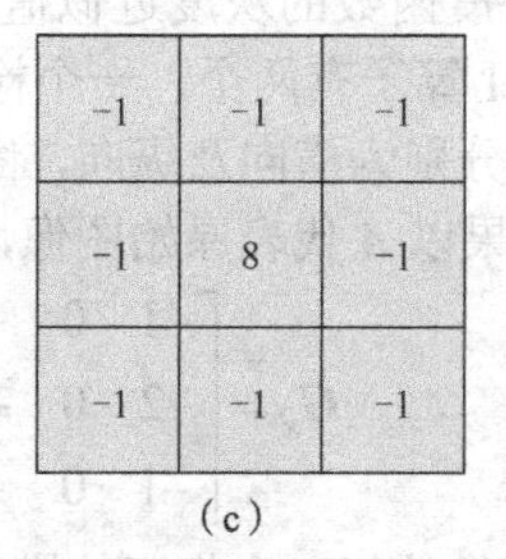

-1	-1	-1
-1	8	-1
-1	-1	-1

（c）

图 6-9　Laplacian 算子模板

Laplacian 算子进行边缘检测时，对噪声十分敏感，所以一般在进行边缘检测前要滤除噪声，为此，马尔（Marr）和希尔得勒斯（Hildreth）根据人类视觉特性提出了一种新的边缘检测的方法，该方法将高斯滤波和 Laplacian 算子结合在一起进行边缘检测，故称为 LoG（Laplacian of Gaussian）算法，也称为高斯-拉普拉斯算法。该算法首先对图像做高斯滤波，再求其拉普拉斯二阶导数，即图像与高斯-拉普拉斯函数（Laplacian of the Gaussian Function）进行滤波运算。最后，通过检测滤波结果的过零点来获得图像或物体的边缘，常用于数字图像的边缘提取和二值化，用的 LoG 算子是 5×5 的模板。由于 LoG 算子到中心的距离与位置加权系数的关系曲线像墨西哥草帽的剖面，所以 LoG 算子也叫墨西哥草帽滤波器，如图 6-10 所示。

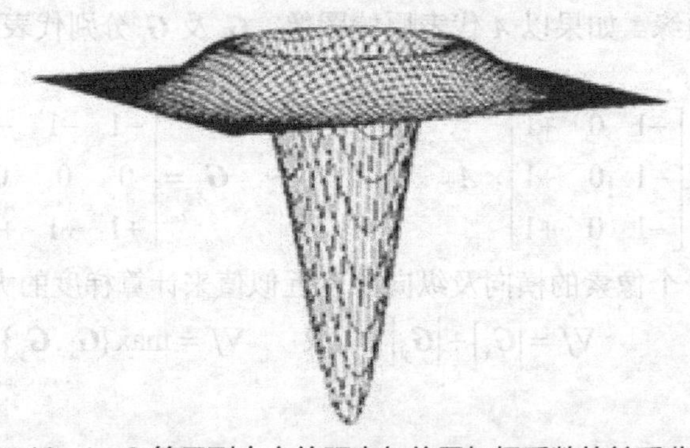

图 6-10　LoG 算子到中心的距离与位置加权系数的关系曲线

该算法的主要思路和步骤如下。

（1）对原图像进行 LoG 卷积。

（2）检测图像中的过零点（Zero Crossings，即从负到正或从正到负）。

（3）对过零点进行阈值化。

二维 LoG 函数如式（6-19）所示：

$$\mathrm{LoG}(x,y)=-\frac{1}{\pi\sigma^4}\left[1-\frac{x^2+y^2}{2\sigma^2}\right]\mathrm{e}^{-\frac{x^2+y^2}{2\sigma^2}} \tag{6-19}$$

二维 LoG 算子可以通过任何一个方形核进行逼近，只要保证该核的所有元素的和或均值为 0，图 6-11 所示为 5×5 的 LOG 算子近似模板。

-2	-4	-4	-4	-2		0	0	1	0	0
-4	0	8	0	-4		0	1	2	1	0
-4	8	24	8	-4		1	2	-16	2	1
-4	0	8	0	-4		0	1	2	1	0
-2	-4	-4	-4	-2		0	0	1	0	0

图 6-11　LoG 算子近似模板

6.4 阈值分割

阈值分割是一种传统的、常用的图像分割方法，因其实现简单、计算量小、性能较稳定而成为图像分割中最基本和应用最广泛的分割技术。它特别适用于目标和背景占据不同灰度级范围的图像。它不仅可以极大地压缩数据量，而且也大大简化了分析和处理的步骤，因此在很多情况下，它是进行图像分析、特征提取与模式识别之前必要的图像预处理过程。图像阈值分割的目的是按照灰度级对像素集合进行划分，得到的每个子集形成一个与现实景物相对应的区域，各个区域内部具有一致的属性，而相邻区域不具有这种一致的属性。这样的划分可以通过从灰度级出发选取一个或多个阈值来实现。

阈值分割的基本原理是：通过设定不同的特征阈值，把图像像素分为若干类。常用的特征包括：直接来自原始图像的灰度或彩色特征；由原始灰度或彩色值变换得到的特征。

6.4.1 基于阈值的灰度图像分割

基于阈值的灰度图像分割最简单的方法就是利用一个或多个灰度值来分割灰度图像。例如，具有明显双峰直方图的灰度图（见图 6-12）的分割具体步骤如下：首先对 1 幅灰度取值在 0 和 $L-1$ 之间的图像确定 1 个灰度阈值 T（$0<T<L-1$），然后将图像中每个像素的灰度值与阈值 T 相比较，并将对应的像素根据比较结果（分割）划分为两类：像素的灰度值大于阈值的为一类，像素的灰度值小于阈值的为另一类（灰度值等于阈值的像素可归入这两类之一）。这两类像素一般对应图像中的两类区域。

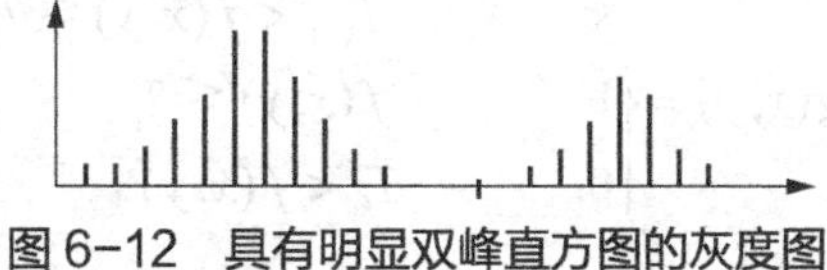

图 6-12　具有明显双峰直方图的灰度图

利用单一阈值 T 分割后的图像可用式（6-20）和式（6-21）表示。其中式（6-20）一般用于表示从暗的背景上分割出亮的物体，而式（6-21）一般用于表示从亮的背景上分割出暗的物体。

$$g(x,y)=\begin{cases}1 & f(x,y)\geqslant T\\ 0 & f(x,y)<T\end{cases}\tag{6-20}$$

$$g(x,y)=\begin{cases}1 & f(x,y)\leqslant T\\ 0 & f(x,y)>T\end{cases}\tag{6-21}$$

其中，$f(x,y)$表示原图像像素灰度值，$g(x,y)$表示进行分割后的图像像素值。例如，用上述方法分割细胞图像，提取细胞的边界轮廓，图 6-13 所示为分割前后的细胞图。

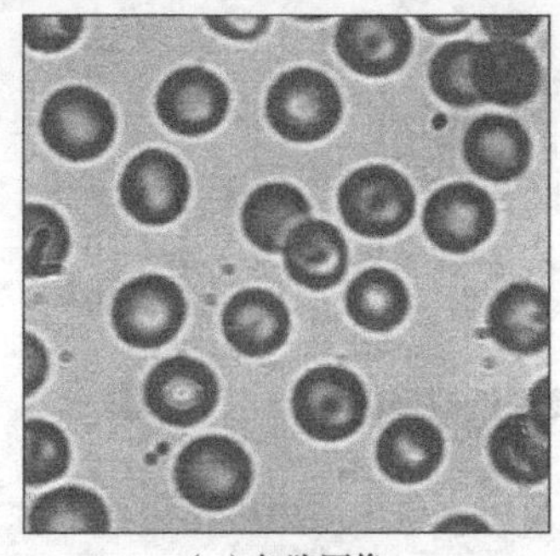

（a）细胞图像

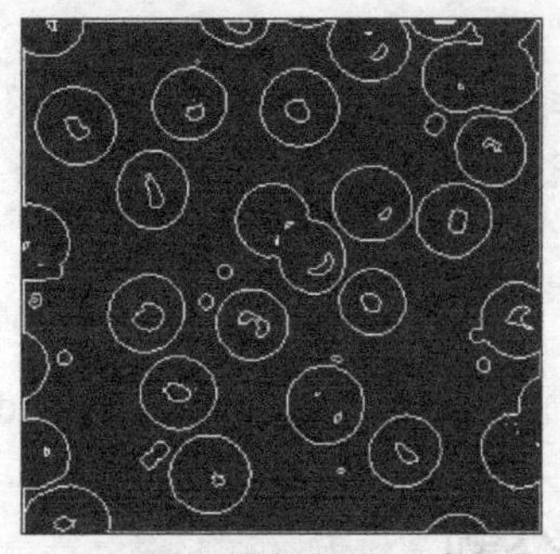

（b）提取的细胞边界轮廓

图 6-13　分割细胞图像提取细胞边界轮廓

有时候图像经阈值分割后不是表示成二值和多值图像，而是有以下两种情况：①将比阈值大的亮像素的灰度级保持不变，比阈值小的暗像素变为黑色，如式（6-22）中的 a 情况；②将比阈值小的暗像素的灰度级保持不变，而将比阈值大的亮像素变为白色，如式（6-22）中的 b 情况。这种方式经常被称为半阈值化分割方法，分割后图像可表示为式（6-22）：

$$g(x,y)=\begin{cases} f(x,y) & f(x,y)\geqslant T \\ 0 & f(x,y)<T \end{cases} \quad \text{a 情况}$$

$$g(x,y)=\begin{cases} f(x,y) & f(x,y)\leqslant T \\ 255 & f(x,y)>T \end{cases} \quad \text{b 情况} \tag{6-22}$$

当待分割的图像中有多个目标时，就需要用多个灰度阈值进行分割，多阈值分割例子如图 6-14 所示，图中较暗的背景上有两个较亮的物体，这时需要用两个阈值进行分割，分割图像可以用式（6-23）表示。

$$g(x,y)=\begin{cases} k & f(x,y)\leqslant T_1 \\ 1 & T_1<f(x,y)\leqslant T_2 \\ 0 & T_2<f(x,y) \end{cases} \tag{6-23}$$

其中，k 为任意值。

更一般的多个阈值的情况如式（6-24）所示。

$$g(x,y)=\begin{cases} k & T_{k-1}<f(x,y)\leqslant T_k \\ 1 & f(x,y)\leqslant T_1 \\ 0 & T_k<f(x,y) \end{cases} \tag{6-24}$$

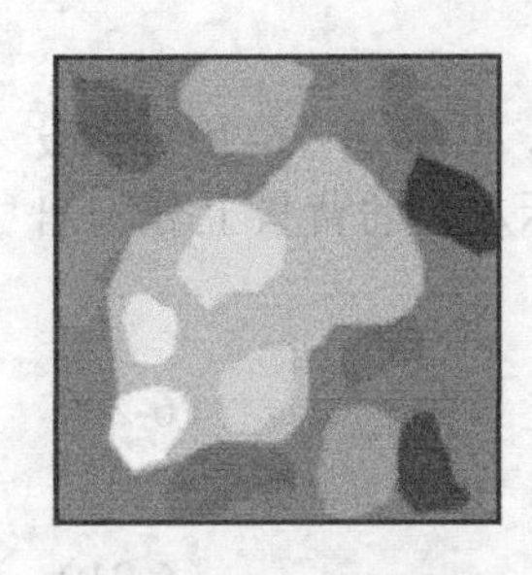

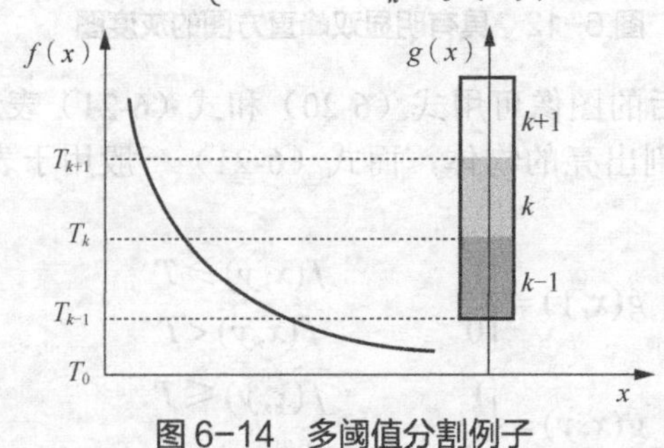

图 6-14　多阈值分割例子

6.4.2　阈值选取方法

在利用阈值分割方法对图像进行分割时，如何确定阈值是关键，阈值的选取直接影响最终的分割效果，下面介绍几种常用的阈值选取方法。

1. 极小值点阈值选取方法

如果将直方图的包络看作一条曲线，则要选取直方图的谷可以借助求曲线极小值的方法。设用 $h(z)$代表直方图，那么极小值点应满足：

$$\frac{\partial h(z)}{\partial z}=0 \quad 和 \quad \frac{\partial^2 h(z)}{\partial z^2}>0 \tag{6-25}$$

实际图像因各种因素的影响，其灰度直方图往往存在许多起伏，不经预处理将会产生若干虚假的"谷"。一般可先对其进行平滑处理，再取包络，这样将在一定程度上消除虚假"谷"对分割阈值的影响。在具体应用时，多使用高斯函数 $g(z,\sigma)$与直方图的原始包络函数 $h(z)$相卷积而使包络曲线得到一定程度的平滑：

$$h(z,\sigma)=h(z)\cdot g(z,\sigma)=\int h(z-\mu)\frac{1}{\sqrt{2\pi}\sigma}\frac{-z^2}{2\sigma^2}\mathrm{d}\mu \tag{6-26}$$

2. 最优阈值搜寻方法

有时目标和背景的灰度值有部分交错，用一个全局阈值并不能将它们绝对分开。为了减小误分割的概率，选取最优阈值是一种常用的方法。设一幅图像仅包含两类主要的灰度值区域(目标和背景)，它的直方图可看成灰度值概率密度函数 $p(z)$的 1 个近似。这个密度函数实际上是目标和背景的两个单峰密度函数之和，如果已知密度函数的表达形式，那么就有可能选取一个最优阈值把图像分成两类区域并使误差达到最小。

假设有一幅混有加性高斯噪声的图像，它的混合概率密度是：

$$p(z)=P_1p_1(z)+P_2p_2(z)=\frac{P_1}{\sqrt{2\pi}\sigma_1}\exp\left[-\frac{(z-\mu_1)^2}{2\sigma_1^2}\right]+\frac{P_2}{\sqrt{2\pi}\sigma_2}\exp\left[-\frac{(z-\mu_2)^2}{2\sigma_2^2}\right] \tag{6-27}$$

其中，μ_1 和 μ_2 分别是背景和目标区域的平均灰度值，σ_1 和 σ_2 分别是关于均值的均方差，P_1 和 P_2 分别是背景和目标区域灰度值的先验概率。根据概率定义可知 $P_1+P_2=1$，所以混合概率密度中有 5 个待确定的参数，如果所有参数都已知，那么就可以很容易地确定最佳的分割阈值。下面我们来分析求解。

例如，一幅图像的直方图如图 6-15 所示，假设图像中的暗区域相应于背景，而图像的亮区域相应于图像中的物体，并且可定义阈值 T，使所有灰度值小于 T 的像素可以被认为是背景点，而所有灰度值大于 T 的像素可以被认为是物体点。此时，物体点误判为背景点的概率为：

$$E_1(T)=\int_{-\infty}^{T}p_2(z)\mathrm{d}z \tag{6-28}$$

这表示在曲线 $p_2(z)$下方位于阈值左边区域的面积，如图 6-15 中的灰色区域所示。

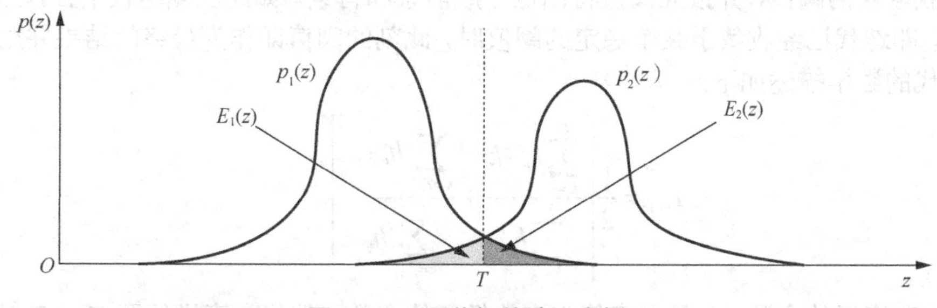

图 6-15 最优阈值选取实例

同样将背景点误判为物体点的概率为：

$$E_2(T)=\int_{-\infty}^{T}p_1(z)\mathrm{d}z \tag{6-29}$$

那么总的误判概率为：

$$E(T) = P_2E_1(T) + P_1E_2(T) \tag{6-30}$$

为了找到一个阈值 T 使上述的误判概率最小，必须将 $E(T)$对 T 求微分（应用莱布尼茨公式），并令其结果等于零。由此可以得到如下的关系：

$$P_1p_1(T) = P_2p_2(T) \tag{6-31}$$

在很多情况下，概率密度函数并不总是可以估计的。所以可以借助高斯密度函数，利用参数较容易得到这两个概率密度函数。将这一结果应用于高斯密度函数，取其自然对数，通过化简，可以得到如下二次方程：

$$AT^2+BT+C=0 \tag{6-32}$$

其中：

$$A = \sigma_1^2 - \sigma_2^2$$
$$B = 2(\mu_1\sigma_2^2 - \mu_2\sigma_1^2)$$
$$C = \mu_2^2\sigma_1^2 - \mu_1^2\sigma_2^2 + 2\sigma_1^2\sigma_2^2\ln(\sigma_2P_1/\sigma_1P_2)$$

由于二次方程有两个可能的解，所以需要选出其中合理的一个作为图像分割的阈值。下面分情况进行讨论。

（1）如果两个标准偏差相等，即 $\sigma_1^2=\sigma_2^2$，则上式中的 A=0，我们得到一个解：

$$T = \frac{\mu_1+\mu_2}{2} + \frac{\sigma^2}{\mu_1-\mu_2}\ln\frac{P_2}{P_1} \tag{6-33}$$

该 T 值就是图像分割的最佳阈值。

（2）如果先验概率也相等，那么得到的解中的第二项等于零，最佳分割阈值为图像中两个灰度均值的平均数，即：

$$T = \frac{\mu_1+\mu_2}{2} \tag{6-34}$$

（3）如果背景与目标的灰度范围有部分重叠，仅取一个固定的阈值会产生较大的误差，为此，可以采用双阈值方法。

3. 迭代阈值选取方法

利用程序自动搜寻出比较合适的阈值。阈值选取方法为首先选取图像灰度范围的中值作为初始值 T，把原始图像中的全部像素分成前景、背景两大类，然后分别对其进行积分并将结果取平均以获取新的阈值，并按此阈值将图像分成前景和背景。如此反复迭代下去，当阈值不再发生变化，即迭代已经收敛于某个稳定的阈值时，此刻的阈值即作为最终的结果并用于图像的分割。迭代的数学描述如下：

$$T_{i+1} = \frac{1}{2}\left[\frac{\sum_{k=0}^{T_i} h_k \cdot k}{\sum_{k=0}^{T_i} h_k} + \frac{\sum_{k=T_{i+1}}^{L-1} h_k \cdot k}{\sum_{k=T_{i+1}}^{L-1} h_k}\right] \tag{6-35}$$

其中，L 为灰度级的个数，h_i 是灰度值为 k 的像素的个数，迭代一直进行至 $T_{i+1}=T_i$ 时结束，结束时的 T_i 即为所求的阈值。

如图 6-16 所示，图（b）是图（a）经过 5 次阈值迭代后，用收敛后的稳定输出值 97 作为最终分割阈值的分割结果。

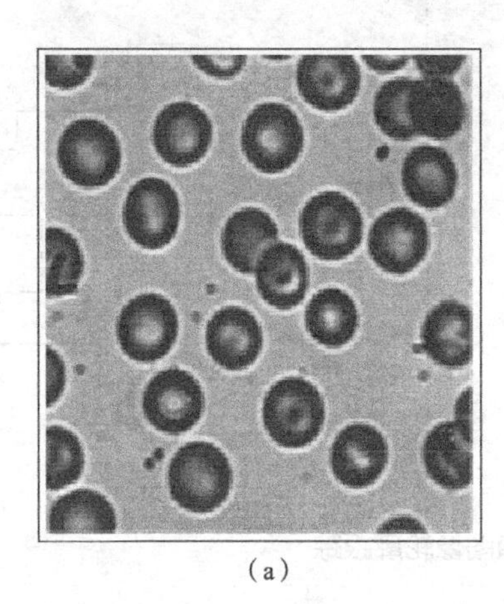
(a)

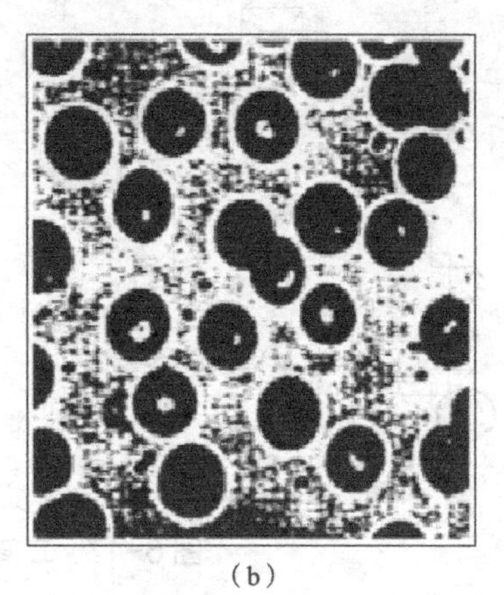
(b)

图 6-16 迭代阈值分割示例

6.5 轮廓跟踪

在理想情况下，边缘检测应该仅产生位于边缘的像素集合。但实际上，由于噪声、不均匀光照等引起的边缘间断，以及其他引入灰度值虚假的不连续的影响，检测出来的像素并不能完全描述边缘特性。因此在实际案例中，常采用先检测可能的边缘点再串行跟踪连接成闭合轮廓的方法。由于串行方法可以在跟踪过程中充分利用先前获取的信息，常可取得较好的效果。另外，也可采用将边缘检测和轮廓跟踪互相结合顺序进行的方法。

轮廓跟踪（Boundary Tracking）也称边缘点链接（Edge Point Linking），是由一个边缘点出发，依次搜索并连接相邻边缘点从而逐步检测出轮廓的方法。轮廓跟踪用于提取图像中的目标区域，以便对目标区域做进一步处理，如区域填充，计算轮廓长度、面积、重心，特征提取和图像识别等。轮廓跟踪一般用于处理二值图像和灰度图像，处理二值图像称为二值图像轮廓跟踪，处理灰度图像一般称为灰度边界跟踪。

6.5.1 二值图像轮廓跟踪

二值图像轮廓跟踪方法主要用来处理二值图像或图像中不同区域具有的不同像素值。对于二值图像，轮廓跟踪法的步骤如下。

（1）在靠近边缘处任取一起始点，然后按照每次只前进一步，步距为一个像素的原则开始跟踪。

（2）当跟踪中的某步是由白区进入黑区时，以后各步向左转，直到穿出黑区为止。

（3）当跟踪中的某步是由黑区进入白区时，以后各步向右转，直到穿出白区为止。

（4）当围绕目标边界循环跟踪一周回到起点时，则所跟踪的轨迹便是目标的轮廓；否则，应继续按（2）和（3）的原则进行跟踪。

图 6-17 所示为二值图像轮廓跟踪的起点和过程。

从图 6-17（a）中我们发现利用一个起始点进行跟踪时，有时候会漏掉某些小的凸起部分，例如图 6-17（a）中圆圈标出的地方。为了避免出现漏掉部分轮廓，一般采用不同位置的多个起点进行跟踪，如图 6-17（b）所示，并把跟踪轮廓进行合并。

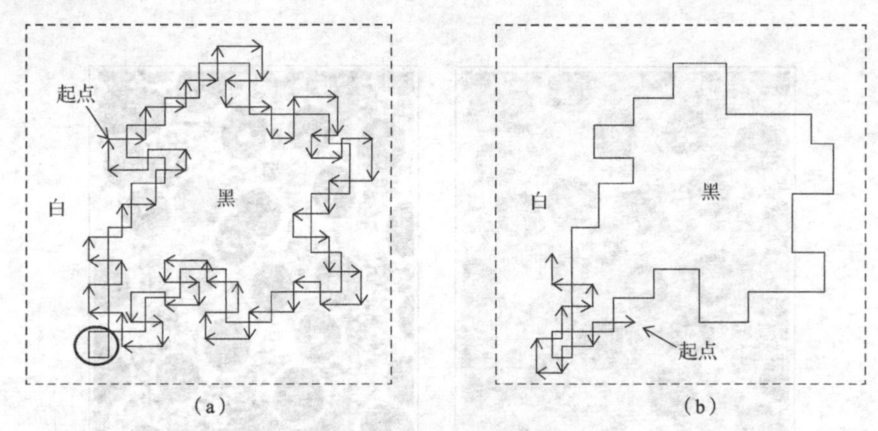

图 6-17 二值图像轮廓跟踪

6.5.2 边界跟踪法

如果需要得到轮廓的图像不是二值图像，而是一幅灰度图像，那么就不能简单地用上面的轮廓跟踪法进行跟踪，需要利用灰度的相似性和区域连通性进行判断和跟踪，一般把这种轮廓跟踪称为边界跟踪法。边界跟踪法的基本思想为：先利用检测准则确定接受对象点；然后根据已有的接受对象点和跟踪准则确定新的接受对象点；最后将所有标记为 1 且相邻的对象点连接起来就得到了检测到的细曲线。边界跟踪图像分割步骤如下。

（1）确定检测阈值 d 和跟踪阈值 t，且要求 $d \geqslant t$。

（2）用检测阈值 d 逐行对图像进行扫描，依次将灰度值大于或等于检测阈值 d 的点的位置记为 1。

（3）逐行扫描图像，若图像中的（i，j）点为接受对象点，则在第 i+1 行上找（i，j）的邻点（i+1，j-1）、（i+1，j）、（i+1，j+1），并将其中灰度值大于或等于跟踪阈值 t 的邻点确定为新的接受对象点，将相应位置记为 1。

（4）重复步骤（3），直至图像中除最末一行以外的所有接受点扫描完为止。

例如，图 6-18（a）所示为原图灰度分布情况，假设检测阈值 d=7，跟踪阈值 t=4，则边界跟踪的结果如图 6-18（b）所示。

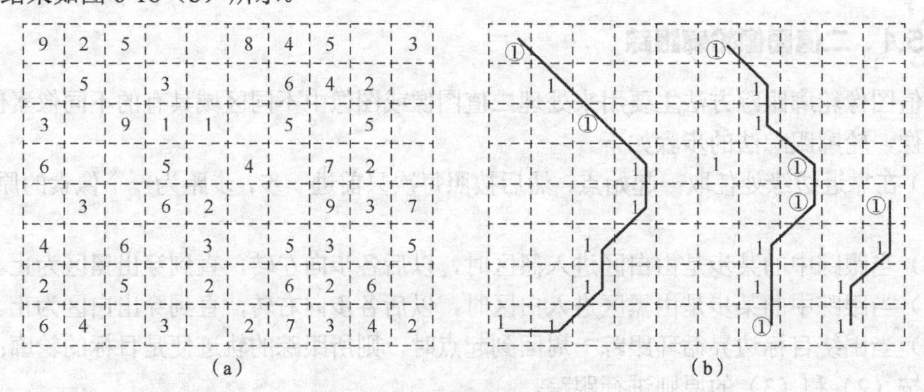

9	2	5			8	4	5		3
	5		3			6	4	2	
3		9	1	1		5		5	
6			5		4		7	2	
	3		6	2			9	3	7
4		6		3		5	3		5
2		5		2		6	2	6	
6	4		3		2	7	3	4	2

图 6-18 边界跟踪法示例

6.5.3 图搜索法

图搜索法是借助状态空间搜索来寻求全局最优的轮廓，算法相对比较复杂，计算量也较大，但对图像受噪声影响较大时效果仍可比较好。具体方法是将轮廓点和轮廓段用图（Graph）结构表示，通过在图中进行搜索对应最小代价的通道来寻找闭合轮廓。

先来介绍一些基本概念。一个图可表示为 $G=\{N,A\}$，其中 N 是 1 个有限非空的节点集，A 是 i 个无序节点对的集合。集合 A 中的每个节点对 $\{n_i,n_j\}$ 称为 1 段弧 $\{n_i \in N, n_j \in N\}$。如果图中的弧是有向的，即从一个节点指向另一个节点，则该弧称为有向弧，该图称为有向图。当弧是从节点 n_i 指向 n_j 时，那么称 n_j 是父节点 n_i 的子节点。有时父节点也叫祖先，子节点也叫后裔。确定一个节点的各个子节点的过程称为对该节点的展开或扩展。对每个图还可定义层的概念。第 a 层（最上层）只含 i 个节点，称为起始节点。最下一层的节点称为目标节点。对任意一段弧 $\{n_i,n_j\}$ 都可定义一个代价（或费用）函数，记为 $c(n_i,n_j)$。如果有一系列节点 n_1，n_2，…，n_k，其中每个节点 n_i 都是节点 n_{i-1} 的子节点，则这个节点系列称为从 n_1 到 n_k 的 1 条通路（路径）。这条通路的总代价为：

$$C=\sum_{i=2}^{K} c(n_{i-1},n_i) \tag{6-36}$$

在图搜索法中定义边缘像素是两个互为 4-近邻的像素间的边缘，如图 6-19（a）中像素 p 和 q 之间的竖线以及图 6-19（b）中像素 q 和 r 之间的横线所示。对灰度图像，像素 p 和 q 所确定的边缘像素的代价函数可以是：

$$c(p,q)=H-[f(p)-f(q)] \tag{6-37}$$

其中，H 为图像中的最大灰度值，$f(p)$ 和 $f(q)$ 分别为像素 p 和 q 的灰度值。这个代价函数的取值与像素间的灰度值差成正比，灰度值差小则代价大，灰度值差大则代价小。按前面介绍的梯度概念，代价大对应梯度小，代价小对应梯度大。

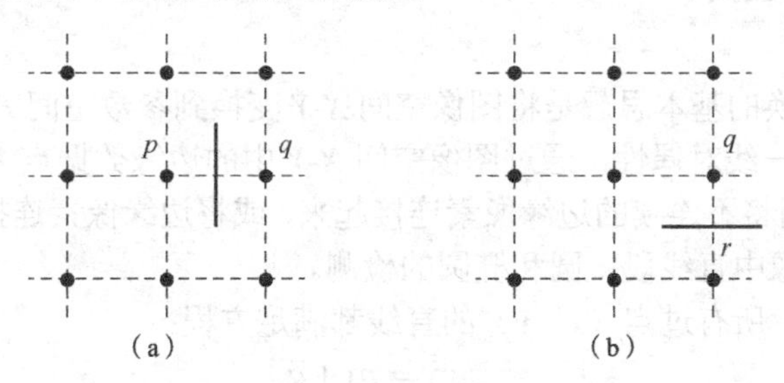

图 6-19 边缘像素示例

例如，图 6-20（a）所示给出图像中的一个区域，其中括号内的数字代表各像素的灰度值。根据式（6-37）的代价函数，利用图搜索技术从上向下可检测出图 6-20（b）所示的对应大梯度的轮廓段。

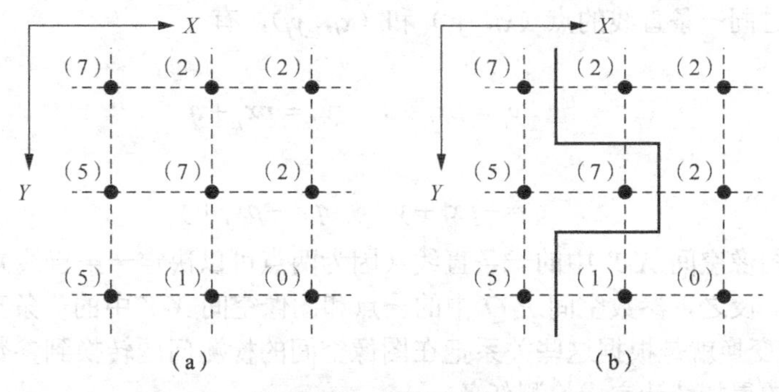

图 6-20 图搜索示例

图 6-21 给出了图搜索示例的搜索图。每个节点（图中用长方框表示）对应一个边缘像素，每个长方框中的两对数分别代表边缘像素两边的像素坐标。有阴影的长方框代表目标节点。如

果两个边缘像素是前后连接的，则所对应的前后两个节点之间用箭头连接。每个边缘像素的代价数值都由式（6-37）计算，并标在图中指向该元素的箭头上。这个数值代表了使用这个边缘像素作为轮廓的一部分所需要的代价。每条从起始节点到目标节点的通路都是一个可能的轮廓。图中粗线箭头表示根据式（6-37）算出的最小代价通路。

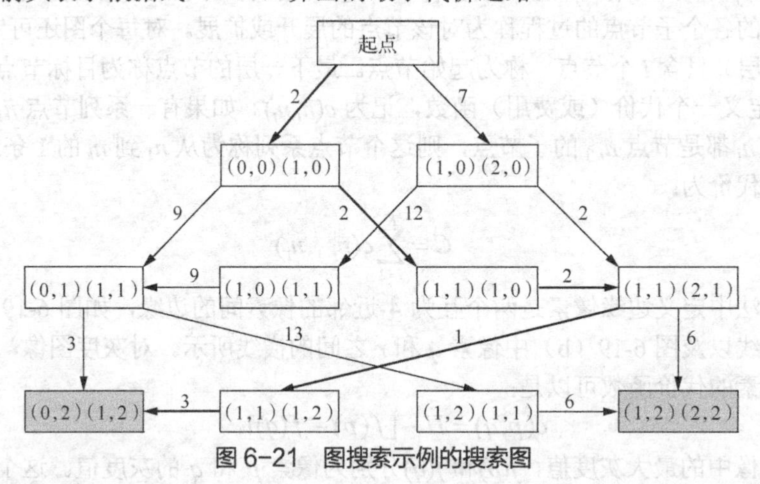

图 6-21　图搜索示例的搜索图

6.6 Hough 变换

Hough（哈夫）变换的基本思想是将图像空间 X-Y 变换到参数空间 P-Q，利用图像空间 X-Y 与参数空间 P-Q 的点－线对偶性，通过图像空间 X-Y 中的边缘数据点去计算参数空间 P-Q 中的参考点的轨迹，从而将不连续的边缘像素连接起来，或将边缘像素连接起来组成封闭边界的区域，从而实现对图像中直线段、圆和椭圆的检测。

设在图像空间中，所有过点（x，y）的直线都满足方程：

$$y = px + q \tag{6-38}$$

若将其改写成：

$$q = -px + y \tag{6-39}$$

这时，p 和 q 可以看作变量，而 x 和 y 是参数，上式就可表示参数空间 P-Q 中过点（p，q）的一条直线。

一般地，对过同一条直线的点（x_i，y_i）和（x_j，y_j），有

图像空间方程：

$$y_i = px_i + q \qquad y_j = px_j + q$$

参数空间方程：

$$q = -px_i + y_i \qquad q = -px_j + y_j$$

由此可见，图像空间 X-Y 中的一条直线（因为两点可以决定一条直线）和参数空间 P-Q 中的一点相对应；反之，参数空间 P-Q 中的一点和图像空间 X-Y 中的一条直线相对应，如图 6-22 所示。哈夫变换就是根据这些关系把在图像空间的检测问题转换到参数空间里，通过参数空间进行简单的累加统计完成检测任务。

把上述结论推广到更一般的情况：如果图像空间 X-Y 中的直线上有 n 个点，那么这些点对应参数空间 P-Q 上的一个由 n 条直线组成的直线簇，且所有这些直线相交于同一点；也可以是 n 条正弦曲线组成的正弦曲线簇，且所有这些正弦曲线相交于同一点，如图 6-23 和图 6-24 所示。

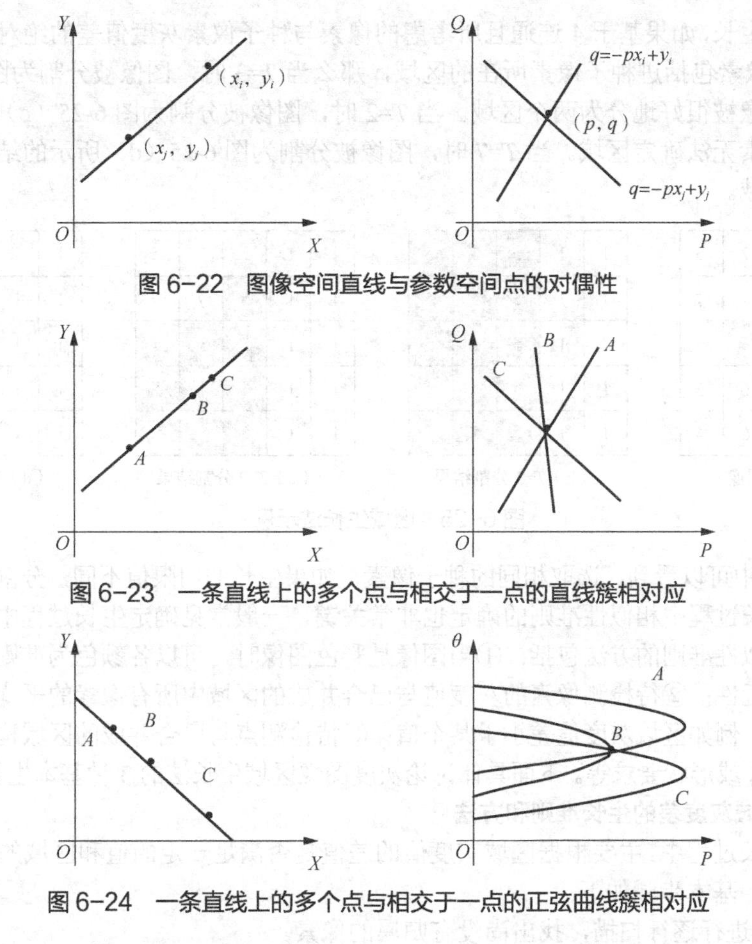

图 6-22　图像空间直线与参数空间点的对偶性

图 6-23　一条直线上的多个点与相交于一点的直线簇相对应

图 6-24　一条直线上的多个点与相交于一点的正弦曲线簇相对应

6.7 基于区域的分割

图像分割的目的是将一幅图像划分为多个区域。在 6.2 节中，我们基于灰度级的不连续性尝试寻找区域间的边界来解决这一问题；而在 6.3 节中，分割是通过以像素特性分布为基础的阈值处理来完成的，如灰度值或彩色。本节将讨论以直接寻找区域为基础的分割技术。

6.7.1 区域生长

区域生长的基本思想是根据预先定义的生长准则将具有相似性质的像素结合为更大区域的过程。其具体步骤为：先为每个需要分割的区域找一个种子像素作为生长的起点，再将种子像素邻域中与种子像素有相同或相似性质的像素（根据某种事先确定的生长或相似准则来判定)合并到种子像素所在的区域中，然后将这些新像素当作新的种子像素继续进行上面的过程，直到再没有满足条件的像素可被包括进来为止。由此可知，在实际应用区域生长法时需要解决以下 3 个问题。

① 选择或确定一组能正确代表所需区域的种子像素。

② 确定在生长过程中能将相邻像素包括进来的准则。

③ 制定生长过程停止的条件或规则。

图 6-25（a）所示为待分割的图像，设已知两个种子像素（标为深浅不同的灰色方块），

现在进行区域生长，如果基于 4 连通且所考虑的像素与种子像素灰度值差的绝对值小于某个门限 T，则将该像素包括进种子像素所在的区域，那么当 T=3 时，图像被分割为图 6-25（b）所示的结果，图像被很好地分为两个区域。当 T=2 时，图像被分割为图 6-25（c）所示的结果，图像中有些像素无法确定区域。当 T=7 时，图像被分割为图 6-25（d）所示的结果，整幅图都被分成一个区域。

1	0	4	7	5
1	0	4	7	7
0	1	5	5	5
2	0	5	6	5
2	2	5	6	4

（a）待分割图像

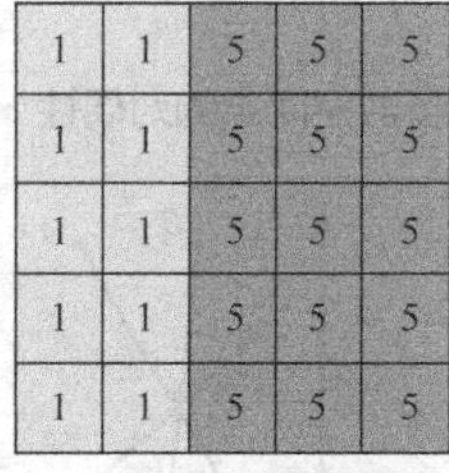

1	1	5	5	5
1	1	5	5	5
1	1	5	5	5
1	1	5	5	5
1	1	5	5	5

（b）T=3 分割结果

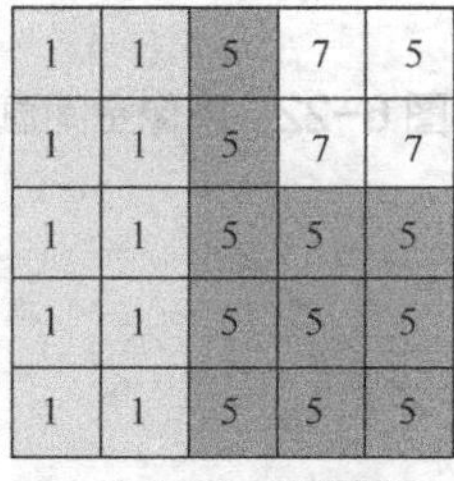

1	1	5	7	5
1	1	5	7	7
1	1	5	5	5
1	1	5	5	5
1	1	5	5	5

（c）T=2 分割结果

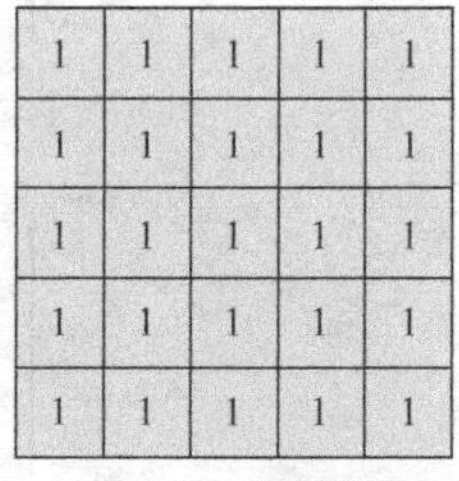

1	1	1	1	1
1	1	1	1	1
1	1	1	1	1
1	1	1	1	1
1	1	1	1	1

（d）T=7 分割结果

图 6-25　区域生长法示例

从图 6-25 中可以看到，选取相同的种子像素，如果生长的门限值不同，分割的结果也不相同，所以在生长过程中相似性准则的确定也非常关键，一般常见确定生长过程中能将相邻像素合并进来的相似性准则的方法包括：①当图像是彩色图像时，可以各颜色为准则，并考虑图像的连通性和邻近性；②待检测像素的灰度值与已合并成的区域中所有像素的平均灰度值满足某种相似性标准，例如区域灰度值差小于某个值；③待检测点与已合并成的区域构成的新区域符合某个大小尺寸或形状要求等。下面具体讨论灰度图像区域生长法的 3 种基本生长准则和方法。

1．基于区域灰度差的生长准则和方法

在区域生长过程中，主要根据区域灰度值的差值是否满足一定的值和区域的连通性来判断是否继续生长，基本步骤如下。

① 对图像进行逐行扫描，找出尚没有归属的像素。

② 以该像素为中心检查它的邻域像素，即将邻域中的像素逐个与它比较，如果灰度差小于预先确定的阈值，将它们合并。

③ 以新合并的像素为中心，返回步骤②，检查新像素的邻域，直到区域不能进一步扩张。

④ 返回步骤①，继续扫描直到不能发现没有归属的像素，则结束整个生长过程。

例如图 6-25 就是采用这种方法生成的。

但是采用上述方法得到的结果，对区域生长起点的选择有较大依赖性，为克服这个问题，可以采用下面的改进方法。

① 首先假设灰度差的阈值为 0，利用上述方法进行区域扩张，使灰度值相同并且连通的像素合并成一个区域。

② 求出所有邻域区域之间的平均灰度差，并且合并具有最小灰度差的邻接区域。

③ 设定终止准则，通过反复进行上述基本步骤②中的操作将区域依次合并，直到终止准则满足为止。

当图像中存在缓慢变化的区域时，上述方法有可能会将不同区域逐步合并而产生错误。为克服这个问题，可不用新像素的灰度值去与邻域像素的灰度值比较，而用新像素所在区域的平均灰度值去与各邻域像素的灰度值进行比较。对一个含 N 个像素的图像区域 R，其均值为：

$$m=\frac{1}{N}\sum_{R}f(x,y) \tag{6-40}$$

例如，假设一幅图像灰度如图 6-26（a）所示，初始种子点为图中灰度是 9 和 7 的点，平均灰度均匀测度度量中阈值 K 取 2，分别进行区域增长，增长的情况如图 6-26（b）～6-26（e）所示。

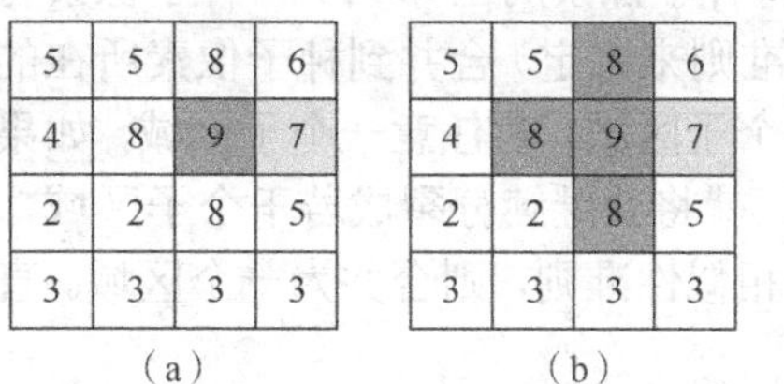

（a） （b）

5	5	8	6
4	8	9	7
2	2	8	5
3	3	3	3

（c）

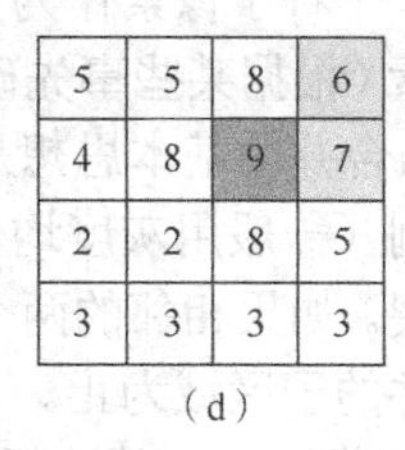

（d）

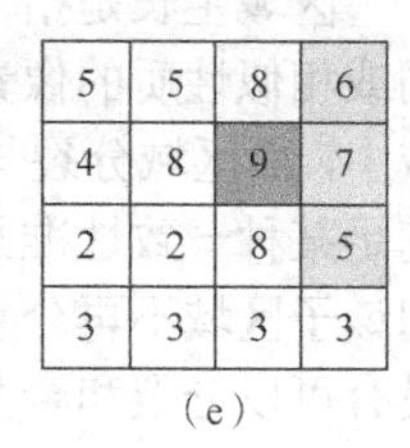

（e）

图 6-26 基于区域灰度差的生长示例

在图 6-26（a）中，以 9 为起点开始区域增长，第一次区域增长得到 3 个灰度值为 8 的邻点，灰度级差值为 1，如图 6-26（b）所示，此时这 4 个点的平均灰度为(8+8+8+9)/4=8.25，由于阈值取 2，因此，第 2 次区域增长灰度值为 7 的邻点被接受，如图 6-26（c）所示，此时 5 个点的平均灰度级为(8+8+8+9+7)/5=8。在该区域的周围无灰度值大于 6 的邻域，即均匀测度为假，停止区域增长。图 6-26（d）和（e）是以 7 为起点的区域增长结果。

2. 基于区域内灰度分布统计性质

以灰度分布相似性作为生长准则，通过将一个区域上的统计特性与在该区域的各个部分上所计算出的统计特性进行比较来判断区域的均匀性，如果它们相互接近，那么这个区域可能是均匀的，这种方法对纹理分割很有用。具体的计算步骤如下。

（1）把图像分成互不重叠的小区域。

（2）比较邻接区域的累积灰度直方图，根据灰度分布的相似性进行区域合并。

（3）设定终止准则，通过反复进行步骤（2）中的操作将各个区域依次合并，直到满足终止准则。

3. 基于区域形状

在决定对区域的合并时，也可以利用对目标形状的检测结果，常用的方法有以下两种。

（1）把图像分割成灰度固定的区域，设两邻接区域的周长分别为 P_1 和 P_2，把两区域共同的边界线两侧灰度差小于给定阈值的那部分长度设为 L，如果（T_1 为阈值）$L/\min\{P_1,P_2\}>T_1$，则两区域合并。

（2）把图像分割成灰度固定的区域，设两邻域区域的共同边界长度为 B，把两区域共同边界线两侧灰度差小于给定阈值的那部分长度设为 L，如果（T_2 为阈值）$L/B>T_2$，则两区域合并。

第一种方法是合并两邻接区域的共同边界中对比度较低部分占整个区域边界份额较大的区域。第二种方法是合并两邻接区域的共同边界中对比度较低部分比较多的区域。

在区域生长时，除了生长准则，种子点的选择和终止的准则也很重要，选择和确定一组能正确代表所需区域的种子像素一般原则如下。

① 接近聚类重心的像素可作为种子像素。例如，图像直方图中像素最多处且在聚类中心的像素。

② 红外图像目标检测中最亮的像素可作为种子像素。

③ 按位置要求确定种子像素。

④ 根据某种经验确定种子像素。

⑤ 迭代从大到小逐步收缩。

确定终止生长过程的条件或规则如下。

① 一般的停止生长准则是生长过程进行到没有满足生长准则的像素时为止。

② 其他与生长区域需要的尺寸、形状等全局特性有关的准则。

6.7.2 区域分裂与合并

区域生长是指一个种子像素作为生长的起点，然后将种子像素周围邻域中与种子像素有相同或相似性质的像素（根据某些事先确定的生长或相似准则来判定）合并到种子像素所在的区域中，而区域分裂与合并的基本思想是将图像分成若干个子区域，对任意一个子区域，如果不满足某种一致性准则（一般用灰度均值和方差来度量），就将其继续分裂成若干个子区域，否则该子区域不再分裂。如果相邻的两个子区域满足某个相似性准则，则合并为一个区域。直到没有可以分裂和合并的子区域为止。

令 R 表示整幅图像区域，并选择一个属性 Q。对 R 进行分割的一种方法是依次将它细分为越来越小的四象限区域，以便对任何区域 R_i 有 $Q(R_i)$=TRUE。从整个区域开始，如果 $Q(R)$=FALSE，那么将该图像分割为 4 个象限区域。如果对每个象限区域 Q 为 FALSE，将该象限区再次细分为 4 个子象限区域，依此类推。这种特殊的分裂技术有一个方便的表示方法，即所谓的四叉树形式表示，即每个节点都正好有 4 个后代，如图 6-27 所示（对应一个四叉树的节点的图像有时称为四分区域或四分图像）。注意，树根对应于整幅图像，而每个节点对应于该节点的 4 个细分子节点。在这种情况下，仅 R_4 被进一步再细分。

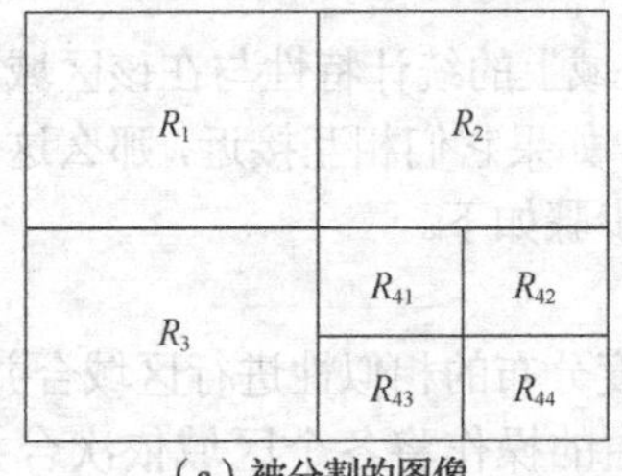

（a）被分割的图像

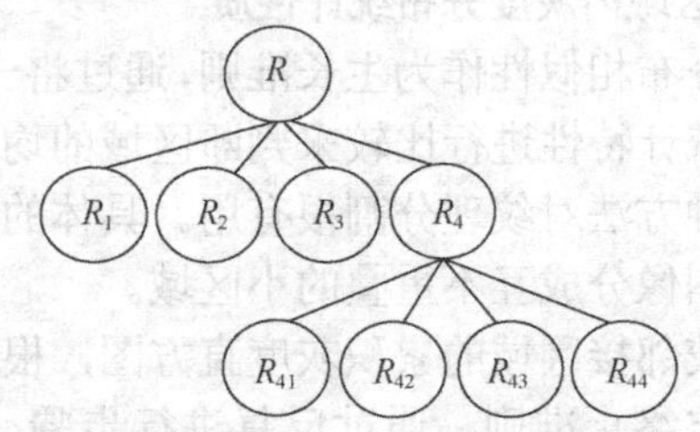

（b）对应的四叉树，R 表示整个图像区域

图 6-27 区域分裂过程

如果只使用分裂，那么最后的分区通常包含具有相同性质的邻接区域。这种缺陷可以通过允许聚合和分裂得到补救，即分裂后，如果相邻的两个子区域满足某个相似性准则，则合并为一个区域。也就是说，当 $Q(R_i \cup R_k)$=TRUE 时，这两个相邻区域 R_i 和 R_k 聚合。

所以区域分裂与合并的一般过程如下。

① 对于满足 $Q(R_i)$=FALSE 的任何区域 R_i 分裂为 4 个不相交的象限区域。

② 当不可能进一步分裂时，对满足 $Q(R_i \cup R_k)$=TRUE 的任意两个相邻区域 R_i 和 R_k 进行聚合。

③ 当无法进一步聚合时，停止操作。

例如，图 6-28（a）所示的原图像，假设分裂时的一致性准则为：如果某个子区域的灰度均方差大于 1.5，则将其分裂为 4 个子区域，否则不分裂。合并时的相似性准则为：如果相邻两个子区域的灰度均值之差不大于 2.5，则合并为一个区域，其中：

$$\mu_{R_1}=5.5，\sigma_{R_1}=1.73；\mu_{R_2}=7.5，\sigma_{R_2}=1.29$$

$$\mu_{R_3}=2.5，\sigma_{R_3}=0.25；\mu_{R_4}=3.75，\sigma_{R_4}=2.87$$

5	5	8	6
4	9	9	7
2	2	8	3
3	3	2	2

（a）原图像

R_1 R_2 R_3 R_4

（b）第一次分裂

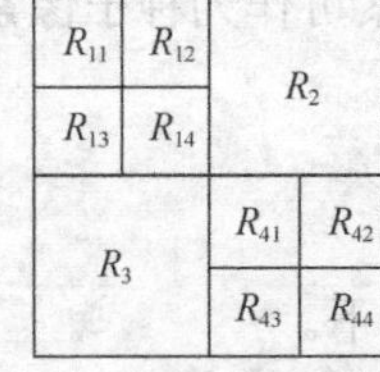

（c）第二次分裂

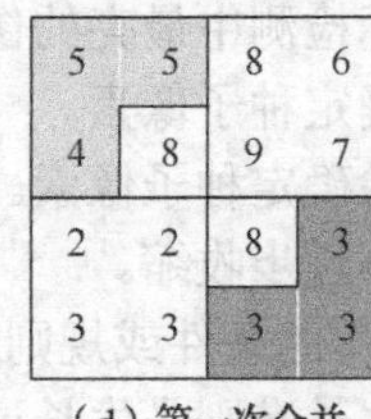

（d）第一次合并

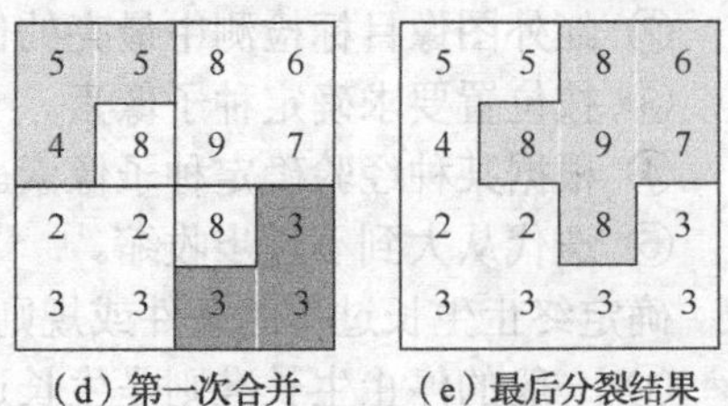

（e）最后分裂结果

图 6-28 区域分裂合并示例

6.8 应用案例

6.8.1 融合改进分水岭和区域生长的彩色图像分割

经典的传统分水岭计算方法是 1991 年文森特（Vincent）和索伊尔（Soille）提出的基于沉浸的模拟算法。分水岭计算分为两个步骤：排序过程和淹没过程。分水岭算法的关键是得到梯度图像、排序和浸没 3 个步骤。基本思想是把图像看作测地学上的拓扑地貌，图像中每一点像素的灰度值表示该点的海拔，每一个局部极小值及其影响区域称为集水盆，而集水盆的边界则形成分水岭。算法描述如下。

（1）根据梯度算法得到图像的梯度图。

（2）对梯度进行从小到大的排序，相同的梯度为同一个梯度层级。

（3）处理第一个梯度层级所有的像素，如果其邻域已经被标识属于某一个区域，则将这个像素加入一个先进先出的队列。

（4）先进先出队列非空时，弹出第一个元素。扫描该像素的邻域像素，如果其邻域像素的梯度属于同一层（梯度相等），则根据邻域像素的标识来刷新该像素的标识，一直循环到队列为空。

（5）再次扫描当前梯度层级的像素，如果还有像素未被标识，说明它是一个新的极小区域，则当前区域的值（当前区域的值从 0 开始计数）加 1 后赋值给该未标识的像素。然后从该像素出发继续执行步骤（4）的泛洪直至没有新的极小区域。

（6）返回步骤（3），处理下一个梯度层级的像素，直至所有梯度层级的像素都被处理。

传统分水岭算法的流程图如图 6-29 所示。

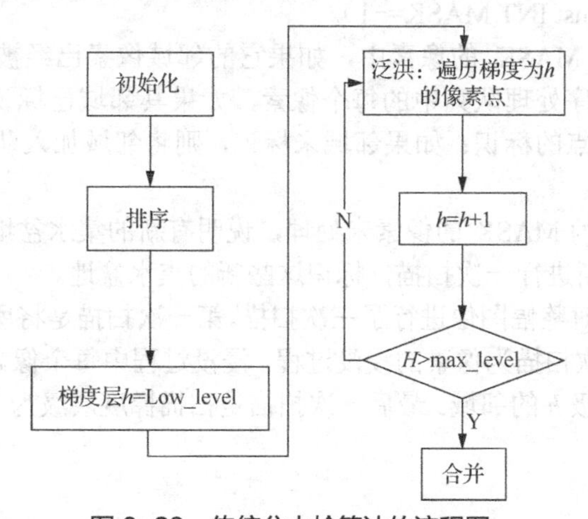

图 6-29 传统分水岭算法的流程图

下面对传统的分水岭算法做了 3 个方面的改进，利用 Sobel 算子求解图像梯度，采用地址分布式算法来代替传统的快速排序法，并利用队列的方式处理沉浸过程。

1. 利用 Sobel 算子求解图像梯度

分水岭变换得到的是输入图像的集水盆图像，集水盆之间的边界点即为分水岭。为得到图像的边缘信息，传统的做法是直接把梯度图像作为输入图像，梯度函数如式（6-5）所示。图像中的噪声、物体表面细微的灰度变化都会引起过度分割的现象。为降低分水岭算法的过度分割，采用 Sobel 算子求解图像中各点的梯度。Sobel 算子对噪声具有一定的抑制作用，它不依赖边缘方向的二阶微分算子。它是一个标量而不是向量，具有旋转不变性。Sobel 算子参见 6.3 节。获取图像的灰度值之后，根据式（6-13）中 Sobel 算子的两个卷积模板对转换后的灰度图像进行卷积。卷积后的梯度值只允许在 0～255 范围内，大于 255 的强行规定为 255，小于 0 的用 0 代替。所以，对于 256 色图像，处理精度会比较高。对于真彩色的彩色图像，由于色彩大于 255 的将被强制转换为 255，所以会出现偏差。

2. 改进排序过程

一般情况下，采用快速排序算法对图像的梯度值进行排序，但这种方法比较费时。我们采用地址分布式算法来代替快速排序法。整个排序过程将图像扫描了两次：第一次扫描计算出各个梯度级像素的个数，第二次扫描计算每个梯度级的累积分布概率。具体实现如下。

（1）首先根据 Sobel 算子计算图像中各点的梯度（边缘像素的梯度为其邻域像素的梯度，梯度范围为 0～255），然后用 imagelen 代表整幅图像中的像素总数，h_{min} 和 h_{max} 分别代表图像中的梯度最小值和梯度最大值。

（2）接着扫描整幅图像得到各梯度的概率密度。

（3）计算出所有像素的排序位置并将其存入排序数组。各像素在排序数组中的位置由梯度分布的累积概率与该像素的梯度值计算得到，梯度值越低的像素存放的位置越靠前。

排序完成以后就可以直接访问梯度为 h 的所有像素。

3. 改进浸没过程

采用 Vincent 和 Soille 提出的沉浸法进行分水岭分割，并利用队列的方式进行处理，这样可以有效提高浸没的效率。实现过程如下。

（1）水位由最低的 h_{min} 开始逐级上升，直到 h_{max} 结束。当水位（梯度）为 h 时，所有的集水盆地的区域最小值都小于或等于 h。根据上面的排序，可以获取水位为 h 的全部像素，并使用 MASK 进行标识（const INT MASK=−1）。

（2）在所有标识为 MASK 的像素中，如果它的邻域像素已经被标识，则将像素加入一个先进先出队列中。顺序处理队列中的每个像素，如果其邻域已标识属于某区域或分水岭，用邻域的标识刷新当前点的标识；如果邻域未标识，则将邻域加入队列，用这种方式来扩展集水盆地。

（3）如果还有标识为 MASK 的像素未处理，说明有新的集水盆地出现，并且其梯度最小值为 h+1，此时需要重新进行一次扫描，标识这些新的集水盆地。

整个浸没过程总共对整幅图像进行了三次扫描。第一次扫描是将所有的像素分为不同的梯度层级。第二次和第三次扫描为像素的浸没过程，浸没过程中每个像素都要进出队列。第二次扫描是扫描每个梯度层级 h 的邻域。最后一次扫描是扫描梯度层级为 h 的像素，查看是否有新的集水盆地出现。

4. 区域生长算法

区域生长参见 6.7.1 小节，对传统的种子区域生长法进行了一些改进：①使用分水岭分割的区域作为种子进行生长；②采用相对欧氏距离来判断相邻区域的颜色相似性，如果相对欧氏距离小于预先设置的阈值，则可以将这两个区域进行合并。直到再没有相似区域可以合并为止。

（1）色彩空间的转换。

我们一般得到的图像大都基于是 RGB 模型的色彩空间，RGB 模型色彩空间的 R、G、B 3 个分量亮度相关，只要亮度改变，3 个分量都会相应改变，不适合图像分割和图像分析，所以提出利用 LUV 模型色彩空间对彩色图像进行分割处理。

LUV 通常是指一种颜色空间标准，就是 CIE 1976(L*,u*,v*)颜色空间。它于 1976 年被国际照明委员会（International Commission on Illumination）采用。它由 1931 CIE XYZ 颜色空间

经过简单的变换得到，被广泛应用于计算机彩色图像处理领域。

LUV 的目的是建立与视觉统一的颜色空间，所以它的 3 个分量并不是都有物理意义。其中，L*是亮度，u*和 v*是色度坐标。对于一般的图像，u*和 v*的取值范围为-100～+100，亮度为 0～100。它的计算公式可以由 CIE XYZ 通过非线性计算得到。

RGB 和 CIE XYZ 颜色空间之间的转换可以表示为：

$$\begin{bmatrix} X \\ Y \\ Z \end{bmatrix} = \begin{bmatrix} 0.490 & 0.310 & 0.200 \\ 0.177 & 0.813 & 0.011 \\ 0.000 & 0.010 & 0.990 \end{bmatrix} \begin{bmatrix} R \\ G \\ B \end{bmatrix} \tag{6-41}$$

从 CIE XYZ 颜色空间到 LUV 颜色空间的非线性变换，是根据与目标白色刺激的三基色（R，G，B）的关系定义的，这样亮度可以由以下公式给出：

$$L=116\times\left(\frac{Y}{Y_n}\right)^{\frac{1}{3}}-16 \tag{6-42}$$

而 u 和 v 的值可以根据下面的一些公式计算出来：

$$u=13L\times(u_1-u_2) \quad v=13L\times(v_1-v_2) \tag{6-43}$$

其中：

$$u_1=\frac{4X}{X+15Y+3Z} \quad u_2=\frac{4X_n}{X_n+15Y_n+3Z_n} \tag{6-44}$$

$$v_1=\frac{9Y}{X+15Y+3Z} \quad v_2=\frac{9Y_n}{X_n+15Y_n+3Z_n} \tag{6-45}$$

通过式（6-41）～式（6-45）可以把图像从原来的 RGB 模型色彩空间转换成 LUV 模型色彩空间。

（2）阈值的选取。

算法涉及两方面的阈值选择。一方面是在选择分水岭分割的区域作为种子时，并不是所有的区域都作为种子，而是小于一定阈值的区域才作为种子，该种子阈值的大小直接影响种子区域的自动选取。种子阈值过小，限制种子区域自动选取的范围进而影响分割效果；种子阈值过大，会失去阈值选择的作用。根据我们的试验总结，阈值选取为 100。另一方面是判断相邻区域是否合并的距离阈值，该距离阈值的选取也将影响分割的效果。距离阈值过小会导致区域生长不够充分；距离阈值过大会导致区域的过合并。经过分析试验结果，距离阈值选取为 390。

（3）种子区域的自动选取、颜色相似性的判断。

假设分水岭算法生成的区域集合用 G 表示，区域个数用 N 表示，用 R_i 代表经过分水岭分割以后形成的区域，$i=\{1，2，3，\cdots，N\}$，则 $G=\{R_1，R_2，R_3，\cdots，R_N\}$ 代表分割后的总区域。

本节在自动选取种子区域时，按照如下准则进行。循环遍历每个区域，如果一个区域的像素个数小于一定的种子阈值，那么这个区域就是极小区域作为种子区域。在区域生长过程中，采用相对欧氏距离判断两个区域的颜色相似性。如果当前选定的种子区域与其邻域的欧氏距离小于预先设置的距离阈值，则可以将这两个区域进行合并。在合并之后，刷新当前区域的 L,u,v 均值，重新遍历每个邻域，如果邻域已经合并到当前区域，则跳过；否则，判断是否在阈值范围内，如果小于阈值，则继续进行区域合并，直到再没有相似区域可以合并为止。

邻域之间的距离可以利用欧氏距离来表示，公式如下：

$$D=[(x_i-s)2+(y_i-t)2]^{1/2} \quad i=1，2，3，\cdots，k \tag{6-46}$$

其中，$(s，t)$ 表示当前点的坐标，$(x_i，y_i)$ 表示邻域坐标，k 为 R 邻域的个数。

因为区域生长算法是在 LUV 颜色模型基础上进行的，所以式（1-4）所示的欧氏距离公式转换为：

$$D = [\ (t_l - c_l)^2 + (t_u - c_u)^2 + (t_v - c_v)^2\ ]^{1/2} \quad i=1，2，3，\cdots，k \tag{6-47}$$

其中，c_l，c_u，c_v表示当前区域的 L，u，v 均值，t_l，t_u，t_v表示当前区的邻域的 L，u，v 均值，k 为 R 邻域的个数。为方便计算，在编程实现中我们取：

$$D = [\ (t_l - c_l)^2 + (t_u - c_u)^2 + (t_v - c_v)^2\ ] \quad i=1，2，3，\cdots，k \tag{6-48}$$

5. **实验仿真与结果分析**

（1）实验流程及结果仿真。

算法的基本流程如图 6-30 所示。本实验采用 Visual C 6.0 作为编程环境，利用本实验的算法对 256 色图像进行分割处理，为了体现该算法的适用普遍性，实验所用图像是从网上随机搜索得来的，如图 6-31 和图 6-32 所示。

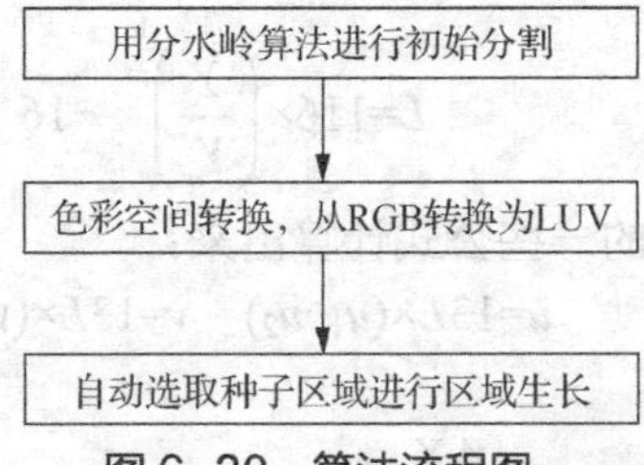

图 6-30 算法流程图

图 6-31 原图Ⅰ大小为 408×313

图 6-32 原图Ⅱ大小为 500×375

为了体现本实验算法的改进优势，本实验对原图Ⅰ和原图Ⅱ进行了传统分水岭算法分割、改进分水岭算法分割、直接基于像素的区域生长分割和融合分水岭与区域生长算法的分割，并分别从分割的效果和运行的时间进行比较。

图 6-33 和图 6-34 分别是对原图Ⅰ进行传统分水岭算法分割和改进的分水岭算法分割的效果，图 6-35 和图 6-36 分别是对原图Ⅰ进行直接基于像素的区域生长分割和改进算法分割的效果。图 6-37 和图 6-38 分别是对原图Ⅱ进行传统分水岭算法分割和改进分水岭算法分割的效果，图 6-39 和图 6-40 分别是对原图Ⅱ进行直接基于像素的区域生长分割和改进算法分割的效果。

图 6-33 原图Ⅰ传统分水岭算法分割效果

图 6-34 原图Ⅰ改进分水岭算法分割效果

图 6-35　原图 I 基于像素的区域生长分割效果

图 6-36　原图 I 改进算法分割效果

图 6-37　原图 II 传统分水岭算法分割效果

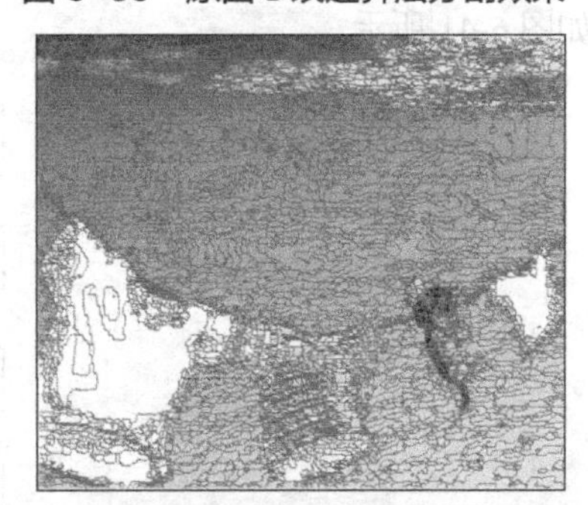

图 6-38　原图 II 改进分水岭算法分割效果

图 6-39　原图 II 基于像素的区域生长分割效果

图 6-40　原图 II 改进算法分割效果

表 6-1 列出了传统分水岭算法分割、改进分水岭算法分割、直接基于像素的区域生长分割和改进算法分割的运行时间。本实验所用计算机配置：CPU 为 Intel i3-370，主频 2.4 GHz，内存 2GB。如果计算机配置更高，所用的时间更短。

表 6-1　不同算法分割时间对比

分割算法	传统分水岭算法	改进分水岭算法	直接基于像素的区域生长	改进算法
对图 I 分割所用时间	305ms	110ms	230ms	150ms
对图 II 分割所用时间	480ms	160ms	245ms	190ms

（2）结果分析。

比较图 6-33 和图 6-34、图 6-37 和图 6-38，改进的分水岭算法在分割效果上只比传统的分水岭算法稍微好一点，仍然存在过分割现象，但分割的时间（见表 6-1）大大缩短；从图 6-35、图 6-36 和图 6-39、图 6-40 可以看出，在相同阈值的情况下，本实验的算法分割效果比直接基于像素的区域生长的算法的分割效果明显要好；同时从表 6-1 可以看出融合分水岭和区域生长算法所用时间比基于像素的区域生长的算法所用时间明显缩短。

6.8.2 车牌定位

车牌识别是一项涉及数字图像处理、计算机视觉、模式识别、人工智能等多门学科的技术，它在交通监视和控制中占有很重要的地位，已成为现代交通工程领域中研究的重点和热点之一。该项技术应用前景广泛，例如用在自动收费系统、不停车缴费、失窃车辆的查询、停车场车辆管理、特殊部门车辆的出入控制等应用场景。

车牌识别一般可以分为车牌的定位、牌照上字符的分割和字符识别 3 个主要组成部分。车牌定位是指通过分析车辆图像的特征，定位出图像中的车牌位置。本小节主要介绍车牌定位，其一般流程如图 6-41 所示。

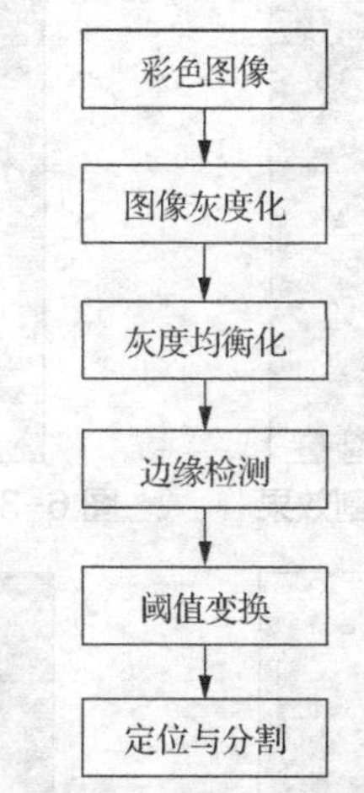

图 6-41 车牌定位流程

1. 图像灰度化

彩色图像包含着大量的颜色信息，不但在存储上开销很大，而且在处理上也会降低系统的执行速度。图像的每个像素都具有 3 个不同的颜色分量，存在许多与识别无关的信息，不便于进一步的识别工作，因此在对图像进行识别等处理中经常将彩色图像转变为灰度图像，以加快处理速度。

彩色图像的灰度化方法主要包括最大值法、平均值法和加权平均值法。

（1）最大值法，即将输入图像中的每个像素的 R、G、B 分量值的最大者赋给输出图像中对应像素的 R、G、B 分量的方法。用公式可表示为：

$$g_R(x,y)=g_G(x,y)=g_B(x,y)=\max(f_R(x,y),f_G(x,y),f_B(x,y)) \tag{6-49}$$

（2）平均值法，即将输入图像中的每个像素的 R、G、B 分量的算术平均值赋给输出图像中对应像素的 R、G、B 分量的方法。用公式可表示为：

$$g_R(x,y)=g_G(x,y)=g_B(x,y)=(f_R(x,y)+f_G(x,y)+f_B(x,y))/3 \tag{6-50}$$

（3）加权平均值法，即将输入图像中的每个像素的 R、G、B 分量的加权平均值赋给输出图像中对应像素的 R、G、B 分量的方法。用公式可表示为：

$$g_R(x,y)=g_G(x,y)=g_B(x,y)=\omega_R f_R(x,y)+\omega_G f_G(x,y)+\omega_B f_B(x,y) \tag{6-51}$$

其中：$\omega_R+\omega_G+\omega_B=1$。

人眼对绿光的亮度感觉仅次于白光，绿光是三基色中最亮的，红光次之，蓝光最低。这样权值 ω_G、ω_R、ω_B 满足条件 $\omega_G>\omega_R>\omega_B$，将会得到比较合理的灰度化结果。相关研究表明，当

ω_G=0.587、ω_R=0.299、ω_B=0.114 时，得到的灰度化图像较合理，式（6-50）就变为：

$$g_R(x,y)=g_G(x,y)=g_B(x,y)=0.299f_R(x,y)+0.587f_G(x,y)+0.114f_B(x,y) \tag{6-52}$$

在对车牌定位时，一般采用加权平均值法对彩色车辆图像进行灰度化，如图 6-42 所示。

（a）车辆图像原图

（b）灰度化后的图像

图 6-42　图像灰度化

2. 灰度均衡化

灰度均衡是把图像中像素值在灰度级上重新分配的过程，使输入图像转换为在每一个灰度级上都有相同的像素的输出图像。图 6-43（a）所示就是图像经过灰度均衡化后的结果。

（a）灰度均衡化后的图像

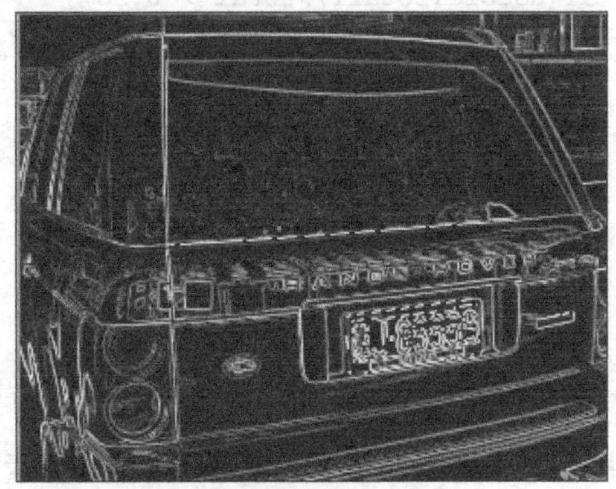

（b）边缘检测后的图像

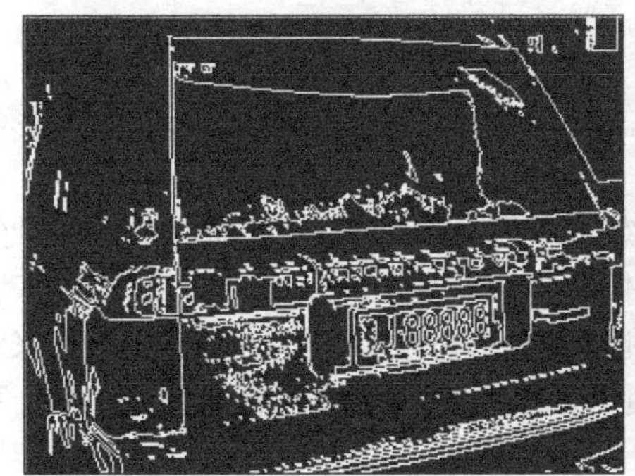

（c）阈值变换后的图像

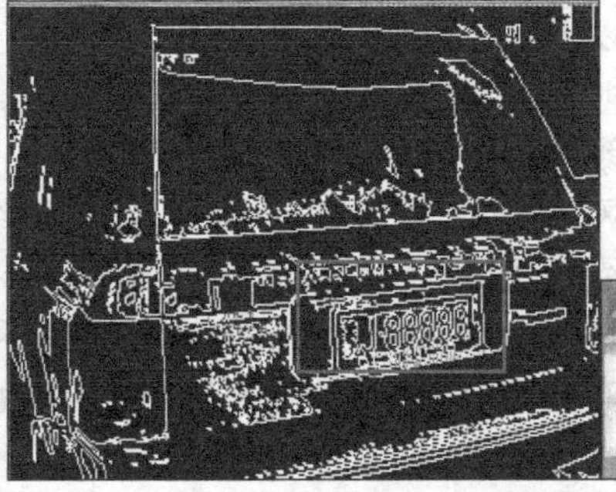

（d）定位与分割后的图像

图 6-43　车牌处理过程中的图像

3. 边缘检测

边缘检测参见6.3节中的梯度算子，在本例中主要采用Sobel算子对灰度均衡化后的图像进行边缘检测。边缘检测的结果如图6-43（b）所示。

4. 阈值变换

图像处理的一个重要分支就是图像分析，而灰度阈值法是最重要的图像分割技术之一。一般图像由具有不同灰度级的多个区域组成，在图像的灰度分布直方图上具有多个峰，可以选择峰之间的谷值将某一景物和背景分割出来，这个谷值就是阈值。

最简单的方法就是通过观察灰度直方图，手工设定一个阈值 T，凡是 $f(x,y)\leqslant T$ 的点均认为是目的物点；凡是 $f(x,y)>T$ 的点均认为是背景点。但很多图像的灰度直方图是非典型直方图，需要程序自动寻找阈值，因此算法要比前面描述的复杂得多。自动分析直方图灰度分布，寻找阈值的算法，困难在于灰度直方图函数的离散性，不能用连续函数的求导法来确定极值，必须使用分析法。更为复杂的图像阈值化技术需要启用模式识别技术来识别正确的阈值。

阈值化算法可统一描述为对如下函数进行阈值检查：

$$T=T[x,y,P(x,y),f(x,y)]$$

如果函数 T 的变量只有 $f(x,y)$，这种阈值法称为局部阈值法，$P(x,y)$是任意一点（x，y）的某种性质，例如是（x，y）附近各点的平均灰度。如果 T 的变量还有空间坐标 x 和 y，则这种阈值法称为动态阈值法。阈值的具体选取方法参见6.4节。本例采用自适应阈值方法进行阈值的选择，自适应标准如下面的代码所示：

```
if(double(total1)/total > 0.2)//图片比较亮
    bThre = 200;
if(double(total1)/total > 0.25)
    bThre = 160;
if(double(total1)/total > 0.3)
    bThre = 150;
if(double(total1)/total > 0.34)
    bThre = 130;
if(double(total1)/total > 0.38)
    bThre = 110;
if(double(total1)/total > 0.4)
    bThre = 100;
if(double(total1)/total > 0.5)
    bThre = 90;
if(double(total1)/total > 0.6)//图片比较黑
    bThre = 80;
```

其中，total1为小于整个图像灰度均值的像素个数总和，total是整个图像的像素个数和，bThre为阈值。阈值变换的结果如图6-43（c）所示。

5. 车牌定位与分割

目前，主要有以下几种车牌定位方法。

（1）直接法：利用车牌的特征来提取车牌的方法。常用的特征有车牌的边缘特征、投影特征、形状特征以及颜色特征等。

（2）人工神经网络方法：首先进行神经网络的训练，从而得到一个对车牌敏感的人工神经网络，然后利用训练好的神经网络检测汽车图像，定位车牌。

（3）数学形态学的方法：使用一定的结构元素，利用数学形态学中的开运算与闭运算来对图像进行处理，得到多个可能是车牌的区域，然后在处理后的图像中用多区域判别法在多个可能是车牌的区域中找到车牌的正确的位置。

（4）基于颜色和纹理的定位方法：该算法采用基于适合彩色图像相似性比较的HSV色彩模型，首先在色彩空间进行距离和相似度计算；然后对输入图像进行色彩分割，只有满足车牌颜色特征的区域，才进入下一步处理；最后再利用纹理和结构特征对分割出来的颜色区域进行分析和进一步判断，从而确定车牌区域。

（5）基于分形维数的方法：由于车牌内的字符笔画几乎是随机分布的，但又有明显的笔画特征，因此可以采用分形维数来对其进行分析从而达到分割车牌的目的。

车牌主要是在纹理上而不是在平均亮度或色彩上与其周围背景和其他物体有区别，所以，图像定位可以以纹理为基础。车牌区域主要体现在其结构特征上，即其纹理模式有纹理基元（文字的空间排列的特征）。牌照字符的笔画变化及笔画边缘相对背景的对比度构成了牌照区域强烈的空间频率变化，因此充分利用牌照区域强烈的空间频率特征。特征提取就变为确定这些基元的空间频率变化。如果这些空间频率变化符合直观测量要求，则这块区域可初步定为车牌区域。

对车牌区域检测需要运用车牌区域所特有的属性。按照模式识别原理，应找到车牌区域图像所固有的且与图像其他区域不易混淆的属性，并且所使用的属性在各种环境下摄取的图像具有稳定性。在设计具体算法的时候，不仅要考虑车牌区域每行的边缘点数量，还要考虑边缘点数量与车牌区域长度的比值以及非边缘点的连续数量，这使车牌区域的定位率大大提高。本例算法具体流程如下。

① 色彩空间转换。

② 设置白色 S 分量和黑色 V 分量的取值范围。

③ 以设定的取值范围对图像进行色彩过滤。

④ 删除孤立点，进行形态闭合运算。

⑤ 取一个较大的边缘阈值，在亮度图像中求取边缘。

⑥ 在每个符合色彩过滤条件的区域中进行边缘点统计，根据其在水平方向和垂直方向的投影，确定该连通区域中可能存在车牌的区域。

⑦ 对上一步得到的多个可能是车牌的区域进行面积、形状等特征分析和纹理特征分析，检验是否能够找到有效的车牌区域。若是，定位成功，结束流程；否则，设置黑色 V 分量的取值范围，重复第③～⑦步，如能找到黑色车牌则定位成功，否则定位失败或图像中不存在车牌图像。

定位与分割的结果如图 6-43（d）所示。

思考与练习

1. 分析比较Roberts算子、Sobel算子和Prewitt算子的特点。

2. 利用拉普拉斯算子分别对“水平垂直边缘”“孤立线条”“斜向边缘”和“孤立噪声点”这4种情况进行边缘检测时，各种情况的响应顺序如何排列？为什么？

3. 设一幅图像具有图6-44所示的灰度分布，其中$p_1(z)$对应目标，$p_2(z)$对应背景，分别讨论当$p_1=p_2$、$p_1>p_2$、$p_1<p_2$时的最佳阈值取值。

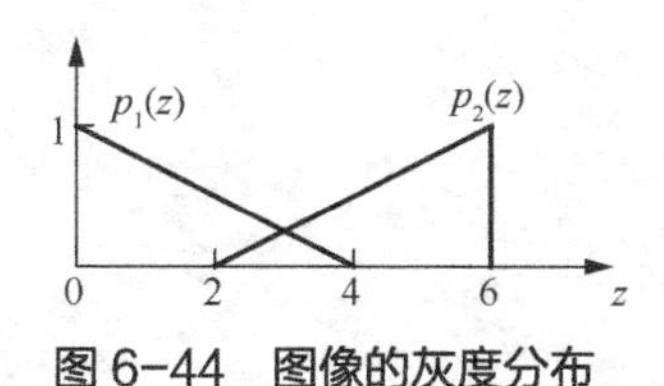

图 6-44 图像的灰度分布

4. 图6-45（a）所示为一幅灰度图像，若分别使用阈值100、50进行分割，则将获得怎样的区域？分别在图6-45（b）和（c）上标出。

110	101	22	6	30
102	105	7	8	9
15	25	52	6	30
35	60	53	56	25
55	50	54	55	58

（a）

110	101	22	6	30
102	105	7	8	9
15	25	52	6	30
35	60	53	56	25
55	50	54	55	58

（b）

110	101	22	6	30
102	105	7	8	9
15	25	52	6	30
35	60	53	56	25
55	50	54	55	58

（c）

图6-45 图像的灰度分布情况

5. 对图6-46所示的图像用区域生长法进行分割，设标为灰色方块的像素为种子，画出阈值T=3时的4连通生长区域。

3	1	1	0	0	1	5
0	5	6	6	5	6	1
1	5	6	0	0	3	0
0	6	6	6	5	6	0
1	5	5	0	2	2	0
1	4	6	4	5	6	1
6	1	0	1	1	0	6

图6-46 图像的灰度分布情况

第 7 章　图像压缩编码技术

在信息多元化的时代，人们需要传输和存储的数据量非常庞大，尤其是图像的数据量特别大，例如，一幅 512×512 的灰度图像的大小为 512×512×8=256KB。一部 90 分钟的彩色电影，每秒放映 24 帧。如果把这部电影进行数字化，假设每帧 512×512 像素，每像素的 R、G、B 三分量分别占 8 bit，那么这部电影的图像部分大小为 90×60×24×3×512×512×8bit=97 200MB。如果一张 CD 光盘可存 600MB 的数据，那么这部电影的图像部分就需要 160 多张 CD 光盘存储。所以图像在传输或者存储时都需要进行有效的压缩编码。可以这样认为，没有压缩编码技术的发展，大容量图像信息的存储和传输就难以实现，多媒体和网络等新技术在实际中的应用也会遇到困难。

图像压缩编码就是对图像数据按照一定的规则进行变换和组合，用较少的数据量表示一幅图像的技术。数字图像压缩编码的目的是节省图像存储容量、减少传输信道容量和缩短图像加工处理时间。图像压缩编码被广泛应用于广播电视、计算机通信、多媒体系统、医学图像及卫星图像等领域。

7.1 图像压缩编码概述

7.1.1 图像压缩原理

对图像数据的压缩可借助对图像的编解码来实现，实现过程如图 7-1 所示。

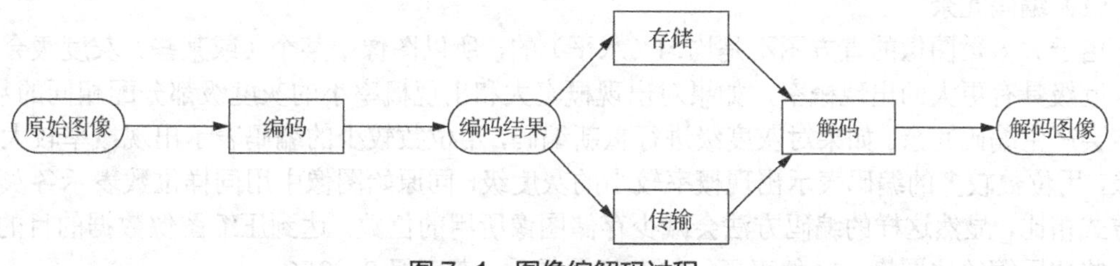

图 7-1　图像编解码过程

首先通过对原始图像的编码来达到减少数据量的目的（压缩过程），然后对编码结果进行解码，得到解码图像（恢复了图像形式）以供用户使用，图 7-2 所示为图像编解码示例。

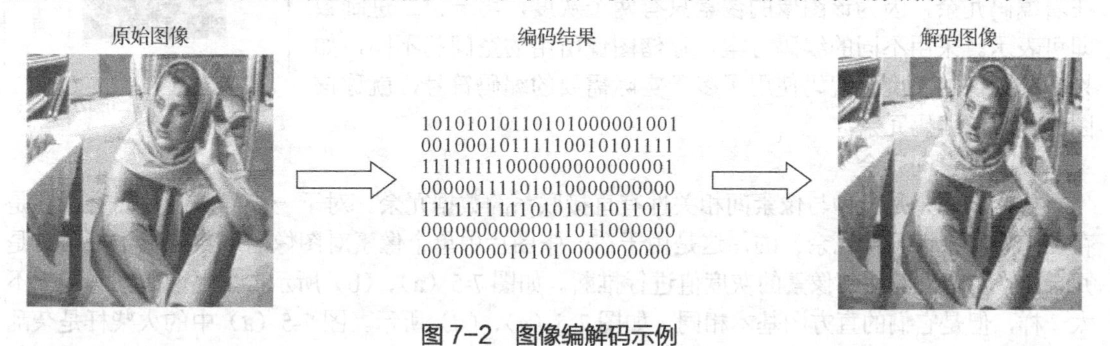

图 7-2　图像编解码示例

解码图像与原始图像相同，编解码过程是无损的；解码图像也可以与原始图像不同，则编解码过程是有损的。

7.1.2 图像压缩编码的可行性

1．信息相关性

在绝大多数图像的像素之间，各像素行和帧之间存在较强的相关性。从统计观点出发，就是每个像素的灰度值（或颜色值）总是和其周围其他像素的灰度值（或颜色值）存在某种关系，应用某种编码方法减少这些相关性就可实现图像压缩。

图 7-3 所示的黑白像素序列，共 41 位，如果用 1 表示白、0 表示黑，则直接表示的编码为 11111000000000000000111111100000000000111，存储这串编码需要 41bit。但是如果我们对这串编码做一个分析，按照编码符号和个数进行分段，例如把上面的编码串分成 11111（5 位）、000000000000000（15 位）、1111111（7 位）、00000000000（11 位）、111（3 位），那么我们就可以记录首次出现的编码符号（如 1）以及该编码出现的长度（即位数），当有与之不同的编码符号出现，就记录该编码出现的位数，如此下去，直到序列结束为止。例如图 7-3 中的黑白像素序列就可以表示为：1、0101、1111、0111、1011、0011，这种新的编码方式只要 21bit。由此可见，利用图像中各像素之间存在的信息相关，可实现图像编码信息的压缩。

图 7-3　黑白像素序列

2．信息冗余

从信息论的角度来看，压缩就是去掉信息中的冗余，即保留确定信息，去掉可推知的确定信息，用一种更接近信息本质的描述来代替原有的冗余描述。图像数据存在的冗余可分为 3 类：编码冗余、像素间冗余和心理视觉冗余。

（1）编码冗余

由于大多数图像的直方图不是均匀（水平）的，所以图像中某个（或某些）灰度级会比其他灰度级具有更大的出现概率，如果对出现概率大和出现概率小的灰度级都分配相同的数值，必定会产生编码冗余。如果对灰度级进行重新编码，用位数较少的编码表示出现概率较大的灰度级，用位数较多的编码表示出现概率较小的灰度级，同原始图像中用同样位数表示各灰度级的方式相比，显然这样的编码方法会减少存储图像所用的位数，达到压缩图像数据的目的。例如一些非压缩的位图格式文件表示一幅灰度图像时，灰度级 0～256 均用 8 个二进制位表示，而不考虑实际的灰度情况。图 7-4 所示的黑白图如果用 8 位二进制数表示该图像的像素，我们就说该图像存在着编码冗余，因为该图像的像素只有两个灰度，用一位二进制数即可表示。采用不同的编码方案，存储图像所用的空间就不同，如果一幅图像的灰度级编码使用了多于实际需要的编码符号，就称该图像包含了编码冗余。

图 7-4　黑白图示例

（2）像素间冗余

像素间冗余是一种与像素间相关性有直接联系的数据冗余。对于一张静态图片而言，它是存在空间冗余（几何冗余）的，这是由于在一张图片中单个像素对图像的多数视觉贡献常常是冗余的，可借助其相邻像素的灰度值进行推断。如图 7-5（a）、（b）所示，虽然两幅图看起来不太一样，但是它们的直方图基本相同，如图 7-5（c）、（d）所示。图 7-5（a）中的火柴杆是杂乱排列的，而图 7-5（b）中的火柴杆排列整齐，所以像素之间的相关性是不一样的，如果对图 7-5（a）、（b）采用相同的记录方法，那么图 7-5（b）的像素间冗余就会比较大。对连续图片或视频，还会存在时间冗余（也称帧间冗余），大部分相邻图片间的对应点像素都是缓慢过渡的。

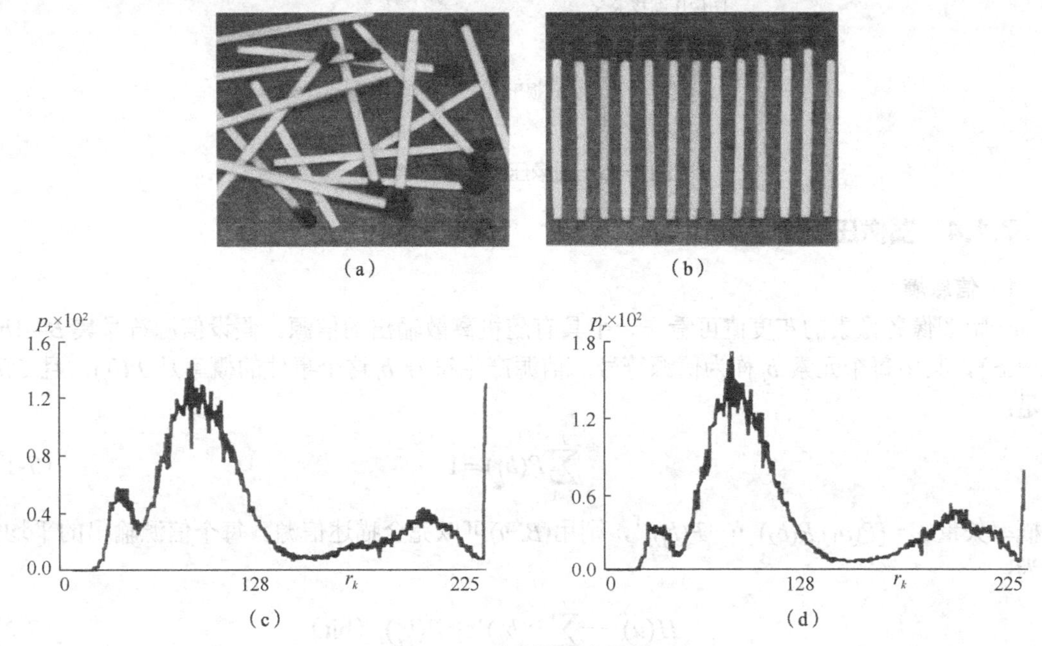

图 7-5　像素间冗余示例

（3）心理视觉冗余

有些信息在通常的视觉过程中与另外一些信息相比来说没那么重要，去除这些信息并不会明显地降低所感受到的图像质量，那么这些信息可认为是心理视觉冗余信息。心理视觉冗余的存在与人观察图像的方式有关，人在观察图像时往往会寻找某些比较明显的目标特征，而不是定量地分析图像中每个像素的亮度，或者至少不是对每个像素等同地分析。人通过在脑子里分析这些特征并与先验知识结合以完成对图像的解释过程。由于每个人所具有的先验知识不同，对同一幅图像的心理视觉冗余也就因人而异。心理视觉冗余从本质上说与前面两种冗余不同，它与实在的视觉信息相联系，只有在这些信息对正常的视觉过程来说并不是必不可少时才可能被去掉。去除心理视觉冗余数据会导致定量信息的损失，这个过程称为量化，并且这个过程是不可逆转的操作，所以在实际操作中，需要根据心理视觉冗余的特点，采取一些有效的措施来压缩数据量，例如电视广播中的隔行扫描就是一个常见的例子。

7.1.3　压缩编码的分类

在某些场合，一定程度的图像失真是能被允许的。例如人的眼睛对图像灰度分辨的局限性，用 128 级灰度和用 256 级灰度表示同一幅图像时，人眼已很难区分两幅图像之间的区别，所以能对图像信源做一定程度，甚至是很大程度的压缩。对静止图像而言，图像压缩编码基本上分成有损和无损两大类。无损压缩算法中去除的仅仅是图像数据中的冗余信息，因此在解压缩时能精确地恢复原图像，但是只可能实现适量的压缩；有损压缩算法去除了不相干的信息，因此只能对原图像进行近似的重建，不能精确地复原。通常有损压缩的压缩比（即原图像占的字节数与压缩后图像占的字节数之比，压缩比越大，说明压缩效率越高）比无损压缩的高。图像压缩技术分类如图 7-6 所示。

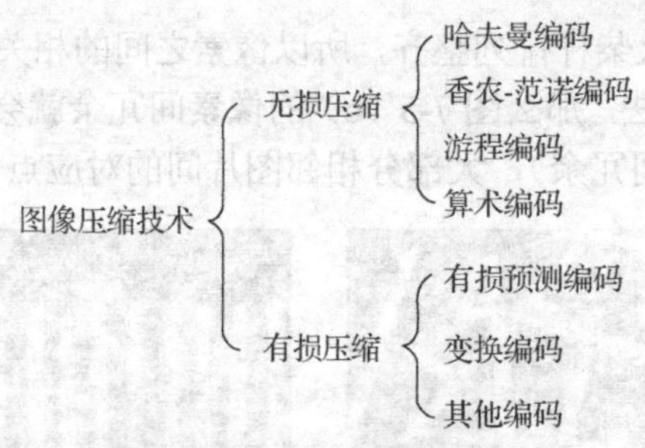

图 7-6 图像压缩技术分类

7.1.4 图像压缩的相关术语

1. 信息熵

一幅图像各像素的灰度值可看作一个具有随机离散输出的信源。假设信源符号集 $B=\{b_1, b_2,\cdots,b_j\}$，其中每个元素 b_j 称为信源符号。信源产生符号 b_j 这个事件的概率是 $P(b_j)$，且 $P(b_j)$ 满足：

$$\sum_{j=1}^{J} P(b_j)=1 \quad (7\text{-}1)$$

令概率矢量 $u=[P(b_1)\ P(b_2)\ \cdots\ P(b_j)]^{\mathrm{T}}$，则用$(B, u)$可以完全描述信源。每个信源输出的平均信息为：

$$H(u)=-\sum_{j=1}^{J} P(b_j)\log P(b_j)\ （\text{bit}） \quad (7\text{-}2)$$

其中，$H(u)$称为信息熵或不确定性，它定义了观察到单个信源符号输出时所获得的平均信息量。

例如，设 8 个随机变量具有同等概率为 1/8，计算信息熵 H。

解：根据式（7-2）可得：

$$H=-8\times(\frac{1}{8}\times\log_2\frac{1}{8})=3\ （\text{bit}）$$

2. 平均码字长

设β_k为数字图像第 k 个码字 C_k 的长度（二进制代码的位数），其相应出现的概率为 P_k，则该数字图像所赋予的平均码字长 R 为：

$$R=\sum_{k=1}^{n} \beta_k P_k\ （\text{bit}） \quad (7\text{-}3)$$

3. 编码效率

编码效率用来衡量各种各样编码的优劣性，一般定义为：

$$\eta=\frac{H}{R}\times 100\% \quad (7\text{-}4)$$

其中，H 为信息熵，R 为平均码字长。R 越小，说明图像占据的字节数越小，冗余量越少，编码的效率就越高。信息冗余度为 $1-\eta$。

4. 压缩比

压缩比是衡量数据压缩程度的指标之一。压缩比一般定义为：

$$P_r=\frac{L_B-L_d}{L_B}\times 100\% \quad (7\text{-}5)$$

其中，L_B 为源代码长度，L_d 为压缩后的代码长度，P_r 为压缩比。

7.1.5 图像保真度

图像编码的结果减少了数据量，因此比较适合存储和传输，但在实际应用时常需要将编码结果解码，即恢复图像形式才能使用。根据解码图像对原始被压缩图像的保真程度，图像压缩的方法可分成两大类：信息保存型和信息损失型。信息保存型在压缩和解压缩过程中没有信息损失，最后得到的解码图像可以与原始图像一样。信息损失型由于在图像压缩中放弃了一些图像细节或其他不太重要的内容，导致了信息损失，但能取得较高的压缩率，所以图像经过压缩后并不能通过解压缩完全恢复原状，在这种情况下常常需要一种测度来描述解码图像相对原始图像的偏离程度（或者说需要有测量图像质量的方法），这些测度一般称为保真度（逼真度）准则。常用的准则主要有两类：①客观保真度准则；②主观保真度准则。

1. 客观保真度准则

当损失的信息量可用编码输入图与解码输出图的某个确定函数表示时，一般说它是基于客观保真度准则的。客观保真度准则的优点是便于计算或测量，最常用的一个准则是输入图和输出图之间的均方根（rms）误差。令$f(x,y)$代表输入图，$\hat{f}(x,y)$代表对$f(x,y)$先压缩又解压缩后得到的$f(x,y)$的近似，对任意的给定点（x，y）（$x\in[0，M-1]$，$y\in[0，N-1]$），$f(x,y)$和$\hat{f}(x,y)$之间的误差定义为：

$$e(x,y)=\hat{f}(x,y)-f(x,y) \tag{7-6}$$

两幅图像之间的总误差定义为：

$$\sum_{x=0}^{M-1}\sum_{y=0}^{N-1}[\hat{f}(x,y)-f(x,y)] \tag{7-7}$$

那么$f(x,y)$与$\hat{f}(x,y)$之间的均方根误差为：

$$e_{\mathrm{rms}}=[\frac{1}{MN}\sum_{x=0}^{M-1}\sum_{y=0}^{N-1}[\hat{f}(x,y)-f(x,y)]^2]^{1/2} \tag{7-8}$$

那么$f(x,y)$与$\hat{f}(x,y)$之间的均方根信噪比SNR为：

$$SNR_{\mathrm{rms}}=\frac{\sum_{x=0}^{M-1}\sum_{y=0}^{N-1}\hat{f}(x,y)^2}{\sum_{x=0}^{M-1}\sum_{y=0}^{N-1}[\hat{f}(x,y)-f(x,y)]^2} \tag{7-9}$$

实际使用中常用SNR归一化，并用分贝（dB）表示。令：

$$\hat{f}=\frac{1}{MN}\sum_{x=0}^{M-1}\sum_{y=0}^{N-1}f(x,y) \tag{7-10}$$

则

$$SNR=10\times\lg\left[\frac{\sum_{x=0}^{M-1}\sum_{y=0}^{N-1}[f(x,y)-\bar{f}]^2}{\sum_{x=0}^{M-1}\sum_{y=0}^{N-1}[\hat{f}(x,y)-f(x,y)]^2}\right] \tag{7-11}$$

如果令$f_{\max}=\max\{f(x,y),x=0,1,\cdots,M-1,y=0,1,\cdots,N-1\}$，即图像中的灰度最大值，则可得到另一个常用的准则——峰值信噪比$PSNR$：

$$PSNR = 10 \times \lg \left[\frac{f_{\max}^2}{\frac{1}{MN} \sum_{x=0}^{M-1} \sum_{y=0}^{N-1} [\hat{f}(x,y) - f(x,y)]^2} \right] \tag{7-12}$$

2. 主观保真度准则

尽管客观保真度准则提供了一种简单和方便的评估信息损失的方法，是一种统计平均意义下的度量准则，对于图像中的细节也无法反映出来，但很多解压图最终是供人看的，人的视觉可能产生不同的视觉效果。在这种情况下，用主观的方法来测量图像的质量则更为合适。一种常用的方法是对一组（常超过 20 个）精心挑选的观察者展示一幅典型的图像，并将他们对该图的评价综合平均起来以得到一个统计的质量评价结果。

例如用{1，2，3，4，5，6}来代表主观评价{不能用，差，刚可用，可用，良好，优秀}，则对电视图像质量的评价尺度可参见表 7-1。

表 7-1 电视图像质量评价尺度

评分	评价	说明
6	优秀	图像质量非常好，人能想象出的最好质量
5	良好	图像质量高，观看舒服，有干扰但不影响观看
4	可用	图像质量可以接受，有干扰但不太影响观看
3	刚可用	图像质量差，有干扰会妨碍观看，希望得到改进
2	差	图像质量很差，几乎无法观看
1	不能用	图像质量极差，不能使用

7.2 哈夫曼编码

哈夫曼（Huffman）编码是哈夫曼在 1952 年提出的一种无损的编码方法。使用变长的码使冗余量达到最小，采用二叉树形式来编码，使常出现的字符用较短的码表示，不常出现的字符用较长的码表示。它在变长编码方法中是最佳的。

其具体编码的方法如下。

（1）把信源符号按其出现概率从大到小顺序排列起来。

（2）把最末两个具有最小概率的元素概率加起来，合并为一个新的概率。

（3）把该新概率同其余概率再按照由大到小排序，然后重复（2），直到最后只剩下两个概率为止。

例如，给出一组初始信源的概率分布如表 7-2 所示。

表 7-2 信源概率分布示例

符号	S_1	S_2	S_3	S_4	S_5	S_6
概率	0.1	0.4	0.06	0.1	0.04	0.3

首先把符号（信源）按照出现的概率大小排列，第一次把最小的两个概率 0.06 和 0.04 合并，形成一个新的概率 0.1，然后把 0.1 重新置入剩余的概率列中，重新进行排序，重复操作，直到只剩下两个符号概率为止，如图 7-7 所示。

输入	输入概率	第一步	第二步	第三步	第四步
S_2	0.4	0.4	0.4	0.4	0.6
S_6	0.3	0.3	0.3	0.3	0.4
S_1	0.1	0.1	0.2	0.3	
S_4	0.1	0.1	0.1		
S_5	0.06	0.1			
S_3	0.04				

图 7-7　哈夫曼信源化简过程

哈夫曼编码过程就是对每个化简后的信源进行编码，从最小的信源开始，直到遍历所有原始信源。给最小符号信源的二位码是符号 0 或 1 都可以，不会影响编码效率。0.06 和 0.04 分别编码为 0 和 1（即小概率为 1，大概率为 0），如图 7-8 所示，如果颠倒 0 和 1 也是同样可行的（即小概率为 0，大概率为 1，给 0.06 编码 0，0.04 编码 1，后续的编码都按照同样的规律进行）。然后对其他信源系列重复该操作，直到到达最后一个原始信源符号为止。图 7-8 显示了最终的编码，对每个信源符号按照逆序取出所有跟它有关的编码，即构成该符号的最终二进制编码，例如图 7-8 所示的 S_1=1，S_2=00，S_3=011，S_4=0100，S_5=01010，S_6=01011，这些编码就是哈夫曼编码。

输入	输入概率	第一步	第二步	第三步	第四步
S_1	0.4	0.4	0.4	0.4	0.6　0
S_2	0.3	0.3	0.3	0.3　0	0.4　1
S_3	0.1	0.1	0.2　0	0.3　1	
S_4	0.1	0.1　0	0.1　1		
S_5	0.06　0	0.1　1			
S_6	0.04　1				

图 7-8　哈夫曼编码示例

哈夫曼编码的信息熵为：

$$
\begin{aligned}
H &= -\sum P_i \log_2 P_i \\
&= -(0.4\log_2 0.4+0.3\log_2 0.3+2\times 0.1\log_2 0.1+0.06\log_2 0.06+0.04\log_2 0.04) \\
&= 2.14\ (\text{bit})
\end{aligned}
$$

哈夫曼编码的平均码字长为：

$$
\begin{aligned}
R &= \sum \beta_i P_i \\
&= 0.4\times 1+0.3\times 2+0.1\times 3+0.1\times 4+0.06\times 5+0.04\times 5 \\
&= 2.2\ (\text{bit})
\end{aligned}
$$

哈夫曼编码的编码效率为：

$$\eta = H/R = 2.14/2.2 = 0.973 = 97.3\%$$

哈夫曼编码过程是对一组符号产生最佳编码，其概率服从一次只能对一个符号进行编码的限制。在编码建立之后，编码和解码就可以简单地以查找表的方式完成。编码本身是一种瞬时的、唯一可解码的块编码。之所以称为块解码，是因为每个信源符号都映射到了一个编码符号的固定序列中，它是瞬时的，编码符号串中的每个码字无须参考后续符号就可以进行编码，是唯一可解码。

哈夫曼编码的特点：用二叉树方法实现哈夫曼编码方法，得到的哈夫曼编码的码长参差不齐，因此，存在一个输入、输出速率匹配问题，解决的办法是设置一定容量的缓冲存储器；哈夫曼编码在存储或传输过程中，会出现误码的连续传播；它是一种块（组）码，因为各个信源符号都被映射成一组固定次序的码符号；它是一种即时码，解码即时性表示读完一个码字就将其对应的信源符号确定下来，不需要考虑其后的码字；它是一种可唯一解开的码，或者说具有解码唯一性。其缺点就是强烈依赖于概率结构，工作量大；码字变化大，结构复杂，实现困难。

图 7-9（a）是一幅 256×256 的 8 位（即 256 级）灰度的灰度图，其对应的直方图如图 7-9（b）所示，哈夫曼编码的具体值如附录 A 所示。该图像的信息熵为 7.55343478221336，哈夫曼编码的平均码字长为 7.58113098144531，编码效率为 0.996346692953896。

（a）256×256 的 8 位灰度图

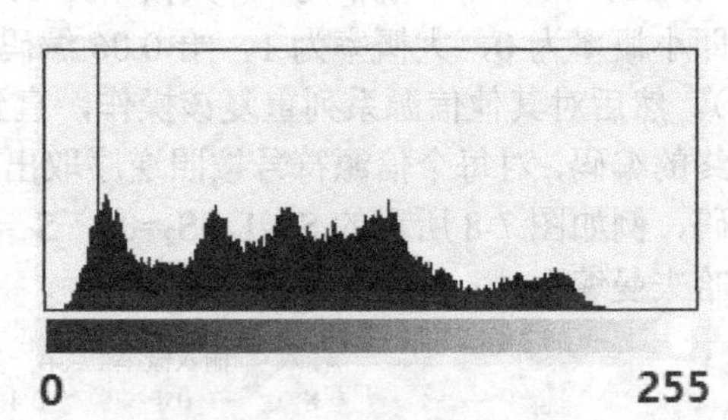

（b）对应的直方图

图 7-9　256×256 的 8 位灰度图及对应的直方图

7.3 香农-范诺编码

香农-范诺（Shannon-Fano）编码是基于一组符号和它们的概率（估计或度量）来构造前缀代码的一种编码方式。在某种意义上，它是次优的，不能像哈夫曼编码那样达到最低预期的码字长度，然而与哈夫曼编码不同的是，它能保证所有码字的长度都在理想的位数以内。这一技术是在香农的《通信数学理论》一书中提出的。该方法的使用要归功于范诺，他将该方法作为技术报告发表。该算法的原理是将信源符号以概率递减的次序排列进来，并将排列好的信源符号划分为两大组，使两组的概率和近于相同，并各赋予一个二元码符号“0”和“1”。然后，将每一大组的信源符号再分成两组，使同一组的两个小组的概率和近于相同，并又分别赋予一个二元码符号。依此类推，直至每一个小组只剩下一个信源符号为止。编码步骤如下。

（1）将信源符号按其出现的概率大小依次排列。

（2）将依次排列的信源符号按概率值分为两大组，使两个组的概率之和近似相同，并对各组赋予一个二进制码元“0”和“1”。

（3）将每一大组的信源符号再分为两组，使划分后的两个组的概率之和近似相同，并对各组赋予一个二进制符号“0”和“1”。

（4）如此重复，直至每个组只剩下一个信源符号为止。

这样得到的信源符号所对应的码字即为范诺码。

如图 7-10 所示，对信源符号按照概率大小从上到下排列成 a_1，a_2，…，a_6，按照概率和尽量接近把这些符号分成两组。即 a_1 和 a_2 一组，概率和为 0.54；a_3、a_4、a_5 和 a_6 一组，概率和为 0.46。并给 a_1 和 a_2 这组赋予一个二进制码元起始码“0”，给另外一组赋予一个二进制码元起始码“1”。接着，把上面的组继续分组，分为 a_1 和 a_2，并分别赋予二进制码 00 和 01。把 a_3、

a_4、a_5、a_6分为a_3（0.18）和a_4、a_5、a_6（0.28），并分别赋予二进制码 10 和 11。然后继续把a_4、a_5、a_6分为a_4（0.12）和a_5、a_6（0.16），并分别赋予二进制码 110 和 111。最后再把a_5、a_6分为a_5和a_6，并分别赋予二进制码 1110 和 1111。这样所有信源符号的香农-范诺编码完成，各个信源符号的对应编码如表 7-3 所示。

<table>
<tr><th>a_i</th><th>p（a_i）</th><th>1</th><th>2</th><th>3</th><th>4</th></tr>
<tr><td>a1</td><td>0.36</td><td rowspan="2">0</td><td colspan="3">00</td></tr>
<tr><td>a2</td><td>0.18</td><td colspan="3">01</td></tr>
<tr><td>a3</td><td>0.18</td><td rowspan="4">1</td><td colspan="3">10</td></tr>
<tr><td>a4</td><td>0.12</td><td rowspan="3">11</td><td colspan="2">110</td></tr>
<tr><td>a5</td><td>0.09</td><td rowspan="2">111</td><td>1110</td></tr>
<tr><td>a6</td><td>0.07</td><td>1111</td></tr>
</table>

图 7-10 香农-范诺编码过程

表 7-3 各信源符号的香农-范诺编码

符号	a_1	a_2	a_3	a_4	a_5	a_6
编码	00	01	10	110	1110	1111

香农-范诺编码的信息熵为：

$$H=-\sum P_i\log_2 P_i=-(0.36\log_2 0.36+2\times 0.18\log_2 0.18+0.12\log_2 0.12+0.09\log_2 0.09+0.07\log_2 0.07)$$
$$=2.37\text{（bit）}$$

香农-范诺编码的平均码字长为：

$$R=\sum \beta_i P_i$$
$$=0.36\times 2+0.18\times 2\times 2+0.12\times 3+0.09\times 4+0.07\times 4$$
$$=2.44\text{（bit）}$$

香农-范诺编码的编码效率为：

$$\eta=H/R=2.37/2.44=0.971=97.1\%$$

对图 7-9 所示的 256×256 的 8 位（即 256 级）灰度的灰度图进行香农-范诺编码，各个灰度级的编码参见附录 B，该图像的信息熵为 7.55343478221336；香农-范诺编码的平均码字长为 7.60882568359375；编码效率为 0.992720177372466。相对哈夫曼编码，香农-范诺的平均码字长略大，编码效率略低。

7.4 算术编码

从理论上分析，采用哈夫曼编码可以获得最佳信源字符编码效果，但在实际应用中，由于信源字符出现的概率并不满足 2 的负幂次方，因此往往无法达到理论上的编码效率和信息压缩比。例如，设字符序列$\{x, y\}$对应的概率为$\{1/3, 2/3\}$，N_x和N_y分别表示字符x和y的最佳码长，则根据信息论有$N_x=-\log_2(\frac{1}{3})=1.58$，$N_y=-\log_2(\frac{2}{3})=0.588$，即字符$x$、$y$的最佳码长分别为 1.58bit 和 0.588bit，这表明要获得最佳编码效果，需要采用小数码字长度，这是不可能实现的，实际编码效果往往不能达到理论效率。

1948 年，香农提出将信源符号依其出现的概率降序排序，用符号序列累计概率的二进制数作为对信源的编码，并从理论上论证了它的优越性。1960 年，彼得•埃利亚斯（Peter Elias）发现只要编码、解码端使用相同的符号顺序，就无须对信源符号进行排序，并提出了算术编码的概念，但埃利亚斯没有公布他的发现，因为他知道算术编码在数学上虽然成立，但在当时的技术水平下不可能在实际中实现。1976 年，帕斯科（R. Pasco）和里萨宁（J. Rissanen）分别用定长的寄存器实现了有限精度的算术编码。1979 年，里萨宁和郎顿（G. Langdon）一起将算术编码系统化，并于 1981 年实现了二进制编码。1987 年，维滕（Witten）等人发表了一个实用的算术编码程序，即 CACM87（后来用于 ITU-T 的 H.263 视频压缩标准）。同期，IBM 公司发布了 Q-编码器（后来用于 JPEG 和 JBIG 图像压缩标准）。从此，算术编码才得到了广泛的注意和应用。

算术编码的基本原理是将编码的消息表示成实数 0 和 1 之间的一个间隔（Interval），消息越长，编码表示它的间隔就越小，表示这一间隔所需的二进制位就越多。从整个符号序列出发，采用递推形式连续编码。它不是将单个的信源符号映射成一个码字，而是将整个输入序列的符号依据它们的概率映射为实数轴上区间[0，1）内的一个小区间，再在该小区间内选择一个代表性的二进制小数，作为实际的编码，只需用到加法和移位运算。以小数表示间隔，表示的间隔越小，所需的二进制位数就越多，码字就越长。反之，间隔越大，编码所需的二进制位数就少，码字就短。

算术编码将被编码的图像数据看作由多个符号组成的字符序列，对该序列递归地进行算术运算后，成为一个二进制小数；接收端解码过程也是算术运算，由二进制小数重建图像符号序列。

假设一个离散无记忆信源有 3 个信源符号{a_1，a_2，a_3}，概率分别为 $p(a_1)$、$p(a_2)$和 $p(a_3)$。首先将[0，1）划分为 3 个半闭半开的子区间 $I(a_1)$、$I(a_2)$和 $I(a_3)$，其长度分别为 $p(a_1)$、$p(a_2)$和 $p(a_3)$。然后按照图像中的信源符号序列，确定第一个区间，在第一个区间中继续划分序列中第二个信源符号区间，直到图像所有的信源序列划分完毕。下一级子区间与上一级原区间之间的关系如下：

$$\begin{cases} Start_N = Start_B + Left_C \times L \\ End_N = Start_B + Right_C \times L \end{cases} \tag{7-13}$$

其中，$Start_N$ 为下一级子区间的起始边界，End_N 为下一级子区间的终止边界，$Start_B$ 为上一级子区间的起始边界，$Left_C$ 为信源序列当前出现的信源符号的初始编码间隔起始边界，$Right_C$ 为信源序列当前出现的信源符号的初始编码间隔终止边界。

例如，假设信源符号为{A，B，C，D}，这些符号的概率分别为{0.1，0.4，0.2，0.3}，根据这些概率可把间隔[0，1）分成 4 个子间隔：[0，0.1)，[0.1，0.5)，[0.5，0.7)，[0.7，1)，如表 7-4 所示。

表 7-4　信源符号概率和初始编码间隔

符号	A	B	C	D
概率	0.1	0.4	0.2	0.3
初始编码间隔	[0，0.1)	[0.1，0.5)	[0.5，0.7)	[0.7，1)

如果图像的二进制消息序列的输入为：C A D A C D B。编码时首先输入的符号是 C，找到它的初始编码范围是[0.5，0.7)。由于消息中第二个符号 A 的编码范围是[0，0.1)，因此根据式（7-13），新的间隔为[0.5，0.52]。依此类推，编码第 3 个符号 D 时取新间隔为[0.514，0.52]，编码第 4 个符号 A 时，取新间隔为[0.514，0.5146]，……。消息的编码输出可以是最后一个间

隔中的任意数。整个编码过程如表7-5所示。

表7-5　编码过程

步骤	输入符号	间隔	编码判决
1	C	[0.5，0.7）	符号的间隔范围[0.5，0.7）
2	A	[0.5，0.52）	[0.5，0.7]间隔中的[0，0.1）
3	D	[0.514，0.52）	[0.5，0.52]间隔中的[0.7，1)
4	A	[0.514，0.5146）	[0.514，0.52]间隔中的[0，0.1）
5	C	[0.5143，0.51442）	[0.514，0.5146]间隔中的[0.5，0.7)
6	D	[0.514384，0.51442）	[0.5143，0.51442]间隔中的[0.7，1)
7	B	[0.5143836，0.514402）	[0.514384，0.51442]间隔中的[0.1，0.5)
8	从[0.5143876，0.514402]中选择一个数作为输出：0.5143876		

经过上述计算，字符集{CADACDB}被描述在实数[0.5143876，0.514402）子区间内，即该区间内的任意实数值都唯一对应该字符序列{CADACDB}，因此，可以用[0.5143876，0.514402）内的一个实数表示字符集{CADACDB}。[0.5143876，0.514402）区间的二进制表示形式为：[0.10000011101011101110，0.10000011101011111)，在该区间中最短的二进制代码为0.10000011101011101110，即0.5143876。

解码的过程也是按照对应的规则进行，例如已知算术编码数为0.5143876，其解码过程如表7-6所示，解码的结果为CADACDB，与前面的输入相同。

表7-6　解码过程

步骤	解码符号	间隔	解码判决
1	C	[0.5，0.7)	0.5143876在间隔 [0.5，0.7）
2	A	[0，0.1)	(0.5143876−0.5)/0.2=0.071938在间隔[0，0.1）
3	D	[0.7，1)	(0.071938−0)/0.1=0.71938在间隔[0.7，1）
4	A	[0，0.1)	(0.71938−0.7)/0.3=0.0646在间隔[0，0.1）
5	C	[0.5，0.7)	(0.0646−0)/0.1=0.646在间隔[0.5，0.7）
6	D	[0.7，1)	(0.646−0.5)/0.2=0.73在间隔[0.7，1）
7	B	[0.1，0.5)	(0.73−0.7)/0.3=0.1在间隔[0.1，0.5）

7.5　无损预测编码

由图像的统计特性可知，相邻像素之间有着较强的相关性。因此，其像素的值可根据之前已知的几个像素来估计，即预测。预测编码就是根据某一模型，利用以往的样本值对新样本值进行预测，然后将样本的实际值与其预测值相减得到一个误差值，对这一误差值进行编码。如果模型足够好且样本序列在时间上相关性较强，那么误差信号的幅度将远远小于原始信号。对差值信号不进行量化而直接编码就称之为无损预测编码。如果对差值信号进行量化后再编码，这样会造成一些信息丢失，所以称之为有损预测编码。

一幅二维静止图像，设空间坐标（i, j）像素的实际灰度为$f(i,j)$，$\hat{f}(i,j)$是根据之前已出现的像素的灰度对该点的预测灰度（也称预测值或估计值），计算预测值的像素，可以是同一扫描行的前几个像素，或者是前几行上的像素，甚至是前几帧的邻近像素，那么实际值和预测值之间的差值，以下式表示：

$$e(i,j) = f(i,j) - \hat{f}(i,j) \tag{7-14}$$

那么预测误差为：

$$e_n = f_n - \hat{f}_n \tag{7-15}$$

解压序列为：

$$f_n = e_n - \hat{f}_n \tag{7-16}$$

无损压缩编解码的过程如图 7-11 所示。

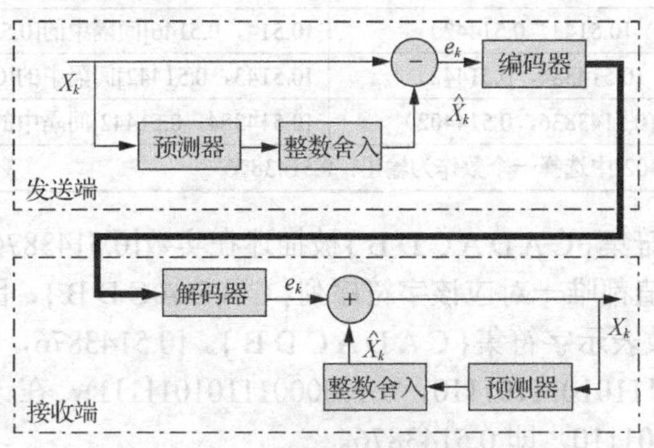

图 7-11　无损压缩编解码过程

当输入图像的像素序列 f_n（n=1，2，…）逐个进入编码器时，预测器根据若干个过去的输入产生对当前输入像素的预测（估计）值。将预测器的输出舍入到最接近的整数 $\hat{f}_n$，并用来计算预测误差 e_n。这个误差可用符号编码器借助变长码进行编码达到压缩图像数据流的下一格元素。解码器可根据接收到的变长码重建预测误差 e_n，并按照式（7-16）得到解码序列。

借助预测器可将原来对原始图像的编码转换为对预测误差的编码，如果在预测比较准确时，预测误差的动态范围远小于对原始图像序列的动态范围，所以对预测误差的编码所需的比特数大大减少，达到数据压缩的结果。在大多数情况下，可通过将 m 个先前的像素进行各种组合来预测后面的像素值，比较常用的线性组合，如式（7-17）所示：

$$\hat{f}_n = round[\sum_{i=1}^{m} a_i f_{n-i}] \tag{7-17}$$

其中，m 称为线性预测器的阶，$round$ 是舍入函数，a_i 是预测系数。可以认为式（7-15）～式（7-17）中的 n 指示了图像的空间坐标，这样在一维线性预测编码，设扫描沿行进行，那么式（7-17）可改为：

$$\hat{f}_n(x,y) = round[\sum_{i=1}^{m} a_i f(x-i,y)] \tag{7-18}$$

一维线性预测仅是根据一个当前行上前几个像素的值进行预测。在二维线性预测编码中，预测是根据对图像从左到右，从上到下进行扫描的前面一些像素的值进行预测。在三维时，预测则是基于上述像素和前一帧的像素。

最简单的一维线性预测编码是一阶的（m=1），此时：

$$\hat{f}_n(x,y) = round[af(x-i,y)] \tag{7-19}$$

式（7-19）表示的预测器也称为前值预测器，对应的预测编码称为差值编码或前值编码。

通过预测可以消除相当多的像素间冗余，所以预测误差的概率密度函数一般在 0 点有 1 个高峰，并且与输入灰度值分布相比，其方差较小，事实上，预测误差的概率密度函数一般用 0 均值不相关拉普拉斯概率密度函数表示，即

$$P_e(e)=\frac{1}{\sqrt{2}\sigma_e}\exp\left[\frac{-\sqrt{2}|e|}{\sigma_e}\right] \tag{7-20}$$

其中，σ_e是误差e的均方差。

例如，以最简单的一维线性预测编码为例，如表7-7所示，第一行是需编码序列的标号，第二行是需编码序列的灰度值，第三行是需编码序列的前值，第四行是预测值，第五行是预测误差序列。从表7-7中可以看出，需编码序列的灰度动态范围远大于预测误差序列的灰度动态范围。

表7-7　线性预测编码示例

n	0	1	2	3	4	5	6	7	8	9	10	11	12	13	14	15
f_n	10	10	12	15	19	24	30	37	45	54	64	74	83	91	98	104
f_{n-1}	～	10	10	12	15	19	24	30	37	45	54	64	74	83	91	98
$\hat{f}_n$	～	10	10	12	15	19	24	30	37	45	54	64	74	83	91	98
e_n	～	0	2	3	4	5	6	7	8	9	10	10	9	8	7	6

7.6 有损预测编码

有损预测编码系统与无损预测编码系统相比，主要是增加了量化器。与图7-11的无损预测编码系统对应的有损预测编码系统如图7-12所示。这里量化器插在符号编码器和预测误差产生处之间，且把原来无损编码器中的整数舍入模块吸收了进来。它的作用是将预测误差映射进有限个输出$\dot{e}_n$中，$\dot{e}_n$决定了有损预测编码中的压缩量和失真量。

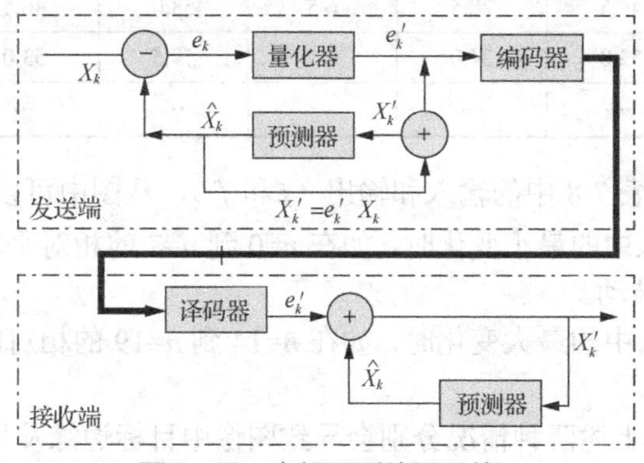

图7-12　有损预测编码系统

为接纳量化步骤，需要改变无损编码器，以使编码器和解码器所产生的预测相等。将有损编码器的预测器放在1个反馈环中，这个环的输入是过去预测和与其相对应的量化误差的函数：

$$\dot{f}_n=e_n+\hat{f}_n \tag{7-21}$$

这样一个闭环结构，目的是能防止在解码器的输出端产生误差。

德尔塔调制（Delta Modulators，DM）是一种最简单的有损预测编码方法，其预测器和量化器分别定义为：

$$\dot{f}_n=a\hat{f}_{n-1} \tag{7-22}$$

$$\dot{e}_n=\begin{cases}+c & e_n>0\\ -c & 其他\end{cases} \tag{7-23}$$

其中，a 是预测系数（一般小于等于 1），c 是 1 个正的常数。因为量化器的输出可用单个位符表示（输出只有 2 个值），所以图 7-12 编码器中的符号编码器只用长度固定为 1bit 的码，由 DM 方法得到的码率是 1 比特/像素。

例如取上述式（7-22）和式（7-23）中的 a=1 和 c=6.5。设输入序列为{14，15，14，15，13，15，15，14，20，26，27，28，27，27，29，37，47，62，75，77，78，79，80，81，82，82}。编码开始时，先将第一个输入像素直接传给编码器。德尔塔调制编解码示例过程如表 7-8 所示。

表 7-8　德尔塔调制编解码示例过程

输入		编码器				解码器		误差
n	f	$\hat{f}$	e	$\dot{e}$	$\dot{f}$	$\hat{f}$	$\dot{f}$	$[f-\dot{f}]$
0	14	—	—	—	14.0	—	14.0	0.0
1	15	14.0	1.0	6.5	20.5	14.0	20.5	-5.5
2	14	20.5	-6.5	-6.5	14.0	20.5	14.0	0.0
3	15	14.0	1.0	6.5	20.5	14.0	20.5	-5.5
…	…	…	…	…	…	…	…	…
14	29	20.5	8.5	6.5	27.0	20.5	27.0	2.0
15	37	27.0	10.0	6.5	33.5	27.0	33.5	3.5
16	47	33.5	13.5	6.5	40.0	33.5	40.0	7.0
17	62	40.0	22.0	6.5	46.5	40.0	46.5	15.5
18	75	46.5	28.5	6.5	53.0	46.5	53.0	22.0
19	77	53.0	24.0	6.5	59.5	53.0	59.5	17.5
…	…	…	…	…	…	…	…	…

图 7-13 画出了对应表 7-8 中的输入和输出（f 和 $\dot{f}$），从图中可以看出以下情况。

（1）当 c 远大于输入中的最小变化时，如在 n=0 到 n=7 的相对平滑区间，DM 编码会产生颗粒噪声，即误差正负波动。

（2）当 c 远小于输入中的最大变化时，如在 n=14 到 n=19 的相对陡峭区间，DM 编码会产生斜率过载。

对大多数图像而言，上述两种情况分别会导致图像中目标边缘发生模糊和整个图像产生纹状表面。

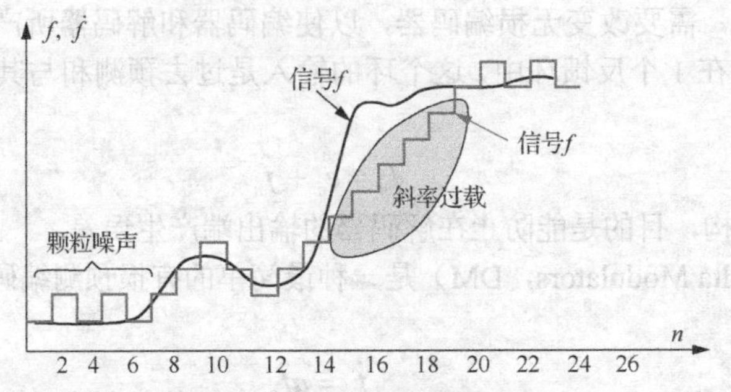

图 7-13　德尔塔调制编解码示例

7.7 图像压缩标准

随着多媒体技术的发展，图像压缩编码标准相继推出了很多种，目前主要有 JPEG/M-JPEG、H.261/H.263/H.264/H.265 和 MPEG 等标准。

7.7.1 JPEG/M-JPEG

1. JPEG

JPEG 是联合图像专家组（Joint Photographic Experts Group）的缩写，原始的 JPEG 组织于 1986 年成立，并在 1992 年发布了第一个 JPEG 标准，即在 1992 年 9 月被批准的 ITU-T 建议 T.81，并在 1994 年正式称为 ISO/IEC 10918-1，这是第一个国际图像压缩标准，常用于连续色调的静态图像（即包括灰度图像和彩色图像）。JPEG 标准规定了编解码器，它定义了图像如何被压缩成字节流并解压缩回到图像中。这个标准建立的一个目标在于支持用于大多数连续色调静态图像压缩的各种各样的应用，这些图像可以是任何一个色彩空间，用户可以调整压缩比，并能达到或者接近技术领域中领先的压缩性能，且具有良好的重建质量。这个标准的另一个目标是对普遍实际的应用提供易处理的计算复杂度。使用 JPEG 压缩的文件最常见的文件扩展名是.jpg 和.jpeg，有时也使用.jpe、.jfif 和.jif。JPEG 只描述一幅图像如何转换成一组数据流，而不论这些字节存储在何种介质上。由独立 JPEG 组创立的另一个进阶标准——JFIF（JPEG File Interchange Format，JPEG 文件交换格式）则描述 JPEG 数据流如何生成适于计算机存储或传送的图像。在一般应用中，我们从数码相机等来源获得的“JPEG 文件”指的就是 JFIF 文件。

2000 年 3 月，JPEG 图像压缩标准委员会确定了彩色静态图像的新一代编码方式 JPEG2000 图像压缩标准的编码算法。JPEG2000 作为 JPEG 的升级版，其压缩率比 JPEG 高 30%左右，同时支持有损和无损压缩。JPEG2000 格式有一个极其重要的特征在于它能实现渐进传输，即先传输图像的轮廓，然后逐步传输数据，不断提高图像质量，让图像由朦胧到清晰显示。此外，JPEG2000 还支持所谓的“感兴趣区域”特性，可以任意指定影像上感兴趣区域的压缩质量，还可以选择指定的部分先解压缩。在有些情况下，图像中只有一小块区域对用户是有用的，对这些区域采用低压缩比，而感兴趣区域之外采用高压缩比，在保证不丢失重要信息的同时，又能有效地压缩数据量，这就是基于感兴趣区域的编码方案所采取的压缩策略。其优点在于它结合了接收方对压缩的主观需求，实现了交互式压缩。JPEG2000 即可应用于传统的 JPEG 市场，如扫描仪、数码相机等，又可应用于新兴领域，如网络传输、无线通信等。

在 ISO 公布的 JPEG 标准方案中，包含了两种压缩方式：一种是基于 DCT 变换的有损压缩编码方式，它包含了基本功能和扩展系统两部分；另一种是基于空间 DPCM（Differential Pulse Code Modulation，差分脉冲编码调制，是预测编码的一种）方法的无损压缩编码方式。

2. M-JPEG

M-JPEG 源于 JPEG 压缩技术，是一种简单的帧内 JPEG 压缩，压缩图像质量较好，在画面变动情况下无马赛克，但是由于这种压缩本身受到技术限制，无法做到大比例压缩，录像时需要每小时约 1～2GB 空间，网络传输时需要 2Mbit/s 带宽，所以无论录像或网络发送传输，都将耗费大量的硬盘容量和带宽，不适合长时间连续录像的需求，不大适用于视频图像的网络传输。

7.7.2 H.261/H.263/H.264/H.265

1. H.261

H.261 标准通常称为 P*64，是 1988 年 11 月首次批准的 ITU-T 视频压缩标准，但作为一个完整的规范，这个版本还缺少一些重要的必要元素。1990 年修订该标准时添加了剩余的必要方面，1993 版又增加了一个题为“静止图像传输”的附录 D，提供了向后兼容通过使用水平和垂直的交错的 2：1 子采样来发送具有 704×576 亮度分辨率和 352×288 色度分辨率的静止图像以将图像分离成顺序发送的 4 个子图像。其设计的目的是能够在带宽为 64kbit/s 的倍数的综合业务数字网（Integrated Services Digital Network，ISDN）上传输质量可接受的视频信号。编码算法被设计为能够在 40kbit/s 和 2Mbit/s 之间的视频比特率下工作。该标准支持两种视频帧尺寸：使用 4：2：0 采样方案的 CIF（352×288 亮度，176×144 色度）和 QCIF（176×144 亮度，88×72 色度）。它还具有向后兼容的技巧，用于发送具有 704×576 亮度分辨率和 352×288 色度分辨率的静止图像（在 1993 年的更新版本中添加的）。

H.261 是第一个实用的数字视频编码标准。H.261 使用了混合编码框架，包括了基于运动补偿的帧间预测，基于离散余弦变换的空域变换编码、量化、zig-zag 扫描和熵编码。H.261 编码时基本的操作单位称为宏块。H.261 使用 YCbCr 颜色空间，并采用 4：2：0 色度抽样，每个宏块包括 16×16 的亮度抽样值和两个相应的 8×8 的色度抽样值。H.261 对全色彩、实时传输动图像可以达到较高的压缩比，算法由帧内压缩加前后帧间压缩编码组合而成，以提供视频压缩和解压缩的快速处理。由于在帧间压缩算法中只预测到后 1 帧，所以 H.261 在延续时间上比较有优势，但图像质量难以做到很高的清晰度，无法实现大压缩比和变速率录像等。

2. H.263

H.263 是最初设计用于视频会议的低比特率压缩格式的视频压缩标准，是根据 H.261 及以前的 ITU-T 视频压缩标准以及 MPEG-1 和 MPEG-2 标准的经验开发的一种进化改进。其第一版于 1995 年完成，并以所有比特率为 H.261 提供了合适的替代品，之后还在 1998 年增加了新的功能的第二版 H.263+，或者叫 H.263v2，2000 年完成了第三版 H.263++，即 H.263v3。

H.263 是 IP 多媒体子系统（IP Multimedia Subsystem，IMS）、多媒体消息服务（Multimedia Messaging Service，MMS）和透明端到端分组交换流服务的 ETSI 3GPP 技术规范中所需的视频编码格式。H.263 还在互联网上实现了很多应用，例如在 YouTube、Google 视频、MySpace 等网站上使用的许多 Flash 视频内容。RealVideo 编解码器的原始版本也基于 H.263。

3. H.264

H.264 是国际标准化组织（ISO）和国际电信联盟（ITU）共同提出的继 MPEG4 之后的新一代数字视频压缩格式。H.264 是在 MPEG-4 技术的基础之上发展起来的，也是 DPCM 加变换编码的混合编码模式，但它采用“回归基本”的简洁设计，获得了很好的压缩性能，同时加强了对各种信道的适应能力，采用“网络友好”的结构和语法，有利于对误码和丢包的处理。其编解码流程主要包括 5 个部分：帧间和帧内预测、变换（Transform）和反变换、量化（Quantization）和反量化、环路滤波（Loop Filter）、熵编码（Entropy Coding）。

H.264 的优势是在具有高压缩比的同时还能拥有高质量流畅的图像，所以在相同的带宽下可以提供更加优秀的图像质量。H.264 的目标应用涵盖了大部分的视频服务，如有线电视远程监控、交互媒体、数字电视、视频会议、视频点播、流媒体服务等。

4. H.265

H.265 是继 H.264 之后新的视频编码标准。H.265 标准围绕现有的视频编码标准 H.264，保留原来的某些技术，同时对一些相关的技术加以改进。其具体的内容包括：提高压缩效率、提高稳健性和错误恢复能力、减少实时的时延、减少信道获取时间和随机接入时延、降低复杂度等。H.265 的编码架构大致与 H.264 的架构相似，主要包含帧内预测（Intra Prediction）、帧间预测（Inter Prediction）、变换、量化、去区块滤波器（Deblocking Filter）、熵编码等模块。但在 H.265 编码架构中，整体可分为 3 个基本单位，分别是编码单位（Coding Unit，CU）、预测单位（Predict Unit，PU）和转换单位（Transform Unit，TU）。

H.265 可在有限带宽下传输更高质量的网络视频，仅需之前的一半带宽即可播放相同质量的视频。采用 H.265 编码的智能手机、平板电脑等移动设备能够直接在线播放 1080P 的全高清视频。H.265 标准也同时支持 4K（4096×2160）和 8K（8192×4320）超高清视频。

7.7.3 MPEG

MPEG 是压缩运动图像及其伴音的视音频编码标准，它采用了帧间压缩，且仅存储连续帧之间有差别的地方，从而达到较大的压缩比。下面介绍 MPEG 的几个常见版本：MPEG-1、MPEG-2 和 MPEG-4。

1. MPEG–1

MPEG-1 的视频压缩算法依赖于两个基本技术，一是基于 16×16（像素×行）块的运动补偿，二是基于变换域的压缩技术来减少空域冗余度，压缩比相比 M-JPEG 要高，对运动不激烈的视频信号可获得较好的图像质量，但当运动激烈时，图像会产生马赛克现象。MPEG-1 以 1.5Mbit/s 的速率传输视音频信号，MPEG-1 在视频图像质量方面相当于家用录像机的图像质量，视频录像的清晰度的彩色模式≥240 线，两路立体声伴音的质量接近 CD 的声音质量。MPEG-1 是前后帧多帧预测的压缩算法，具有很大的压缩灵活性，能变速率压缩视频，可视不同的录像环境设置不同的压缩质量，从每小时 80MB 至 400MB 不等，但数据量和带宽还是比较大。

2. MPEG–2

MPEG-2 是为获得更高分辨率（720×572）提供的广播级的视音频编码标准。MPEG-2 作为 MPEG-1 的兼容扩展，它支持隔行扫描的视频格式和许多高级性能（包括支持多层次）的可调视频编码，适合多种质量要求的场合，如多种速率和多种分辨率。它适用于运动变化较大，要求图像质量很高的实时图像。对每秒 30 帧、720×572 分辨率的视频信号进行压缩，速率可达 3～10Mbit/s。由于数据量太大，不适合长时间连续录像的需求。

3. MPEG–4

MPEG-4 是为移动通信设备在 Internet 实时传输视音频信号而制定的低速率、高压缩比的视音频编码标准。MPEG-4 标准是面向对象的压缩方式，不是像 MPEG-1 和 MPEG-2 那样简单地将图像分为一些像块，而是根据图像的内容，其中的对象（物体、人物、背景）分离出来，分别进行帧内、帧间编码，并允许在不同的对象之间灵活分配码率，对重要的对象分配较多的字节，对次要的对象分配较少的字节，从而大大提高了压缩比，在较低的码率下获得较好的效果，MPEG-4 支持 MPEG-1、MPEG-2 中大多数功能，提供不同的视频标准源格式、码率、帧频下矩形图形图像的有效编码。MPEG-4 有以下 3 个方面的优势。

（1）具有很好的兼容性。

（2）MPEG-4 比其他算法提供更好的压缩比，最高达 200：1。

（3）MPEG-4 在提供高压缩比的同时，对数据的损失很小。所以，MPEG-4 的应用能大幅度地降低录像存储容量，获得较高的录像清晰度，特别适用于长时间实时录像的需求，同时具备在低带宽上优良的网络传输能力。

思考与练习

1. 什么是图像压缩编码？为什么要对图像进行压缩编码？
2. 简述压缩编码的分类。
3. 用哈夫曼编码算法对表7-9中的符号进行编码，并求出平均码字长。

表 7–9　信源符号概率表

符号	a_1	a_2	a_3	a_4	a_5	a_6
出现概率	0.55	0.25	0.11	0.05	0.03	0.01

4. 给定一个零记忆信源，已知其信源符号集为$A=\{a_1, a_2\}=\{0, 1\}$，符号产生概率为$P(a_1)=1/4$，$P(a_2)=3/4$，对于二进制序列11111100，求出其二进制算术编码码字。
5. 简要叙述无损预测编码系统和有损预测编码系统的区别。
6. 表7-10所示为有损预测编码的输入和编码器各参数的求解，根据前几行的已知数据确定表中空白处的值。

表 7–10　有损预测编码参数表

输入		编码器			
N	f	$\hat{f}$	E	$\dot{e}$	$\dot{f}$
3	14.0	14.0	0.0	6.5	20.5
4	20.0	20.5	–0.5	–6.5	14.0
5	26.0	14.0		6.5	20.5
6	27.0	20.5	6.5	6.5	
7	29.0				

7. 比较分析JPEG和MPEG两种压缩标准的特点。

第 8 章　图像的目标表达及特征测量技术

图像处理的目的不仅是增强图像的视觉效果、提高图像的传输速度、降低图像的存储空间等，往往还需要对图像中的特定区域（目标）或内容进行表征和识别，也就是对图像进行分析。图像分析一般是在图像分割的基础上进行的，通过图像分割把图像分成一些有意义的区域，然后采用不同于原始图像的适当形式将目标表示出来，并对目标进行测量等操作。

图像分割的直接结果是得到了区域内的像素集合，或位于区域轮廓上的像素集合，这两个集合是互补的。与分割类似，图像中的区域可用其内部（如组成区域的像素集合）表示，也可用其外部（如组成区域轮廓的像素集合）表示。一般来说，如果比较关心的是区域的反射性质，如灰度、颜色、纹理等，常选用内部表达法；如果比较关心的是区域的形状等，则常选用外部表达法。对图像中的目标表达方法应尽量考虑易于特征计算。图像分割的重要用途是为了准确分析图像内容、表征目标和识别目标，如图 8-1（a）所示，对已经分割出来的水果图片，最终需要识别出具体是哪种水果。如图 8-1（b）所示，最终需要指出图像中的目标为马。这都需要进行一系列的目标识别、轮廓提取、目标特征计算等，并对这些特征进行分析标记，最终得出识别结果。

（a）

（b）

图 8-1　图像分割结果图

8.1　轮廓的链码表达

把图像中边缘像素连接起来就形成了轮廓（Contour）。轮廓可以是断开的，也可以是封闭的。数字图像通常会按照网格形式来获取和处理轮廓，在这种网格形式中，x 和 y 方向的间距相等，所以可以通过追踪边缘像素形成轮廓。链码就是沿着轮廓记录边缘表的一种表，是利用一系列具有特定长度和方向的相连的直线段来表示目标的轮廓。因为每个线段的长度固定而方向数目有限，所以只有轮廓的起点需用（绝对）坐标表示，其余点都可只用接续方向来代表偏移量。由于表示链码规定了边缘表中每一个边缘点所对应的轮廓方向，其中的轮廓方向被量化为 4-方向链码或 8-方向链码（也称 4-邻点链码或 8-邻点链码），如图 8-2 所示。

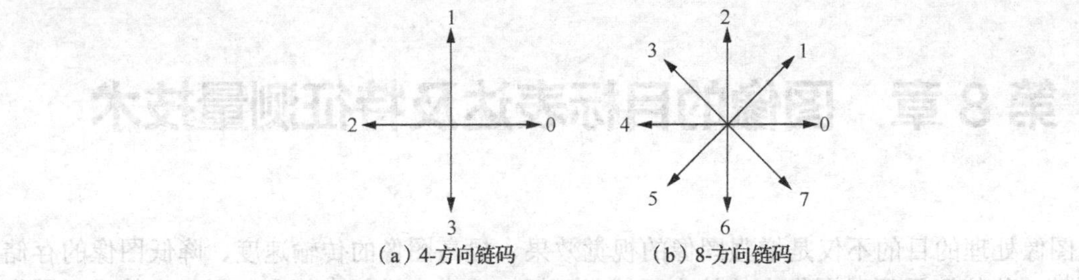

（a）4-方向链码　　（b）8-方向链码

图 8-2　4-方向链码和 8-方向链码的方向编号

图 8-3 所示的是一条曲线及其 4-方向链码和 8-方向链码的表示示例，从一个边缘点开始，沿着轮廓按顺时针方向行走，行走方向用 4-方向链码或 8-方向链码中的一个编号表示。图 8-4 所示为链码表示示例，图（a）为原图，图（b）为轮廓图，图（c）为 4-方向链码标注，图（d）为 8-方向链码标注。从图中可以看出该图 4-方向链码为 0000330333212323303222121211121011001，8-方向链码为 00076766424656064443324321001。

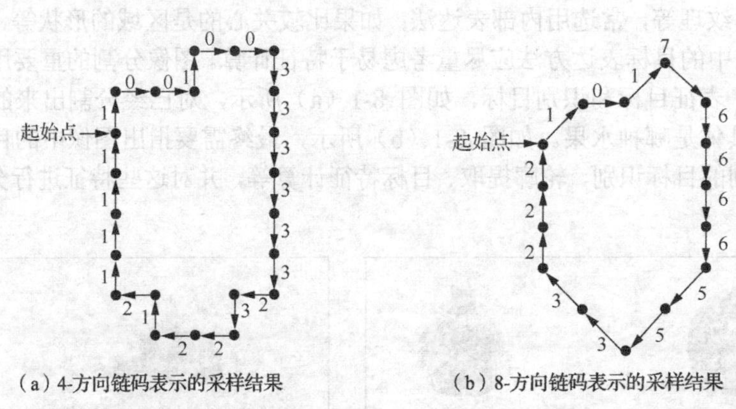

（a）4-方向链码表示的采样结果　　（b）8-方向链码表示的采样结果

图 8-3　4-方向链码和 8-方向链码的表示示例

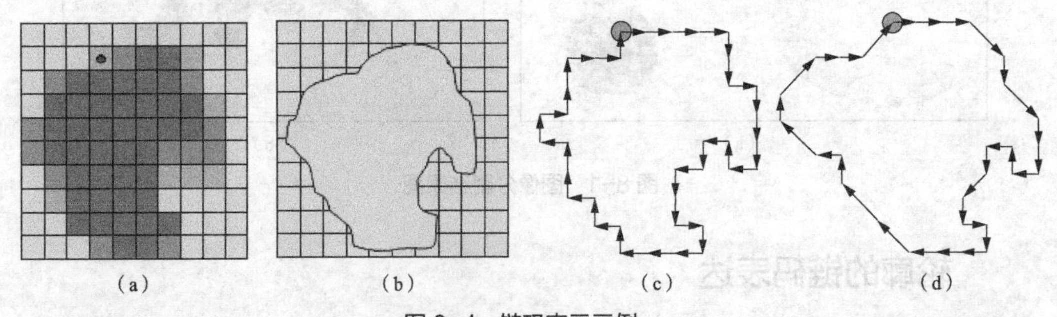
（a）　（b）　（c）　（d）

图 8-4　链码表示示例

在实际应用中如果直接对分割所得的目标轮廓进行编码，可能出现以下两个问题：①对不光滑的轮廓，如此产生的码串很长；②噪声等干扰会导致小的轮廓变化，而使链码发生与目标整体形状无关的较大变动。对于这些问题，常用的改进方法是对原轮廓以较大的网格重新采样，并把与原轮廓点最接近的大网格点定为新的轮廓点。这样获得的新轮廓具有较少的轮廓点，而且其形状受噪声等干扰的影响也较小。这个新轮廓可用较短的链码表示。这种方法也可用于消除目标尺度变化对链码带来的影响，如图 8-5 所示。

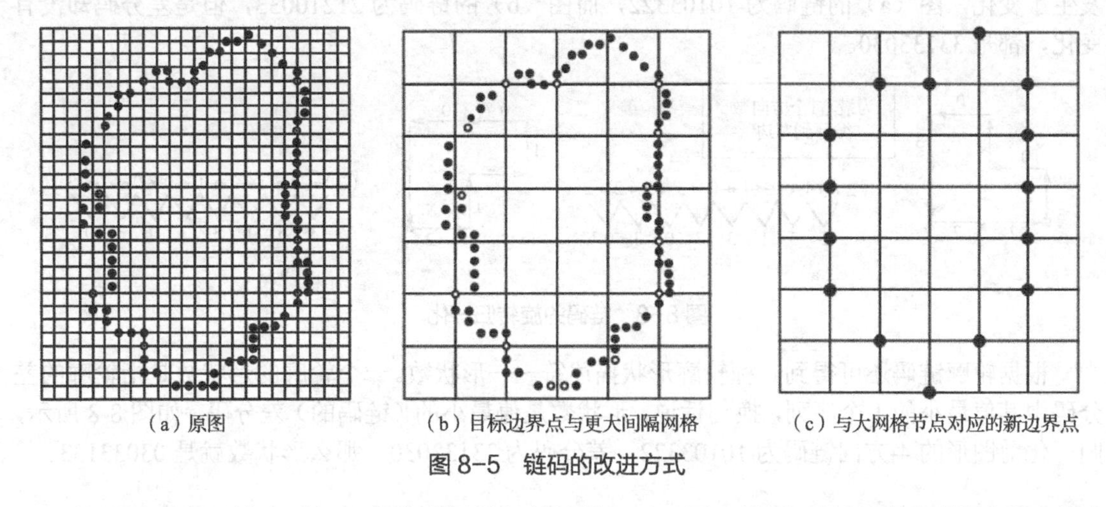

图 8-5　链码的改进方式

使用链码表示轮廓时，起点的选择是很关键的，对于同一边界，如果用不同的边界点作为链码起点，得到的链码也不相同。如图 8-6 所示，加粗部分的箭头即为轮廓编码的起点，那么图（a）的编码为 10103322，图（b）的编码为 33221010。

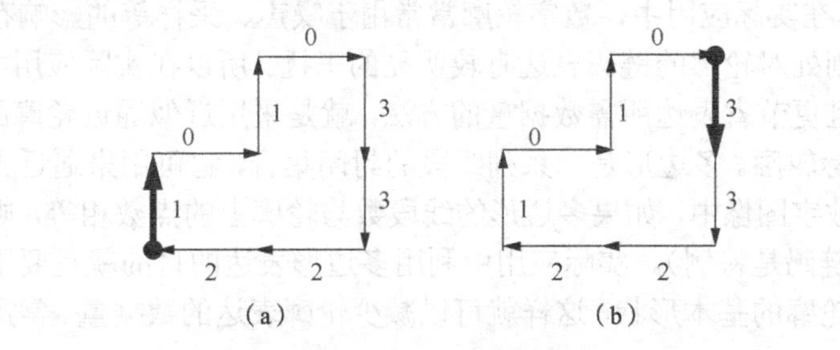

图 8-6　不同起点的轮廓编码

由于起点不同，同一轮廓的链码也不相同，这样造成了链码表示的多样性，也为后续处理带来诸多不便，所以需要对链码进行归一化，就是对起点进行归一，假设把链码看作由方向数构成的自然数，将这些方向数循环以使它们所构成的自然数的值最小。具体做法为：给定一个从任意点开始而产生的链码，可把它看作一个由各个方向数构成的自然数，将这些方向数依一个方向循环以使它们所构成的自然数的值最小，将这样转换后所对应的链码起点作为这个边界的归一化链码的起点，如图 8-7 所示。

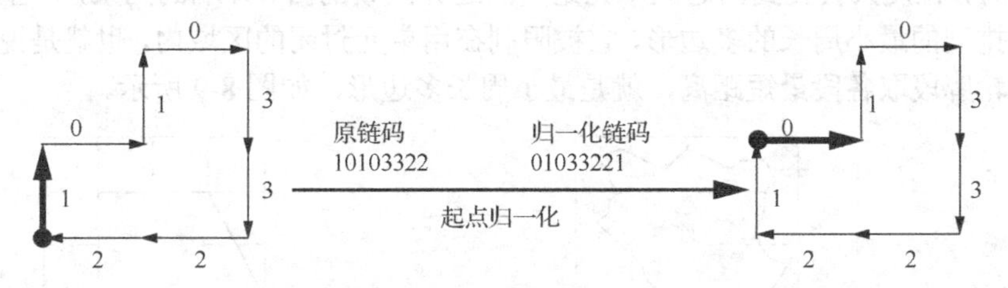

图 8-7　链码的起点归一化

用链码表示给定目标的边界时，如果目标平移，链码不会发生变化，而如果目标旋转，则链码将会发生变化。为解决这个问题可利用链码的一阶差分来重新构造一个序列（一个可以表示原链码各段之间方向变化的新序列），相当于把链码进行旋转归一化，差分就是相邻两个方向按反方向相减，如图 8-8 所示，图（a）旋转 90° 后得到图（b），图（a）和图（b）的链码发生了变化，图（a）的链码为 10103322，而图（b）的链码为 21210033，但是差分码却没有变化，都是 33133030。

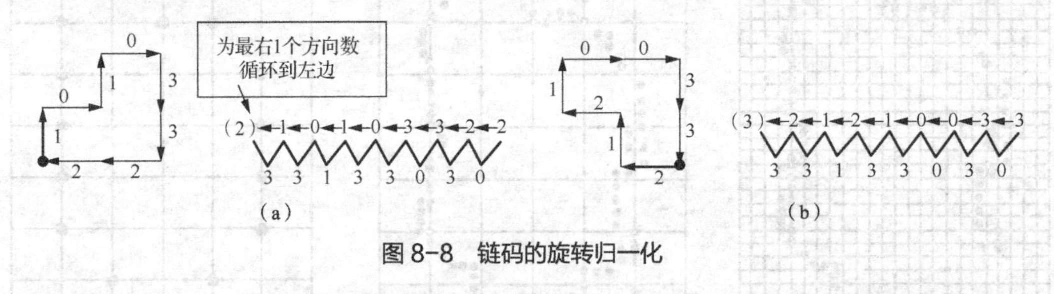

图 8-8 链码的旋转归一化

根据轮廓链码还可得到一种轮廓形状描述符——形状数。一个轮廓的形状数是指轮廓的差分码中其值最小的 1 个序列，换句话说，形状数是值最小的（链码的）差分码。如图 8-8 所示，归一化前图形的 4-方向链码为 10103322，差分码为 33133030，那么形状数就是 03033133。

8.2 轮廓线段的近似表达

8.1 节中提到，在实际应用中，数字轮廓常常由于噪声、采样等的影响存在许多较小的不规则处，这些不规则处对轮廓的链码表达有较明显的干扰。所以在实际应用中，经常采用一种抗干扰性能更好，且更节省表达所需数据量的方法，就是采用近似逼近轮廓的方法，例如利用多边形近似表达目标轮廓。多边形是一系列线段的封闭集合，它可用来逼近大多数实用的曲线到任意的精度。在数字图像中，如果多边形的线段数与轮廓上的点数相等，则多边形可以完全准确地表达轮廓（链码是特例）。实际应用中利用多边形表达的目的就是要用尽可能少的线段来代表轮廓并保持轮廓的基本形状，这样就可以减少轮廓表达的数据量。常用的多边形表达方法有以下 3 种。

（1）基于收缩的最小周长多边形。
（2）基于聚合的最小均方误差线段逼近。
（3）基于分裂的最小均方误差线段逼近。

8.2.1 基于收缩的最小周长多边形的边界表达

基于收缩的最小周长多边形的算法，我们可以将图像目标边界想象为一根橡皮条：当允许橡皮条收缩时，橡皮条会受到由这些单元定义的边界区域的内、外墙的约束，产生一个关于边界像素几何排列的最小周长的多边形，它被限制在用单元封闭的区域内，也就是说如果将轮廓线拉紧，各轮廓段取各段最短距离，就是最小周长多边形，如图 8-9 所示。

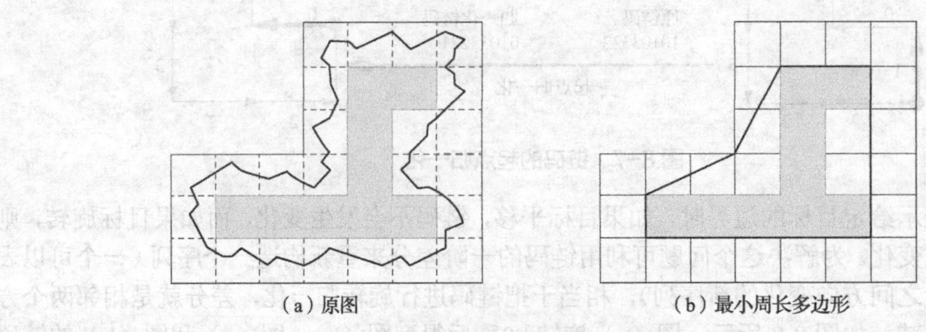

图 8-9 最小周长多边形示例

8.2.2　基于聚合的最小均方误差线段逼近

基于平均误差或其他准则的聚合技术也常用于解决多边形近似问题。一种方法是沿一条边界来聚合一些点，直到拟合这些聚合点的直线的最小均方误差超过一个预设的阈值，当这种条件出现时，存储该直线的参数，并将误差设为零，然后重复该过程，沿边界聚合新的点，直到该误差再次超过预设的阈值，整个过程结束后，相邻线段的交点就构成多边形的顶点。这种方法的主要难点之一是得到的近似顶点并不总是对应于原始边界中的形变（如拐角），因为在误差超过阈值前，不会开始画一条新的直线。例如，如果沿着一条长的直线追踪，且遇到了一个拐角，那么通过该拐角的许多点（取决阈值）在误差超过阈值前将被丢弃，然而，（下面讨论的）随同聚合技术一起的分裂技术可用于缓解这一困难。

图 8-10 所示为基于聚合的多边形逼近的示例，原轮廓是由点 a、b、c、d、e、f、g、h 等表示的多边形。现在先从点 a 出发，依次做直线 ab、ac、ad、ae 等。对从 ac 开始的每条线段计算前一轮廓点与线段的距离作为拟合误差。图中设 b_i 和 c_j 没超过预定的误差限度，而 d_k 超过了该限度，所以选 d 为紧接点 a 的多边形顶点。再从点 d 出发继续按上述方法进行，最终得到的近似多边形的顶点为 $adgh$。

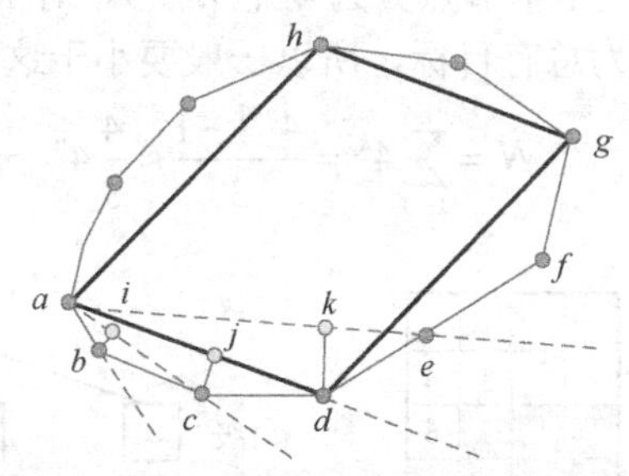

图 8-10　基于聚合的最小均方误差多边形逼近示例

8.2.3　基于分裂的最小均方误差线段逼近

分裂边界线段的一种方法是将线段不断地细分为两部分，直到满足规定的准则为止。例如，设一条边界线段到连接其两个端点的直线间的最大垂直距离不超过一个预设的阈值。如果准则满足，则与直线有着最大距离的点就成为一个顶点，这样就将初始线段分成了两条子线段。这种方法在寻找变化显著的点时具有优势。对一条闭合边界，最好的起始点通常是边界上的两个最远点。例如，图 8-11（a）显示一个物体的边界，图 8-11（b）显示该边界关于其最远点的细分，标记为 c 的点是顶部边界段到直线 ab 的（垂直距离）最远点。类似地，点 d 是底部线段上的最远点。

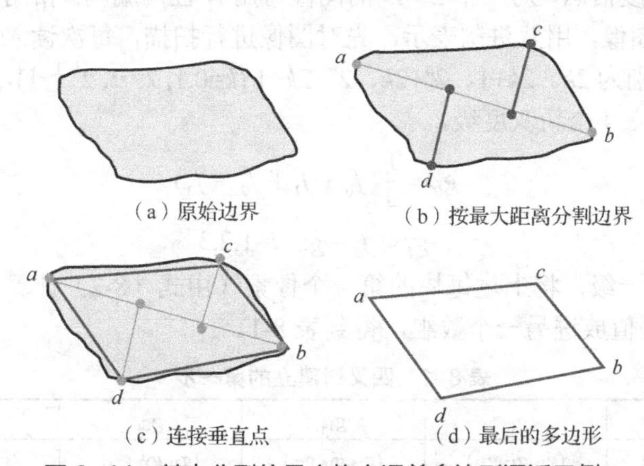

图 8-11　基本分裂的最小均方误差多边形逼近示例

8.3 区域的表达

区域表达关注的是图像中区域的灰度、颜色、纹理等特征，从表达关注的内容处理技术不同，区域表达方法一般包括：区域分解表达（四叉树和二叉树）、围绕区域（外接盒、最小包围盒和凸包）表达和目标的骨架（内部特征）表达。下面重点介绍其中的两种方法。

8.3.1 区域分解表达

1. 四叉树

四叉树表达法每次在分解时将图像一分为四。当图像是方形的，且像素的个数是 2 的整数次幂时四叉树表达法最合适（这样可以一直分下去）。在这种树表达中，如图 8-12 所示，所有的节点可分成 3 类：①目标节点（用白色表示）；②背景节点（用深色表示）；③混合节点（用浅色表示）。四叉树的树根对应整幅图，而树叶对应各单个像素或具有相同特性的像素组成的方阵。一般树根节点常为混合节点，而树叶节点则肯定不是混合节点。四叉树由多级构成，数根在 0 级，分 1 次多 1 级（每次 1 个节点分为 4 个节点）。对 1 个有 n 级的四叉树，其节点总数 N 最多为（对实际图像，因为总有目标，所以一般要小于这个数）：

$$N=\sum_{k=0}^{n}4^k=\frac{4^{n+1}-1}{3}\approx\frac{4}{3}4^n \tag{8-1}$$

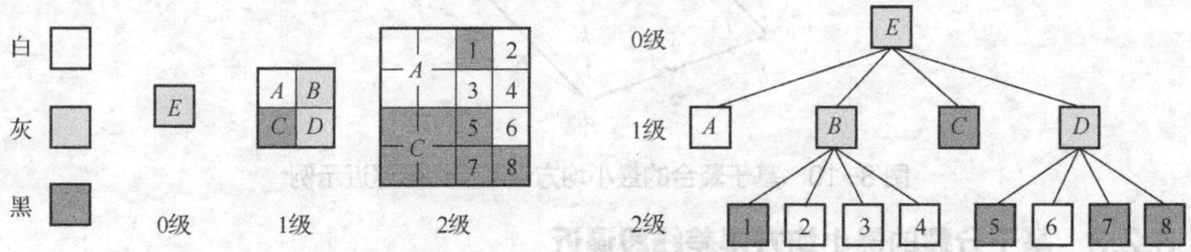

图 8-12 四叉树表达示例

为了保证四叉树能不断地分解下去，一般要求图像必须为 $2^n\times2^n$ 的栅格阵列，n 为极限分割次数，n+1 是四叉树的最大高度或最大层数，在实际应用中，如果图像的大小不满足 $2^n\times2^n$，一般会采用填充黑边补充成 $2^n\times2^n$ 的尺寸。

四叉树编码叶节点的编号需要遵循一定的规则，这种编号称为地址码（位置码），它隐含了叶节点的位置和深度信息，对一个 $2^n\times2^n$ 的图像可用 N 位码编码。常用的四叉树建立方法如下，设一个 $2^n\times2^n$ 的图像，用八进制表示，先对图像进行扫描，每次读入两行，将图像均分成 4 块，各块的下标分别为 $2k$、$2k+1$、2^n+2k、2^n+2k+1 ($k=0,1,2,\cdots,2^{n-1}-1$)，它们对应灰度为 f_0、f_1、f_2、f_3。据此可建立 4 个新灰度级。

$$g_0=\frac{1}{4}(f_0+f_1+f_2+f_3) \tag{8-2}$$

$$g_i=f_i-g_0 \quad i=1,2,3 \tag{8-3}$$

为了建立树的下一级，将上述每块的第一个像素（由式（8-2）计算）组成第一行，而把由式（8-3）算得的差值放进另一个数组，得到表 8-1。

表 8-1 四叉树建立的第一步

g_0	g_4	g_{10}	g_{14}	g_{20}	g_{24}	…
(g_1,g_2,g_3)	(g_5,g_6,g_7)	(g_{11},g_{12},g_{13})	(g_{15},g_{16},g_{17})	(g_{21},g_{22},g_{23})	(g_{25},g_{26},g_{27})	…

这样当读入下两行时，第一个像素的下标将增加 2^{n+1}，得到表 8-2 的结果。

表 8–2 四叉树建立的第二步

g_0	g_4	g_{10}	g_{14}	g_{20}	g_{24}	…
g_{100}	g_{104}	g_{110}	g_{114}	g_{120}	g_{124}	…

如此继续可得到一个 $2^{n-1}\times2^{n-1}$ 的图像和一个 $3\times2^{n-2}$ 的数组。将上述过程反复进行，图像中的像素个数减少，当整个图像只有一个像素时，信息会全部集中到数组中。表 8-3 给出一个示例。

表 8–3 四叉树示例

0	1	4	5	10	11	14	15	20	21	24	25	…
2	3	6	7	12	13	16	17	22	23	26	27	…
100	101	104	105	110	111	114	115	120	121	124	125	…
102	103	106	107	112	113	116	117	122	123	126	127	…

四叉树表达的优点是：容易生成得到，根据它可以方便地计算区域的多种特征，另外它本身的结构特点会使它常用在“粗略信息优先”的显示中。它的缺点是：如果节点在树中的级确定后，分辨率就不可能进一步提高。另外，四叉树间的运算只能在同级的节点间进行。四叉树表达在三维空间的对应是八叉树表达。

2. 二叉树

二叉树表达法在分解时每次将图像一分为二。二叉树可以看作四叉树的一种变形，与四叉树相比，级间分辨率的变化较小。一个二叉树表达示例如图 8-13 所示。与四叉树表达类似，在这种表达中，所有的节点仍分为 3 类：①目标节点（用白色表示）；②背景节点（用深色表示）；③混合节点（用浅色表示）。同样，二叉树的树根对应整幅图，但树叶对应各单个像素或具有相同特性的像素组成的长方阵（长是宽的两倍）或方阵。二叉树由多级构成，数根在 0 级，分 1 次叉多 1 级。对 1 个有 n 级的二叉树，其节点总数 N 最多为（对实际图像，因为总有目标，所以一般要小于这个数）：

$$N=\sum_{k=0}^{n}2^k=2^{n+1}-1 \tag{8-4}$$

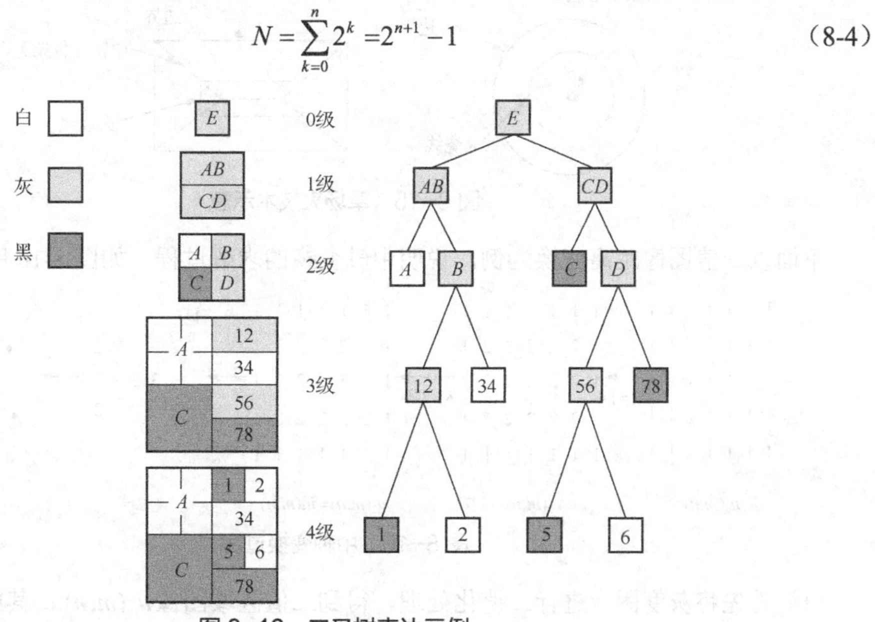

图 8–13 二叉树表达示例

8.3.2 目标的骨架表达

骨架是物体结构的一种精练表示方法，它把一个简单的平面区域简化成具有某种性质的线。目标的骨架表达是一种简化的目标区域表达方法，在许多情况下可反映目标的结构形状。利用细化技术得到区域的骨架是常用的方法。中轴变换（Medial Axis Transform，MAT）是一种用来确定物体骨架的细化技术。

设区域 R 的边缘为 B，那么对 R 内的任意点 P，我们在区域 R 的边界 B 内搜索与 P 最近的邻点，如果 P 有多个这样的邻点，如图 8-14 所示的 $p1$ 和 $p2$，那么就可以认为点 P 是一个骨架点，也可以认为每个骨架点都与边界点的距离最小。基于骨架的这种特性，可以给出骨架的定义公式：

$$d_s(p,B)=\inf\{d(p,z)\,|\,z\in B\} \tag{8-5}$$

其中，距离量度并不确定，可以是欧氏距离、城区距离或者棋盘距离，最近的距离取决于距离量度，因此得到的骨架结果也和距离量度有关。

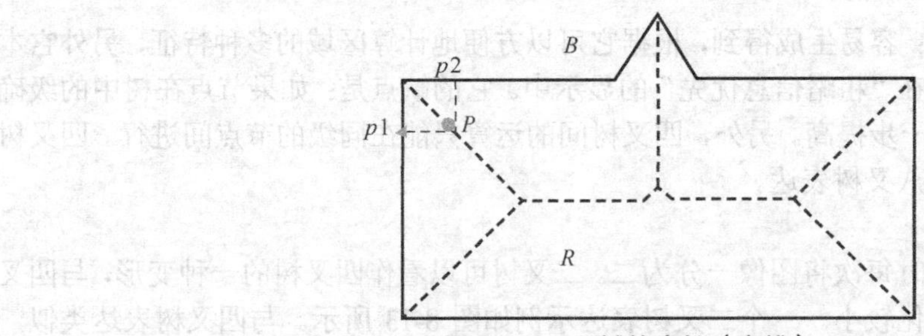

图 8-14 区域的中轴（虚线）

中轴变换也可以比较形象地称为草场火技术（Grass-fire Technique），假设有类似需求骨架区域形状的一块草地，在它的周边同时放起火来，随着火逐步向内烧，火线前进的轨迹将交于中轴。换句话说，中轴（或骨架）是最后才烧着的，如图 8-15 所示。

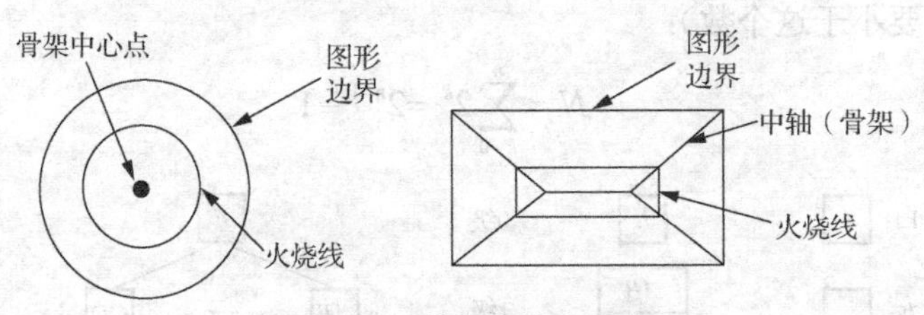

图 8-15 草场火技术示意

下面以二值图像距离变换为例，说明中轴变换的求解过程，如图 8-16 所示。

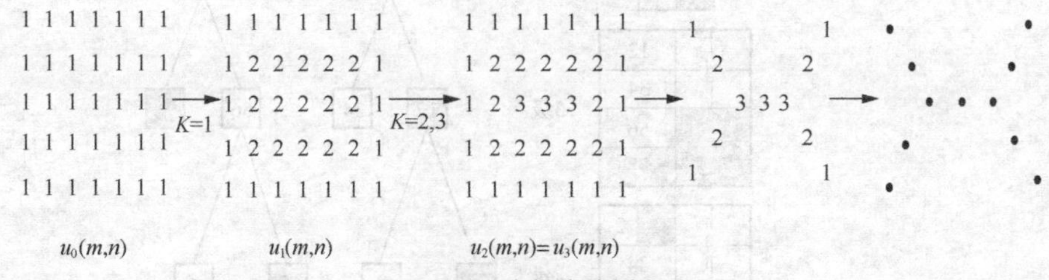

图 8-16 中轴变换过程

（1）首先将灰度图像进行二值化处理，得到二值区域图像 $u_0(m,n)$，其中目标区域的像素值为 1，背景区域的像素值为 0，后面步骤中区域迭代计算的结果为 $u_k(m,n)$，$k=0, 1, 2, \cdots$。

（2）分别对区域中各像素（i，j）找出其四邻域中具有最小值的点，即

$$\min(i,j)=\min[u_k(i-1,j),u_k(i+1,j),u_k(i,j-1),u_k(i,j+1)] \tag{8-6}$$

（3）用该最小值加 1 代替原像素的值，对整个区域进行变换后得到的是新区域图像，即

$$\begin{cases} u_{k+1}(i,j)=\min(i,j)+1 \\ u_k(m,n)=\{u_k(i,j)\} \end{cases} \tag{8-7}$$

如此迭代进行这一步骤，直到第 k+1 次和第 k 次的区域图像完全相等，即

$$u_k(m,n)=u_{k+1}(m,n) \tag{8-8}$$

最后，取 $u_k(m,n)$ 的局部最大值的点的集合，即为骨架。

尽管一个区域的 MAT 会生成令人满意的骨架，但受到噪声的影响比较大，图 8-17（b）是图 8-17（a）中的区域受到噪声影响的结果，虽然它们之间存在很小的差别，但它们的骨架相差很大。同时为了生成骨架，需要计算每个内部点到一个区域边界上的每个点的距离，需要大量的计算。为了改善计算效率，人们提出了很多算法，其中最典型的就是迭代删除一个区域的边界点的细化算法，删除这些点时要服从如下约束条件：①不能删除端点；②不能破坏连接线；③不能导致区域的过度腐蚀。

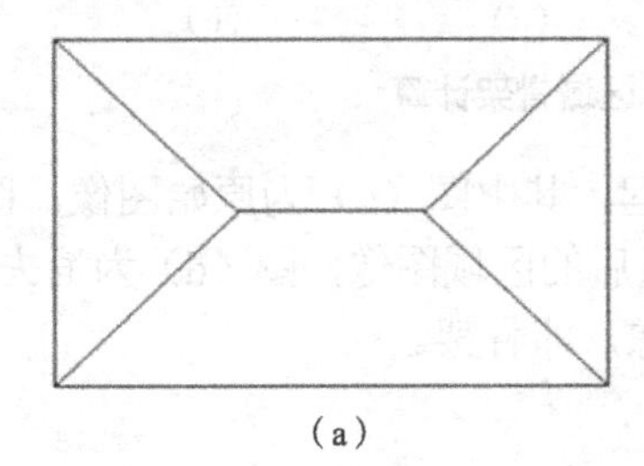

（a）

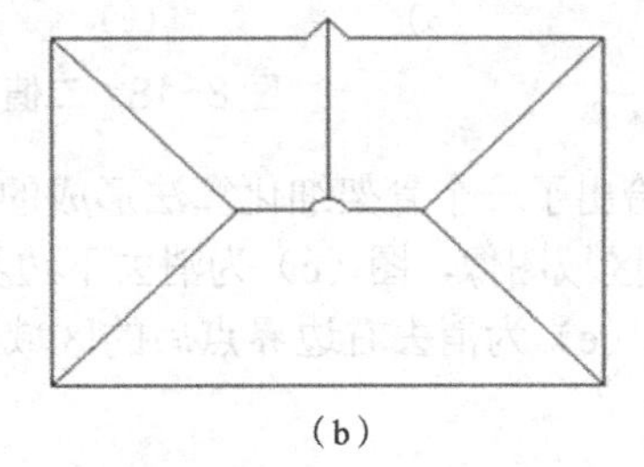

（b）

图 8-17　中轴变换受噪声影响示例

下面介绍一种细化二值区域的算法。假设区域点的值为 1，背景点的值为 0。假设定义轮廓点是本身标记为 1 而其 8-连通邻域中至少有一个标记为 0 的点。算法对轮廓点进行如下操作。

（1）考虑以轮廓点为中心的 8-邻域，记中心点为 $p1$，其邻域的 8 个点顺时针绕中心点分别记为 p_2，p_3，…，p_9，其中 p_2 在 p_1 上方，如图 8-18（a）所示，具体图像例子如图 8-18（b）所示。首先标记同时满足下列条件的轮廓点：

（1.1）$2 \leqslant n(p_1) \leqslant 6$；

（1.2）$S(p_1)=1$；

（1.3）$p_2 \cdot p_4 \cdot p_6=0$（即任意一个点为 0，结果都为 0，$p_2$、$p_4$、$p_6$ 至少有一个 0）；

（1.4）$p_4 \cdot p_6 \cdot p_8=0$（$p_4$、$p_6$、$p_8$ 至少有一个 0）。

其中，$n(p_1)$是 p_1 的非零邻点的个数，图 8-18（b）中为 5；$S(p_1)$是以 p_2，p_3，…，p_9，p_2 为序绕 p_1 一周时这些点的值从 0→1 变化的次数，图 8-18（b）中为 1。当对所有轮廓点都检验完毕后，将所有标记的点都除去。

（2）同第（1）步，标记同时满足下列条件的轮廓点：

（2.1）$2 \leqslant n(p_1) \leqslant 6$；

（2.2）$S(p_1)=1$；

（2.3）$p_2 \cdot p_4 \cdot p_8=0$；

（2.4）$p_2 \cdot p_6 \cdot p_8=0$。

同样对所有轮廓点检验完毕后，将所有标记的点都除去。

以上两步操作构成1次迭代。算法反复迭代直至再没有点满足标记条件，这时剩下的点组成区域的骨架。在以上各标记条件中，条件（1.1）除去了p_1只有1个标记为1的邻点，即p_1为线段端点的情况（见图8-18（c））以及p_1有7个标记为1的邻点，即p_1过于深入区域内部的情况（见图8-18（d））；条件（1.2）除去了对宽度为单个像素的线段进行操作的情况以避免将骨架割断；条件（1.3）和条件（1.4）除去了p_1为轮廓的右下端点（p_4=0或p_6= 0）或左上角点（p_2 =0和p_8 =0，见图8-18（e）)，即不是骨架点的情况。类似地，条件（2.3）和条件（2.4）除去了p_1为轮廓的左端点或上端点（p_2=0或p_8=0)，或右下角点（p_4=0和p_6=0，见图8-18（f）)，即不是骨架点的情况。最后要注意的是，如p_1为轮廓的右上端点，则有p_4=0和p_6=0；如p_1为轮廓的左下端点，则有p_6=0和p_8=0，它们都同时满足（1.3）和（1.4）以及（2.3）和（2.4）的条件。

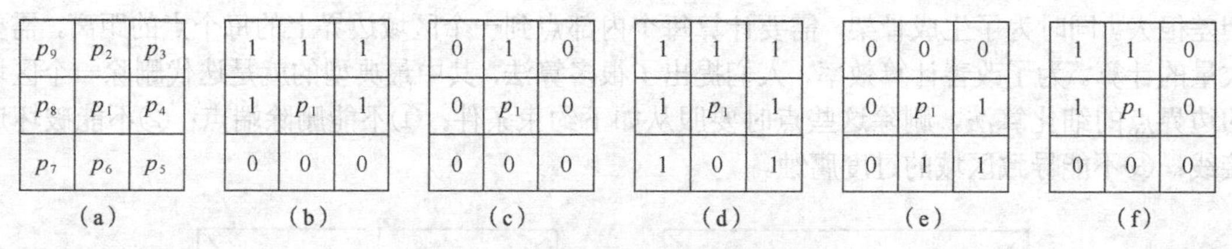

图8-18　二值目标区域骨架计算

图8-19给出了一个骨架细化算法形成的过程，其中图（a）为原始图像，图（b）为消去上边界点后的区域图像，图（c）为消去下边界点后的区域图像，图（d）为消去左边界点后的区域图像，图（e）为消去右边界点后的区域图像，即骨架。

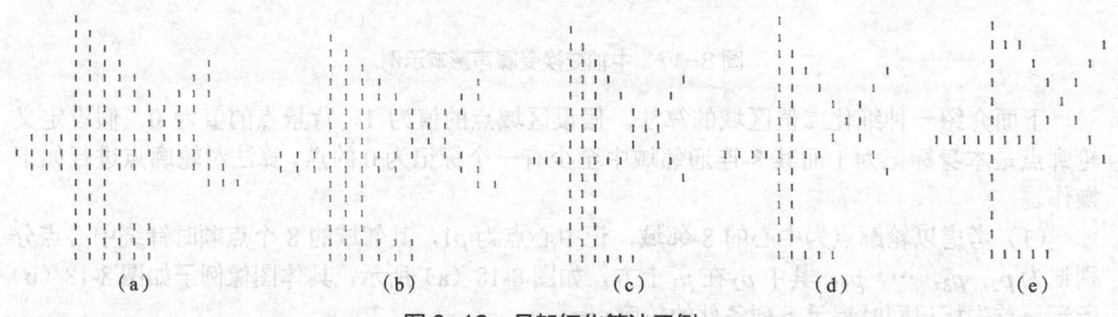

图8-19　骨架细化算法示例

8.4 轮廓基本参数及测量

边界除了需要表达之外，在实际应用中还需要对表达的这些参数进行测量，对边界的描述参数可以由目标轮廓获得，目前比较常用的轮廓测量有轮廓长度（或区域周长）、轮廓直径、形状数等。

8.4.1 轮廓长度（区域周长）

轮廓长度是边界的一个全局特征，指边界所包围区域的轮廓的周长。区域R的边界B是由R的所有边界点按4-方向或8-方向连接组成的，区域的其他点称为区域的内部点。对区域R而言，它的每一个边界点P都应满足以下两个条件：

① P本身属于区域R；

② P 的邻域中有像素不属于区域 R。

需要注意的是，如果区域 R 的内部点用 8-方向连通来判断，则得到的边界为 4-方向连通的，如果用 4-方向连通来判断，则得到的边界为 8-方向连通的。图 8-20（a）中浅阴影像素组成一个目标区，如果将内部点用 8-方向连通判断，则图 8-20（b）中深色区域点为内部点，其余浅色区域点构成 4-方向连通边界；如果将内部点用 4-方向连通判断，则此时区域内部点和 8-方向连通边界如图 8-20（c）所示。但如果边界点和内部点用同一类连通判断，则图 8-20（d）中标有"?"的点归属就会出现问题，例如都采用 4-方向连通判断，则"?"的点既应判为内部点（邻域中所有像素均属于区域），但又应判为边界点（否则图 8-20（b）中边界将不连通）。

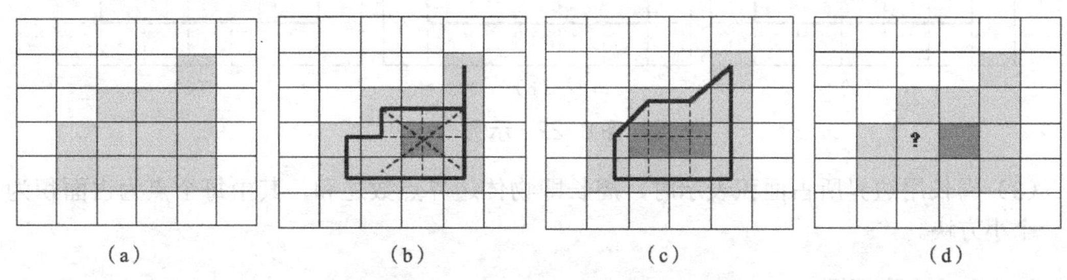

图 8-20　边界和内部点的判断示例

4-方向连通轮廓 B_4 和 8-方向连通轮廓 B_8 的定义如下：

$$B_4 = \{(x,y) \in R \mid N_8(x,y) - R \neq 0\} \tag{8-9}$$

$$B_8 = \{(x,y) \in R \mid N_4(x,y) - R \neq 0\} \tag{8-10}$$

上面两式右边第 1 个条件表明轮廓点本身属于区域，第 2 个条件表明轮廓点的邻域中有不属于区域的点。常用的计算轮廓长度（目标区域周长）的方法有以下 3 种。

（1）若将图像中的像素视为单位面积小方块时，则图像中的区域和背景均由小方块组成。区域的周长即为区域和背景缝隙的长度之和，此时边界用隙码表示，计算出隙码的长度就是目标的周长。例如，图 8-21 所示图形，用隙码表示时，目标区域的周长为 24。

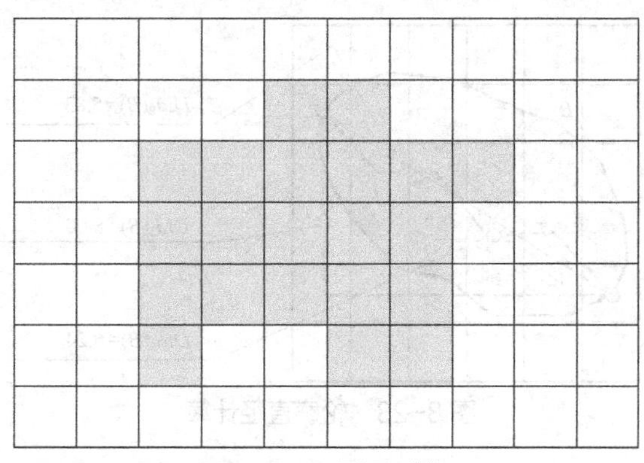

图 8-21　目标区域

（2）如果轮廓已用单位长链码表示，则水平和垂直码的个数加上 $\sqrt{2}$ 乘以对角码的个数可作为轮廓长度。将轮廓的所有点从 0 排到 K-1（设轮廓点共有 K 个），B_4 和 B_8 这两种轮廓的长度可统一用下式计算：

$$\|B\| = \#\{k \mid (x_{k+1}, y_{k+1}) \in N_4(x_k, y_k)\} + \sqrt{2}\#\{k \mid (x_{k+1}, y_{k+1}) \in N_D(x_k, y_k)\} \tag{8-11}$$

其中，#表示数量，K+1 按模为 K 计算。上式右边第 1 项对应 2 个像素间的直线段，第 2 项对应 2 个像素间的对角线段。例如，图 8-22（a）为原目标，图 8-22（b）为边界用 4-方向连通构成的，图 8-22（c）为边界用 8-方向连通构成的。根据式（8-11），图 8-22（b）的轮廓长度为 18，图 8-22（c）的轮廓长度为 16.8。

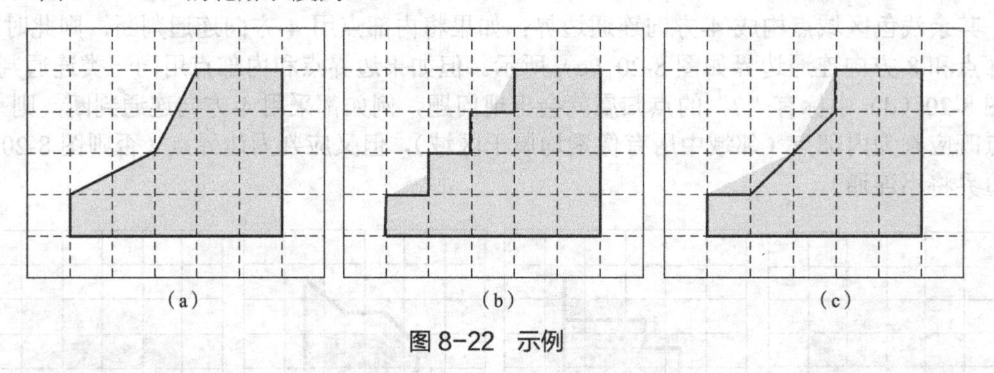

图 8-22 示例

（3）周长用边界所占面积表示时，周长即物体边界点数之和，其中每个点为占面积为 1 的一个小方块。

8.4.2 轮廓直径

轮廓的直径是指轮廓上相隔最远的两点之间的距离，即这两点之间的直连线段长度。有时这条直线也称为轮廓的主轴或长轴（与此垂直且最长的与轮廓的两个交点间的线段也叫轮廓的短轴）。它的长度和取向对描述轮廓都很有用。轮廓 B 的直径 $Dia_d(B)$可由下式计算：

$$Dia_d(B) = \max_{i,j}[D_d(b_i, b_j)] \qquad b_i \in B,\ b_j \in B \tag{8-12}$$

其中，$D_d()$可以是任意一种距离量度，$D_d()$用不同距离量度，得到的 $Dia_d()$也不同。常用的距离量度主要有 3 种，即 $D_E()$、$D_4()$和 $D_8()$距离。图 8-23 所示为用 3 种距离计算同一个目标得到的 3 个直径值。

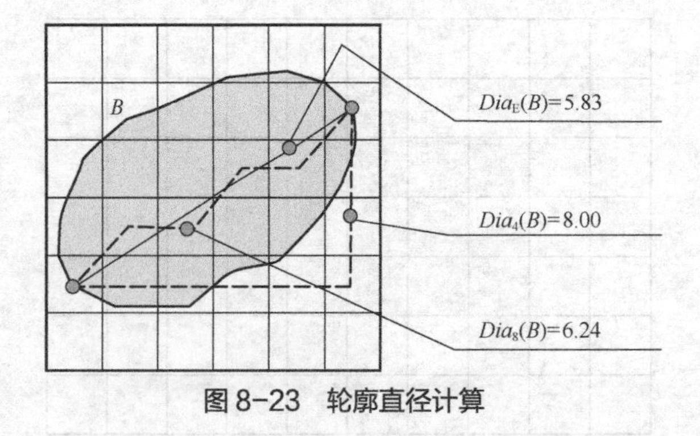

图 8-23 轮廓直径计算

8.4.3 形状数

形状数是指最小循环首差链码，即为最小量级的一次差分。例如，一个 4-链码为 10103322，那么它对应的循环首差为 33133030，形状数为 03033133。形状数序号 n 是指形状数表达形式中的位数。对于闭合边界，n 为偶数，其值限制了不同形状的数量。图 8-24 所示是形状数序号为 4、6、8 的形状数示例，黑点表示起始点。

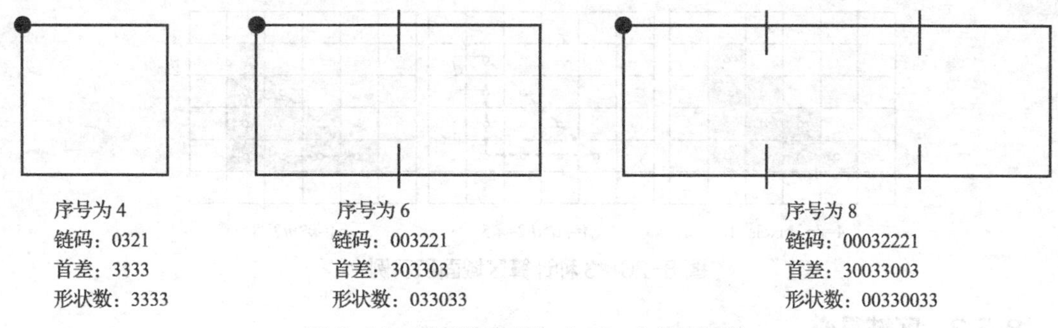

图 8-24　形状数序号为 4、6、8 的形状数

需要注意的是，形状数与方向无关，序号相同的目标形状数不一定相同。如图 8-25 所示，同为序号 8，图（a）和图（b）是不同的目标，图（c）是图（b）翻转 180° 而成的，从图中可以看到，图（b）和图（c）的形状数相同。

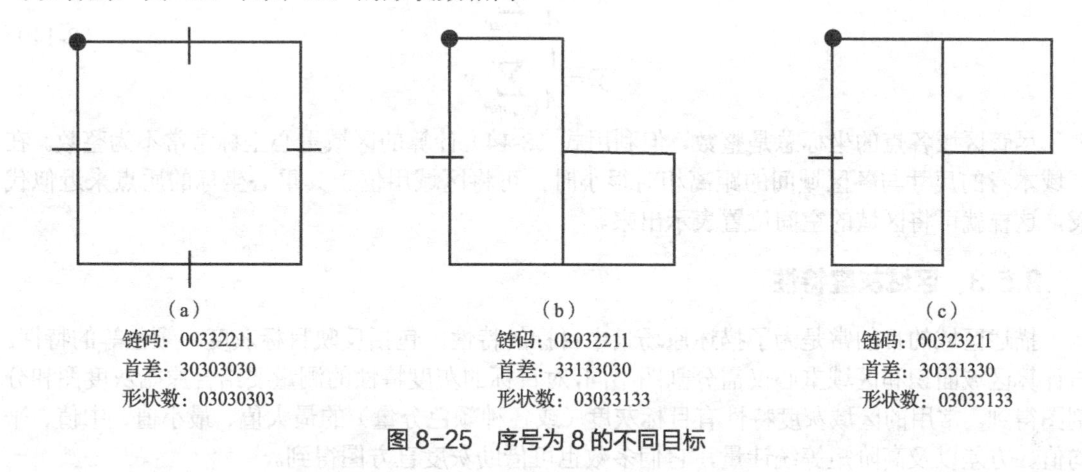

图 8-25　序号为 8 的不同目标

8.5　区域参数及测量

对图像进行分析处理时，目标除了边界表达之外，往往还需要关注目标内部特征对应图像中目标内部表达的描述参数，一般要用所有属于区域的像素集合来计算。

下面介绍几种描述目标区域的参数和测量方法。

8.5.1　区域面积

区域面积用来描述区域的大小，对属于区域的像素进行计数，假设正方形像素的边长为单位长，则其区域面积 A 的计算式为

$$A = \sum_{(x,y)\in R} 1 \tag{8-13}$$

计算区域面积除了利用式（8-13），也有人提出利用其他方法进行计算，但是利用式（8-13）不仅计算方法简单，而且也是对原始模拟区域面积的无偏和一致的最好估计。如图 8-26 所示，其中图（a）利用式（8-13），计算得到的结果为 10 个像素。图（b）和图（c）所示其他两种方法，均采用三角形面积的计算公式，图 8-26（b）取像素间距离为单位，图 8-26（c）取像素大小为单位，得到的结果分别为 4.5 和 8。这两种方法虽然对平面上的连续区域都比较合理，但对数字图像的计算误差都较大。

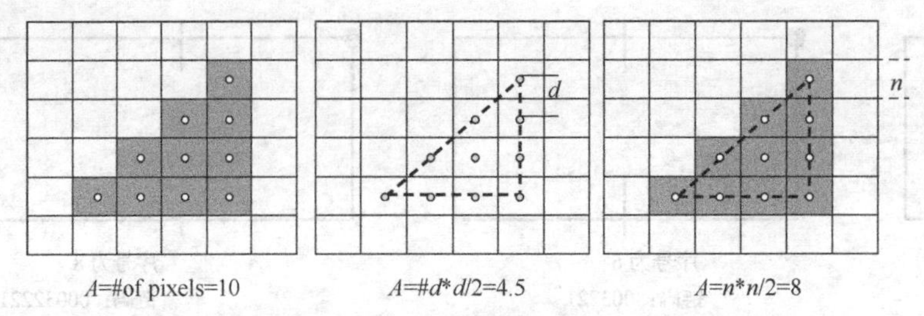

图 8-26　3 种计算区域面积示例

8.5.2　区域重心

区域重心也是对区域的一种全局描述符，区域重心点的坐标是根据所有属于区域的像素进行计算的。

$$\overline{x}=\frac{1}{A}\sum_{(x,y)\in R}x$$
$$\overline{y}=\frac{1}{A}\sum_{(x,y)\in R}y \qquad (8\text{-}14)$$

尽管区域各点的坐标总是整数，但利用式（8-14）计算的区域重心坐标常常不为整数。在区域本身的尺寸与各区域间的距离相对很小时，可将区域用位于其重心坐标的质点来近似代表，这样就可将区域的空间位置表示出来。

8.5.3　区域灰度特性

描述区域的目的常是为了描述原场景中目标的特性，包括反映目标灰度、颜色等的特性。与计算区域面积和区域重心仅需分割图不同，对目标的灰度特性的测量要结合原始灰度图和分割图得到。常用的区域灰度特性有目标灰度（或各种颜色分量）的最大值、最小值、中值、平均值、方差以及高阶矩等统计量，它们多数也可借助灰度直方图得到。

有一种常用的区域灰度参数是积分光密度（Integrated Optical Density，IOD），它是一种图像的内部特征，也可以归为一种灰度特性。它可看作对目标的“质量（mass）”的一种测量。对一幅 $M\times N$ 的图像 $f(x,y)$，其积分光密度的定义为：

$$IOD=\sum_{x=0}^{M-1}\sum_{y=0}^{N-1}f(x,y) \qquad (8\text{-}15)$$

如果设图像的直方图为 $H()$，图像灰度级数为 G，则根据直方图的定义，有：

$$IOD=\sum_{k=0}^{G-1}kH(k) \qquad (8\text{-}16)$$

除此之外，还有两个相关的概念：透射率和光密度。

透射率 T 是指光穿透目标的程度，一般利用如下公式表示：

$$T=\frac{\text{穿透目标的光}}{\text{入射的光}} \qquad (8\text{-}17)$$

光密度 OD 为：

$$OD=\lg(1/T)=-\lg T \qquad (8\text{-}18)$$

8.5.4　区域形状参数

形状参数（Form Factor）是根据区域的周长和区域的面积计算的：

$$F = \frac{\|B\|^2}{4\pi A} \tag{8-19}$$

其中，B 为区域周长，A 为区域面积。由上式可知，区域为圆形时 F 为 1，区域为其他形状时 $F>1$，区域为圆时 F 最小。由此可以证明，对数字图像来说，边界按 4-连通计算，则正八边形区域 F 最小；边界按 8-连通计算，则正菱形区域 F 最小。

形状参数在一定程度上描述了区域的紧凑性，无量纲，对尺度变化不敏感，如果去除由于离散区域旋转带来的误差，它对旋转也不敏感。

需要注意的是，仅仅靠形状参数 F 有时并不能把不同形状的区域分开，如图 8-27 所示，3 个区域的周长和面积都相同，因而具有相同的形状参数，但它们的形状明显不同。

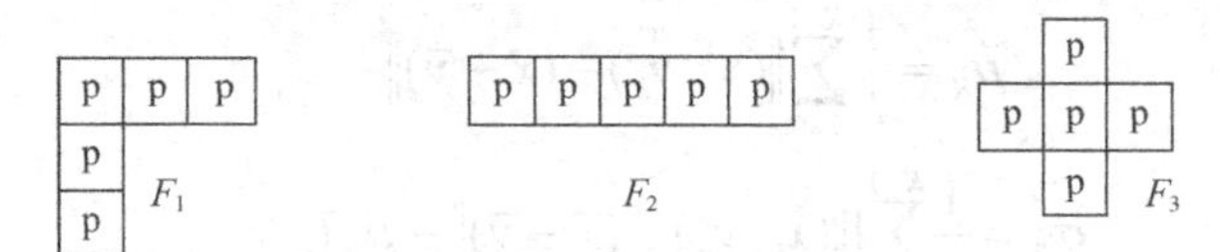

图 8-27　不同形状图像的形状参数示例

从图上可以看出，3 个图的面积和周长都是：A=5，B=12，所以 $F_1=F_2=F_3$。

8.5.5　偏心率度

区域的偏心率度是区域形状的重要描述，度量偏心率度常用的一种方法是采用区域主轴和辅轴的比，如图 8-28 所示，即为 A/B。图中，主轴与辅轴相互垂直，且是这两方向上的最大值。

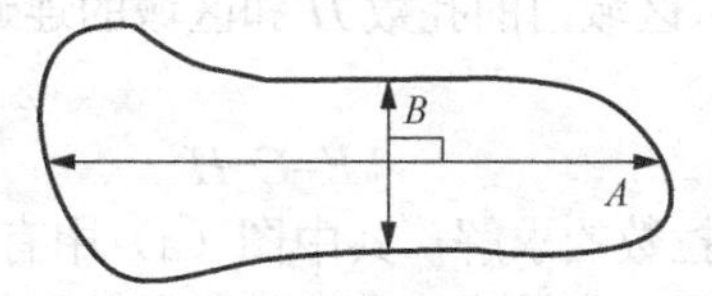

图 8-28　偏心率度求解示例

另外一种方法是计算惯性主轴比，它基于边界线点或整个区域来计算质量。特南鲍姆（Tenenbaum）提出了计算任意点集 R 偏心率度的近似公式。

首先利用下式计算平均向量：

$$x_0 = \frac{1}{n}\sum_{x \in R} x \qquad y_0 = \frac{1}{n}\sum_{y \in R} y \tag{8-20}$$

再计算 ij 矩：

$$m_{ij} = \sum_{(x,y) \in R} (x - x_0)^i (y - y_0)^i \tag{8-21}$$

计算方向角：

$$\theta = \frac{1}{2}\arctan\left(\frac{2m_{11}}{m_{20} - m_{02}}\right) + n\left(\frac{\pi}{2}\right) \tag{8-22}$$

最后可以计算偏心率度的近似值：

$$e = \frac{(m_{20} - m_{02})^2 + 4m_{11}}{面积} \tag{8-23}$$

8.5.6 圆形度（圆形性）

圆形度用来刻画物体边界的复杂程度，是一个用区域 R 的所有轮廓点来定义的特征量，表示的方法如下。

$$C=\frac{P^2}{A} \tag{8-24}$$

利用周长平方面积比求圆形度，其中，P 为周长、A 为面积。

$$C=\frac{\mu_R}{\delta_R} \tag{8-25}$$

其中，μ_R 为从区域重心到轮廓点的平均距离，δ_R 为从区域重心到轮廓点的距离的均方差。

$$\mu_R=\frac{1}{k}\sum_{k=0}^{K-1}\|(x_k,y_k)-(\overline{x}-\overline{y})\| \tag{8-26}$$

$$\sigma_R=\frac{1}{k}\sum_{k=0}^{K-1}[\|(x_k,y_k)-(\overline{x}-\overline{y})\|-\mu_R]^2 \tag{8-27}$$

特征量 C 当区域 R 趋向圆形时是单增趋向无穷的，不受区域平移、旋转和尺度变化的影响。

8.5.7 欧拉数

欧拉数是一种区域的拓扑描述符，描述的是区域的连通性。拓扑学研究图形不受畸变变形影响的性质，区域的拓扑性质是对区域的一种全局描述，这些性质既不依赖距离，也不依赖基于距离测量的其他特性。

对一个给定平面区域而言，区域内的孔数 H 和区域的连通成分 C 都是常用的拓扑性质，那么欧拉数 E 的定义如下：

$$E=C-H \tag{8-28}$$

图 8-29 所示为不同图形欧拉数的求解，其中图（a）中有 2 个孔，1 个连通成分，所以欧拉数为-1；图（b）中有 0 个孔，3 个连通成分，欧拉数为 3；图（c）中有 1 个孔，1 个连通成分，欧拉数为 0；图（d）中有 2 个孔，1 个连通成分，欧拉数为-1。

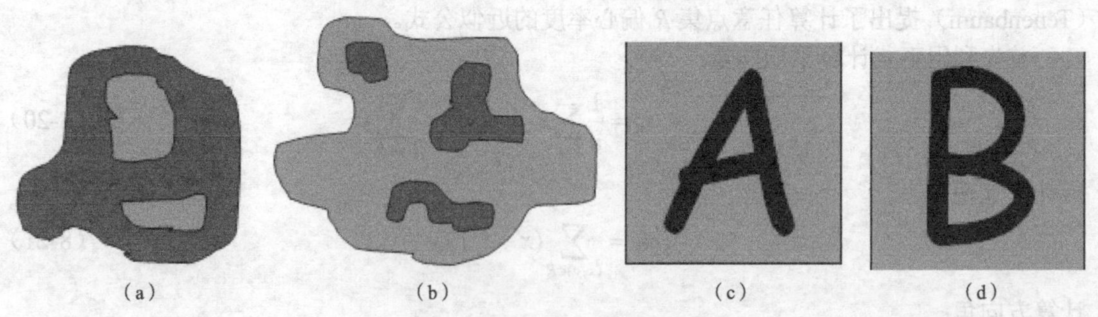

图 8-29 欧拉数求解示例

对全由直线段构成的区域集合也可以利用欧拉数简单描述，这些区域也叫多边形网，对 1 个多边形网，假如用 W 表示其顶点数，Q 表示其边线数，F 表示其面数，则欧拉数为：

$$E=W-Q+F=C-H \tag{8-29}$$

图 8-30 所示的多边形网中，W=7，Q=11，F=2，C=1，H=3，E=−2。

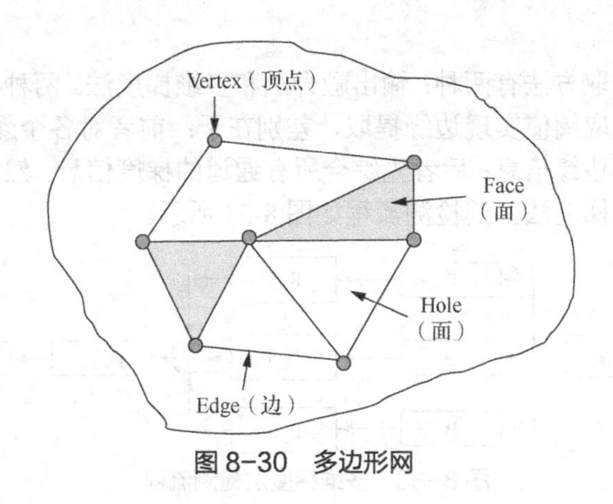

图 8-30　多边形网

8.6 应用案例——水果识别

随着计算机和图像处理技术的日趋成熟完善，对农产品图像的自动识别和分类也是一个重要的应用领域，借助计算机智能识别方法来区分农产品，可以克服传统手工检测劳动量大、生产率低和分类不精确等缺点，实现高速、精确的水果识别和分类。图 8-31 所示为一幅水果图像，下面利用我们前面所学的算法，对该图像进行水果个体的识别。水果个体识别的一般流程如图 8-32 所示。

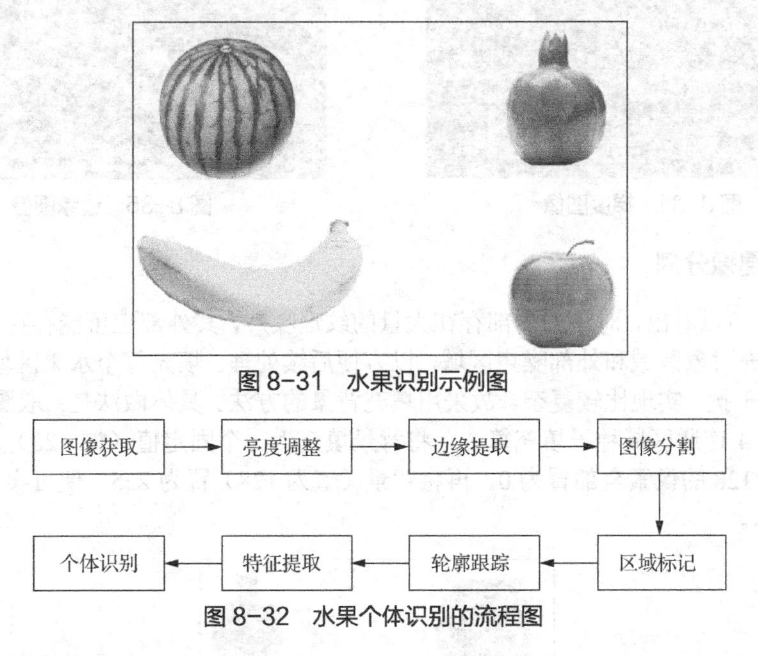

图 8-31　水果识别示例图

图 8-32　水果个体识别的流程图

8.6.1 亮度调整

由于外界环境和设备本身的缺陷，使获取的图像的亮度不均匀，这样会影响后续的边缘检测，所以一般会对图像进行亮度调整。亮度调整要根据图像自身的情况，选择不同的方法。一般常用自动亮度调整方法，该方法把图片中亮度最大的 5%像素提取出来，然后线性放大，使其平均亮度达到 255，也可以参照 3.2.3 小节的方法进行线性变换。

8.6.2 边缘提取

彩色图像的边缘提取方法有两种：输出融合法和多维梯度法。两种方法都是先计算不同颜色通道的梯度信息，选取阈值实现边缘提取，差别在于：前者对各个颜色通道分别选取阈值，提取边缘后综合为总体边缘信息；后者先综合所有通道的梯度信息，然后选取一个阈值实现边缘信息提取。例如多维梯度法，其检测流程如图 8-33 所示。

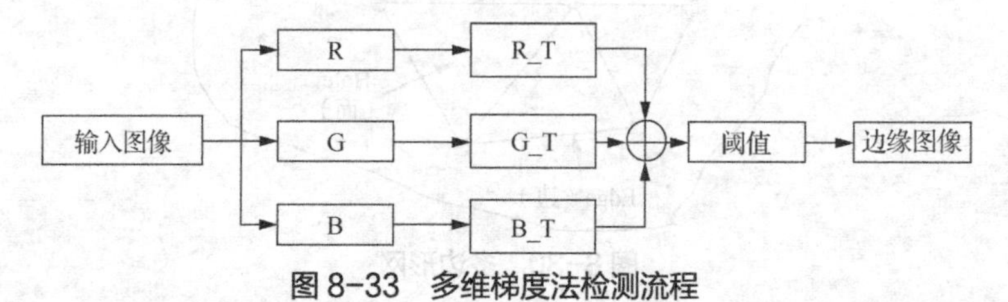

图 8-33 多维梯度法检测流程

梯度信息的提取选取 Sobel 算子，该算子对轮廓清晰和不太清晰的水果图像都具有较好的处理效果。对亮度调整后的图像进行 Sobel 算子处理后，得到 R、G、B 三个通道的梯度值 R_T、B_T 和 G_T，由其生成的梯度图像如图 8-34 所示；然后，求三个通道梯度和，利用判别分析法求出阈值 T；最后，二值化处理得到边缘图像如图 8-35 所示。

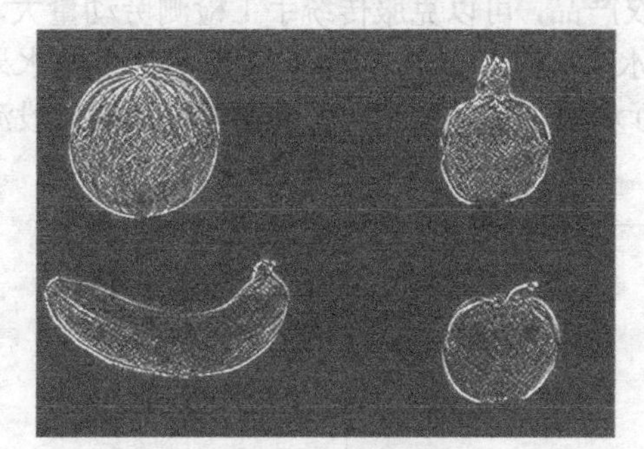

图 8-34 梯度图像

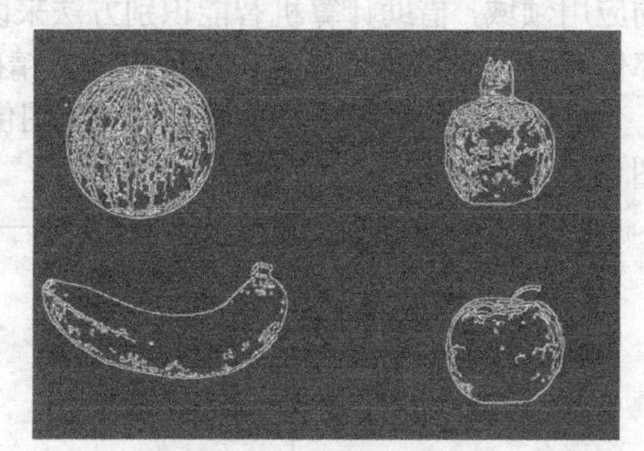

图 8-35 边缘图像

8.6.3 图像分割

由图 8-35 可以看出，对象的内部存在大量的纹理噪声，其外部也可能存在着小噪声区域。因此，需要填充对象区域和外部噪声区域，以方便后续处理。填充每个水果区域时，由于区域内部存在噪声干扰，实现比较复杂，故采用填充背景的方法。具体做法是：取图像左下角像素为种子点，用 4 连通区域种子填充算法，将背景填充为一个固定值（如 128）；填充结束后，将像素值为非 128 的像素全部置为 0，再将背景（值为 128）置为 255，便可实现水果的分割，如图 8-36 所示。

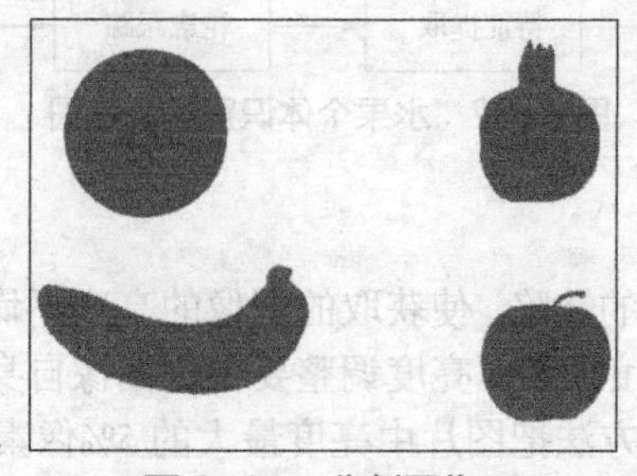

图 8-36 分割图像

8.6.4 区域标记

为实现不同个体特征的提取，需要进行区域标记，以便检测不同个体的特征参数，进而实现类型识别。本实例采用序贯标记算法。针对 4 连通区域，设当前像素为 $p(x,y)$，其上方像素为 $p(x,y-1)$，左方像素为 $p(x-1,y)$，从第一行开始，对图像从上到下、从左到右进行扫描，其标记规则如下。

若 $p(x,y-1)$和 $p(x-1,y)$都未被标记，则赋予 $p(x,y)$一个新的标记。

若 $p(x,y-1)$和 $p(x-1,y)$都被标记，且标记相同，则赋予 $p(x,y)$该标记。

若 $p(x,y-1)$和 $p(x-1,y)$都被标记，且标记不相同，则赋予 $p(x,y)$两者中较小的标记，同时记录 $p(x,y-1)$和 $p(x-1,y)$的标记为相等关系。

若 $p(x,y-1)$和 $p(x-1,y)$其一被标记，则赋予 $p(x,y)$该标记。

按照以上规则扫描一次图像后，进行第二次扫描，把具有相等关系的区域合并。标记过程中，将像素数小于 30 的区域作为噪声去除。将经过标记处理后，西瓜、石榴、香蕉和苹果区域的标记分别设为 1、2、3 和 4。统计标识数量便可得到水果个数；将标记为 1～4 的区域分别赋予灰度值 160、120、80 和 40，其效果如图 8-37 所示，表明已经将水果区域标记出来了。

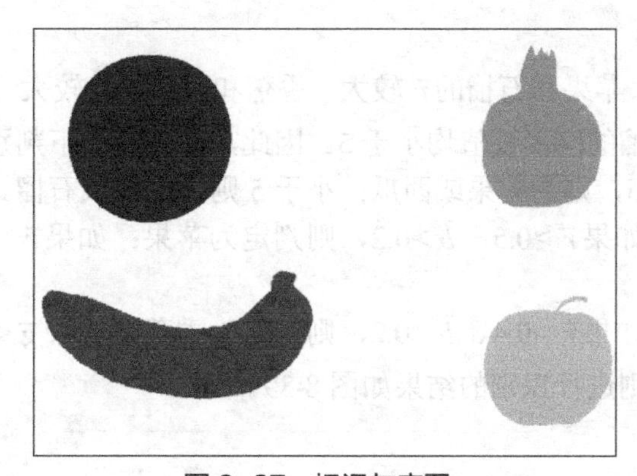

图 8-37　标记灰度图

8.6.5 轮廓跟踪

标记出每个水果图像后，需要跟踪出所有图像的轮廓，并将轮廓像素的坐标保存到带标记的结构体数组中，用于后面特征参数的计算。轮廓跟踪的方法参见 6.5 节，将跟踪出的轮廓像素值置为 0，如图 8-38 所示。

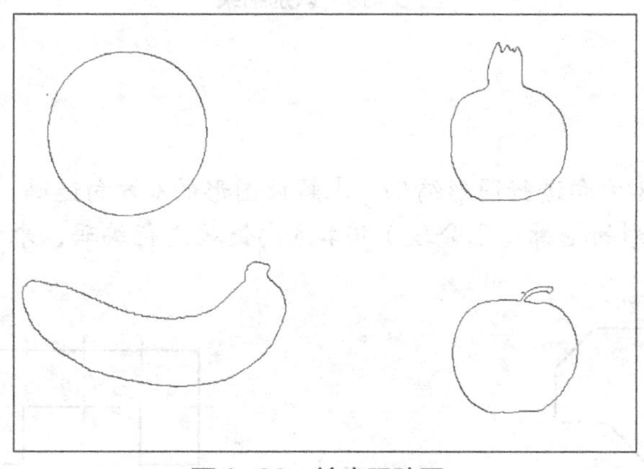

图 8-38　轮廓跟踪图

8.6.6 特征提取

为进行不同类型水果的识别，必须选取有效的特征参数，并结合不同的特征，实现不同类型水果的识别。针对原图中的4种水果（西瓜、香蕉、石榴、苹果），特征参数选取颜色特征和圆形性 C。其中，颜色特征取每个水果区域所有像素RGB归一化值 r、g、b 的平均值 $\overline{r}$ 、$\overline{g}$ 、$\overline{b}$ 。对原图不同的标记区域分别计算 $\overline{r}$ 、$\overline{g}$ 、$\overline{b}$ ，保存到对应标记的数组中，即可实现颜色特征提取。

特征提取结果如表8-4所示。

表8-4 特征提取结果

水果	$\overline{r}$	$\overline{g}$	$\overline{b}$	圆形性 C
西瓜	0.1896	0.5347	0.2755	73.1459
香蕉	0.4907	0.3827	0.1264	2.0656
石榴	0.5710	0.2007	0.2282	4.6404
苹果	0.6733	0.1706	0.1559	9.8013

8.6.7 个体识别

由表8-4可以看出，苹果和石榴的 $\overline{r}$ 较大，香蕉和西瓜的 $\overline{g}$ 较大；苹果和西瓜的圆形性值相对很大，而香蕉和石榴的圆形性值均小于5。因此，建立了如下判别准则。

如果圆形性值大于5，则为苹果或西瓜；小于5则为香蕉或石榴。

对于苹果和西瓜，如果 $\overline{r}$ >0.5、$\overline{b}$ >0.2，则判定为苹果；如果 $\overline{r}$ >0.5、$\overline{b}$ <0.2，则判定为西瓜。

对于香蕉或石榴，如果 $\overline{r}$ >0.4、$\overline{b}$ <0.2，则判定为香蕉；如果 $\overline{g}$ <0.3、$\overline{r}$ >0.5，则判定为黄瓜。利用上述判别准则进行识别的结果如图8-39所示。

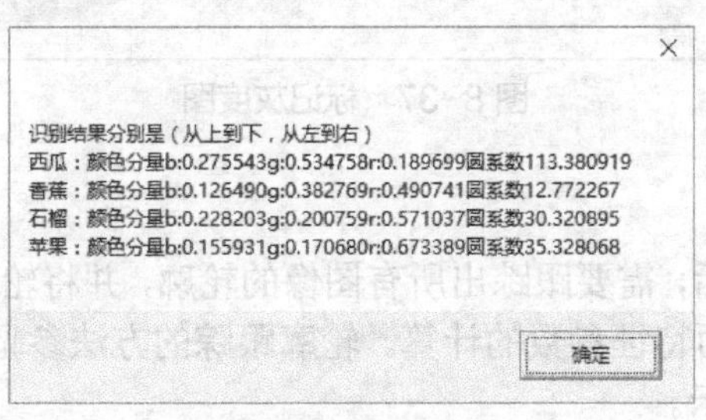

图8-39 识别结果

思考与练习

1. 对图8-40采用8-方向进行图形编码，求解该图形的8-方向链码。

2. 对图8-41中图形的轮廓（已分段）用4-方向链码进行编码，求该图形的4-方向归一化链码和图形的形状数。

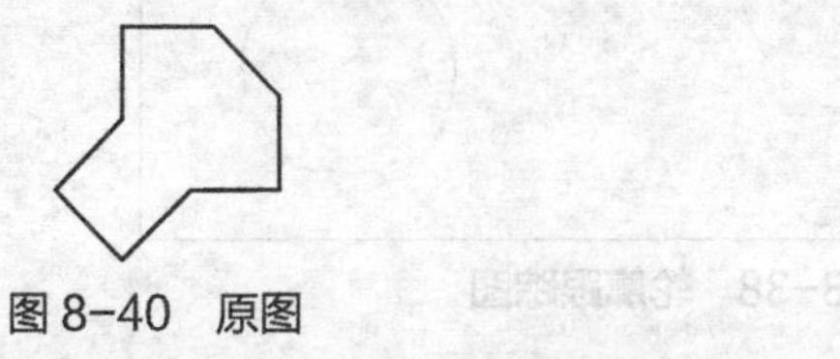

图8-40 原图

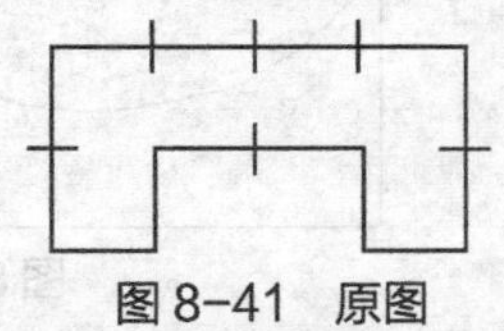

图8-41 原图

3. 设相邻像素的距离为1，用基于收缩的方法计算多边形在每个像素内产生的最大误差是多少？为什么？

4. 分别用四叉树表达法和二叉树表达法表示图8-42所示的图像，其中目标节点用白色表示，背景节点用黑色表示，混合节点用浅色表示。

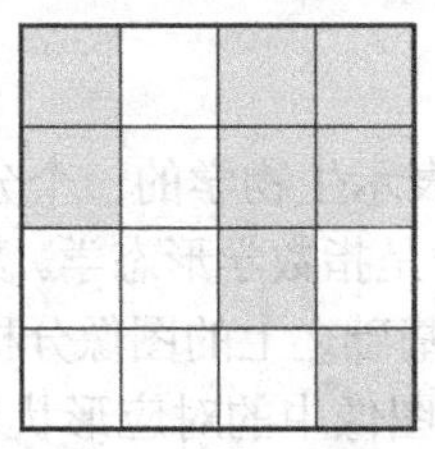

图 8-42　原图

5. 画出图8-43所示区域的骨架。

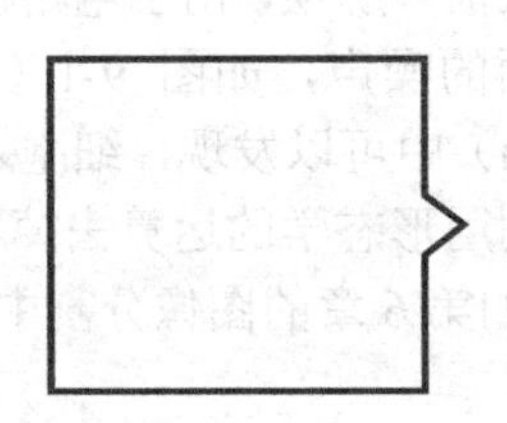
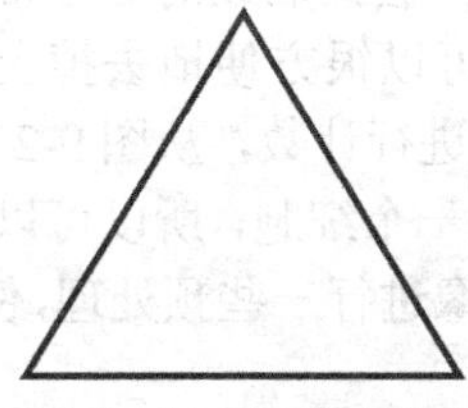
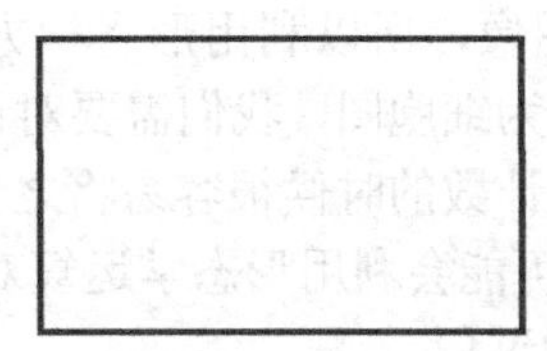

图 8-43　骨架表达原图

6. 某个物体的边界坐标如下：

x:[97　85　66　42　22　10　9　21　40　64　84　96]

y:[78　98　110　111　99　80　56　36　24　23　35　54]

求该物体的重心，并通过计算圆形性$C=\dfrac{P^2}{A}$来确定该物体是圆形还是方形。

7. 设图8-44中每个小正方形的边长为1，如果所示区域（灰色）内部点用4-连通判定，那么该区域的轮廓长度是多少？如果所示区域（灰色）内部点用8-连通判定，那么轮廓的长度又是多少？

8. 求图8-45所示阴影部分的周长、面积和形状参数。

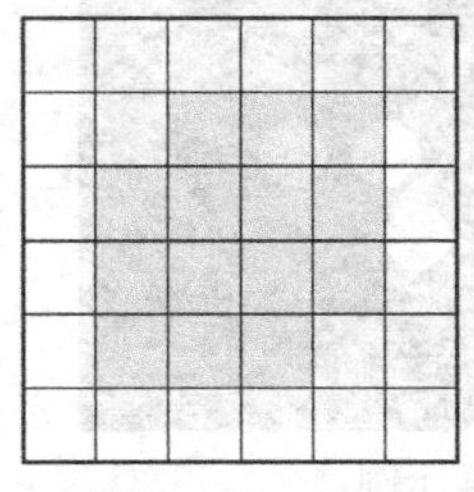

图 8-44　原图

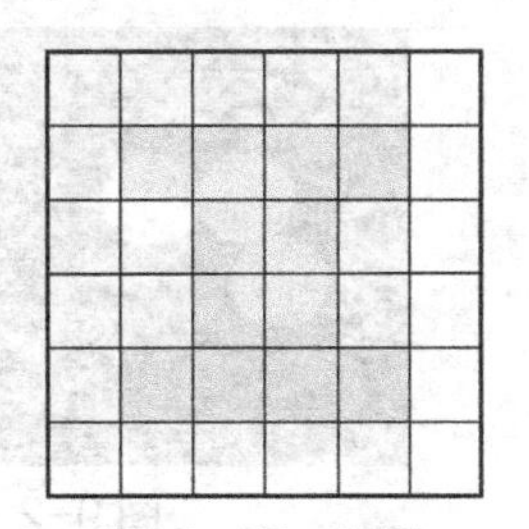

图 8-45　原图

第9章 二值图像的形态学处理

形态学（Morphology）一词通常表示生物学的一个分支，该分支主要研究动植物的形态和结构。而在数字图像处理中的形态学，是指数学形态学。数学形态学（Mathematical Morphology）是一门建立在严格数学理论和拓扑学基础之上的图像分析学科。数学形态学的基本思想是用具有一定形态的结构元素去量度和提取图像中的对应形状以达到对图像进行分析和识别的目的。目前，形态学图像处理已成为数字图像处理的一个重要研究领域，被广泛应用在文字识别、医学图像、工业检测、机器人视觉等方面。例如，图 9-1（a）所示的电路板图像，由于各种原因，图像上含有很多噪声点，这些噪声点会给后续的处理带来很多麻烦，由于电路板图像本身就是二值图像，所以利用形态学方法可以很方便地去掉上面的噪声，如图 9-1（b）所示。图 9-2 所示为细胞图，我们需要对该图进行计数，从图 9-2（a）中可以发现，细胞之间存在粘连，我们在计数的时候很容易将之当成一个细胞，所以可以利用形态学的运算去掉粘连。在实际应用中，可能会利用形态学运算对图像进行一些预处理，例如第 6 章的图像分割中人脸识别、车牌识别的过程。

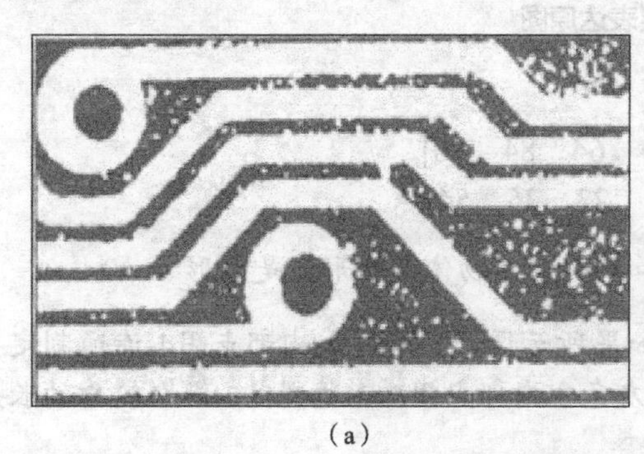

（a）

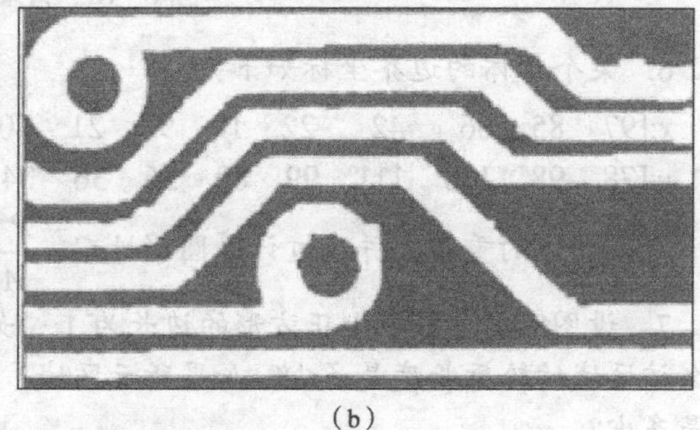

（b）

图 9-1 电路板图像

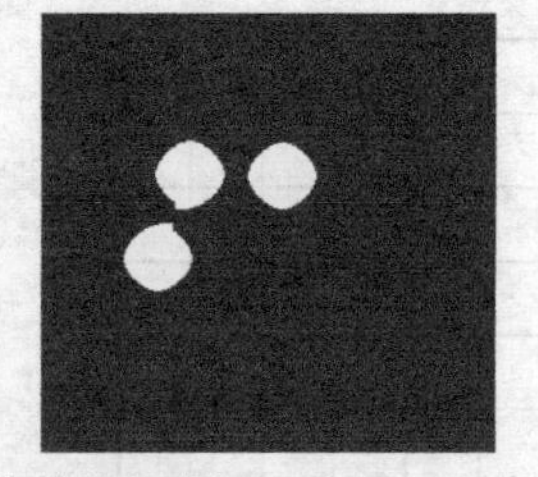

图 9-2 细胞粘连示例

在数字图像处理中，形态学是借助集合论的语言来描述的，所以本章的各节内容均以集合论为基础展开。集合的反射概念在形态学中得到了广泛的应用，一些形态学的基本概念在后续的算法处理中也会经常用到，下面将介绍这些基本概念。

1. 反射

一个集合 B 的反射表示为 $\hat{B}$，定义如下：

$$\hat{B} = \{w \mid w = -b, b \in B\} \tag{9-1}$$

如果 B 是描述图像中物体的像素的集合（二维点），则 $\hat{B}$ 是 B 中（x，y）坐标被（$-x$，$-y$）替代的点的集合，如图 9-3 所示。

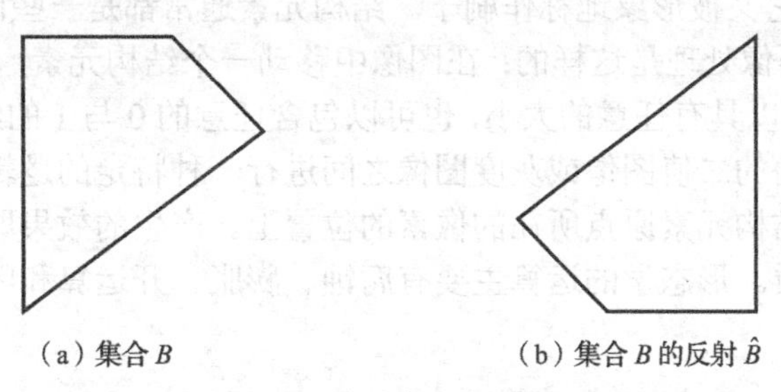

（a）集合 B （b）集合 B 的反射 $\hat{B}$

图 9-3 集合的反射示例

2. 元素

设有一幅图像 X，若点 a 在 X 的区域以内，则称 a 为 X 的元素，记作 $a \in X$，如图 9-4（a）所示。

3. B 包含于 X

设有两幅图像 B，X。对于 B 中所有的元素 a_i，都有 $a_i \in X$，则称 B 包含于（included in）X，记作 $B \subset X$，如图 9-4（b）所示。

4. B 击中 X

设有两幅图像 B，X。若存在这样一个点，它既是 B 的元素，又是 X 的元素，则称 B 击中（hit）X，记作 $B \uparrow X$，如图 9-4（c）所示。

5. B 不击中 X

设有两幅图像 B，X。若不存在任何一个点，它既是 B 的元素，又是 X 的元素，即 B 和 X 的交集是空，则称 B 不击中（miss）X，记作 $B \cap X = \varnothing$。其中，$\cap$ 是集合运算相交的符号，$\varnothing$ 表示空集，如图 9-4（d）所示。

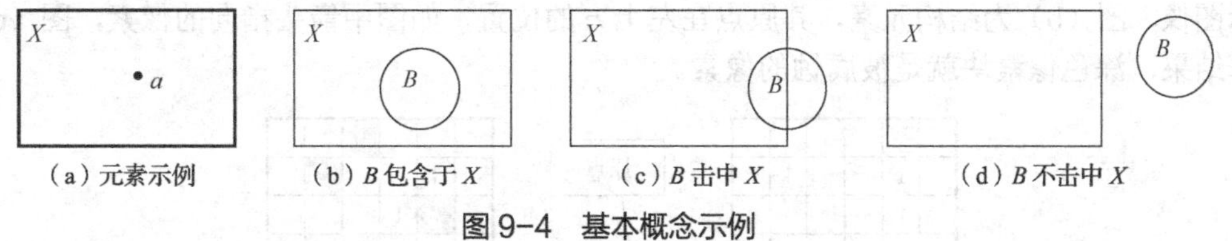

（a）元素示例 （b）B 包含于 X （c）B 击中 X （d）B 不击中 X

图 9-4 基本概念示例

6. 补集

设有一幅图像 X，所有 X 区域以外的点构成的集合称为 X 的补集，记作 X^c，如图 9-5 所示。显然，如果 $B \cap X = \varnothing$，则 B 在 X 的补集内，即 $B \subset X^c$。

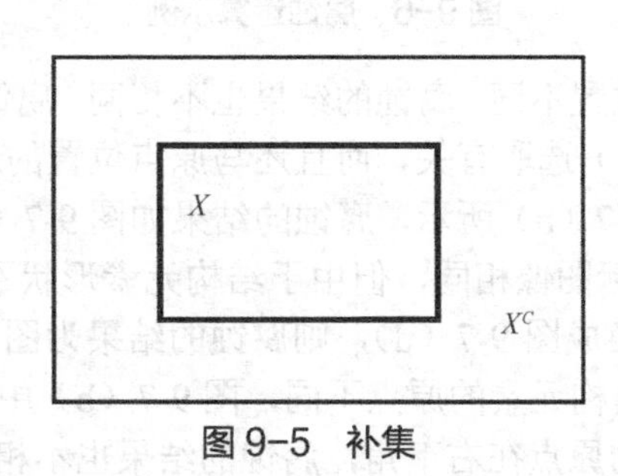

图 9-5 补集

7. 结构元素

设有两幅图像 B，X。若 X 是被处理的对象，而 B 是用来处理 X 的，则称 B 为结构元素（Structure Element），它又被形象地称作刷子。结构元素通常都是一些比较小的图像。

通常，形态学的图像处理是这样的：在图像中移动一个结构元素，并进行一种类似卷积操作的方式。结构元素可以具有任意的大小，也可以包含任意的 0 与 1 的组合。在每个像素位置，结构元素和与在它正面的二值图像或灰度图像之间进行一种特定的逻辑运算。逻辑运算的结果在输出图像中对应于结构元素原点所在的像素的位置上。产生的效果取决于结构元素的大小、内容及逻辑运算的性质。形态学的运算主要有腐蚀、膨胀、开运算和闭运算 4 种。

9.1 腐蚀

腐蚀是最基本的形态学运算之一，它能消除物体的所有边界点，使剩下的物体沿周边内缩一个像素。假设 A 和 B 为 Z^2 中的集合，A 被 B 腐蚀，记为 $A\otimes B$，定义为：

$$A\otimes B=\{x\mid(B)_x\subseteq A\} \tag{9-2}$$

即 A 被 B 腐蚀的结果为所有使 B 被 x 平移后包含于 A 的点 x 的集合。

腐蚀的另一种解释，即常用的解释是：对一个给定的目标图像 B 和一个结构元素 S，由结构元素 S 对二值图像 B 腐蚀，产生新的二值图像 E。如果 S 的原点移到图像（x，y）的位置上，则要求 S 完全包含于 B 中。其定义如下：

$$E=B\otimes S=\{x,y\mid S_{x,y}\subseteq B\} \tag{9-3}$$

腐蚀运算的基本过程是：把结构元素 B 看作一个卷积模板，每当结构元素平移到其原点位置与目标图像 A 中那些像素值为“1”的位置重合时，就判断被结构元素覆盖的子图像的其他像素的值是否都与结构元素相应位置的像素值相同。只有当其都相同时，才将结果图像中那个与原点位置对应的像素位置的值置为 1，否则置为 0。需要强调的是：当结构元素在目标图像上平移时，结构元素中的任何元素都不能超出目标图像的范围。如图 9-6 所示，图（a）为目标图像，图（b）为结构元素，其原点在左上方的位置，如图中箭头指向的像素，图（c）为运算结果，深色像素块就是被腐蚀的像素。

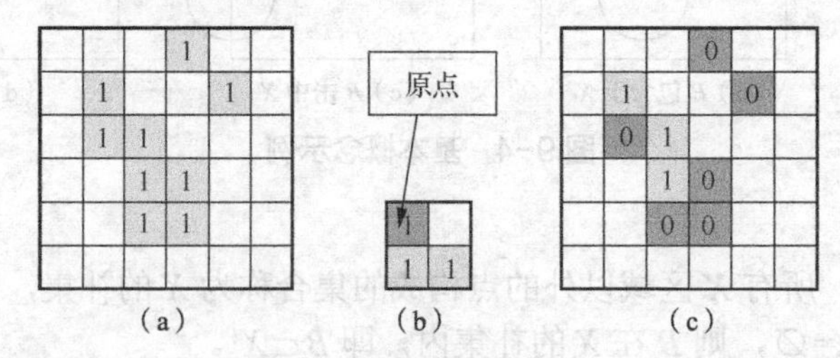

图 9-6 腐蚀运算示例

结构元素的形状和原点位置不同，腐蚀的结果也不相同，腐蚀运算的结果不仅与结构元素的形状（矩形、圆形、菱形等）选取有关，而且还与原点位置的选取有关。如图 9-7 所示，把图 9-6 中的结构元素改为图 9-7（b）所示，腐蚀的结果如图 9-7（c）所示。比较图 9-6（c）和图 9-7（c）可以发现虽然目标图像相同，但由于结构元素形状不同，腐蚀结构也不相同。如果把图 9-7（b）的结构元素换成图 9-7（d），则腐蚀的结果为图 9-7（e）。比较图 9-7（c）和图 9-7（d）可以发现，由于结构元素的原点不同，图 9-7（b）中的结构元素的原点在左下角，而图 9-7（d）中的结构元素的原点在右下角，腐蚀的结果也不相同。

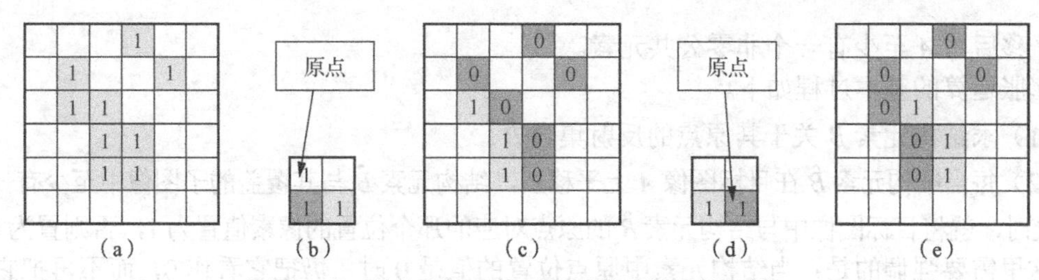

（a）（b）（c）（d）（e）

图 9-7　结构元素原点不同时的腐蚀运算示例

如图 9-8 所示，假设希望去掉图 9-8（a）中连接中心区域到边界焊接点的线。可以使用一个大小为 11×11 且元素都是 1 的方形结构元素来腐蚀该图像。如图 9-8（b）所示，大多数为 1 的线条都被去除了。但位于中心的两条垂直线只是被细化了，并没有被完全去除，原因是它们的宽度大于 11 个像素。所以可以利用 11×11 的结构元素再次腐蚀该图像，这样就可以得到图 9-8（c）所示的图像。结构元素尺寸的选择很重要，如果尺寸太大，可能会把原有需要的特征也一起腐蚀掉，例如，对图 9-8（a）使用大小为 45×45 的结构元素进行腐蚀，就会得到图 9-8（d）所示的图形，边界的焊接点也被去除了。

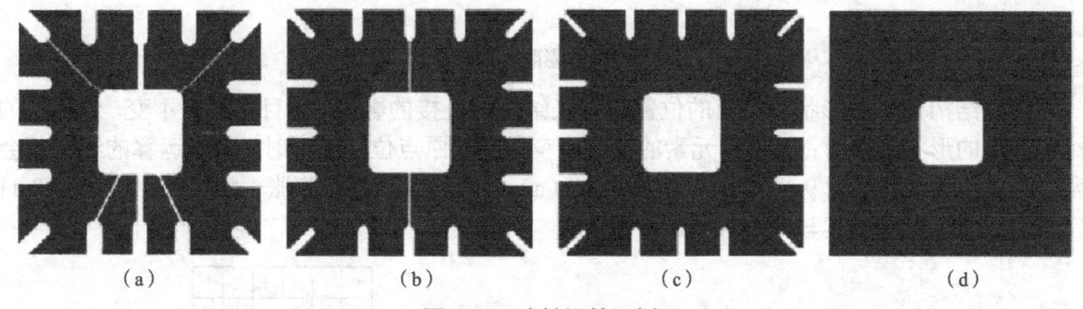

（a）（b）（c）（d）

图 9-8　腐蚀运算示例

如图 9-2 所示的细胞粘连示例也是利用腐蚀去掉细胞之间的粘连，如图 9-9 所示，利用图 9-9（b）所示的结构元素腐蚀图 9-9（a）中的图像，可以得到图 9-9（c）所示的图像。

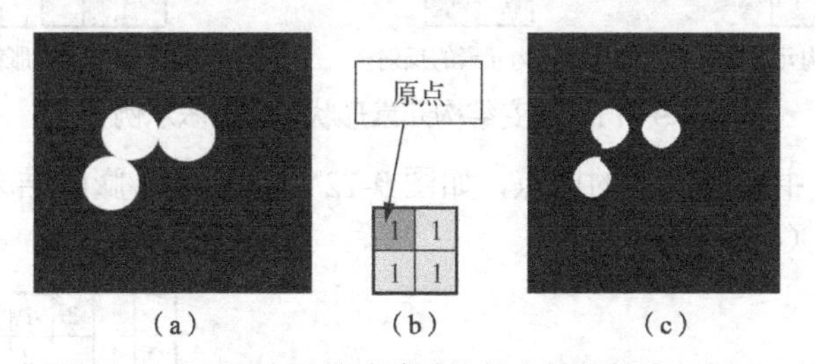

（a）（b）（c）

图 9-9　利用腐蚀算法消除物体之间的粘连示例

9.2 膨胀

膨胀与腐蚀相反，是将与某物体接触的所有背景点合并到该物体中的过程。膨胀的结果是目标直径会增大 2 个像素。

假设 A，B 为 Z^2 中的集合，$\varnothing$ 为空集，A 被 B 膨胀，记为 $A\oplus B$，定义为：

$$A\oplus B=\{x\mid(\hat{B})_x\cap A\neq\varnothing\} \tag{9-4}$$

上式说明，膨胀的过程是 B 首先做关于原点的反射，然后平移 x。A 被 B 的膨胀是 $\hat{B}$ 被所

有 x 平移后与 A 至少有一个非零公共元素。

膨胀运算的基本过程如下。

（1）求结构元素 B 关于其原点的反射集合 $\hat{B}$。

（2）每当结构元素 $\hat{B}$ 在目标图像 A 上平移后，结构元素 $\hat{B}$ 与其覆盖的子图像中至少有一个元素相交时，就将目标图像中与结构元素 $\hat{B}$ 的原点对应的那个位置的像素值置为 1，否则置为 0。

这里需要强调的是：当结构元素中原点位置的值是 0 时，仍把它看作 0，而不再把它看作 1。当结构元素在目标图像上平移时，允许结构元素中的非原点像素超出目标图像的范围。如图 9-10 所示，图（a）为目标图像，图（b）为结构元素，图（c）为结构元素的反射，图（d）为运算结果，其中标为数字 2 的部分就是膨胀出来的像素。

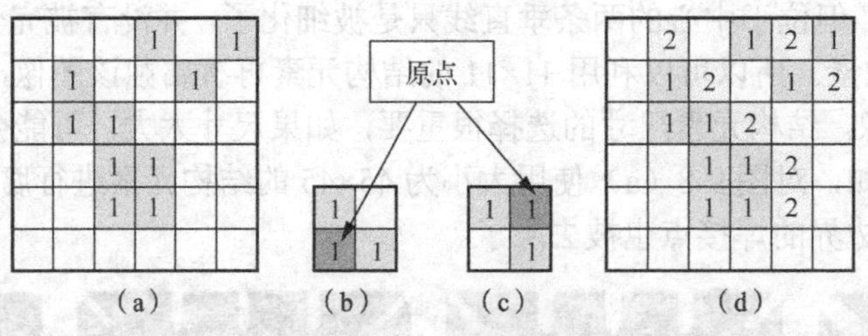

图 9-10　膨胀运算示例

同样结构元素的形状和原点的位置对膨胀结果有直接的影响，当目标图像不变，但所给的结构元素的形状改变时；或结构元素的形状不变，而其原点位置改变时，膨胀运算的结果都会发生改变。例如，对图 9-10（a）采用图 9-11（a）的结构元素进行膨胀，膨胀的结果如图 9-11（c）所示，可以看出其与图 9-10（d）不同。

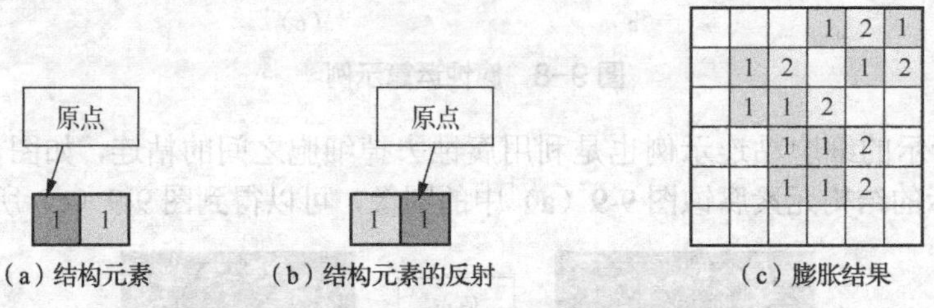

图 9-11　改变结构元素形状后的膨胀示例

改变图 9-11（a）中结构元素的原点，如图 9-12（a）所示，膨胀结果如图 9-12（c）所示，可以看出其与图 9-11（c）不同。

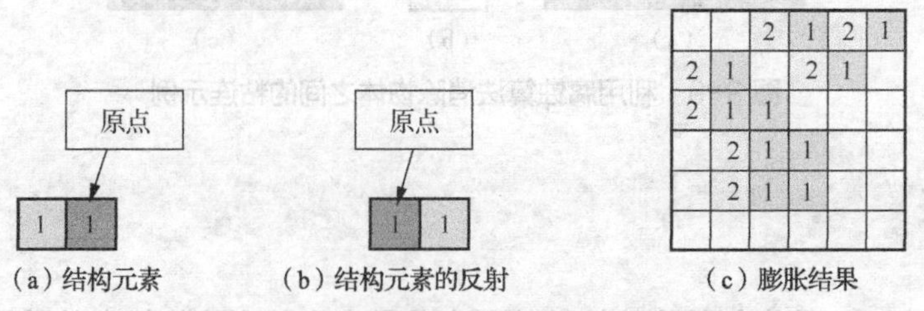

图 9-12　改变结构元素原点后的膨胀示例

如图 9-13 所示，利用膨胀运算填充目标区域中的小孔，图（a）中的目标图像由于噪声的影响，导致目标中间产生很多小孔，会给图像后续的识别增加不必要的麻烦，所以对目标利用图（b）所示结构元素进行膨胀运算，得到图（c）所示的结果图，比较图（a）和图（c），可以发现很多小孔都被去除了，而且目标区域明显变粗。

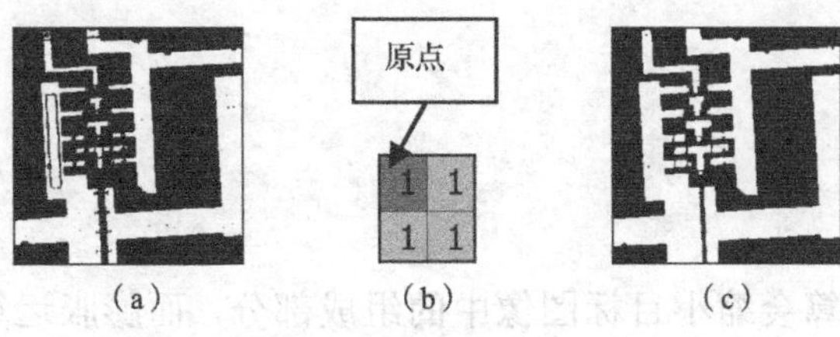

(a)　(b)　(c)

图 9-13　利用膨胀运算填充目标区域中的小孔

膨胀与腐蚀运算具有对偶性，即对目标图像的膨胀运算，相当于对图像背景的腐蚀运算操作；对目标图像的腐蚀运算，相当于对图像背景的膨胀运算操作。膨胀和腐蚀运算的对偶性可分别表示为：

$$(A \oplus B)^c = A^c \otimes \hat{B} \tag{9-5}$$

$$(A \otimes B)^c = A^c \oplus \hat{B} \tag{9-6}$$

如图 9-14 所示，假设图（a）为目标图像，图（b）为结构元素，利用图（b）对图（a）进行腐蚀和膨胀的运算结果为图（c）～（h）。

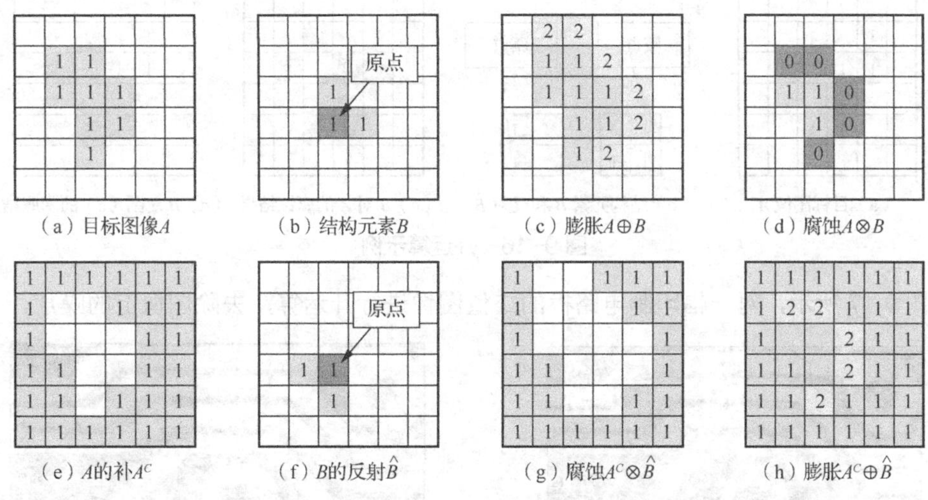

（a）目标图像A　（b）结构元素B　（c）膨胀$A \oplus B$　（d）腐蚀$A \otimes B$

（e）A的补A^C　（f）B的反射$\hat{B}$　（g）腐蚀$A^C \otimes \hat{B}$　（h）膨胀$A^C \oplus \hat{B}$

图 9-14　腐蚀和膨胀运算对偶性示例

如图 9-15 所示，利用图（b）的结构元素对实际图像（a）进行腐蚀和膨胀运算。

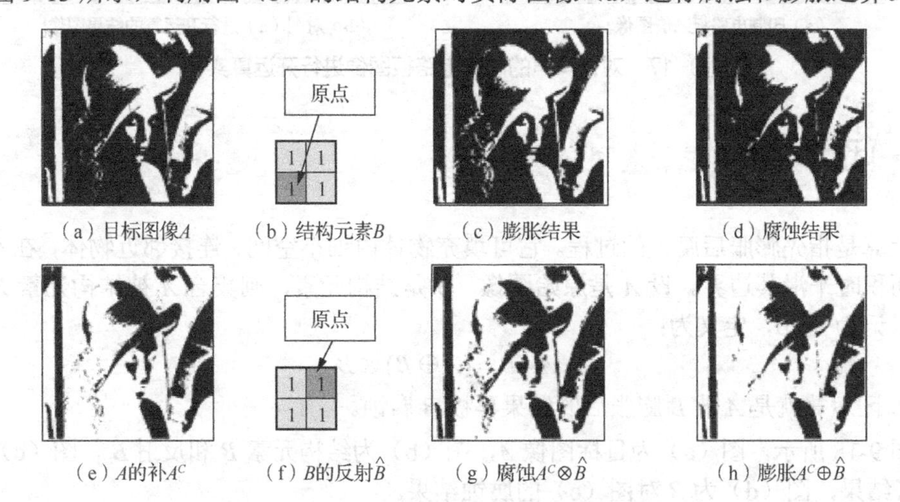

（a）目标图像A　（b）结构元素B　（c）膨胀结果　（d）腐蚀结果

（e）A的补A^C　（f）B的反射$\hat{B}$　（g）腐蚀$A^C \otimes \hat{B}$　（h）膨胀$A^C \oplus \hat{B}$

图 9-15　腐蚀与膨胀运算对偶性实例验证

9.3 开运算

如前所述，腐蚀运算会缩小目标图像中的组成部分，而膨胀运算则会扩大目标图像中的组成部分。对一个图像先进行腐蚀运算然后进行膨胀运算的操作过程称为开运算，它可以消除细小的物体，在纤细点处分离物体，平滑较大物体的边界时不会明显地改变其面积，也可用于消除噪点。设 A 是原始图像，B 是结构元素，则集合 A 被结构元素 B 做开运算，记为 $A \circ B$，定义为：

$$A \circ B = (A \otimes B) \oplus B \tag{9-7}$$

则 A 被 B 开运算就是 A 被 B 腐蚀后的结果再被 B 膨胀。

如图 9-16 所示，图（a）为目标图像 A，图（b）为结构元素 B 和反射 $\hat{B}$，图（c）为 B 对 A 的腐蚀结果，图（d）为 B 对图（c）的膨胀结果。

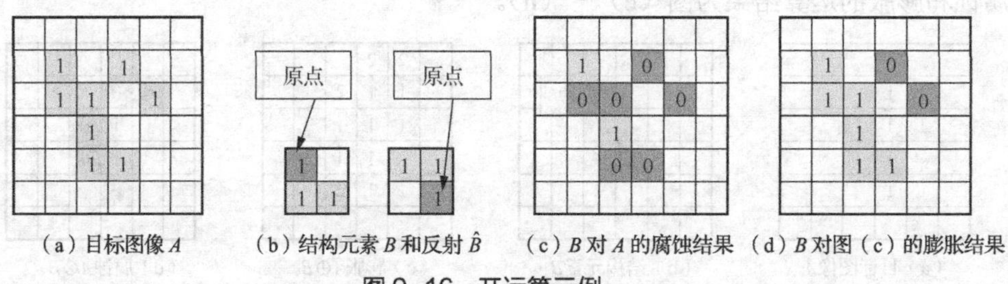

（a）目标图像 A　（b）结构元素 B 和反射 $\hat{B}$　（c）B 对 A 的腐蚀结果　（d）B 对图（c）的膨胀结果

图 9-16　开运算示例

如图 9-17 所示，对一幅印制电路板的二值图像进行开运算，去除图像上的噪声。

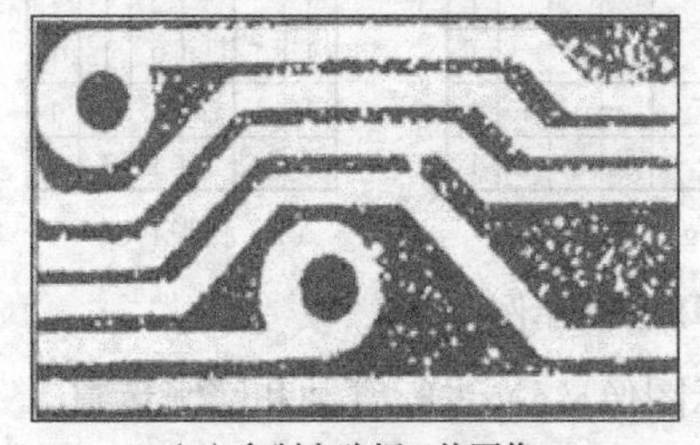

（a）印制电路板二值图像

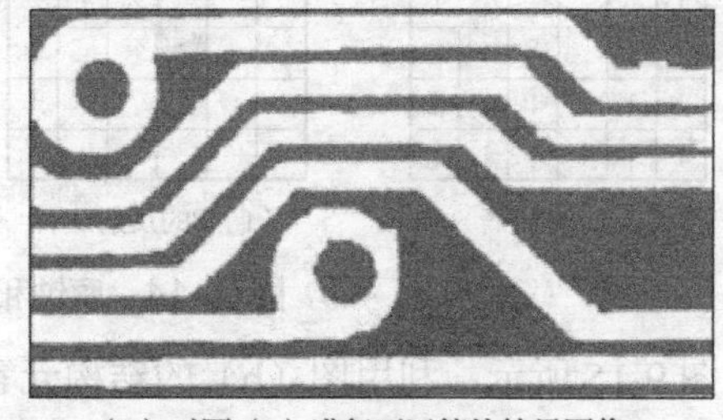

（b）对图（a）进行开运算的结果图像

图 9-17　对含噪声的印制电路板图像进行开运算实例

9.4 闭运算

闭运算是指先膨胀后腐蚀的过程。它可填充物体内细小空间，连接邻近物体，在不明显改变物体面积时平滑其边界。设 A 是原始图像，B 是结构元素，则集合 A 被结构元素 B 做闭运算，可以记为 $A \bullet B$，定义为：

$$A \bullet B = (A \oplus B) \otimes B \tag{9-8}$$

即 A 被 B 闭运算就是 A 被 B 膨胀后的结果再被 B 腐蚀。

如图 9-18 所示，图（a）为目标图像 A，图（b）为结构元素 B 和反射 $\hat{B}$，图（c）为 B 对 A 的膨胀结果，图（d）为 B 对图（c）的腐蚀结果。

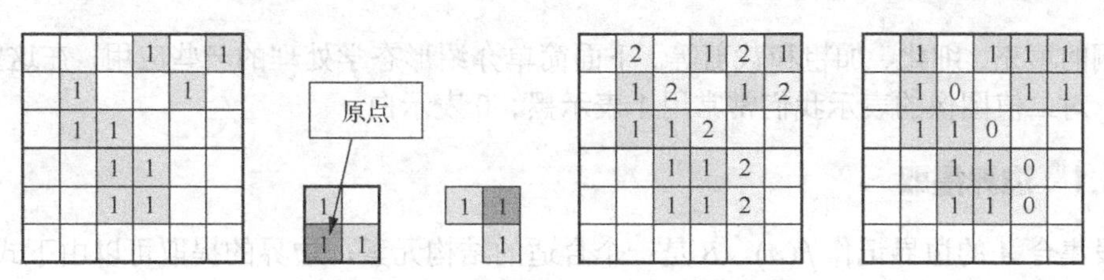

（a）目标图像 A　（b）结构元素 B 和反射 $\hat{B}$　（c）B 对 A 的膨胀结果（d）B 对图（c）的腐蚀结果

图 9-18　闭运算示例

如腐蚀和膨胀具有对偶性一样，开运算与闭运算也具有对偶性，它们之间的对偶关系表示如下：

$$(A \bullet B)^c = A^c \circ \hat{B} \tag{9-9}$$

$$(A \circ B)^c = A^c \bullet \hat{B} \tag{9-10}$$

闭运算可以使物体的轮廓线变得光滑，具有磨光物体内边界的作用，而开运算具有磨光图像外边界的作用。

图 9-19 显示了 H 形图像被一个圆盘形结构元素做开运算和闭运算的情况，图（a）为 H 形原图像，图（b）显示了在腐蚀过程中圆盘结构元素的各个位置，当完成这一过程后，形成分开的两个图形如图（c）所示，H 形图像的中间桥梁被去掉了，这主要是由于“桥梁”的宽度小于结构元素的直径。图（d）显示了对腐蚀结果进行膨胀的过程，图（e）显示了开运算的最终结果。同样，图（f）～（i）显示了用同样的结构元素对图（a）的闭运算的结果。

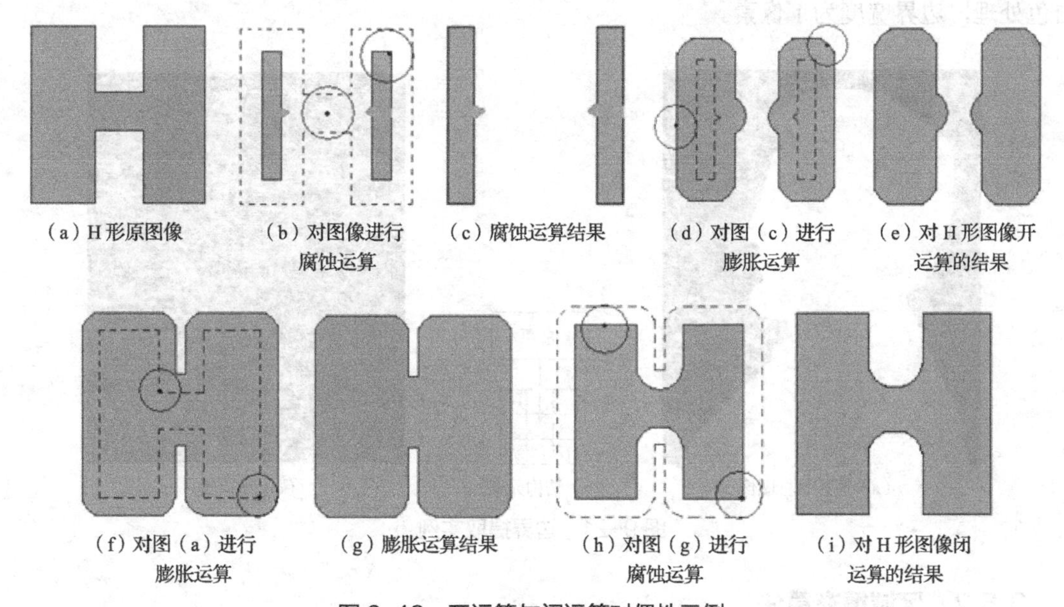

（a）H 形原图像　（b）对图像进行腐蚀运算　（c）腐蚀运算结果　（d）对图（c）进行膨胀运算　（e）对 H 形图像开运算的结果

（f）对图（a）进行膨胀运算　（g）膨胀运算结果　（h）对图（g）进行腐蚀运算　（i）对 H 形图像闭运算的结果

图 9-19　开运算与闭运算对偶性示例

9.5 应用案例

在处理二值图像时，形态学主要用于表示和描述图像的特征，例如边界的提取、接连细小部分、骨骼、凸壳等。形态学的处理也经常跟其他方法结合处理，作为其他方法的辅助手段，例如孔洞的填充、细化、加粗和裁剪等。下面简单介绍形态学处理的一些应用，在这些算法的讨论中，对二值图像的表示我们常常用 1 表示黑、0 表示白。

9.5.1 边界提取

假设集合 A 的边界记作 $\beta(A)$，B 是一个合适的结构元素，边界的提取可以由下式得到：

$$\beta(A) = A - (A \otimes B) \tag{9-11}$$

即先用 B 腐蚀 A，然后求集合 A 和它的腐蚀的差。

图 9-20 展示了边界提取的过程，边界宽度是单像素的。图（a）为原始的二值图像，图（b）为结构元素（比较常用的一种，但不是唯一的一种）。需要注意的是，当集合 B 的原点处在集合 A 的边界时，结构元素的一部分会出现集合之外，这种情况下，通常的处理是约定集合边界外的值为 0。

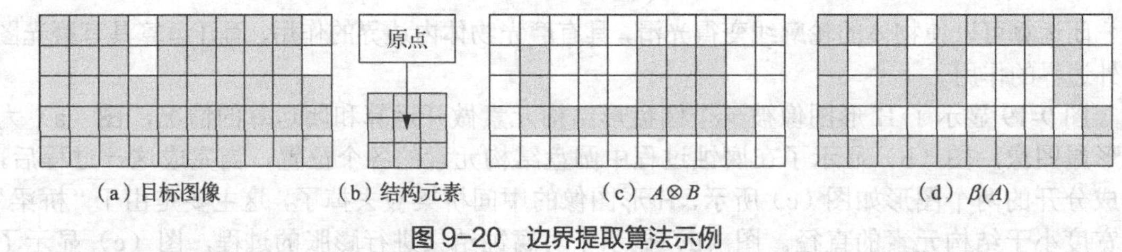

图 9-20 边界提取算法示例

如图 9-21 所示，对一个二值图像提取边界，1 为白色，0 为黑色，结构元素中的 1 也作为白色处理，边界宽度为 1 像素。

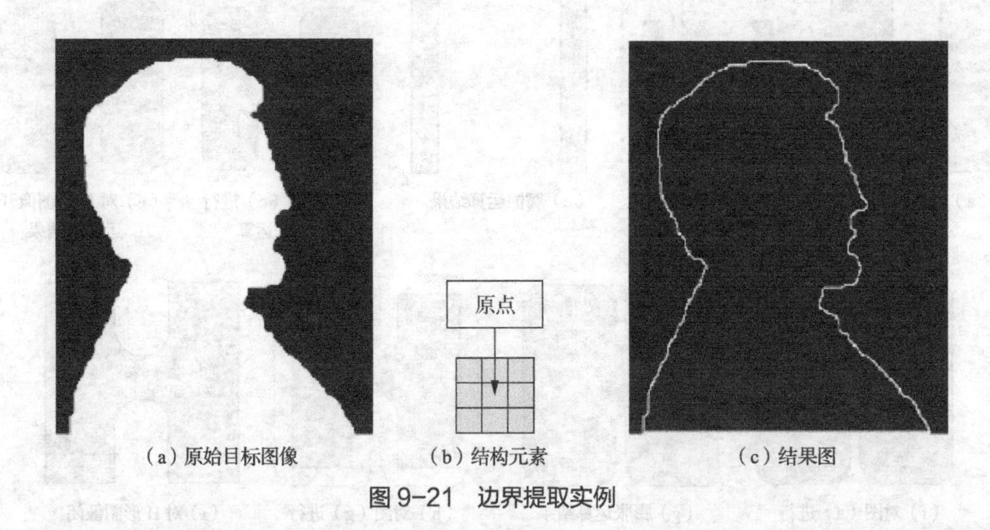

图 9-21 边界提取实例

9.5.2 区域填充算法

利用形态学运算可以实现区域的填充、孔洞填充。下面讨论基于集合膨胀、取补和取交的区域填充算法。如图 9-22 所示，A 表示一个包含一个子集的集合，子集的元素为 8 字形的连接边界的区域。从边界内的任意一点 P 开始，用 1 去填充整个区域。假设所有的非边界元素均为 0，从 P 点开始赋值 1，实现整个区域用 1 填充，如式（9-12）所示。

$$x_k = (x_{k-1} \oplus B) \cap A^c \qquad k = 1,\ 2,\ 3,\ \cdots \tag{9-12}$$

其中，$x_0=P$，B 为对称结构元素，如图 9-22（c）所示。当迭代到 $x_k=x_{k-1}$ 时，算法终止，即填充完成。集合 x_k 和 A 的并集包括填充的结合和边界。图（d）～（h）是填充过程的部分显示结果。

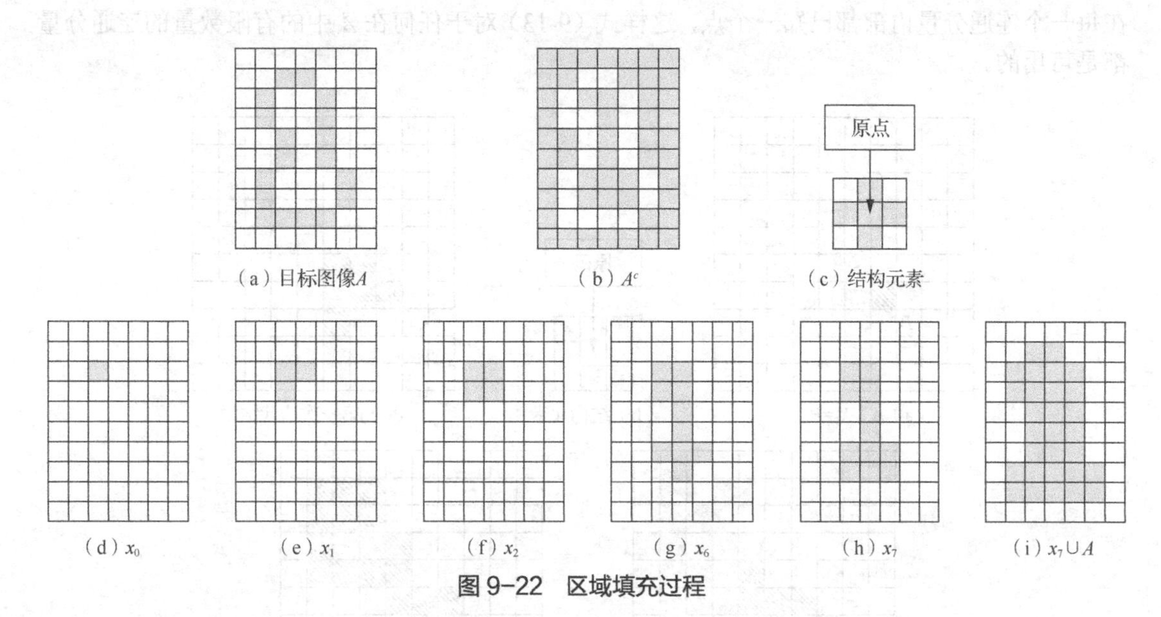

（a）目标图像A　（b）A^c　（c）结构元素

（d）x_0　（e）x_1　（f）x_2　（g）x_6　（h）x_7　（i）$x_7 \cup A$

图 9-22　区域填充过程

图 9-23 所示为孔洞填充示例，图（a）显示一幅由内部带有黑色点的白色圆圈组成的图像。这样的图像可以通过将包含磨光的球体（如滚珠）的场景用阈值处理分为两个层次而得到。球体内部的黑点可能是反射的结果。我们的目的是通过孔洞填充来消除这次反射。图（a）显示了在一个球体中选择的一个点，图（b）显示了填充一部分的结果，图（c）显示了填充的最终结果。

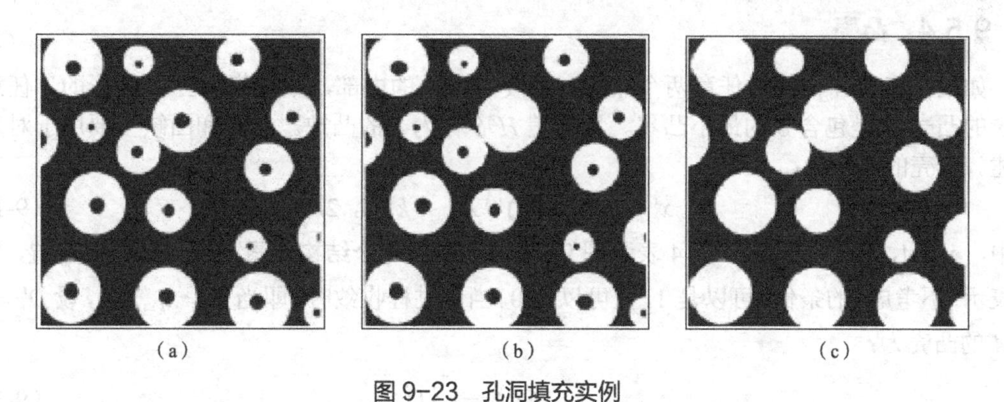

（a）　（b）　（c）

图 9-23　孔洞填充实例

9.5.3　连通分量的提取

从二值图像中提取连通分量是许多图像分析应用的核心。假设 A 是包含一个或多个连通的集合，并形成一个阵列 x_0（该阵列的大小与包含 A 的阵列大小相同），除了在对应 A 中每个连通分量中的一个点的已知的每一个位置处置为 1（前景值）外，该阵列的所有其他元素均为 0（背景值）。利用下式的迭代可以实现该目的：

$$x_k = (x_{k-1} \oplus B) \cap A \qquad k = 1,\ 2,\ 3,\ \cdots \tag{9-13}$$

其中，B 是一个合适的结构元素。当 x_k=x_{k-1} 时，算法终止，x_k 包含输入图像中所有的连通分量。

图 9-24 显示了连通分量提取过程。这里的结构元素的形状是基于 8 连通的，如果是基于 4 连通的话，朝向图像底部的连通分量的最左侧元素将不会被检测到。如孔洞填充算法那样，假定在每一个连通分量内部都已知一个点，这样式（9-13）对于任何在 A 中的有限数量的连通分量都是可用的。

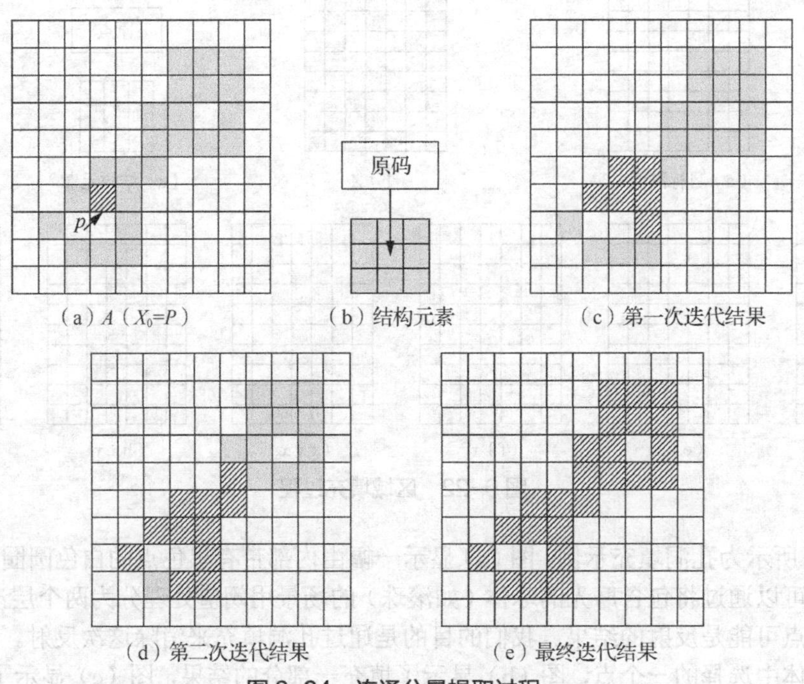

图 9-24　连通分量提取过程

9.5.4 凸壳

如果在集合 A 内连接任意两个点的直线段都在 A 的内部，则称集合 A 是凸形的。任意集合 S 的凸壳 H 是包含 S 的最小凸集。集合差 $H-S$ 称为 S 的凸缺。凸壳和凸缺主要用于对象的描述。凸壳的算法为：

$$x_k^i = (x_{k-1} \uparrow B^i) \cup A \qquad k=1,\ 2,\ 3,\ \cdots \tag{9-14}$$

其中，$x_0^i = A$，B^i，$i=1$，2，3，4 表示图 9-25（a）中的 4 个结构元素，原点在中心位置，“X”项表示“不考虑”的条件，可以是 1，也可以是 0。当该过程收敛时（即当 $x_k^i = x_{k-1}^i$ 时），设 $D^i = x_k^i$，则 A 的凸壳为：

$$C(A) = \bigcup_{i=1}^{4} D^i \tag{9-15}$$

即该方法是由反复使用 B^i 对 A 做击中或击不中变换组成，当不再发生进一步变化时，就执行与 A 的并集运算。整个算法的运算过程如下。

首先从 $x_0^1 = A$ 开始，如图 9-25（b）所示，重复执行式（9-14），得到图 9-25（c）所示结果。然后令 $x_0^2 = A$，再次利用公式（9-14），得到图 9-25（d）所示结果。再利用 $x_0^3 = A$ 和 $x_0^4 = A$，得到图 9-25（e）、（f）所示的结果。最后，把图 9-25（c）～（f）中的结合求并的结果就是所求的凸壳，如图 9-25（g）所示。

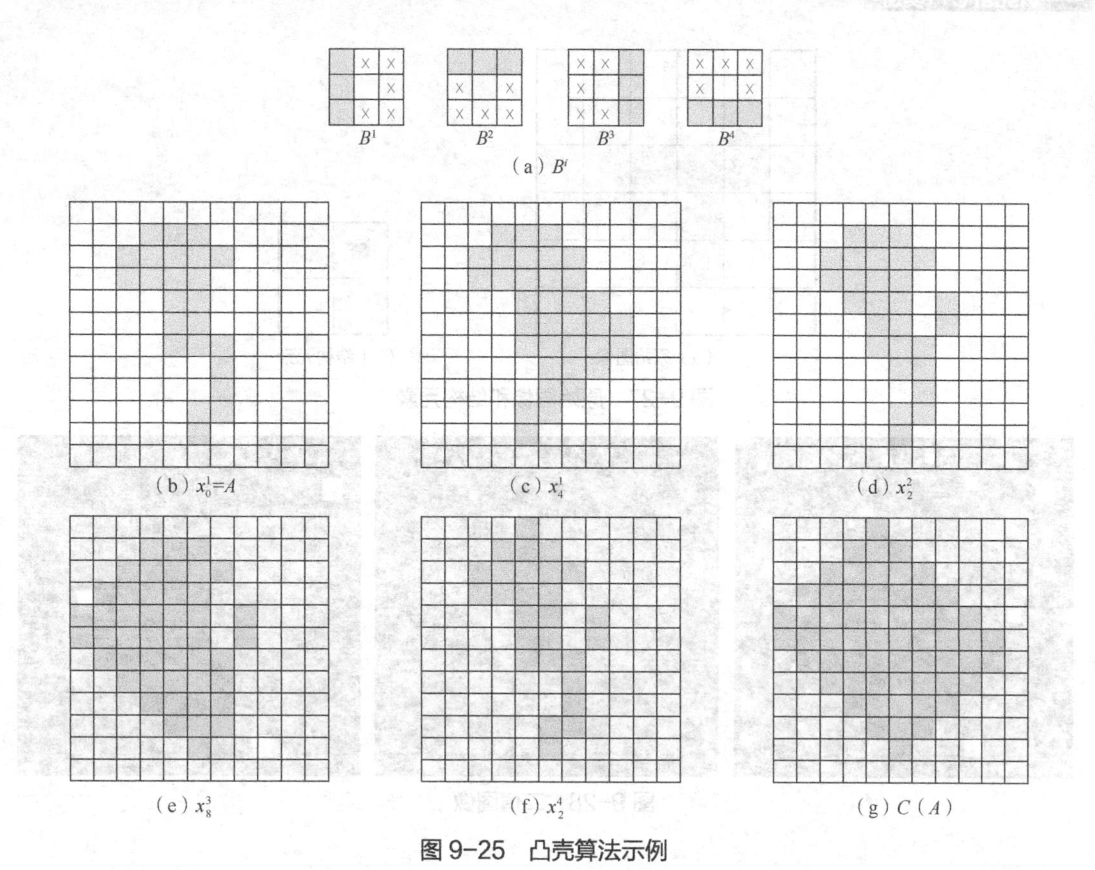

图 9-25　凸壳算法示例

思考与练习

1. 参考图9-26（a）所示的图像，给出生成图（b）～图（e）所示结果的结构元素和形态学操作，并清楚地说明每个结构元素的原点。图中的虚线表示原始集合的边界，仅供参考（注：图（e）中的所有角都是圆角）。

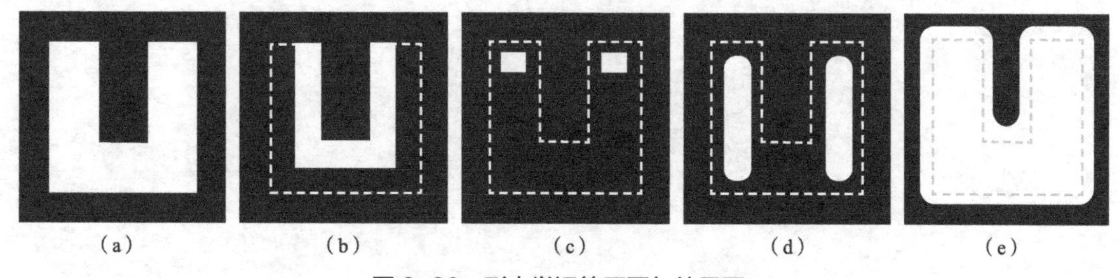

图 9-26　形态学运算原图与结果图

2. 根据图9-27（b）所给的结构元素，画出对原图像进行膨胀、腐蚀的结果。

3. 考虑图9-28所示的3幅二值图像。左侧的图像是由边长为1、3、5、7、9和15像素的方块组成的。中间的图像是使用大小为13×13像素、元素为1的方形结构元素对左侧图像进行腐蚀生成的。除了最大的几个之外，消除了所有的方块。最后，右侧的图像是使用相同的结构元素对中间图像膨胀后的结果，其目的是恢复最大的方块。先腐蚀再膨胀实际上是对图像的开操作，开操作通常不能将物体恢复为原始形式。解释这种情形下为何能完全重建较大的方块。

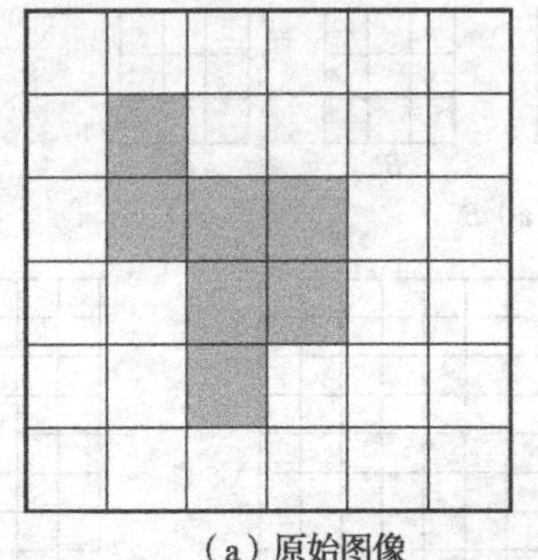

（a）原始图像

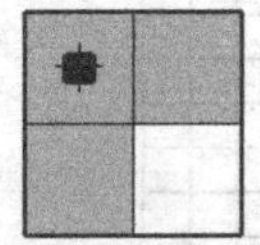

（b）结构元素

图 9-27　原始图像和结构元素

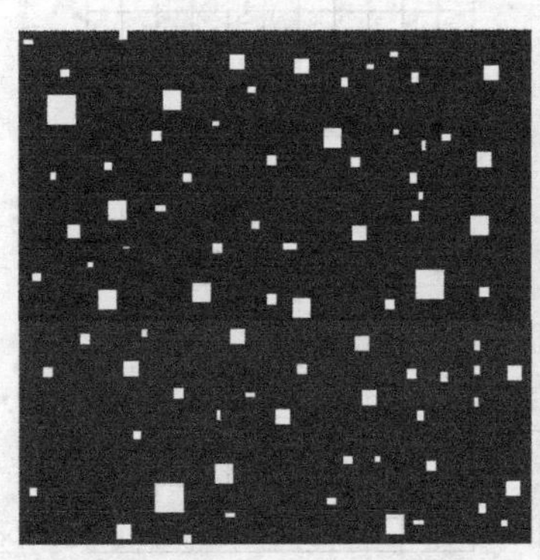

图 9-28　二值图像

第 10 章　彩色图像处理

在之前的章节中，处理的对象基本都是灰度图像，但在实际应用中，我们所获得的大部分源图像都是彩色图像。从原则上讲，前面各章的灰度处理方法均可直接用于彩色处理，例如可以把 RGB 图像看成 3 个通道的灰度图像，分别对 3 个通道进行处理，在很多情况下，会把彩色图像转换成灰度图像，再按灰度图像的处理方法进行处理。图像中应用彩色主要是因为：①简化区分目标；②人眼可以辨别几千种颜色色调和亮度，而对灰度的辨别仅几十种。进行人工图像分析，彩色图像处理可分为两个主要领域：全彩色、伪彩色。颜色是视觉系统对波长在 380～780nm 的可见光的感知结果。我们看到的大多数光不是单一波长的光，而是由许多不同波长的光组合而成。有关视觉基础的内容可参见 1.5 节。

10.1 彩色图像基本属性

10.1.1 像素深度

彩色图像的像素深度是指每个像素存储所需要的位数，也是用来度量图像的分辨率。像素深度决定彩色图像每个像素可能有的颜色。例如，一幅 RGB 图像，如果 R、G、B 3 个分量分别用 8 位存储，那么每个像素需要用 24 位存储，即像素深度为 24，则每个像素可以是 2^{24}（16 777 216）种颜色中的一种，所以常常把像素深度说成图像深度。表示一个像素的位数越多，它所能表达的颜色数就越多，其深度也越深。

虽然像素深度或图像深度可以很深，但各种 VGA 的颜色深度却受到了限制。例如，标准 VGA 支持 4 位 16 种颜色的彩色图像，多媒体应用中推荐至少用 8 位 256 种颜色。由于设备的限制，加上人眼分辨率的限制，一般情况下，不一定要追求特别深的像素深度。此外，像素深度越深，所占用的存储空间越大。但是如果像素深度太浅，那么图像的质量就会受到影响，图像看起来也比较粗糙且不自然。

在用二进制数表示彩色图像的像素时，除 R、G、B 分量用固定位数表示外，往往还增加 1 位或几位作为属性（Attribute）位。例如，RGB5:5:5 表示一个像素时，用 2 个字节共 16 位表示，其中 R、G、B 各占 5 位，剩下 1 位作为属性位。在这种情况下，像素深度为 16 位，而图像深度为 15 位。属性位用来指定该像素应具有的性质。例如，在某些图像采集系统中，用 RGB5:5:5 表示的像素共 16 位，其最高位（b_{15}）用作属性位，并把它称为透明（Transparency）位，记为 T。T 的含义可以这样理解：假如显示屏上已经有一幅图存在，当某幅图或者某幅图的一部分要重叠在上面时，T 位就用来控制原图是否可见。例如，定义 T=1，原图完全看不见；T=0，原图能完全看见。

在用 32 位表示一个像素时，若 R、G、B 分别用 8 位表示，剩下的 8 位常称为 α 通道（Alpha Channel）位，或称为覆盖（Overlay）位、中断位、属性位。它的用法可用一个预乘 α 通道的例子来说明。假如一个像素（A，R，G，B）的 4 个分量都用规一化的数值表示，（A，R，G，B）为（1，1，0，0）时显示为红色。当像素为（0.5，1，0，0），预乘的结果就变成（0.5，0.5，0，0），这表示原来该像素显示的红色的强度为 1，而现在显示的红色的强度降了一半。

用这种办法定义一个像素的属性在实际应用中很管用。例如，在一幅彩色图像上叠加文字说明，而又不想让文字把图像覆盖掉，就可以用这种办法来定义像素。

10.1.2 真彩色、伪彩色、假彩色

图像的彩色显示有真彩色（True Color）、伪彩色（Pseudo Color）和假彩色（False Color）之分，进一步理解它们的含义，对彩色图像的存储格式、显示及处理有直接的指导意义。

1. 真彩色

真彩色是指在组成一幅彩色图像的每个像素值中，有 R、G、B 3 个基色分量，每个基色分量都直接决定了显示设备的基色强度，这样产生的彩色称为真彩色。例如用 RGB5:5:5 表示的彩色图像，R、G、B 各用 5 位，R、G、B 分量大小的值直接确定 3 个基色的强度，这样得到的彩色才是真实的原图彩色。

如果用 RGB8:8:8 方式表示一幅彩色图像，就是 R、G、B 都用 8bit 来表示，每个基色分量占 1 字节（Byte），共 3 字节，每个像素的颜色就由这 3 字节中的数值直接决定，可生成的颜色数就是 2^{24}（16 777 216）种。用 3 字节表示的真彩色图像所需要的存储空间很大，而人的眼睛是很难分辨出这么多种颜色的，因此在许多场合往往用 RGB5:5:5 来表示，每个彩色分量占 5 位，再加 1 位显示属性控制位共 2 字节，生成的真彩色颜色数目为 2^{15}，即 32KB。

2. 伪彩色

伪彩色图像的含义是，每个像素的颜色不是由每个基色分量的数值直接决定，而是把像素值当作彩色查找表（Color Look-Up Table，CLUT）的表项入口地址，去查找一个显示图像时使用的 R、G、B 强度值，用查找出的 R、G、B 强度值产生的彩色称为伪彩色。

彩色查找表是一个事先做好的表，表项入口地址称为索引号。例如 16 种颜色的查找表，0 号索引对应黑色，……，15 号索引对应白色。彩色图像本身的像素数值和彩色查找表的索引号有一个变换关系，这个关系可以使用 Windows 操作系统的变换关系，也可以使用用户自己定义的变换关系。使用查找得到的数值显示的彩色是真的，但不是图像本身真正的颜色，它没有完全反映原图的彩色，故称之为伪彩色。

3. 假彩色

假彩色图像是用一种不同于一般肉眼看的全彩色的方式上色生成的图像，主要是为了强调突出某些用肉眼不好区分的图像。彩色合成是用同一地区或景物的不同波段的黑白（分光）图像，分别通过不同的滤光系统，使其相应影像准确地重合，生成该地区或景物的彩色图像的技术过程。彩色合成首先要得到同一地区或景物的分光（或不同波段的）负片，然后根据合成所采用的技术方法，选用分光正片或负片，再经过分别滤光或加色，并准确重合后得到彩色图像。若取得分光负片和彩色合成所采用的滤光系统不一致又不一一对应，得到图像的彩色与实际彩色则不一致，我们称之为假彩色。

10.2 彩色图像增强

10.2.1 真彩色图像增强

真彩色增强的处理对象是具有 2^{24} 种颜色的彩色图像（又称全彩色图像）。对真彩色图像的处理策略可分为两种。一种是将一幅彩色图像看作三幅分量图像的组合体，在处理过程中先对每幅图像（按照对灰度图像处理的方法）单独处理，再将处理结果合成为彩色图像。另一种

是将一幅彩色图像中的每个像素看作具有 3 个属性值，即属性现在为一个矢量，需利用对矢量的表达方法进行处理。为避免破坏图像的彩色平衡，真彩色的增强通常会选择在 HSI 模型下进行。实现步骤如下：①将 R、G、B 分量图转化为 H、S、I 分量图；②利用灰度图增强的方法增强其中一个分量图；③最后将一个增强了的分量图和两个原来的分量图一起转换为 R、G、B 分量图来显示。依据选择增强分量和增强目的的不同，可将真彩色增强分为亮度增强、色调增强和饱和度增强 3 种。

1. 亮度增强

亮度增强的目的是通过对图像亮度分量的调整使图像在合适的亮度上提供最大的细节。例如，通过灰度变换或直方图均衡化的方法来增强亮度分量。如图 10-1 所示，分别利用灰度线性拉伸和直方图均衡方法对原彩色图像进行亮度分量的拉伸和均衡。

(a) 原彩色图像

(b) 线性拉伸增强效果

(c) 直方图均衡增强效果

图 10-1　真彩色图像的亮度增强实例

2. 色调增强

色调增强的目的是通过增加颜色间的差异来达到图像增强效果，一般可以通过对彩色图像每个点的色度值加上或减去一个常数来实现。由于彩色图像的色度分量是一个角度值，因此对色度分量加上或减去一个常数，相当于图像上所有点的颜色都沿着彩色环逆时针或顺时针旋转一定的角度。注意彩色处理色相分量图像的操作必须考虑灰度级的“周期性”，即对色调值加上 120° 和加上 480° 是相同的。图 10-2 所示为对原彩色图像的色调分量的色度值分别增加 120° 和减少 120° 的结果。

(a) 原彩色图像

(b) 色度值加上 120° 效果

(c) 色度值减去 120° 效果

图 10-2　真彩色图像的色调增强实例

从图 10-3 所示的色调分布图上可以看出，红色与绿色相差 120°，绿色与蓝色相差 120°，即红色加上 120° 后变成绿色，减去 120° 变成蓝色，从图 10-2 中也验证了该事实。

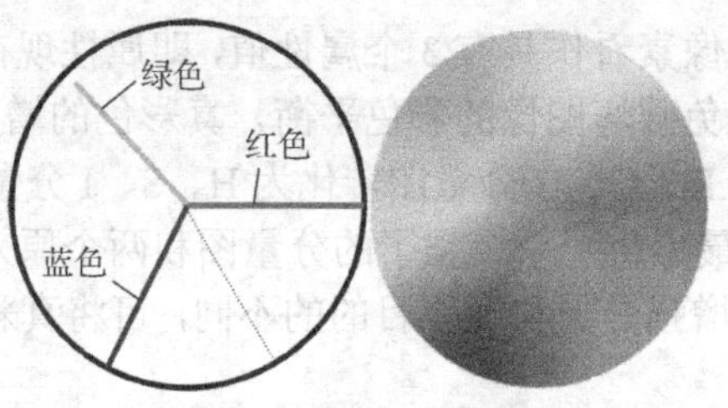

图 10-3 色调分布图

3. 饱和度增强

饱和度增强可以使彩色图像的颜色更为鲜明。饱和度增强可以通过对彩色图像每个点的饱和度值乘以一个大于 1 的常数来实现；反之，如果对彩色图像每个点的饱和度值乘以小于 1 的常数，则会减弱原图像颜色的鲜明程度。图 10-4（b）和（c）所示为对原彩色图像的饱和度分量值分别乘以 3 和 0.3 的结果。

（a）原彩色图像

（b）饱和度乘以 3 的效果

（c）饱和度乘以 0.3 的效果

图 10-4 彩色图像的饱和度增强实例

10.2.2 伪彩色图像增强

伪彩色处理就是把黑白的灰度图像或者多波段图像转换为彩色图像的技术过程，其目的是提高图像内容的可辨识度。伪彩色增强就是将一幅具有不同灰度级的图像通过一定的映射转变为彩色图像，来达到增强人对图像的分辨能力。伪彩色增强可分为空域增强和频域增强两种，主要的方法包括密度分层法、灰度级-彩色变换法和频率滤波法。

1. 密度分层法

密度分层法（又称强度分层法）是将灰度图像中任意一点的灰度值看作该点的密度函数。其基本过程如下：首先，用平行于坐标平面的平面序列 L_1，L_2，…，L_N 把密度函数分割为几个互相分隔的灰度区间；然后，给每一区域分配一种颜色，这样就将一幅灰度图像映射为彩色图像了，如图 10-5 所示。图 10-6 所示为一幅灰度图像转成伪彩色图像的结果，其中 N=4，也就是说把原灰度图像的灰度分成 4 层，然后把该灰度值分别对应彩色查找表中的颜色值进行显示。

2. 灰度级–彩色变换法

灰度级-彩色变换法的基本思想是：对图像中每个像素的灰度值采用不同的变换函数进行 3 个独立的变换，并将结果映射为彩色图像的 R、G、B 分量值，由此就可以得到一幅 RGB 空间上的彩色图像。由于灰度级-彩色变换法在变换过程中用到了三基色原理，与密度分层法相比，该算法可有效地拓宽结果图像的颜色范围。其变换过程如图 10-7 所示，其中 $f(x,y)$为灰度图像中（x，y）位置上像素的灰度值，而 $G(x,y)$为转换后对应的（x，y）位置上像素的 RGB 颜色值。图 10-8 所示为灰度级-彩色变换实例。

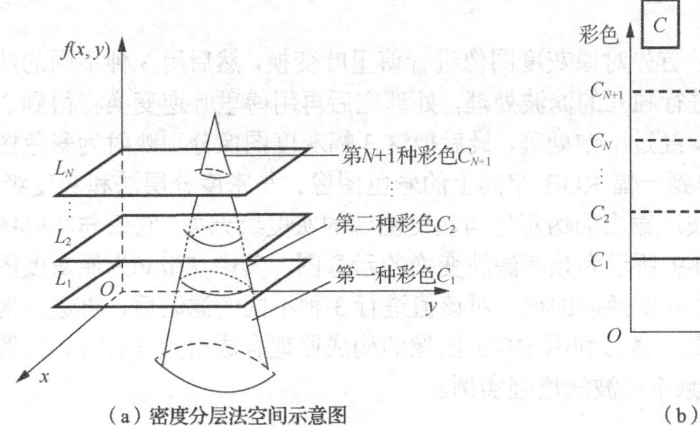

（a）密度分层法空间示意图

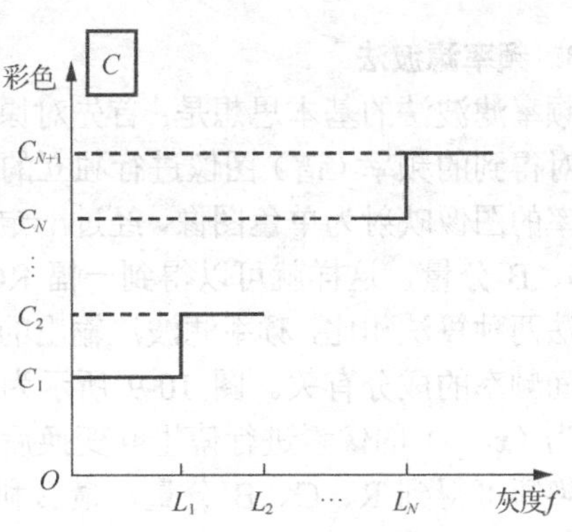

（b）密度分层法平面示意图

图 10-5 密度分层法示意图

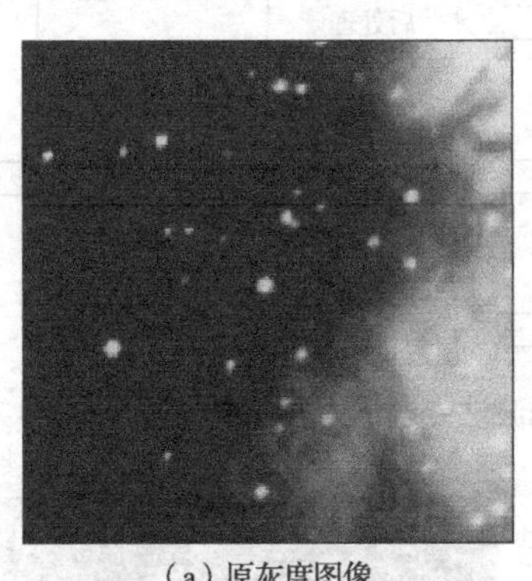

（a）原灰度图像

（b）N=4 的伪彩色图像

图 10-6 密度分层法增强实例

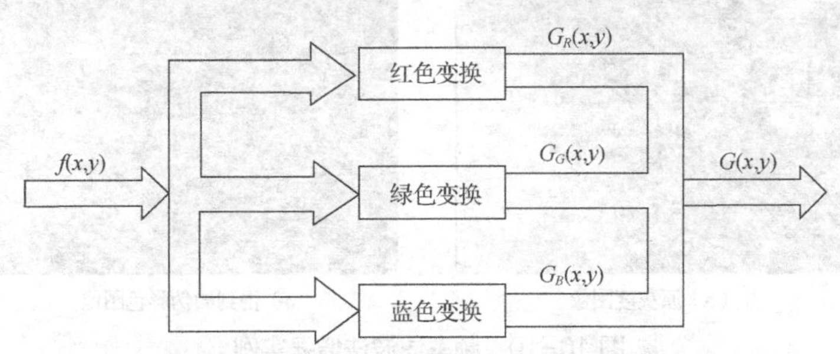

图 10-7 灰度级-彩色变换法变换过程

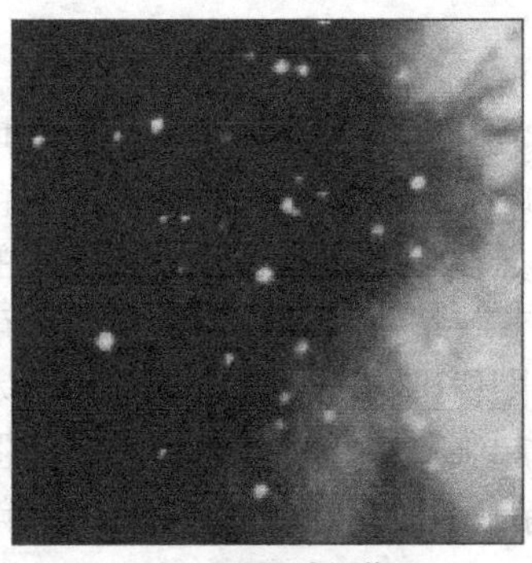

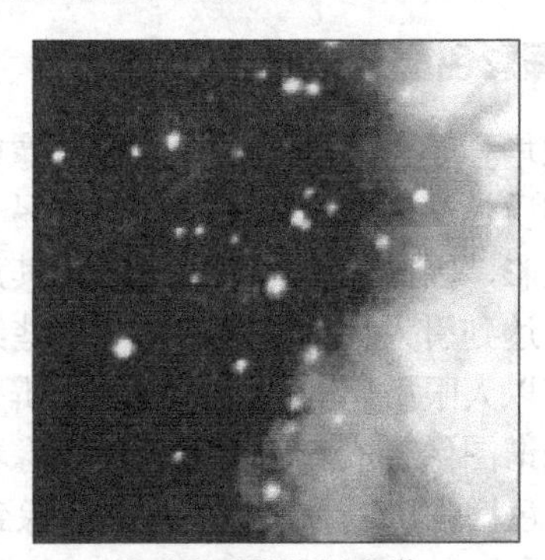

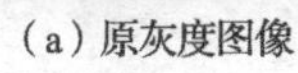

（a）原灰度图像

（b）得到的伪彩色图像

图 10-8 灰度级-彩色变换法实例

3. 频率滤波法

频率滤波法的基本思想是：首先对原灰度图像进行傅里叶变换，然后用 3 种不同的滤波器分别对得到的频率（谱）图像进行独立的滤波处理，处理完后再用傅里叶逆变换将得到 3 种不同频率的图像映射为单色图像，经过一定处理，最后把这 3 幅灰度图像分别映射为彩色图像的 R、G、B 分量，这样就可以得到一幅 RGB 空间上的彩色图像。与密度分层法和灰度级-彩色变换法两种算法相比，频率滤波法输出的伪彩色与灰度图像的灰度级无关，它仅与灰度图像不同空间频率的成分有关。图 10-9 所示为频率滤波变换的示意图，其中 $F(u,v)$为原灰度图像上位置为（x，y）的像素进行傅里叶变换后的值，对该值进行 3 种不同的滤波后，再进行傅里叶逆变换即可得到 R、G、B 分量，最后利用 RGB 图像的构成原理合成得到（x，y）位置点的 RGB 颜色值。图 10-10 所示为频率滤波法增强实例。

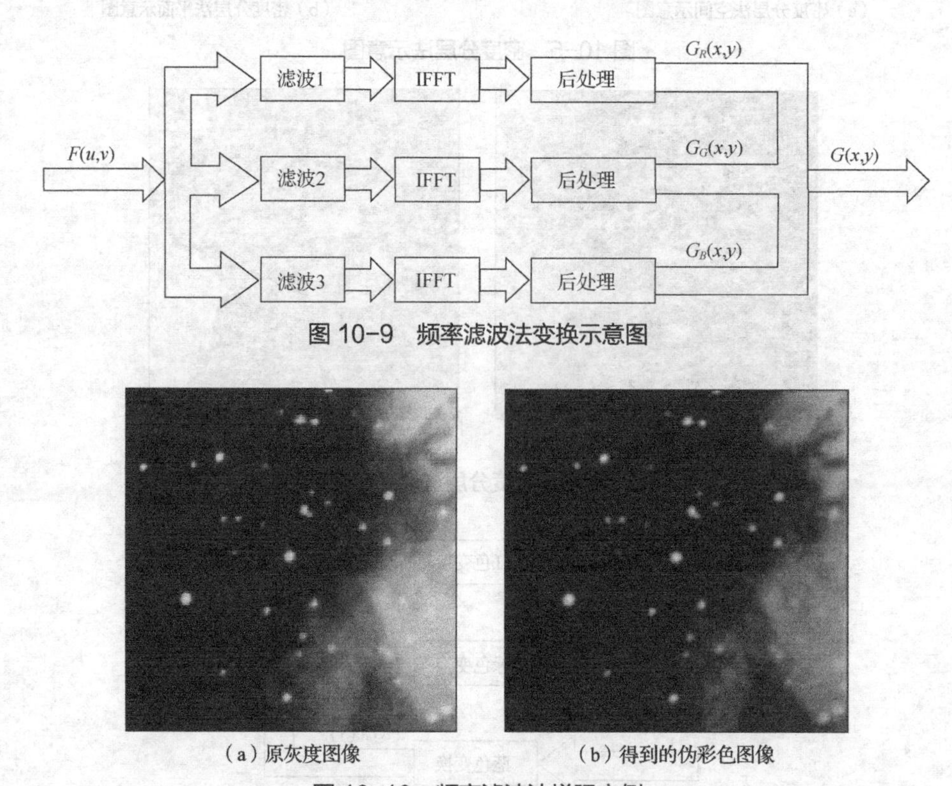

图 10-9 频率滤波法变换示意图

（a）原灰度图像 （b）得到的伪彩色图像

图 10-10 频率滤波法增强实例

10.2.3 假彩色图像增强

假彩色图像增强是从一幅初始的彩色图像或者从多谱图像的波段中生成增强的彩色图像的一种方法，其实质是从一幅彩色图像映射到另一幅彩色图像，由于得到的彩色图像不再能反映原图像的真实色彩，因此称为假彩色增强。其意义在于：画家通常把图像中的景物赋以与现实不同的颜色，以达到引人注目的目的。对一些细节特征不明显的彩色图像，可以利用假彩色增强将这些细节赋以人眼敏感的颜色，以达到辨别图像细节的目的。在遥感技术中，利用假彩色图像可以将多光谱图像合成彩色图像，使图像看起来逼真、自然，有利于对图像进行后续的分析与解译。假彩色增强可以看作一个从原图像到新图像的线性坐标变换，转换过程如式（10-1）所示。

$$\begin{bmatrix} G_R \\ G_G \\ G_B \end{bmatrix} = \begin{bmatrix} k_{11} & k_{12} & k_{13} \\ k_{21} & k_{22} & k_{23} \\ k_{31} & k_{32} & k_{33} \end{bmatrix} \begin{bmatrix} f_R \\ f_G \\ f_B \end{bmatrix} \tag{10-1}$$

其中，f_R、f_G、f_B为原图像的 RGB 值，G_R、G_G、G_B为增强后的 RGB 值。

10.3 彩色图像处理分析

前面几章介绍的针对灰度图像处理的方法都能适用于彩色图像的处理，但处理的过程有些差别，需要注意。

10.3.1 彩色补偿

由于常用的彩色图像设备具有较宽且相互覆盖的光谱敏感区，和现有的荧光染料荧光点的可变的发射光谱，以及待拍摄图像色彩的变化交错，所以在正常情况下很难在 3 个分量图中将物体分离出来，这种现象称为颜色扩散。对颜色扩散的校正过程就称为彩色补偿。

我们可以用一个线性变换作为颜色扩散的模型，假设矩阵 **C** 是定义颜色在 3 个通道中的扩散情况，c_{ij}表示数字图像彩色通道 i 中荧光点 j 所占的亮度的比例。令 $\boldsymbol{x}$ 为 3×1 的向量，它代表特定像素处的实际荧光点的亮度在理想数字化仪（没有颜色扩散和黑白偏移）上产生的灰度级向量。那么：

$$\boldsymbol{Y}=\boldsymbol{C}\boldsymbol{x}+\boldsymbol{b} \tag{10-2}$$

是数字化仪记录下的实际 RGB 图像的灰度级向量。**C** 反映颜色扩散，而 **b** 向量代表数字化仪的黑色偏移。也就是说，$\boldsymbol{b}_i$是通道 i 中对应于黑色（亮度为 0）的测量灰度值（i=1，2，3）。

由式（10-2）可以容易地得到真实亮度：

$$\boldsymbol{x}=\boldsymbol{C}^{-1}[y-h] \tag{10-3}$$

即从每个通道的 RGB 灰度级向量中减去黑的灰度级向量之后对每个像素的这个向量乘以颜色扩散矩阵的逆，就可以去掉颜色扩散影响。下面介绍一种简单的彩色补偿算法。算法过程如下。

（1）在所给的图像中分别寻找最接近纯红色、纯绿色和纯蓝色的 3 个点，理论上纯红色点的颜色值应该为（255，0，0），纯绿色点的颜色值为（0，255，0），纯蓝色点的颜色值为（0，0，255）。假设找到最接近纯红色的像素为 P_1，它的颜色值为（R_1，G_1，B_1），它的理想值为（R^*，0，0）；最接近纯绿色的像素为 P_2，它的颜色值为（R_2，G_2，B_2），它的理想值为（0，G^*，0）；最接近纯绿色的像素为 P_3，它的颜色值为（R_3，G_3，B_3），它的理想值为（0，0，B^*）。

（2）计算 R^*、G^*、B^*的值，为了使彩色补偿之后的图像亮度保持不变，R^*、G^*、B^*的计算采用如下公式：

$$\begin{aligned} R^*&=0.299R_1+0.587G_1+0.114B_1 \\ G^*&=0.299R_2+0.587G_2+0.114B_2 \\ B^*&=0.299R_3+0.587G_3+0.114B_3 \end{aligned} \tag{10-4}$$

（3）构造变换矩阵。

将所取到的 3 个点的 RGB 值分别按照下面的公式构成彩色补偿前后的两个矩阵 $\boldsymbol{A}_1$ 和 $\boldsymbol{A}_2$。

$$A_1=\begin{bmatrix} R_1 & R_2 & R_3 \\ G_1 & G_2 & G_3 \\ B_1 & B_2 & B_3 \end{bmatrix} \qquad A_2=\begin{bmatrix} R^* & 0 & 0 \\ 0 & G^* & 0 \\ 0 & 0 & B^* \end{bmatrix}$$

（4）进行彩色补偿。

设 $\boldsymbol{S}(x,y)=\begin{bmatrix} R_S(x,y) \\ G_S(x,y) \\ B_S(x,y) \end{bmatrix}$ 为新图像（补偿后图像）的像素值，$\boldsymbol{F}(x,y)=\begin{bmatrix} R_F(x,y) \\ G_F(x,y) \\ B_F(x,y) \end{bmatrix}$ 为原图像（补偿前图像）的像素值，则 $\boldsymbol{S}(x,y)=\boldsymbol{C}^{-1}\boldsymbol{F}(x,y)$。（10-5）

其中，$\boldsymbol{C}=\boldsymbol{A}_1 \cdot \boldsymbol{A}_2^{-1}$。图 10-11 所示为彩色补偿前后的图像效果。

（a）补偿前

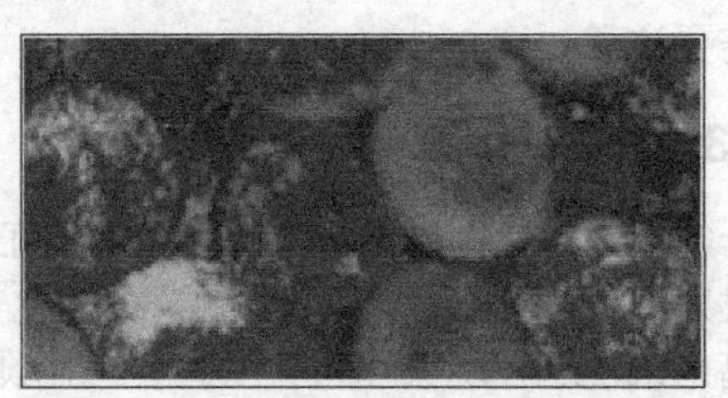
（b）补偿后

图 10-11　彩色补偿效果图

10.3.2　彩色图像平滑

与灰度图像的平滑相比，彩色图像的平滑处理相对比较复杂，除了处理的对象是向量外，还要注意如果图像所用的彩色空间不同，所处理的向量表示的含义也不同。

1．基于 RGB 彩色模型的彩色图像平滑

设 S_{xy} 表示在 RGB 彩色图像中定义一个中心在（x，y）的邻域的坐标集，$\bar{f}(x,y)$ 为位于点（x，y）处的颜色向量，则由灰度图像的平滑公式可以得到彩色图像的平滑公式为：

$$\bar{\bar{f}}(x,y)=\frac{1}{N}\sum_{(x,y)\in S_{xy}}\bar{f}(x,y) \tag{10-6}$$

上式也可表示为：

$$\bar{\bar{f}}(x,y)=\frac{1}{N}\begin{vmatrix} \sum\limits_{(x,y)\in S_{xy}} f_R(x,y) \\ \sum\limits_{(x,y)\in S_{xy}} f_G(x,y) \\ \sum\limits_{(x,y)\in S_{xy}} f_B(x,y) \end{vmatrix} \tag{10-7}$$

从上式可以看出，如标量图像那样，该向量分量可以用传统的灰度邻域处理单独地平滑 RGB 图像的每一平面得到。这样可以得出结论：用邻域平均值平滑可以在每个彩色平面的基础上进行。其结果与用 RGB 彩色向量执行平均是相同的。如图 10-12 所示，RGB 彩色图像及其各颜色分量图，对每个分量图分别进行 5×5 均值平滑滤波，再把平滑后的分量图合成为 RGB 图像。

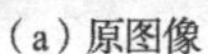

（a）原图像　（b）平滑结果　（c）原图的 R 分量　（d）原图的 G 分量　（e）原图的 B 分量

图 10-12　RGB 彩色图像平滑处理示例

2. 基于 HSI 彩色模型的彩色图像平滑

HSI 模型的彩色图像的 3 个分量 H、S、I 分别表示图像的色调、饱和度和亮度信息，如果像处理 RGB 图像那样利用式（10-7）对图像进行平滑，那么得到的图像的颜色将会因为颜色分量的混合而发生变化。所以，HSI 模型的彩色图像仅对图像的亮度信息进行平滑处理，色调和饱和度保持不变的情况下混合才有意义。图 10-13 所示为彩色图像原图像和 HIS 3 个分量图以及对 I 分量进行 5×5 平滑滤波后的效果图。

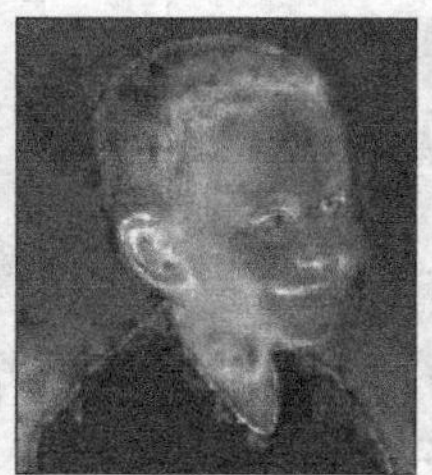

（a）原图像　（b）平滑结果　（c）原图的 H 分量　（d）原图的 S 分量　（e）原图的 I 分量

图 10-13　HSI 模式彩色图像平滑处理示例

3. 彩色图像平滑的两种模式比较

如图 10-14 所示，图（a）为 RGB 模式分别利用 5×5 模板平滑 R、G、B 分量图后合成的效果，图（b）为 HSI 模式下对亮度（I）分量利用 5×5 模板平滑后混合的效果，图（c）为两种结果之间的差别。

（a）RGB 模型平滑结果　（b）HSI 模型平滑结果　（c）两种结果的差异图像

图 10-14　彩色图像的平滑结果图像及其比较

如果我们直接观察图 10-14（a）和（b）两幅图像，基本看不出两者之间的区别，但从图 10-14（c）中可以看到两幅图像之间是有差别的。这是由于两个不同颜色的像素平均是两种彩色的混合，而不是原色混合。仅对亮度平滑，图 10-14（b）的图像保留了它的原色调和饱和度——即保留了它的原彩色。还有需要注意的是，其差别（在这个例子中是平滑后的结果）将随着平滑模板的增加而增加。

10.3.3 彩色图像锐化

锐化的主要目的是突出图像的细节。在这一部分考虑用 Laplacian 算子进行彩色图像锐化处理，它与其他锐化算子的处理类似。从向量分析知道向量的 Laplacian 被定义为向量，其分量等于输入向量的独立标量分量的 Laplacian 微分。

在 RGB 彩色系统中，图像的 Laplacian 向量可以定义为：

$$\nabla^2[f(x,y)] = \begin{vmatrix} \nabla^2[f_R(x,y)] \\ \nabla^2[f_G(x,y)] \\ \nabla^2[f_B(x,y)] \end{vmatrix} \tag{10-8}$$

从上式可以看出，我们可以通过分别计算每一分量图像的 Laplacian 去计算全彩色图像的 Laplacian。

在 HSI 系统中，与图像平滑一样，只要计算 I（亮度）分量的 Laplacian，再与原图像的色调和饱和度分量混合即可。图 10-15 所示为两种颜色系统锐化结果和差别图。基于 RGB 和基于 HSI 的结果间仍然存在差别，其原因同平滑一样。

（a）RGB 模型锐化结果

（b）HSI 模型锐化结果

（c）两种结果的差异图像

图 10-15 RGB 模型与 HSI 模型彩色图像锐化结果图像及其比较

这里只是简单介绍了彩色图像的几种基础处理分析，其他功能的处理分析方法也可以采用类似的方法进行。同时在实际的应用中，还需要根据要求选择适当的处理方法。

10.4 应用案例

10.4.1 基于模板的图像匹配

图像匹配是指通过一定的匹配算法在两幅或多幅图像之间识别同名点，例如二维图像匹配中通过比较目标区和搜索区中相同大小的窗口的相关系数，取搜索区中最大相关系数所对应的窗口中心点作为同名点。其实质是在基元相似性的条件下，运用匹配准则的最佳搜索问题。图像匹配主要可分为以灰度为基础的匹配和以特征为基础的匹配。基于灰度的匹配方法是以统计的观点利用图像的灰度值度量两幅图像之间的相似性，利用某种相似性度量，判定两幅图像中的对应关系。根据所选相似性度量的不同，分为绝对差搜索法、归一化互相关法和矩匹配法等。基于特征的匹配是指通过分别提取两个或多个图像的特征（点、线、面等特征），对特征进行参数描述，然后运用所描述的参数来进行匹配的一种算法。基于特征的匹配所处理的图像一般包含的特征有颜色特征、纹理特征、形状特征和空间位置特征等。首先对图像进行预处理来提取其高层次的特征，然后建立两幅图像之间特征的匹配对应关系。常用的特征提取与匹配方法有统计方法、几何法、模型法、信号处理法、边界特征法、傅氏形状描述法、几何参数法和形状不变矩法等。

图像匹配是一个相当复杂的技术过程，其基本框架包括 4 个方面：特征空间、搜索空间、搜索策略、相似性度量。在图像匹配中，特征空间、搜索空间、搜索策略、相似性度量等的选择都会影响最后匹配的精确度。

模板匹配是一种最原始、最基本的模式识别方法。它主要研究某一特定对象物体的图案位于图像的位置，进而识别对象物体。模板匹配是指在机器识别事物的过程中，把不同传感器或同一传感器在不同时间、不同成像条件下对同一景物获取的两幅或多幅图像在空间上对准，或者根据已知模式到另一幅图像中寻找相应模式的处理方法。也就是说以目标形态特征为判断依据实现目标检索与跟踪。即使在复杂的背景状态下，跟踪灵敏度和稳定度都很高，非常适用于复杂背景下的目标跟踪。

模板匹配法确定在被搜索图中是否有同模板一样的尺寸和方向的目标物，并通过一定的算法来找到它及其在被搜索图中的坐标位置，即根据已知模板图，到另一幅图像中搜索相匹配的子图像的过程。模板就是一幅已知的小图像，通常模板越大，匹配速度越慢；模板越小，匹配速度越快。模板匹配法也是一种基于灰度互相关的匹配方法，该算法研究在一幅图像中是否存在某已知模板图像。如图 10-16 所示，图（a）为参考图像 S，S 的大小是 $N\times N$；图（b）为模板图像 T，T 的大小是 $M\times M$。匹配时将模板图叠放在参考图上平移，模板覆盖下的部分叫作搜索子图 S^{ij}，则 i、j 是这块搜索子图的左下角像点在 S 图中的坐标，叫作参考点。可以选用不同的相似性度量来衡量 T 和 S^{ij} 之间的相似程度。下面以改进的归一化互相关模板匹配方法来介绍彩色图像的模板匹配方法。

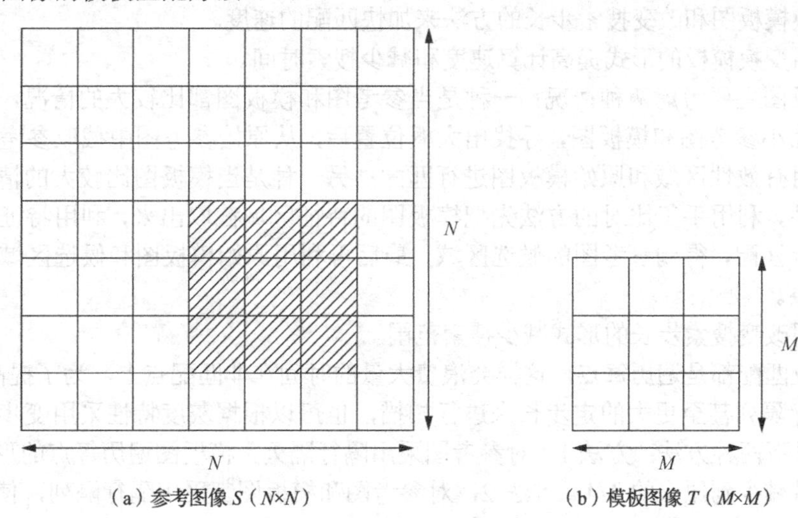

（a）参考图像 S（$N\times N$）　　（b）模板图像 T（$M\times M$）

图 10-16　模板匹配示意图

1. 归一化互相关法

归一化互相关（Normalized Correlation，NC）匹配算法是较为经典的图像匹配算法，它通过计算模板图像和参考图像的互相关值来确定两者之间的匹配程度，互相关值最大时的搜索子图的位置是模板图像在参考图像中的位置。也就是使模板图像在参考图像上所有可能的位置上移动，然后计算模板图像与参考图像叠加处的图像之间的相似性度量值，其最大相似性相对应的位置就是目标位置。度量值 N_C（i，j）值越大，则表示搜索子图上的（i，j）位置和模板越相似。当N_C（i，j）等于1的时候，为匹配位置。实际上，常常由于不同传感器或同一传感器在不同时间、不同视点获得的图像在空间上存在差异，以及自然环境的变化、传感器本身的缺陷、图像噪声的影响，很难找到N_C值为1的位置，所以通常只需要在参考图上找到最大度量值N_C的位置，即为最佳匹配位置。归一化互相关法度量值的计算形式有如下两种方式，但一般常用式（10-9）所示的计算方式：

（1）$$N_C(i,j)=\frac{\sum_{m=1}^{M}\sum_{n=1}^{N}T(m,n)S^{ij}(m,n)}{\sqrt{\sum_{m=1}^{M}\sum_{n=1}^{N}T^2(m,n)\sum_{m=1}^{M}\sum_{n=1}^{N}(S^{ij}(m,n))^2}} \quad (10\text{-}9)$$

（2）$$N_C(i,j)=\frac{\sum_{m=1}^{M}\sum_{n=1}^{N}(T(m,n)-\overline{T}(m,n))(S^{ij}(m,n)-\overline{S}^{i,j}(m,n))}{\sqrt{\sum_{m=1}^{M}\sum_{n=1}^{N}(T(m,n)-\overline{T}(m,n))^2\ \sum_{m=1}^{M}\sum_{n=1}^{N}((S^{ij}(m,n)-\overline{S}^{i,j}(m,n))^2}} \quad (10\text{-}10)$$

其中，$T(m,n)$为模板图像倒数第n行，第m个像素值；$S^{i,j}$为模板覆盖下的部分，称为搜索子图，i、j是搜索子图的左下角像点在参考图S中的坐标。

$$\overline{T}(m,n)=\frac{1}{M\times N}\sum_{m=1}^{M}\sum_{n=1}^{N}T(m,n)，\quad \overline{S}^{i,j}(m,n)=\frac{1}{M\times N}\sum_{m=1}^{M}\sum_{n=1}^{N}S^{ij}(m,n)$$

2. 改进的归一化互相关法

传统的模板匹配的基本算法就是将模板图在搜索图上遍历所有可能的位置，从中找出相关度最大位置即认为是匹配位置。由于传统做法需要遍历所有点，当模板图很大的情况下，其计算量显然非常大，要加快运算速度比较有效的方法是减少搜索位置和每个位置处的计算量，所以提出了变换模板图和改变搜索步长的方法来加快匹配的速度。

（1）利用变换模板的形式提高计算速度和减少搜索时间。

变换模板图主要考虑两种情况：一种是当参考图和模板图都比较大的情况，先按照一定的比例同时缩小参考图和模板图，寻找出大概位置后，从原始参考图中截取参考图的有效性区域，再利用有效性区域和原始模板图进行匹配；另一种是当模板图比较大的情况下，根据一些明显特性，利用手工比对的方法先把模板图的特征区域截取出来，利用特征区域模板图和参考图进行匹配，得到参考图的候选区域，最后再利用原始模板图和候选区域进行匹配得到所要的结果。

（2）利用改变搜索步长的形式减少搜索范围。

传统模板匹配都是遍历每点，这样会浪费大量的时间在非匹配点上，为了提高运算时间，可以采用隔行隔列甚至更大的定步长来进行扫描，也可以根据灰度特性采用变步长的方式进行。主要有以下两种方法：方法1，对参考图采用隔行隔列，模板图遍历每点的形式，使参与运算的数据量减少到原来的1/4；方法2，对参考图和模板图都采用隔行隔列，使参与运算的数据量减少到原来的1/16。通过实验发现这两种情况都没有影响匹配的准确度，但运算时间大大缩短，如表10-1所示。

表10–1　改进搜索步长的NC算法与传统NC算法的运行时间比较

	传统NC算法	改进的NC算法（方法1）	改进的NC算法（方法2）
参考图质量良好	41.063	10.375	2.625
参考图质量差	41.078	10.421	2.655

从表 10-1 可以看出，改变搜索步长的形式大大缩短了运行时间，参考图质量良好是指参考图没有受到各种噪声的影响，如图 10-17（a）所示；参考图质量差是指参考图受到噪声的影响，例如椒盐或高斯噪声等，图 10-17（b）所示为受椒盐噪声影响的图，图 10-17（c）所示为受高斯噪声影响的图。

（a）质量良好的原图

（b）受椒盐噪声影响的图

（c）受高斯噪声影响的图

图 10-17 不同情况的参考图示例

3. 彩色图像模板匹配实现过程

彩色图像模板匹配可以直接利用彩色信息进行匹配，也可以把彩色图像转成灰度图像后进行匹配。如果模板图和参考图是属于同一种类型的图像（即都是 RGB 彩色图像或 HIS 彩色图像，或都是灰度图），那么处理起来相对比较简单。下面以都是 RGB 彩色图为例来说明匹配处理过程。

（1）分别读入模板图和参考图，判断模板图和参考图是否为同一类型的图像，如果类型不同，则给出提示，需要相同类型。假设读入的参考图和模板图都是 RGB 模式，由于模板图是参考图中的一小部分，如果色彩系统是同一种的话，在进行匹配的过程中，可以进行简化处理，不需要对 3 个通道都进行处理，可以选择其中的一个通道进行处理即可，例如对参考图和模板图中的各个像素只选择 R 通道进行处理。同时存储模板图和参考图的尺寸等参数。

（2）设置模板图的初始位置，一般为左下角的角点。

（3）以模板的尺寸为基准从参考图的左下角角点位置开始搜索匹配。

（4）利用式（10-9）计算模板图和参考图的互相关值 $N_C(i,j)$。

（5）找到最大的互相关值，并记录位置。

（6）在参考图上标出该位置，即为匹配的结果。

匹配过程的关键代码如下：

```
CPoint Register::NCmatch (unsigned char * pimg1, int width1, int height1,unsigned char * pimg2 , int  width2,int  height2)
   {  // 计算图像每行的字节数
       int LineBytes = (width1+3)/4*4;
       int TemplateLineBytes = (width2+3)/4*4;

       //循环变量
       int  i,j,m,n;

       //中间结果
       double ST;
       double SS;
       double TT;

       //相似性测度
       double R;
```

```
    //最大相似性测度
    double MaxR;
    //最大相似性出现位置
    int maxX;
    int maxY;

    //像素值
    int pixel;
    int templatepixel;

    TT = 0;
    for (n = 0;n < height2 ;n++)
    {
        for(m = 0;m <width2 ;m++)
        {
            // 模板图像倒数第 n 行，第 m 个像素
            templatepixel = *(pimg2 + TemplateLineBytes * n + m);
            TT += (double)templatepixel*templatepixel;
        }
    }

    //找到图像中最大相似性的出现位置
    MaxR = 0.0;
    for (j = 0;j < height1 -height2 +1 ;j++)
    {
        for(i = 0;i < width1 -width2 + 1;i++)
        {
            ST = 0;
            SS = 0;

            for (n = 0;n < height2 ;n++)
            {
                for(m = 0;m < width2 ;m++)
                {
                    // 源图像倒数第 j+n 行，第 i+m 个像素
                    pixel = *( pimg1 + LineBytes * (j+n) + (i+m) );

                    // 模板图像倒数第 n 行，第 m 个像素

                    templatepixel = *( pimg2 + TemplateLineBytes * n + m );

                    SS += (double)pixel*pixel;
                    ST += (double)pixel*templatepixel;
                }
            }
            //计算相似性
            R = ST/( sqrt(SS)*sqrt(TT));
            //与最大相似性比较
            if (R > MaxR)
            {
                maxR = R;
                maxX = i;
                maxY = j;
            }
        }
    }
   //返回匹配位置
    CPoint pos(maxX,maxY);
    return pos;
}
```

如图 10-18 所示，图（a）为模板图，分别利用改进 NC 算法对图 10-17 中所示的 3 种参考

图进行模板匹配，结果如图（b）～（d）所示。这里由于模板图本身比较小，所以在搜索过程中只采用参考图隔行隔列进行搜索。图 10-19 所示为遥感图匹配示例结果。

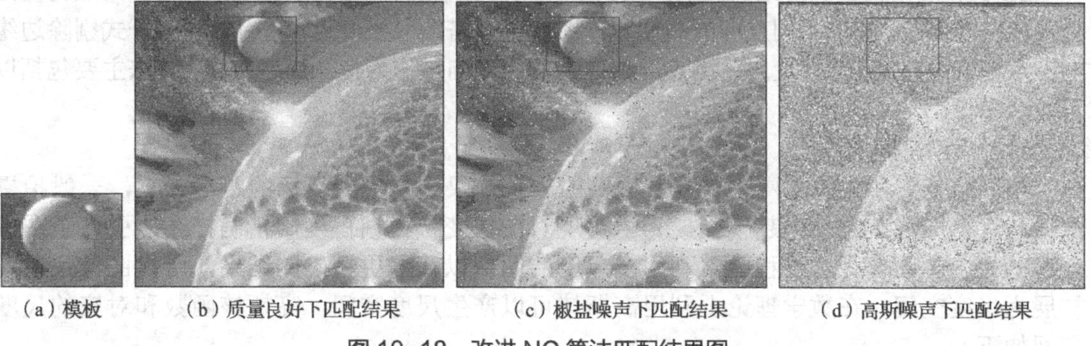

（a）模板 （b）质量良好下匹配结果 （c）椒盐噪声下匹配结果 （d）高斯噪声下匹配结果

图 10-18 改进 NC 算法匹配结果图

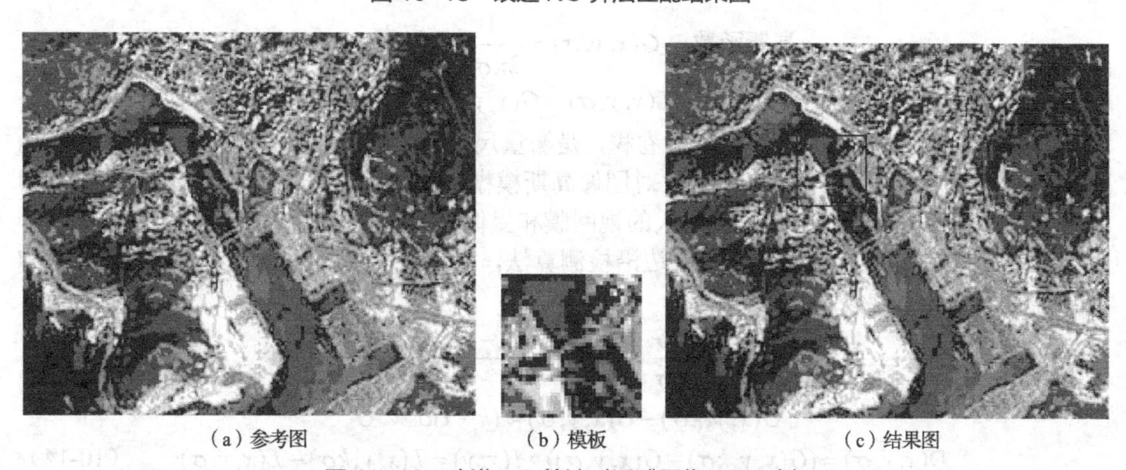

（a）参考图 （b）模板 （c）结果图

图 10-19 改进 NC 算法对遥感图像匹配示例

10.4.2 基于 SIFT 特征点的图像匹配

图像特征的选择和提取是图像匹配、拼接等处理分析的重要环节，国内外很多学者在图像特征的获取算法上做了大量的研究，常用于图像匹配的特征主要可以分为图像整体特征和图像局部特征。不同特征获取的方法也有很大差异。

图像全局特征常用的有颜色和纹理特征。颜色特征对图像的整体特征和图像的视觉特征有良好的描述，其中最常用于表征图像颜色特征的工具是颜色直方图；纹理特征是图像比较常用的特征，它是物体表面所共有的内在特征，作为颜色特征的衍生特征，它依赖于像素之间的灰度关系，因此图像纹理特征具有均衡的全局相关性和良好的旋转不变性。提取纹理的方法有：灰度共生矩阵、结构分析法、模型分析法、信号处理法等。

图像局部特征一般在图像中大量存在，特征之间相关度小，并且具有较强的区分度和描述能力。常用的有特征点和区域特征。局部区域不变特征提取方法，最为常用的有 MSER（Maximally Stable Extremal Regions，最大稳定极值区域）提取算法，图像匹配中也常用到直线特征。特征点也是匹配常用特征，常用的特征点检测方法有 SIFT 算法、Harris 角点检测、SUSAN 算法、FAST 算子等。SIFT（Scale-Invariant Feature Transform，尺度不变特征变换）算法提取的关键点被大多数人认为是最稳点，是性能最好的关键点，而且在图像尺度、旋转、光照变化条件下具有更高的匹配精度。下面主要介绍基于 SIFT 和对应尺度 LTP 综合特征的图像匹配算法。

1. SIFT 关键点描述

SIFT 算法由大卫·洛维（David Lowe）在 1999 年发表，2004 年完善总结。其理论基础是尺度空间，通过构造不同尺度的高斯差分图像金字塔提取极值点，利用泰勒展开式剔除边缘响应点和低对比度点，并使用关键点周围像素的梯度向量作为特征描述符。该算法主要包括以下 4 个步骤。

（1）尺度空间的建立。

相机的镜头和人的视网膜相同，拍摄的成像结果容易受到目标的距离影响，一般拍摄距离越远，成像就越小、越模糊。为了实现对图像变换模糊程度的精确描述，引入了图像尺度的概念。图像处理过程中常利用多尺度的图像以获取更精确的结果，所以图像尺度就扩展为尺度空间。在数学理论上利用高斯核可以产生尺度空间，高斯核函数和对应的尺度空间如下。

$$\text{高斯函数：}\ G(x,y,\sigma)=\frac{1}{2\pi\sigma^2}\mathrm{e}^{-(x^2+y^2)}/2\sigma^2 \tag{10-11}$$

$$\text{尺度空间：}\ L(x,y,\sigma)=G(x,y,\sigma)*I(x,y) \tag{10-12}$$

其中，（x，y）是空间坐标；符号*表示卷积，是衡量尺度空间的参数，值越小表示卷积对应的尺度越小。在几何意义上使用高斯函数对图像高斯模糊一次之后图像的尺度就发生了变化，即尺度发生了变化。高斯模糊更加符合人的视网膜和摄像机镜头模糊的方式。

此外，高斯-拉普拉斯函数是良好边沿检测算法，有很好的尺度不变性，它对应的函数和高斯差分函数非常近似，公式如下：

$$\sigma\nabla^2 G=\frac{\partial G}{\partial\sigma}\approx\frac{G(x,y,k\sigma)-G(x,y,\sigma)}{k\sigma-\sigma} \tag{10-13}$$

$$G(x,y,k\sigma)-G(x,y,\sigma)\approx(k-1)\sigma^2\nabla^2 G$$

$$D(x,y,\sigma)=(G(x,y,k\sigma)-G(x,y,\sigma))*I(x,y)=L(x,y,k\sigma)-L(x,y,\sigma) \tag{10-14}$$

因此高斯差分函数可以作为高斯-拉普拉斯函数的近似算法，并且具有计算简单的优点。由式（10-14）可知高斯差分图像的构建只需要高斯平滑图像相减即可得到。式（10-14）中 k 作为一个非变量常数，表征对不同平滑尺度的图像做差。为了适应原始图像尺度和大小的变换，构建了基于尺度空间理论的图像金字塔。其中高斯图像金字塔从下到上依次高斯平滑得出。每组图由多层经高斯平滑处理过的图像组成，组内图像有相同的分辨率；而组间图像由不同的分辨率，借以模拟离散的金字塔。这样更接近人眼和相机的成像特点，即目标越远，成像越小、越模糊。首先构建高斯图像金字塔，如图 10-20 所示；再利用高斯图像金字塔构建高斯差分图像金字塔，如图 10-21 所示。图 10-22 所示为高斯图像金字塔和高斯差分图像金字塔构成关系的过程。

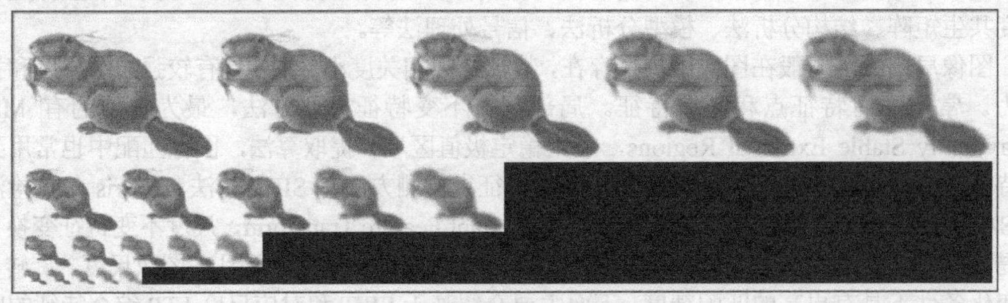

图 10-20　高斯图像金字塔显示输出

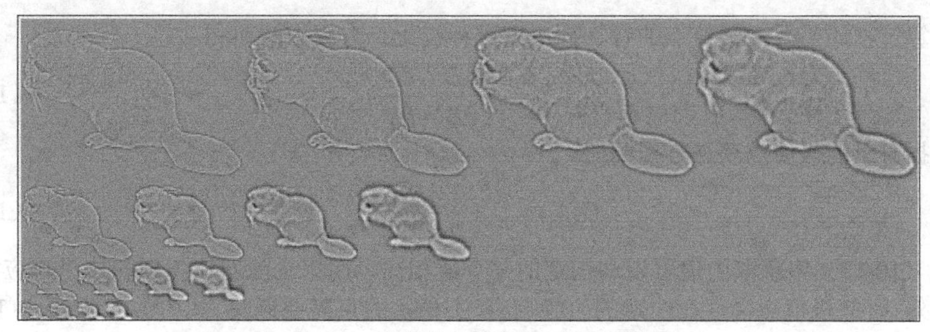

图 10-21　高斯差分图像金字塔显示输出

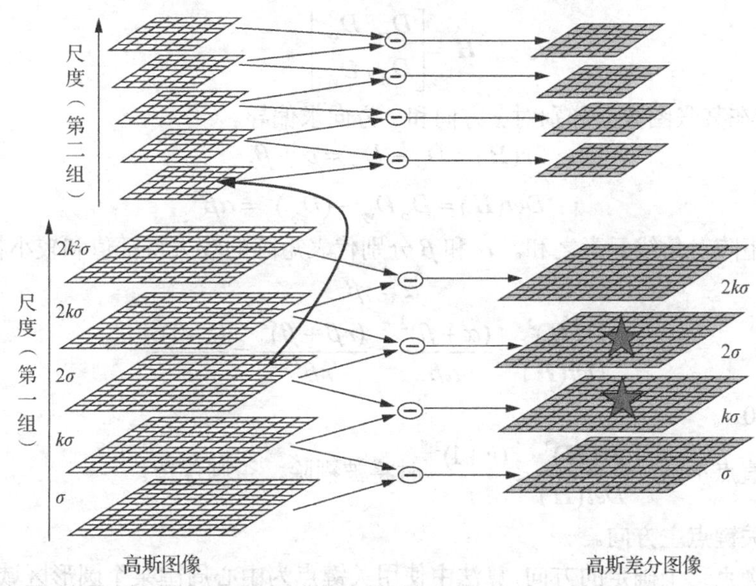

图 10-22　高斯图像金字塔和高斯差分图像金字塔构成关系的过程

（2）关键点检测定位。

结合尺度空间和高斯-拉普拉斯算子等理论，人们建立了高斯差分图像金字塔。为了寻找特征点，我们需要在高斯差分图像金字塔中对每张高斯差分图像进行极值点检测，检测极值点时需要把关键点和周围 8 邻域和上下层对应各 9 个点共 27 个点进行对比，如图 10-23 所示。如果是极大值或极小值则标记为极值点，由于提取出来的极值点对噪声和边缘比较敏感，因此并不能直接作为关键点，再使用高斯差分函数在尺度空间的泰勒展开式进行处理，如式（10-15）所示。

$$D(X) = D + \frac{\partial D^T}{\partial X} X + \frac{1}{2} X^T \frac{\partial^2 D}{\partial X^2} X \tag{10-15}$$

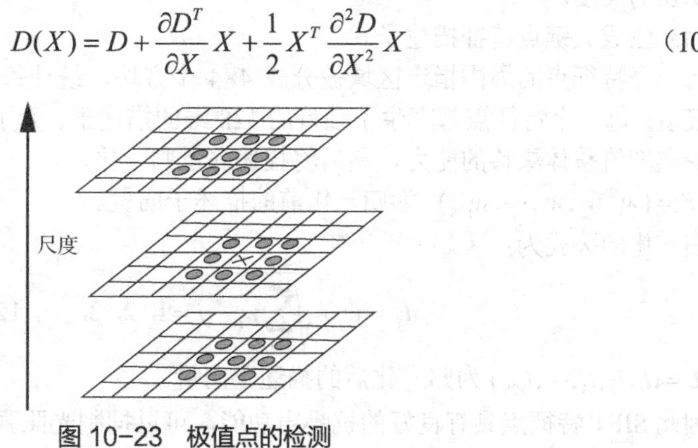

图 10-23　极值点的检测

计算过程还需要对极值点的行、列尺度进行校正。方程求解可得：

$$\hat{X}=-\frac{\partial^2 D^{-1}}{\partial X^2}\frac{\partial D}{\partial X} \tag{10-16}$$

根据对应的极值点获得方程的值：

$$D(\hat{X})=D+\frac{1}{2}\frac{\partial D^T}{\partial X}\hat{X} \tag{10-17}$$

式（10-17）中获取的值可以和指定的某个值相比，用来去除对比度低和边沿响应的点。

此外，有些极值点会存在一定的边缘响应，不稳定的点需要剔除。式(10-18)所示为 Hessian 矩阵。

$$\boldsymbol{H}=\begin{bmatrix} D_{xx} & D_{xy} \\ D_{xy} & D_{yy} \end{bmatrix} \tag{10-18}$$

其中，D_{xy} 表示在某张图像上分别对 x 方向和 y 方向求偏导。

$$\begin{aligned} Tr(\boldsymbol{H}) &= D_{xx}+D_{yy}=\alpha+\beta, \\ Det(\boldsymbol{H}) &= D_{xx}D_{yy}-(D_{xy})^2=\alpha\beta \end{aligned} \tag{10-19}$$

$Tr(\boldsymbol{H})$ 是矩阵对角线元素之和。α 和 β 分别代表矩阵的较大特征值和较小特征值，令：

$$\alpha=\gamma\beta$$

$$\frac{Tr(\boldsymbol{H})^2}{Det(\boldsymbol{H})}=\frac{(\alpha+\beta)^2}{\alpha\beta}=\frac{(r\beta+\beta)^2}{r\beta^2}=\frac{(r+1)^2}{r} \tag{10-20}$$

r 的值通常取 10。

最后当极值点不满足 $\frac{Tr(\boldsymbol{H})^2}{Det(\boldsymbol{H})}<\frac{(r+1)^2}{r}$ 时将被剔除，否则保留。

（3）确定关键点主方向。

给所有关键点一个确定的方向，算法中使用关键点为中心周围某个圆形区域内所有像素的梯度值计算关键点的方向，在规定的范围内计算所有像素的梯度值，并累加成为梯度直方图。将梯度直方图的范围 2π，平均分为 36 份，共获取 36 个梯度直方图，最后取直方图中值最大的那个梯度方向作为特征点的主方向。

$$m(x,y)=\sqrt{(L(x+1,y)-L(x-1,y))^2+(L(x,y+1)-L(x,y-1))^2} \tag{10-21}$$

$$\theta(x,y)=\tan^{-1}((L(x,y+1)-L(x,y-1))/(L(x+1,y)-L(x-1,y))) \tag{10-22}$$

式（10-21）为关键点在该位置上的梯度值，式（10-22）为关键点方向。L 为每个特征点各自所在的尺度。

（4）生成关键点特征描述子。

每一个特征点的周围指定区域被分成 4×4 个方块，统计每一个小块上所有像素的 8 方向的梯度值；每一个特征点都产生了独特的 128 维的描述子。为了提高抗光照的能力，并且提高对图像灰度值整体漂移的能力，最后将描述向量归一化。

$\boldsymbol{W}=(w_1,w_2,w_3,\cdots,w_{128})$ 为归一化前的描述子向量。

归一化的公式为：

$$l_j=w_j\Big/\sqrt{\sum_{i=1}^{128}w_i}\quad j=1,\ 2,\ 3,\ \cdots,\ 128 \tag{10-23}$$

$\boldsymbol{L}=(l_1,l_2,l_3,\cdots,l_{128})$ 为归一化后的描述子向量。

因此 SIFT 特征点具有良好的抗噪声功能，可以抑制光照强度不同和图像多种变换。

2. LBP 特征描述

LBP（Local Binary Patterns，局部二值模式）是一种表述灰度图像某点像素与周围像素关系的二进制描述，最初被应用于图像纹理描述。它计算简单，并且具有部分的尺度、旋转和光照不变性等优点。近年来人们提出了很多扩展的 LBP，并已成功应用于人脸识别、图像匹配等领域。

LBP 算子使用与邻域像素值关系来描述中心像素，以中心像素值为标准二值化周围像素。如果邻域像素值不小于中心像素值，则其值为 1，否则为 0。然后让二值化的数排列成一个数后转换成十进制数。LBP 算子的编码公式如下：

$$LBP_{R,N}(x,y)=\sum_{i=0}^{N-1}s(n_i-n_c)2^i \qquad s(x)=\begin{cases}1, & x\geqslant 0\\ 0, & 其他\end{cases} \tag{10-24}$$

其中，n_c 为中心像素（x，y）的灰度值；n_i 为半径 R 的圆周上分布的 N 个像素的灰度值。

3. LTP 特征描述

谭晓阳（Tan X. Y.）和比尔 · 特里格斯（Triggs B.）在论文《增强局部纹理特征集在困难光照条件下的人脸识别》（Enhanced local texture feature sets for face recognition under difficult lighting conditions）中将 LBP 算子扩展成三值编码，提出了 LTP（Local Trinary Pattern，局部三值模式）算子的概念，它将中心像素与其邻域点的灰度变化进行三值编码，可以对图像进行更具体的描述，有效提高描述符的抗噪声能力，特别是抗光照变换的能力。LTP 算子的编码规则定义如下：

$$LTP_{R,N}(u,v)=\sum_{i=0}^{N-1}s(n_i-n_c)3^i \qquad s(x)=\begin{cases}2, & x\geqslant T\\ 1, & -T<x<T\\ 0, & x\leqslant -T\end{cases} \tag{10-25}$$

其中，n_c 表示中心像素（u，v）的灰度值，n_i 表示等间隔地分布以（u，v）为圆心、R 为半径的圆上的 N 个邻域的灰度值，T 为阈值。大量的实验分析证明，当 T=5 时，不仅有效地提高了算子的识别能力，也增加了光照变换抑制作用。例如当 R=1、N=8 时，3×3 邻域对应 LTP 特征值计算过程如图 10-24 所示，图（a）表示 3×3 邻域中，中心像素和周围 8 邻域像素之间灰度值的关系，图（b）和图（c）分别表示三值化后的 8 像素值、8 像素对应的权值，图（d）所示为对应像素三值化后与对应权值的乘积，即 $s(x)$值。

75	80	73
60	66	63
59	65	68

（a）像素 3×3 邻域

2	2	2
0		1
0	1	1

（b）三值化的结果

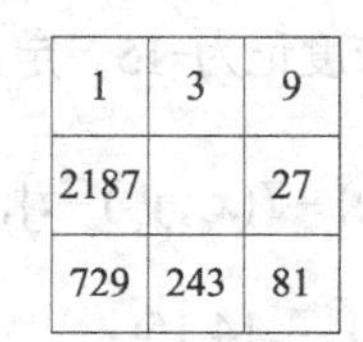

1	3	9
2187		27
729	243	81

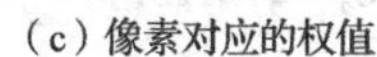
（c）像素对应的权值

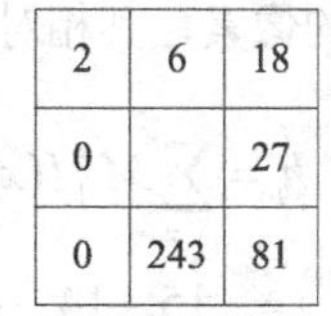

2	6	18
0		27
0	243	81

（d）获得 $s(x)$值

图 10-24 LTP 特征值计算获取的过程

如图 10-24 所示，LTP 特征存在旋转相关性，为了使 LTP 特征保持旋转不变性，以提高匹配率和适应性，通过对循环移位获取最大的 LTP 特征值。实现公式如下：

$$LTP_{N,R}=\max\{ROR(LTP_{N,R},k)\mid k=0,1,2,\cdots,N-1\} \tag{10-26}$$

其中，$ROR(x,k)$表示对 N 位二进制数 x 向右循环移位 k 次（$|k|<N$）。$LTP_{N,R}$ 有 N 种不同的取值，大量实验证明，最大值更能体现出每个像素与其他像素的差异，保证关键点的 LTP 特征值具有旋转不变性。

4. 构建关键点旋转不变描述符

精确定位特征点后，在特征点对应尺度的高斯图像中，以关键点为圆心，确定半径为$\{r_1,r_2\ \cdots,r_n\}$的一组同心圆，如图 10-25 所示。统计每个同心圆中像素的 LTP 值，以关键点为中心的圆形邻域具有旋转不变性，省去了邻域角度归零操作，避免了图像坐标向每个点正方向旋转的运算。

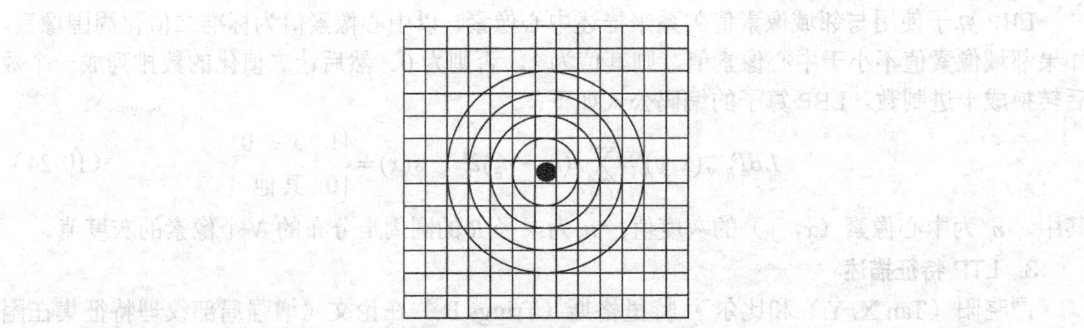

图 10-25　关键点像素的四个同心圆圆形邻域

根据半径 r 的大小设定对应圆上采样点的个数 k，并且在以特征点为圆心、r 为半径的圆周上的按逆时针方向采样 k 个点。将每个圆环上 k 个像素的旋转不变 LTP 值和该点权重 w 的乘积作为关键点的描述向量 $\boldsymbol{D}_j$=（$d_1,d_2,d_3,d_4,\cdots,d_k$），像素权重的确定。为实现关键点描述符的旋转不变性，查找所有圆环中的最大向量，并把它旋转至最前端，保证旋转不变性。例如在某个圆环中 $\boldsymbol{d}_5=\max\{d_1,d_2,d_3,\cdots,d_k\}$，则圆重新旋转生成的向量为（$d_5,d_6,\cdots,d_k, d_1,d_2,d_3$）。这样保证了关键点描述符的旋转不变性。

$$w=\exp[(-r^2/2\sigma^2)/2\pi T] \tag{10-27}$$

其中，r 是以关键点为中心圆的半径长度，$\sigma=1.5$，$T=1000$。

为了进一步抑制噪声、提高匹配的精确度，在描述符中加入相对灰度直方图。统计图 10-25 所示圆环内的所有像素的灰度值与关键点灰度值之间的差作为相对灰度，统计对应某个相对灰度的像素的个数，形成关键点的相对灰度直方图。由于灰度直方图中统计的像素都是距离关键点很近的邻域像素，像素值间差值较小，相对灰度直方图的统计范围为$[I(x_c,y_c)-15, I(x_c,y_c)+15]$，其中$I(x_c,y_c)$是当前关键点的灰度值，少量相对灰度值大于 15 的像素，其相对灰度记为 15。相对灰度小于-15 的像素，其相对灰度记为-15。定义如下：

$$h_i=\sum_{x,y}M\{I(x,y)-I(x_c,y_c)-i\};\quad i=-15,-14,\cdots,0,\cdots,14,15; \qquad M(x)=\begin{cases}1 & x=0\\ 0 & x\neq 0\\ 1 & x\geqslant 1,\ i=15\\ 1 & x\leqslant -1,\ i=-15\end{cases} \tag{10-28}$$

其中，i 表示第 i 个灰度级；h_i 是具有第 i 级灰度的像素数目，$I(x_c,y_c)$表示中心像素的灰度值，$I(x,y)$表示中心点邻域像素的灰度值。

生成的相对灰度直方图作为关键点的另一部分描述符，为了消除光照影响把生成的描述符分别归一化处理，如式（10-29）所示：

$$\boldsymbol{T}_i=\frac{\boldsymbol{T}_i}{\|T_i\|}\quad \boldsymbol{S}_i=\frac{\boldsymbol{S}_i}{\|S_i\|} \tag{10-29}$$

其中，$\boldsymbol{T}_i$ 是 LTP 部分关键点的描述向量，$\boldsymbol{S}_i$ 是相对灰度直方图部分关键点的描述向量。最终关键点描述符定义如下：

$$Q = \begin{bmatrix} T & S \end{bmatrix} \tag{10-30}$$

式中，T 为 56 维 LTP 特征描述向量，S 为 31 维灰度直方图向量，Q 为最终形成的 87 维特征描述符。

5. 特征点匹配

特征点匹配就是通过对两幅图像的特征点之间进行比较找出两幅图像之间的内容相同的区域。一般来说，一幅图像可包含数百乃至数千个关键点，但用于图像拼接配准的关键点只占所有关键点中的一部分或者较少的一部分，所以如果待匹配的图像很大，那么就需要对匹配算法的搜索策略进行调整。例如可以先进行大致区域的搜索，搜索到大致范围后再进行细致的精确匹配。

（1）图像的区域匹配。

首先根据图像的大小以及关键点在图像上分布的密度把要配准的两幅图像在空间上分成 $X \times Y$（具体大小根据图像的大小确定，根据试验一般取 X=图像水平方向像素个数/100，Y=图像垂直方向像素个数/100）个区域，并且把这些区域分别编号；把检测出的 SIFT 特征点按照坐标位置分配到这些区域中，然后从两幅图像中检测出有匹配关系的区域对。一般在第一幅的每个区域中随机选择若干个（例如 12 个就足够）关键点，在第二幅图像关键点中使用最近邻算法进行比较，寻找与之匹配的关键点，并把两个关键点所在的区域记为匹配关系。反之，如果两个区域没有找到可匹配关键点，就认为两个区域没有匹配关系。

（2）区域内关键点的匹配。

使用关键点描述符最小城区距离与次小城区距离比和阈值的关系作为匹配标准，如式（10-31）和式（10-32）所示。

$$\|Q_A - Q_B\| = \sum_{i=1}^{n} \|a_i - a_i\| \tag{10-31}$$

$$\frac{\|Q_A - Q_B\|}{\|Q_A - Q_C\|} < t \tag{10-32}$$

$Q_A = [a_1, a_2, \cdots, a_n]$ 和 $Q_B = [b_1, b_2, \cdots, b_n]$ 分别为关键点 A 和 B 的描述向量。匹配策略与 SIFT 算法的相似：取图像 1 中的某个关键点 A，在图像 2 中找出与之描述向量城区距离最小和次小的 2 个关键点 B 和 C，如果最小的城区距离 $\|Q_A - Q_B\|$ 与次小的城区距离 $\|Q_A - Q_C\|$ 的比值小于某个值，则认为关键点 A 与距离最近的关键点 B 有对应关系；反之则认为关键点 A 和距离最近的关键点 B 不匹配。其中阈值 t 的大小不固定，t 受具体匹配图像的影响。但是总体上随着 t 值的减小，匹配条件更加严格，误匹配的像素就会减少。注意，进行距离计算时也可以采用欧氏距离等其他的距离计算公式。

图 10-26 所示为光照强度不同的情况下基于 SIFT 和对应尺度 LTP 综合特征的图像匹配示例。

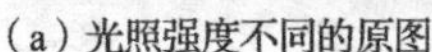

（a）光照强度不同的原图

（b）匹配结果

图 10-26 光照强度不同的情况下的图像匹配结果

图 10-27 所示为模糊强度不同的情况下基于 SIFT 和对应尺度 LTP 综合特征的图像匹配示例。

（a）模糊强度不同的原图　　（b）匹配结果

图 10-27　模糊强度不同的情况下的图像匹配结果

图 10-28（a）所示的两幅图像综合了大小和尺度以及旋转变换，图 10-28（b）为匹配结果图。

（a）综合变换的原图　　（b）匹配结果

图 10-28　综合变换的图像匹配结果

思考与练习

1. 从灰度到彩色的变换可将每个原始图中像素的灰度值用3个独立的变换来处理，现已知红、绿、蓝3种变换函数及原图的统计直方图依次如图10-29所示，问变换所得彩色图像中哪种颜色成分较多？请说明原因。

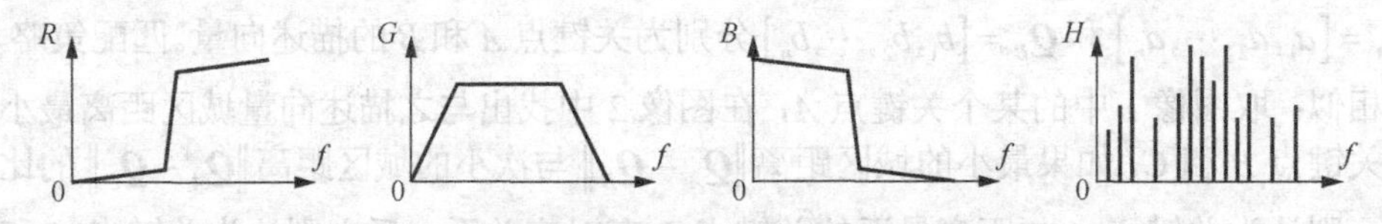

图 10-29　彩色图像各通道的变换函数和原图直方图

2. 伪彩色处理和假彩色处理是两种不同的彩色增强处理方法，分析它们之间的差异。

3. 对彩色图像进行单变量变换增强中，最容易让人感到图像内容发生变化的是哪种变换？分别以RGB模式和HIS模式讨论。

第11章 经典案例

前面章节介绍了数字图像处理的基本知识、基础算法和简单应用案例。数字图像处理技术已日趋成熟，并广泛应用于各个领域。本章将介绍数字图像处理的几个经典应用案例，帮助初学者更好地理解数字图像处理技术相关算法知识以及学会在解决实际问题中如何使用相关算法。

11.1 案例1——人脸检测与特征定位系统

本书6.1节简要介绍了人脸识别的过程，以及如何利用图像分割的方法进行人脸部分的分割，从图6-5中可以看出，如果简单利用图像分割的方法进行人脸分割，效果往往不够理想，本节将详细介绍人脸检测与特征定位的方法和步骤，实现对不同人脸的检测，并在此基础上，实现对主要的面部特征点及眼睛、嘴巴、鼻子等主要器官的形状信息的定位。

在进行人脸定位时，主要有两种基于颜色的方法。一种是基于肤色分割的方法，另一种是基于脸和头发区域的方法。基于肤色分割的方法主要步骤包括：图像的相似度计算、对图像进行二值化、计算图像的垂直直方图和水平直方图，最后进行人脸区域定位。基于脸和头发区域的方法主要步骤包括：找到脸和头发区域，分别求脸和头发的直方图，最后标记人脸区域。在人脸定位以后，对标记出的人脸区域进行边缘提取，以便于定位出眼睛、嘴巴和鼻子。

人脸检测与特征定位系统的处理流程如图11-1所示。

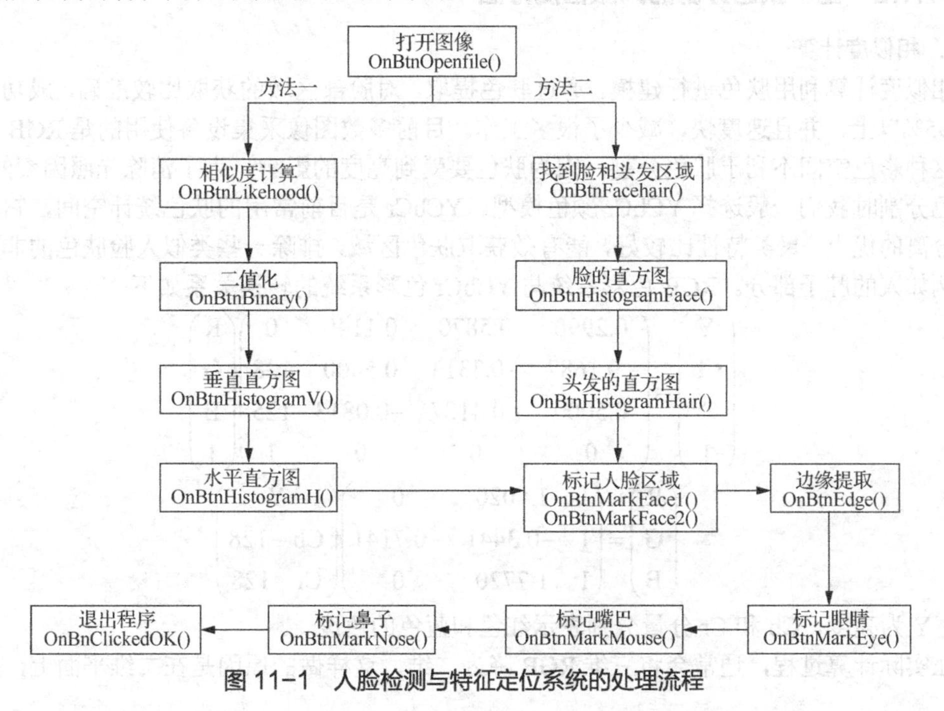

图11-1 人脸检测与特征定位系统的处理流程

11.1.1 人脸检测与特征定位系统功能

人脸检测与特征定位系统的功能主要包括图像预处理（打开、保存图像功能）、图像显示区域、人脸区域检测和特征标注 4 部分，系统界面如图 11-2 所示。

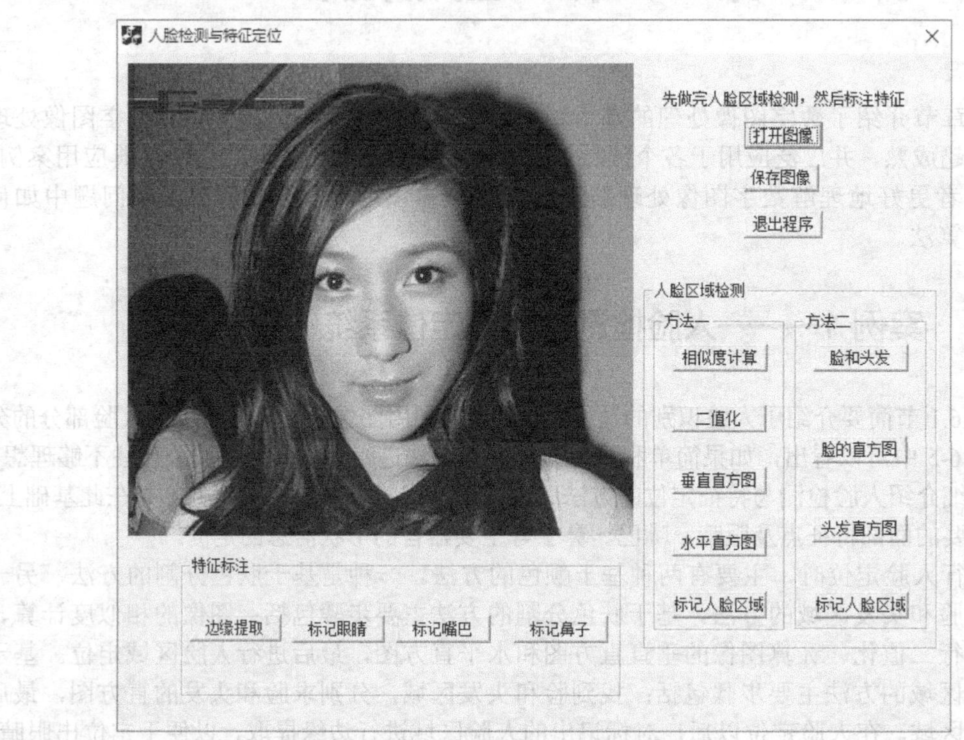

图 11-2 人脸检测与特征定位系统界面

11.1.2 基于肤色分割的人脸检测方法

1. 相似度计算

相似度计算利用肤色进行建模。通过肤色提取，对脸部区域的获取比较准确，成功率可以达到 95%以上，并且速度快，减少了很多工作。目前多数图像采集设备使用的是 RGB 色彩空间，这种彩色空间不利于肤色分割，因为肤色要受到亮度的影响，为了消除光照因素的影响，在肤色分割时我们一般选择 YCbCr 颜色模型。YCbCr 是目前常用的肤色统计空间，它具有将亮度分离的优点，聚类特性比较好，能有效获取肤色区域，排除一些类似人脸肤色的非人脸区域，例如人的脖子部分。RGB 色彩系统与 YCbCr 色彩系统的转换关系如下：

$$\begin{pmatrix} Y \\ Cb \\ Cr \\ 1 \end{pmatrix} = \begin{pmatrix} 0.2990 & 0.5870 & 0.1140 & 0 \\ -0.1687 & -0.3313 & 0.5000 & 128 \\ 0.5000 & -0.4187 & -0.0813 & 125 \\ 0 & 0 & 0 & 1 \end{pmatrix} \begin{pmatrix} R \\ G \\ B \\ 1 \end{pmatrix} \tag{11-1}$$

$$\begin{pmatrix} R \\ G \\ B \end{pmatrix} = \begin{pmatrix} 1 & 1.4020 & 0 \\ 1 & -0.3441 & -0.7141 \\ 1 & 1.7720 & 0 \end{pmatrix} \begin{pmatrix} Y \\ Cb-128 \\ Cr-128 \end{pmatrix} \tag{11-2}$$

其中，Y 为亮度，Cb 和 Cr 分量分别表示红色和蓝色的色度。

在实际计算过程，通常会将三维 RGB 降为二维，这样做的原因是在二维平面上，肤色的区域相对集中，根据肤色在色度空间的高斯分布，将彩色图像中的某个像素从 RGB 色彩空间变化到 YCbCr 空间，计算出该像素属于肤色区域的概率，即根据该像素离高斯分布中心的远近程度得到一个肤色的相似度。

在计算肤色相似度时，为了提高精确度，往往还需要用到训练样本函数 CalParameter 进行样本训练，取训练样本中的若干个人脸肤色进行建模。

在图像的采集过程中，由于各种因素的影响，图像中往往会出现一些不规则的噪声，而大部分图像噪声多是随机性的，它们对某一像素的影响，都可以看作孤立的，因此与邻近各点相比，该点灰度值将有显著的不同，所以一般可以采用邻域平均的方法（详细介绍参见第 3.4 节）来消除噪声。以 $f(i,j)$表示(i,j)点的实际灰度值，以它为中心取一个 $N\times N$ 的窗口（通常 N 取 3），窗口内像素组成的点集以 A 来表示，经邻域平均法滤波后，像素(i,j)的对应输出为：

$$g(i,j)=\frac{1}{N\times N}\sum_{(x,y)\in A}f(x,y) \tag{11-3}$$

为了使图像灰度值统一，可通过线性变换把肤色概率变换到[0,255]范围内，并建立肤色概率映射表来加快后面会用到的肤色概率检测的速度。

具体处理过程是通过 CFaceDetectDlg 类中的 OnBtnLikehood()函数完成相似度的计算及显示。先由类 CLikelyHood 的实例 method1 来调用 CalLikeHood()函数以对图像进行相似度计算，再更新图像数据，最后调用 MakeBitMap()函数生成新的图像，如图 11-3 所示。

（a）原始图像

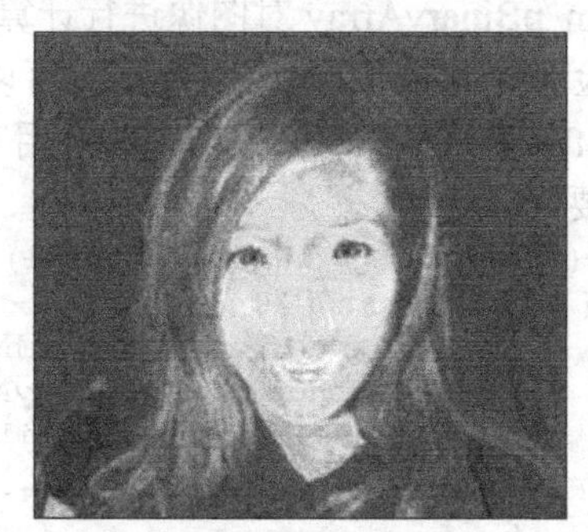
（b）相似度计算的结果

图 11-3　相似度计算示例

2. 二值化图像

图像二值化的目的是将采集获得的多层次灰度图像处理成二值图像，以便于分析理解和识别并减少计算量。二值化就是通过一些算法或一个阈值改变图像中的像素颜色，令整幅图像画面内仅有黑白二值。在人脸检测系统中，因为人脸大部分有几乎均匀一致的灰度值，并且处在一个具有其他等级灰度值的背景下，故可以得到比较好的效果，使人脸与背景能够分割开来。进行二值变换的关键就是要确定合适的阈值，通过动态调节，最终使图像保持良好的保形性，不会产生额外的噪声，也不会丢失有用的信息。

二值化的处理过程是通过 CFaceDetectDlg 类中的 OnBtnBinary()函数完成的，调用类 CLikelyHood 的二值化函数 method1→CalBinary()对图像进行二值化，二值化函数是在相似度计算的基础上完成的，因为二值化函数 CalBinary()中用到的 m_pLikeliHoodArray 数组是在相似度计算函数 CalLikeHood()中完成赋值的。之后也要更新图像数据、生成新位图，并利用 MyDraw()函数显示出二值化图像，如图 11-4 所示。

（a）原始图像

（b）二值化图像

图 11-4 二值化图像示例

3. **直方图**

图像直方图是图像处理中一种十分重要的图像分析工具，它描述了一幅图像的灰度级内容，任何一幅图像的直方图都包含了丰富的信息。直方图实际上就是图像的亮度分布概率密度函数，是一幅图像所有像素集合的最基本的统计规律。它反映了图像的明暗分布规律，我们可通过图像变换进行直方图调整，以获得较好的视觉效果。

在该系统设计中，通过直方图方式对二值图像进行垂直和水平两个方向的投影，然后结合垂直和水平直方图获取人脸区域。以垂直方向直方图为例，利用图像二值化后得到的数据所在的数组 m_pBinaryArray 对图像进行计算，从图 11-4（b）中可以看出，经过相似度计算和二值化后，脸部的数据基本为白色，所以可以通过统计白色点来得到直方图数据，把直方图数据保存在 m_tResPixelArray 数组中，并利用 MakeBitMap()函数生成新位图，结果如图 11-5（a）所示，主要代码如下：

```
for(int i=0;i<m_nWndHeight;i++)
    {   int count = 0;
        for(int j=0;j<m_nWndWidth;j++)
        {   if(method1->m_pBinaryArray[i][j] == 1) count++;
            m_tResPixelArray[i][j].rgbBlue = m_tResPixelArray[i][j].rgbGreen =
            m_tResPixelArray[i][j].rgbRed = 255;
        }
        for(int j=0;j<count;j++)
        {   m_tResPixelArray[i][j].rgbBlue = m_tResPixelArray[i][j].rgbGreen =
            m_tResPixelArray[i][j].rgbRed  = 0;
        }}
```

然后利用同样的方法得到脸部区域的水平直方图，结果如图 11-5（b）所示，主要代码如下：

```
for(int j=0; j<m_nWndWidth;  j++)
   {
        int count = 0;
        for(int i=0; i<m_nWndHeight; i++)
        {
             if(method1->m_pBinaryArray[i][j] == 1) count++;
             m_tResPixelArray[i][j].rgbBlue = m_tResPixelArray[i][j].rgbGreen =
             m_tResPixelArray[i][j].rgbRed  = 255;
        }
        for(int i=m_nWndHeight-1; i>=m_nWndHeight-count;i--)
        {
             m_tResPixelArray[i][j].rgbBlue = m_tResPixelArray[i][j].rgbGreen =
             m_tResPixelArray[i][j].rgbRed  = 0;
        }  }
```

（a）垂直直方图

（b）水平直方图

图 11-5 人脸区域的直方图

4. 标记人脸区域

主要根据图像在垂直和水平方向上的投影的分布特征对图像进行检测，以此来标记人脸的区域，本质上这也是一种统计方法。其过程是通过 CFaceDetectDlg 类的 OnBtnMarkFace1()函数实现。OnBtnMarkFace1()函数首先计算图像的垂直直方图。利用垂直投影，找到累计值最大为 max 的水平坐标值 pos，然后从 pos 开始往左右两边分别找到累计值为 max×0.2 和 max×0.3 的两处，并标记它们的水平坐标值分别为 left 和 right。然后计算图像的水平直方图，对每一个垂直坐标的统计值不是从最左边的像素开始到最右边的像素进行统计，而是从第 left 个像素开始统计到第 right 个像素，即由左右两界限定的人脸图像的列的水平投影来确定头部的上下两界 top 和 bottom，统计出人脸图像中每列及每行某区间中非零像素的数目。水平投影的关键是根据某行非零像素和头部的刚性特征找出头顶的位置 top。设二值图像为 $f(x,y)$，大小为 $M\times N$，非零像素值为 T，记第 i 列的非零像素的数目为 $x_s[i]$，设第 j 行在由 left 和 right 两界限定的区域的非零像素的数目为 $y_s[j]$，则

$$\begin{cases} x_s[i]=\sum_{j=0}^{M-1} f(i,j)/T \quad i=0,1,2,\cdots,N-1 \\ y_s[i]=\sum_{i=\text{left}}^{\text{right}-1} f(i,j)/T \quad j=0,1,2,\cdots,N-1 \end{cases} \tag{11-4}$$

最后通过水平坐标值为 left 和 right、垂直坐标值为 top 和 bottom 确定一个矩形框，并通过更改矩形框的 RGB 值来显示标记出来的人脸区域，如图 11-6 所示。

（a）原始图像

（b）标记人脸区域

图 11-6 人脸区域标记（方法一）

通过肤色分割的人脸检测算法，在计算量上大大减少，同时能有效抑制背景噪声。

11.1.3 基于脸和头发区域的人脸检测方法

1. 标识脸和头发

在 RGB 色彩空间中，任何颜色都可以由这三基色混配得到，而且大多数的图像采集设备

都是以 CCD 技术为核心的，可以直接感知颜色的 R、G、B 分量。假设 R_0、G_0、B_0 为基刺激色，若各基刺激色的大小分别为 R、G、B。则任意颜色 S 可以表示为：

$$S = R\times R_0 + G\times G_0 + B\times B_0 \tag{11-5}$$

三维矢量 $[R,G,B]$ 不仅表示色彩，也包含了亮度信息。如果两个像素 $[R_1,G_1,B_1]$ 和 $[R_2,G_2,B_2]$ 在 RGB 空间的值也成比例，即

$$\frac{R_1}{R_2}=\frac{G_1}{G_2}=\frac{B_1}{B_2}$$

那么这两点具有相同的颜色和不同的亮度，可以去除亮度分量，由此得到归一化的 RGB 空间，定义如下：

$$R=\frac{R}{R+G+B},\ G=\frac{G}{R+G+B},\ B=\frac{B}{R+G+B}$$

从上式可以看出：$R+G+B=1$，因此归一化的 RGB 空间可以用两个色度分量 R、G 来表示。

在该系统设计中采用基于皮肤区域、头发区域的模型描述肤色区域的分布，以此作为人脸肤色和非肤色的筛选依据。具体模型定义如下：

$$R=\frac{R}{R+G+B}$$

$$G=\frac{G}{R+G+B}$$

$$Y=0.3\times R+0.59\times G+0.11\times B$$

对读取到的 RGB 像素逐个计算分类，当同时满足以下 4 个条件时：

$$0.333<R<0.664$$

$$0.246<G<0.398$$

$$R>G$$

$$G\geqslant 0.5-0.5\times R$$

该区域设为红色，表示脸部区域。同时，当 $Y<40$ 时，该区域设为蓝色，表示头发部分，其他区域设为黑色。最后调用 MakeBitMap()函数生成新的图像，如图 11-7 所示。

（a）原始图像

（b）脸部和头发区域

图 11-7　脸和头发标记示例

2. 脸部直方图

在求取脸部区域时，通过更新数组 m_pBinaryArray 的值对脸部区域进行直方图计算，以便对肤色的左右边界进行确定。即首先在水平方向上对每列的红色点统计，算出每列的红色像素总数，再将这些数存在数组中，最后通过直方图显示出投影效果。脸部直方图如图 11-8（a）所示，主要代码实现如下：

```
for(int j=0;j<m_nWndWidth;j++)
  {   for(int i=0;i<m_nWndHeight;i++)
```

```
{  if(method2->m_pBinaryArray[i][j] == 0) count++;
   m_tResPixelArray[i][j].rgbBlue = m_tResPixelArray[i][j].rgbGreen =
   m_tResPixelArray[i][j].rgbRed  = 255; }
for(int i=m_nWndHeight-1;i>=m_nWndHeight-count;i--)
{  m_tResPixelArray[i][j].rgbBlue = m_tResPixelArray[i][j].rgbGreen =
   m_tResPixelArray[i][j].rgbRed  = 0; }
}
```

3. 头发的直方图

其原理与求脸部直方图类似，统计图像蓝色部分在水平方向上的分布特征，以便下面确定头发的左右边界，如图11-8（b）所示。

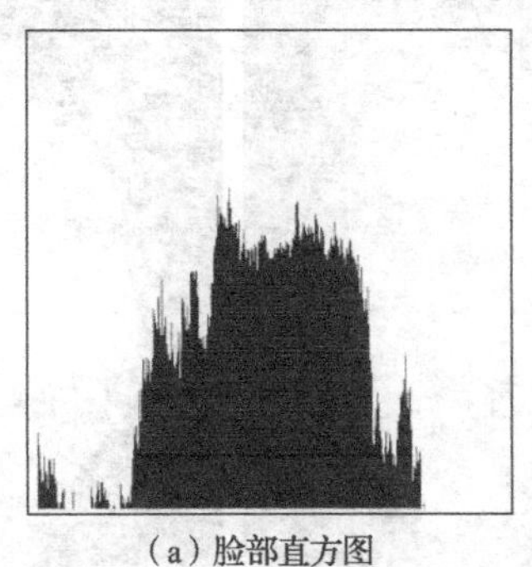

（a）脸部直方图

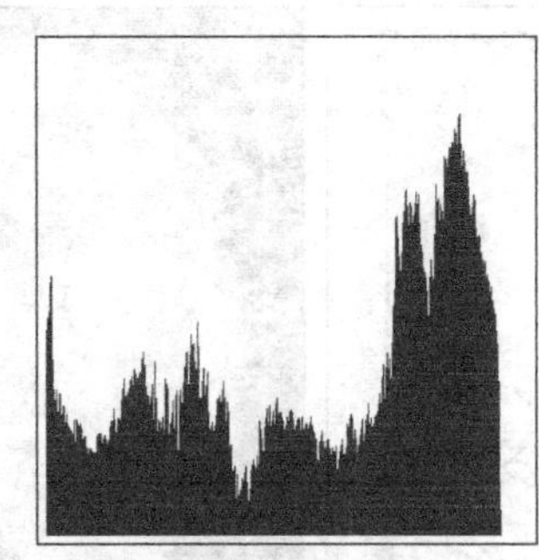

（b）头发的直方图

图11-8　脸部和头发的直方图

4. 标记人脸区域

在该系统中，通过CFaceDetectDlg类中的OnBtnMarkFace2()函数来定位，确定人脸区域的左右边界和上下边界。首先根据红色部分的投影数据按阈值提取候选区域，由于脸部有一定的高度和宽度，投影数比较集中且跃变不是很大，所以取阈值为红色点数目最多的那一列的1/2。再按顺序将每一列的数和阈值比较，把大于阈值的列的值定为候选区域的左边界，小于阈值的列定为右边界，如此处理便得到*n*组左右边界的候选区域。同理处理头发部分，因为头发长短不一，故将阈值定为数目最多那一列的1/5，这样可使检测更灵敏。然后分别标记头发和脸部的候选区域，同时满足标记的区域就定位为人脸区域的左右边界left和right。最后根据人脸结构，取人脸宽高比例为1:1.5，以此确定人脸区域的上下边界top和bottom。标记结果如图11-9（b）所示。

（a）原始图像

（b）人脸区域

图11-9　人脸区域标记（方法二）

从图11-9可以看出，这种人脸检测方法对此图的人脸定位不是很准确，因此要针对不同图像恰当地选择出较适合的人脸定位方法。

11.1.4 脸部特征标注

1. 边缘提取

边缘中包含着景物有价值的边界信息，可以用于图像分析、目标识别及图像滤波。通过求梯度局部最大值对应的点，并认定这些点为边缘点，去除非局部最大值，可以检测出精确的边缘。该系统通过边缘提取，提取出脸部比较精确的边界，便于后续眼睛、嘴巴和鼻子的标注。系统通过函数 OnBtnEdge()先确定左右眼的水平区域，然后调用边缘检测函数 DoLOG 对图像进行边缘提取，最后显示，如图 11-10（a）所示。

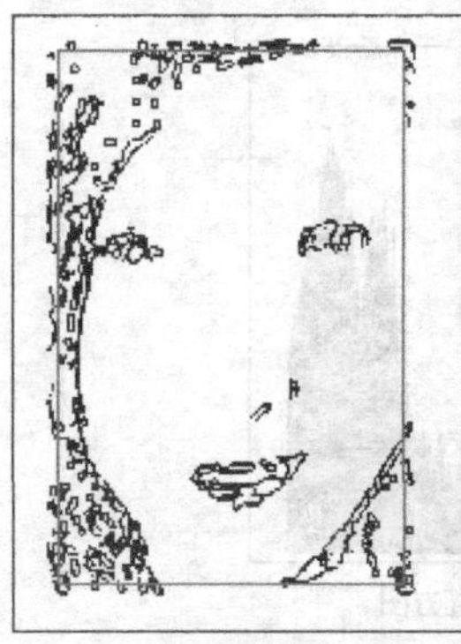
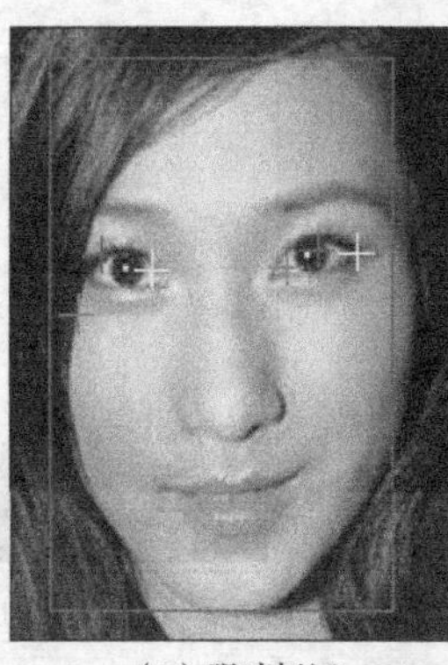
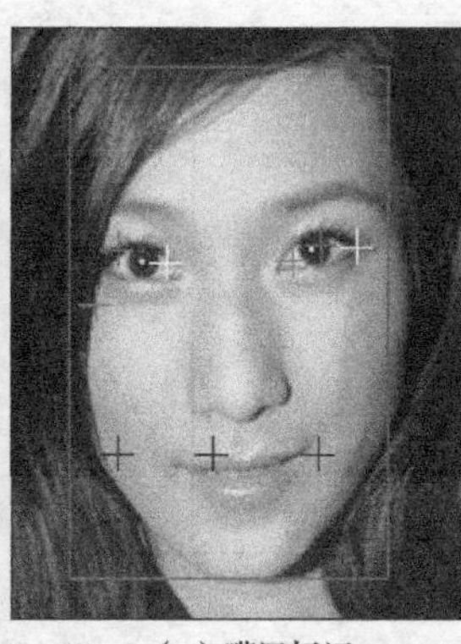
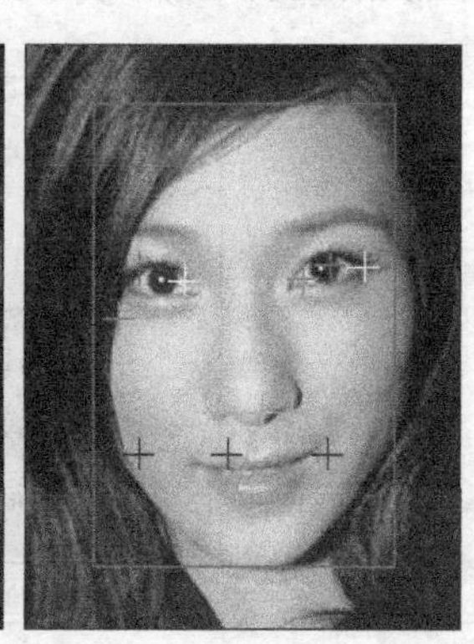

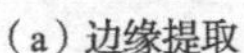
（a）边缘提取　（b）眼睛标记　（c）嘴巴标记　（d）鼻子标记

图 11-10　脸部特征标注示意图

2. 标记眼睛

通过 OnBtnMarkEye()函数来标记眼睛位置，标记过程大致如下。先进行边缘检测，和眼睛相似的区域也会被检测出来，因而需要进行简单的处理，具体包括两方面。

（1）去掉长度太小的候选者，根据常识可知，两眼内侧眼角之间的距离与脸部宽度之比应该大于一定的值，所以当一个眼睛候选区域的边界之差小于检测到的人脸宽度的 1/20 时，则将该候选区域去掉。

（2）合并相邻很近的区域，将检测到的两个水平相邻的眼睛候选区域的边界作差，当差值小于检测到的人脸宽度的 1/40 时，则将该两个候选区域作合并处理。

找出的眼睛区域有可能少于、等于或多于两个区域，要分别考虑，当找到不少于两个区域并确定了左眼及右眼区域后，要分别标记出左右眼的水平或垂直区域，如图 11-10（b）所示。

3. 标记嘴巴

根据经验知识可知，由于人的五官的相对位置是基本不变的，所以在确定了眼睛在人脸中的位置后，根据人的五官“三庭五眼”的标准，同一张人脸中的嘴巴的大概位置也就可以基本确定了。通过函数 OnBtnMarkMouse()，计算双眼斜角正切值、距离和平均高度，并据此算出可能的嘴部区域。在满足这个距离的区域范围内进行区域膨胀，以此确定左右嘴角的位置。另外由于唇中点较薄，在 3/7 唇距到 5/7 唇距处求出最薄的地方作为嘴唇的中点，如图 11-10（c）所示。

4. 标记鼻子

通过函数 OnBtnMarkNose()实现，原理同标记嘴巴位置类似。先计算双眼斜角、距离和平均高度，在此基础上求出可能的鼻子区域，并对该区域进行区域膨胀处理，就能得到左右鼻孔的位置。因为鼻子比嘴巴窄，而且一般人的鼻尖都比较尖，所以在两鼻孔中心上方一定范围内确定鼻尖所在的位置，如图 11-10（d）所示。

通过对不同人脸进行测试，上面介绍的两种人脸检测方法各有利弊。对不同的图像，两种方法的检测效果不一定哪个比较好，但总体来讲，基于肤色分割模型的方法比较好。针对人脸识别的方法非常多，包括目前流行的机器学习等方法，都为进一步提高人脸识别的准确率起到了重要的推动作用。目前对人脸识别方法的研究已经比较成熟，而且已经在很多领域上都有应用，例如常见的人脸密码锁、走失儿童寻找匹配技术等。

11.2 案例 2——蝴蝶与蛾的分类

在数字图像处理中，分类也是常见的一种处理方式。图像分类是根据各自在图像信息中所反映的不同特征，把不同类别的目标区分开来的图像处理方法。它利用计算机对图像进行定量分析，把图像或图像中的每个像素或区域划分为若干个类别中的某一种，以代替人的视觉判读，如图 11-11 所示。图像分类在很多场合里都有应用，例如不同水果的分类、昆虫的分类等。

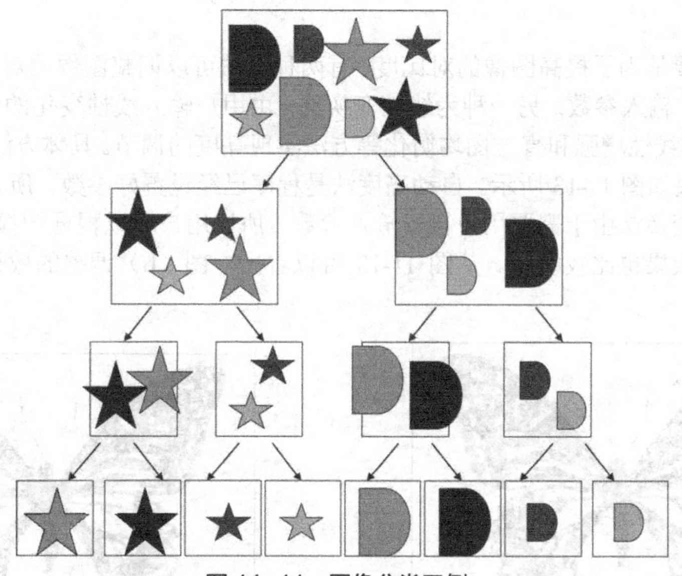

图 11-11 图像分类示例

昆虫学中的分类学核心就是形状的比较，通过形状的比较，不仅可以鉴定目标，更重要的是发现形状的演变规律，并根据形状演变规律掌握这些形状的分类单元的进化历史。因此，分类技术在昆虫学中占据非常重要的地位。下面介绍图像处理技术在昆虫图像分类中的一个简单应用，通过图像预处理、图像分割、轮廓跟踪、特征提取、图像分类几个步骤，实现蝴蝶与蛾之间的分类识别。首先对含有蝴蝶或蛾的图像进行预处理；然后进行分割，提取出触角、腹部、翅膀等；在此基础上，提取特征参数，并对这些特征参数进行筛选，选取最有判别意义的特征；最后，根据这些参数建立特征识别函数，进行昆虫图像的分类。

11.2.1 图像预处理

预处理主要完成图像的灰度转换、亮度调节、去噪及几何变换等，是有效提取图像特征及分类的基础。

1. 灰度转换

考虑到本案例主要根据昆虫的形态学特征进行分类，且彩色图像数据量大，处理相对复杂。

因此，将 24 位真彩色图像转化为灰度图像后进行处理。灰度转换参见 6.8.2 小节中的图像灰度化。图 11-12 所示为彩色图灰度化的结果。

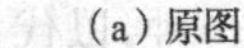

（a）原图

（b）灰度化的图

图 11-12　灰度转换结果

2. 亮度调节

亮度调节主要是为了提高图像的对比度。有两种方法可以调整图像的对比度：一种是自动亮度法，无须用户输入参数；另一种为线性变换法，由用户输入线性变化的参数值。用户可以采用线性增强、非线性增强和直方图均衡化等方法实现亮度的调节。具体方法参见 3.2 节和 3.3 节，调节后的结果如图 11-13 所示。自动亮度法是程序已经设置好参数，所以有时候效果不会太理想；而线性变换法由于需要用户自行输入参数，所以用户可以根据图像特性来设置参数，针对性比较强，效果也比较明显。从图 11-13 可以看出，图（b）调整的效果更好一些，更有利于后续的操作。

（a）自动亮度法的结果

（b）线性变换法的结果

图 11-13　亮度调节结果

3. 去噪

去噪的目的是去掉图像中的噪声，便于后续特征提取，可采用邻域平均法和中值滤波去除噪声，也可根据具体要求进行选择。相关内容可参见 3.4 节。

4. 几何变换

几何变换主要针对获取图像的不规则性，为方便处理，需要对图像进行平移和旋转等几何变换，以使图像中的蝴蝶和蛾的身体部分位于图像的中轴线上。具体的几何变换参见 5.1 节。在本例中具体实现思路为，找到每行的第一个像素值小于 150 的点（由于还未二值化，像素颜色并不是非黑即白），比较找到这些点中 x 值最小的点，记录下 x 值为图像中蝴蝶最左边开始位置，同理找到最右边结束位置，求两数平均值，找到蝴蝶中点。计算中点 x 值与整幅图像中点 x 值差 delta，将图像各点向左平移 delta 个像素。

关键代码如下：

```
for(i = 0;i <lWidth; i++) //遍历像素,寻找 Left
{
    for(j = 0; j <lHeight; j++)
    {
        pixel = lpDIBBits[j*lWidth+i];
        if(pixel<150){
            if(i<Left){
                Left = i;
                break;  }   }
    }
}
…//找 Right 同理，求得 delta
if(delta>=0) {//向左平移
        for(j = 0; j <lHeight; j++)
        {
            for(i = 0;i <lWidth-delta; i++)
            {
                lpDst = (LPBYTE)lpNewDIBBits + lWidth * j + i;
                pixel = lpDIBBits[j*lWidth+i+delta];
                *lpDst = pixel;
            }
            for(i = lWidth-delta;i<lWidth;i++){
                lpDst = (LPBYTE)lpNewDIBBits + lWidth * j + i;
                pixel = 255;
                *lpDst = pixel;
            }
        }   }
…//delta<0 同理
```

11.2.2 图像分割

根据像素的灰度级实现背景分割、触角分割、腹部分割和翅膀分割。分割完成后，有时还需进行适当的形态学操作。

1. 背景分割（二值化）

实际获取的图像经过上面预处理后，背景基本偏向白色，图像和背景之间有较大的亮度对比，所以很容易将对象从背景中分割出来。用户可以根据背景的情况输入适当的阈值（例如本节介绍的例子，阈值取 240，阈值的选取方法可以参见 6.4 节），可以很好地将昆虫和背景完全分割开来，如图 11-14（a）所示。关键代码如下：

```
LPBYTE p_data;
p_data = m_pDib->GetData();
// 图像每行像素所占的字节数
int nLineByte = (nWidth * m_pDib->GetBitCount()/8 + 3)/4 * 4;
 // 利用阈值对原图像作分割处理
for(j = 0; j < nHeight; j ++)
    for(i = 0; i < nWidth; i ++)
    {
        if(p_data[j * nLineByte + i] < n)
            p_data[j * nLineByte + i] = 0;
        else
            p_data[j * nLineByte + i] = 255;
    }
}
```

2. 触角分割

蝴蝶与蛾的分类识别中，触角是一个最显著的特征，所以，在特征提取之前，必须先把触角分割开来。触角的特点是细而长，分布于昆虫的头部，而且蝴蝶和蛾的体形一般是对称的（如果不对称，可以通过几何变换进行一定的调整），进行触角分割的步骤如下。

（1）找图像的对称轴（若图像对称，对称轴即 x=lWidth/2 所在的直线）。

（2）考虑到从上到下，逐行依次从中轴向左进行扫描，直到 lWidth/4 处，当遇到值为 0 的像素时，开始计算连续出现像素值为 0 的点的个数 count，若 count 满足条件：0 ＜ count ＜ lWidth/30，表明该部分为触角部分，复制满足条件的像素到一个新图像；如果每行开始不为白，表明该点已在昆虫头部，停止扫描。结果如图 11-14（b）所示。

关键代码如下：

```
//逐个扫描图像中的像素
    for(j = lHeight-1; j>0; j--)
    {
        lpSrc = (LPBYTE)lpDIBBits + lWidth * j + Mid;
        pixel = (BYTE)*lpSrc;
        if(pixel == (BYTE)0) {
            // 复制变换后的图像
            memcpy(lpDIBBits, lpNewDIBBits, lWidth * lHeight);
            //释放内存
            LocalUnlock(hNewDIBBits);
            LocalFree(hNewDIBBits);
            return TRUE;
        }
        flag = true;
        for(i = Mid; i > lWidth/4; i--) {
            if(flag) {
                // 指向原图像倒数第 j 行、第 i 个像素的指针
                lpSrc = (LPBYTE)lpDIBBits + lWidth * j + i;
                //取得当前指针处的像素值，注意要转换为 BYTE 类型
                pixel = (BYTE)*lpSrc;
                if (pixel == (BYTE)0) {
                    do {
                        count++;
                        i--;
                        lpSrc = (LPBYTE)lpDIBBits + lWidth * j + i;
                        pixel = (BYTE)*lpSrc;
                        index = i;
                    } while(pixel == (BYTE)0);
                    flag = false;
                }
            }
        }
        if(count>0 && count<(int)lWidth/30) {
            for(LONG k = Mid; k >=index; k--) {
                lpSrc = (LPBYTE)lpDIBBits + lWidth * j + k;
                lpDst = (LPBYTE)lpNewDIBBits + lWidth * j + k;
                pixel = (BYTE)*lpSrc;
                *lpDst = pixel;
            }
        }
        count = 0;
    }
```

3. 腹部分割

与触角分割算法相似，具体步骤如下。

（1）找图像的中轴，然后从下到上找到中轴上像素值为 0 的点。

（2）从该点分别向左、右扫描图像，并分别计算连续出现像素值为 0 的点的个数 count_L、count_R。当遇到像素值为 255 时，结束该行扫描，并复制相应像素值为 0 的点到一个新图像，继续扫描上一行。当 count_L 与 count_R 之和大于 nWidth/4 时，表明已经达到腹部的最高点，结束扫描，如图 11-14（c）所示。关键代码如下：

```
    //逐个扫描图像中的像素
    for(j = 0; j<lHeight; j++)
```

```
{
    lpSrc = (LPBYTE)lpDIBBits + lWidth * j + Mid;
    pixel = (BYTE)*lpSrc;
    count_R = 0;
    count_L = 0;
    flag = true;
    if(pixel==(BYTE)0){
        for(i = Mid; i > 0; i--) {
            if(flag) {
                // 指向原图像倒数第 j 行、第 i 个像素的指针
                lpSrc = (LPBYTE)lpDIBBits + lWidth * j + i;
                //取得当前指针处的像素值，注意要转换为 BYTE 类型
                pixel = (BYTE)*lpSrc;
                if (pixel == (BYTE)0) {
                    do {
                        count_L++;
                        i--;
                        lpSrc = (LPBYTE)lpDIBBits + lWidth * j + i;
                        pixel = (BYTE)*lpSrc;
                        index1 = i;
                    } while(pixel == (BYTE)0);
                    flag = false;
                }
            }
        }
        flag = true;
        for(i = Mid; i <lWidth; i++) {
            if(flag) {
                // 指向原图像倒数第 j 行、第 i 个像素的指针
                lpSrc = (LPBYTE)lpDIBBits + lWidth * j + i;
                //取得当前指针处的像素值，注意要转换为 BYTE 类型
                pixel = (BYTE)*lpSrc;
                if (pixel == (BYTE)0) {
                    do {
                        count_R++;
                        i++;
                        lpSrc = (LPBYTE)lpDIBBits + lWidth * j + i;
                        pixel = (BYTE)*lpSrc;
                        index2 = i;
                    } while(pixel == (BYTE)0);
                    flag = false;
                }
            }
        }
        if((count_R + count_L) > (int)lWidth/4) {
            // 复制变换后的图像
            memcpy(lpDIBBits, lpNewDIBBits, lWidth * lHeight);
            //释放内存
            LocalUnlock(hNewDIBBits);
            LocalFree(hNewDIBBits);
            return TRUE;
        }
        for(LONG k = Mid; k >=index1; k--) {
            lpSrc = (LPBYTE)lpDIBBits + lWidth * j + k;
            lpDst = (LPBYTE)lpNewDIBBits + lWidth * j + k;
            pixel = (BYTE)*lpSrc;
            *lpDst = pixel;
        }
        for(LONG k = Mid;k <=index2; k++) {
            lpSrc = (LPBYTE)lpDIBBits + lWidth * j + k;
            lpDst = (LPBYTE)lpNewDIBBits + lWidth * j + k;
            pixel = (BYTE)*lpSrc;
            *lpDst = pixel;
        }
```

```
        }
    }
```

4. 翅膀分割

从左向右扫描图像，遇到像素值为 0 的点则进入循环复制，当下一点像素值不为 0 且 20 个像素之后的像素值不为 0 时（因为图像经过二值化后，翅膀上可能还会存在零星的白色像素），结束循环，如图 11-14（d）所示。关键代码如下：

```
for(j = lHeight-1; j>0; j--)
    {
        flag = true;
        for(i = 0; i <= Mid-20; i++) {
            if(flag) {
                // 指向原图像倒数第 j 行、第 i 个像素的指针
                lpSrc = (LPBYTE)lpDIBBits + lWidth * j + i;
                //取得当前指针处的像素值，注意要转换为 BYTE 类型
                pixel = (BYTE)*lpSrc;
                if (pixel == (BYTE)0) {
                    do {
                        count++;
                        i++;
                        lpSrc = (LPBYTE)lpDIBBits + lWidth * j + i+20;
                        pixel = (BYTE)*lpSrc;
                        lpSrc = (LPBYTE)lpDIBBits + lWidth * j + i;
                        nextpixel = (BYTE)*lpSrc;
                        index = i;
                    } while((pixel == (BYTE)0||nextpixel == (BYTE)0)&&i<=
                        Mid-20);
                    flag = false;
                }
            }
        }
        if(count>0) {
            for(LONG k = 0; k <=index; k++) {
                lpSrc = (LPBYTE)lpDIBBits + lWidth * j + k;
                lpDst = (LPBYTE)lpNewDIBBits + lWidth * j + k;
                pixel = (BYTE)*lpSrc;
                *lpDst = pixel;
            }
        }
        count = 0;
```

（a）背景分割结果

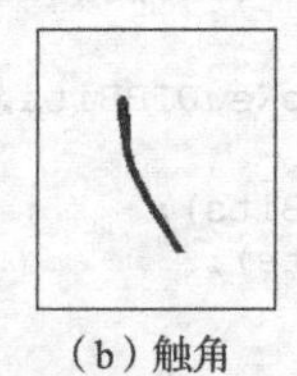
（b）触角

（c）腹部

（d）翅膀

图 11-14　图像分割结果

11.2.3　轮廓提取

为了计算昆虫的面积、周长及其他相关特征参数，需要对昆虫进行轮廓提取。

1. 边界链码

扫描图片，得到图片最左下方的黑色边界点，按照顺时针方向从左上角开始扫描其邻域像素，如果像素的值为 0，即为下一次扫描开始点，直到扫描到最开始像素结束，如图 11-15（a）

所示。关键代码如下：

```
// 寻找最左下方的黑色边界点
        bFindStartPoint = FALSE;
        for (j = 0; j < nHeight && !bFindStartPoint; j ++)
            for(i = 0; i < nWidth && !bFindStartPoint; i ++)
            {
                // 指向原图像倒数第 j 行、第 i 列像素的指针
                lpSrc = p_data + nLineByte * j + i;
                nPixel =  *lpSrc;
                if(nPixel ==0)
                {
                    // 找到起始边界点
                    bFindStartPoint= TRUE ;
                    StartPoint.y = j;
                    StartPoint.x = i;
                    lpDst = lpTemp + nLineByte * j + i;
                    *lpDst = 0;
                }
            }
            // 由于起始点是在左下方，故起始扫描沿左上方向
            BeginDirect = 0;
            bFindStartPoint = FALSE;
            // 从起始边界点开始扫描
            CurrentPoint.y = StartPoint.y;
            CurrentPoint.x = StartPoint.x;
            while(!bFindStartPoint)
            {
                // 尚未找到边界点
                bFindPoint = FALSE;
                while(!bFindPoint)
                {
                    // 沿扫描方向查看一个像素
                    lpSrc = p_data +nLineByte * ( CurrentPoint.y + Direction
                        [BeginDirect][1])+ (CurrentPoint.x +
                        Direction[BeginDirect][0]);
                    nPixel =  *lpSrc;
                    // 跟踪原则
                    if(nPixel== 0)
                    {
                        // 找到边界点，并将其设置为当前边界点
                        bFindPoint = TRUE;
                        CurrentPoint.y = CurrentPoint.y + Direction
                           [BeginDirect][1];
                        CurrentPoint.x = CurrentPoint.x + Direction
                           [BeginDirect][0];
                        // 如果当前边界点就是起始边界点，说明边界跟踪回到了起点，跟踪结束
                        if(CurrentPoint.y == StartPoint.y && CurrentPoint.x ==
                            StartPoint.x)
                            bFindStartPoint = TRUE;
                        lpDst =  lpTemp + nLineByte * CurrentPoint.y +
                            CurrentPoint.x;
                        *lpDst = 0;
                        BeginDirect -= 2;
                        if(BeginDirect < 0)
                            BeginDirect += 8;
                    }
                    else
                    {
                        BeginDirect++;
                        if(BeginDirect == 8)
                            BeginDirect = 0;
                    }
```

```
            }
        }
```

2. 轮廓跟踪

按从上到下、从左到右的顺序扫描图像，若当前图像的像素值为0，查找其8邻域内的所有像素，如果8邻域像素值之和为0，说明该像素不是边界点，否则为边界点，如图11-15（b）所示。关键代码如下：

```
//判断边界
for(i = 1;i <lHeight-1; i++)
{
    for(j = 1; j <lWidth-1; j++)
    {
        pixel[4] = lpDIBBits[i*lWidth+j];
        if(pixel[4]==0){
            sum = 0;
            pixel[0] = lpDIBBits[(i-1)*lWidth+j-1];
            pixel[1] = lpDIBBits[(i)*lWidth+j-1];
            pixel[2] = lpDIBBits[(i+1)*lWidth+j-1];
            pixel[3] = lpDIBBits[(i-1)*lWidth+j];
            pixel[5] = lpDIBBits[(i+1)*lWidth+j];
            pixel[6] = lpDIBBits[(i-1)*lWidth+j+1];
            pixel[7] = lpDIBBits[(i)*lWidth+j+1];
            pixel[8] = lpDIBBits[(i+1)*lWidth+j+1];
            sum = pixel[0]+pixel[1]+pixel[2]+pixel[3]+pixel[5]+pixel[6]+
                pixel[7]+pixel[8];
            if(sum != 0){
                lpDst = (LPBYTE)lpNewDIBBits + lWidth * i + j;
                *lpDst = pixel[4];
            }
        }
    }
}
```

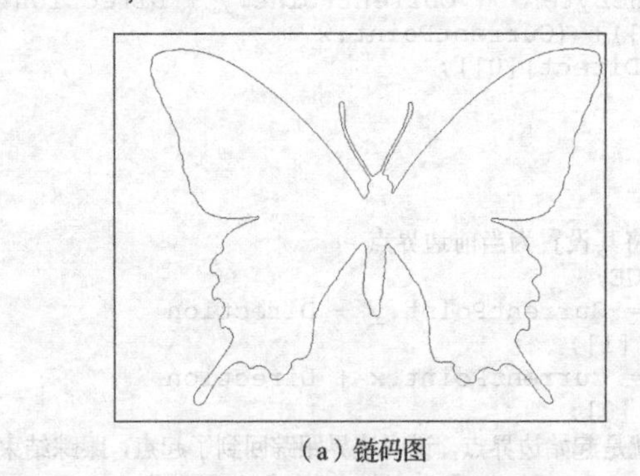

（a）链码图

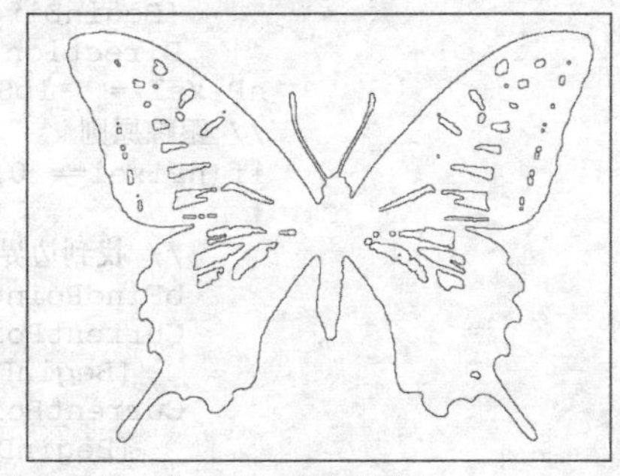

（b）轮廓跟踪图

图11-15 轮廓提取结果

11.2.4 特征提取

根据昆虫的体形，提取出触角因子、腹部因子、区域面积、区域周长、矩形度、偏心率、致密度、似圆度等特征参数，并利用这些特征参数进行识别。

1. 触角因子

蝴蝶和蛾的最大区别之一就在于触角的形状不同。蝴蝶的触角顶部稍大，然后逐步变细，呈现出棒状；而蛾的触角顶部较细，然后逐渐变大，呈羽丝状。因此，可以通过提取触角的形状来进行分类。

触角因子为触角上半部与整个触角的面积比，即

$$\text{Antenna\_Factor} = \frac{\text{Half\_Area}}{\text{Total\_Area}} \tag{11-6}$$

式中，Half_Area是触角上半部的面积；Total_Area是触角的总面积。

具体实现是：通过扫描得到触角最上边界与最下边界的y值，求得中心点y值，遍历得到y值小于中心点y值的像素个数，除以整个触角像素值为0的点个数。

关键代码如下：

```
//计算上半部分的面积
    for(i = BFMiddle;i <= Bottom; i++)
    {
        for(j = 0; j <lWidth; j++)
        {
            //pixel指向原图像倒数第i行、第j个像素的指针
            pixel = lpDIBBits[i*lWidth+j];
            if(pixel==0){
                Half_Area++;
            }
        }
    }
    //计算总面积
    for(i = 0;i <lHeight; i++)
    {
        for(j = 0; j <lWidth; j++)
        {
            pixel = lpDIBBits[i*lWidth+j];
            if(pixel==0){
                Total_Area++;
            }
        }
    }
    tentacle_Factor = Half_Area/(1.0*Total_Area);
```

2. 腹部因子

蝴蝶和蛾的另一个重要区别就是它们的腹部粗细不同。一般，蝴蝶的腹部相对比较细小和狭长，而蛾比较粗壮。

腹部因子为腹部平均宽度与图像宽度之比，即：

$$\text{Belly\_Factor} = \frac{\text{Belly\_Avg\_Width}}{\text{Width}} \tag{11-7}$$

式中，Belly_Avg_Width为腹部的平均宽度；Width为图像宽度。具体实现可通过计算腹部图像中像素值为0的像素个数，再除以腹部的高度即可得到腹部平均宽度。

关键代码如下：

```
abdomen_height = (abdomen_bottom-abdomen_top);
    //计算总面积
    for(i = 0;i <lHeight; i++)
    {
        for(j = 0; j <lWidth; j++)
        {
            pixel = lpDIBBits[i*lWidth+j];
            if(pixel==0){
                abdoment_area++;
            }
        }   }
    abdomen_width = abdoment_area/(1.0*abdomen_height);
    abdomen_Factor = abdomen_width/(1.0*flyWidth);
```

3. 区域面积

区域面积是指蝴蝶或蛾区域所占的面积。由于图像已经二值化，故简单地统计像素值为0

的像素个数即得到区域面积。代码实现如上面计算总面积代码。

4. 区域周长

区域周长是指蝴蝶或蛾外边界的长度。由于保存了轮廓提取后图像，周长即为该图像中像素值为0的像素个数。

5. 矩形度

矩形度是指图像接近其最小外接矩形的程度，可由区域面积与矩形面积之比得到。

关键代码如下：

```
ButterflyHeight = GetButterflyHeight();
ButterflyWidth = GetButterflyWidth();
ButterflyArea = Area();
rate = ButterflyArea/(1.0*ButterflyHeight*ButterflyWidth);
```

6. 偏心率

偏心率计算公式为图像长轴与短轴之比。

关键代码如下：

```
for(i = 0;i <lWidth; i++)
{
    pixel = 255;
    for(j = 0; j <lHeight&&pixel!=0; j++)
    {
        pixel = lpDIBBits[j*lWidth+i];
        if(pixel==0){
            Top = j;
            break;
        }
    }
    pixel = 255;
    for(j = lHeight-1; j >0&&pixel!=0; j--)
    {
        pixel = lpDIBBits[j*lWidth+i];
        if(pixel==0){
            Bottom = j;
            break;
        }
    }
    if(ShortAxis<(Bottom -Top)){
        ShortAxis = Bottom -Top;
    }   }
ecceRate = LongAxis/(1.0*ShortAxis);
```

7. 致密度

致密度计算公式代码为：

```
density = (perimeter*perimeter)/(1.0*area);
```

8. 似圆度

似圆度计算公式代码为：

```
circularity = 4 * (area)/(PI * ButterflyWidth * ButterflyWidth);
```

11.2.5 图像分类

根据检测出的特征参数值和现实现象，对每个特征参数采用一定的权重来建立特征判别函数，如下式所示：

$$W = \sum_{i=1}^{5} W_i \times C_i \tag{11-8}$$

式中，C_i是特征参数；W_i是每个特征参数的权重。

由于蝴蝶和蛾在触角上有本质的不同，所以，触角因子是区别蝴蝶和蛾最重要的参数，故权重取 0.7；腹部因子、区域面积的重要程度次之，权重取 0.1；偏心率和矩形度的影响较小，故取权重为 0.05。计算式（11-8）时，需要考虑每个特征参数的分割阈值，例如，触角因子大于阈值 0.5，则权重取 0.7，否则，权重取 0。面积、偏心率和矩形度权重取值方法和触角因子相同，而腹部因子权重的取值正好相反。若腹部因子小于 0.057，权重取 0.1；否则，权重取 0。表 11-1 所示为每个特征参数的分割点及相应的识别权重。最终计算得到 W，如果 $W \geqslant 0.705$ 证明该昆虫为蝴蝶，反之为蛾。

表 11-1　特征参数的权重及阈值

特征参数	触角因子	腹部因子	区域面积	偏心率	矩形度
权重	0.7	0.1	0.1	0.05	0.05
阈值	≥0.5	≤0.057	≥88866（pix）	≥3.3	≥0.47

经过对图 11-12（a）蝴蝶的原图进行图像预处理、图像分割、轮廓提取和特征参数的计算，最终等到分类的结果，特征参数计算和识别结果如图 11-16 所示。

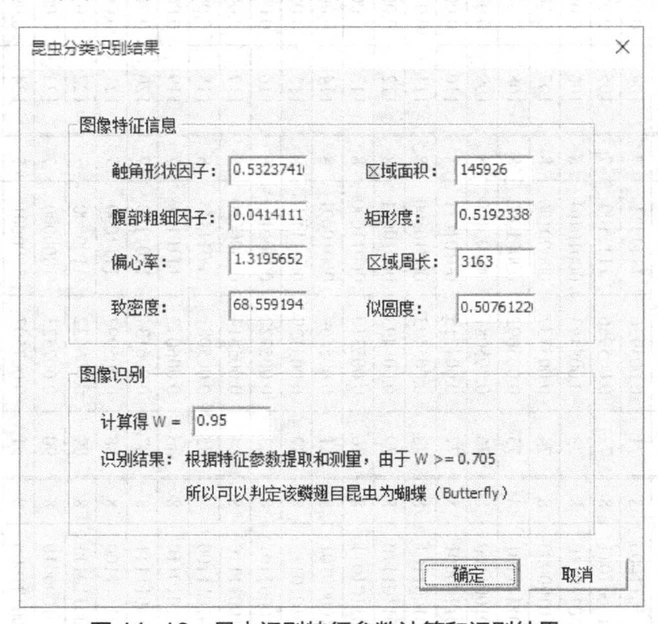

图 11-16　昆虫识别特征参数计算和识别结果

附录A 256×256×8 灰度图的哈夫曼编码信息表

灰度值	概率值	哈夫曼编码	码字长度	灰度值	概率值	哈夫曼编码	码字长度	灰度值	概率值	哈夫曼编码	码字长度	灰度值	概率值	哈夫曼编码	码字长度
0	0.000000		0	33	0.004807	00101001	8	66	0.008377	0100000	7	99	0.006668	1011110	7
1	0.000000		0	34	0.004486	00110010	8	67	0.007584	0111100	7	100	0.006042	1110100	7
2	0.000000		0	35	0.004089	01000101	8	68	0.007202	1001110	7	101	0.005997	1110111	7
3	0.000015	0101100110001111	16	36	0.003922	01011101	8	69	0.007309	1001010	7	102	0.006622	1011111	7
4	0.000061	01011001100010	14	37	0.004257	00111101	8	70	0.007324	1001000	7	103	0.006256	1101000	7
5	0.000244	100010101000	12	38	0.003937	01011000	8	71	0.005936	1111111	7	104	0.005859	00000000	8
6	0.000305	001011111010	12	39	0.003693	10001011	8	72	0.005966	1111100	7	105	0.005585	00010000	8
7	0.000626	00001111001	11	40	0.004333	00110110	8	73	0.005493	00010101	8	106	0.005630	00001100	8
8	0.000610	00101111100	11	41	0.003571	10100000	8	74	0.005737	00000100	8	107	0.005783	00000011	8
9	0.000900	1000101011	10	42	0.003784	01111101	8	75	0.005692	00001000	8	108	0.006058	1110011	7
10	0.001526	110111001	9	43	0.004044	01001100	8	76	0.005081	00100100	8	109	0.005554	00010010	8
11	0.001663	110001010	9	44	0.003906	01100001	8	77	0.004715	00101011	8	110	0.006439	1100101	7
12	0.002289	001011110	9	45	0.003983	01001101	8	78	0.005493	00010100	8	111	0.005951	1111101	7
13	0.003021	11101101	8	46	0.003845	01101110	8	79	0.005493	00010011	8	112	0.007004	1010100	7
14	0.003525	10100110	8	47	0.003845	01101011	8	80	0.005310	00011000	8	113	0.006805	1011001	7
15	0.003693	10001100	8	48	0.003738	10000101	8	81	0.005569	00010001	8	114	0.006073	1110010	7
16	0.005188	00011011	8	49	0.003952	01010111	8	82	0.005127	00011101	8	115	0.006256	1100111	7
17	0.006485	1100100	7	50	0.003677	10001101	8	83	0.005722	00000101	8	116	0.006088	1110000	7
18	0.006760	1011011	7	51	0.003601	10011110	8	84	0.005814	00000010	8	117	0.005692	00000111	8
19	0.007431	1000100	7	52	0.003922	01011100	8	85	0.005081	00011111	8	118	0.005966	1111011	7
20	0.020004	001000	6	53	0.003967	01010110	8	86	0.006042	1110101	7	119	0.006134	1101011	7
21	0.007950	0101010	7	54	0.003571	10011111	8	87	0.006134	1101100	7	120	0.006180	1101010	7
22	0.008453	0011111	7	55	0.003784	01111100	8	88	0.005997	1111000	7	121	0.005981	1111010	7
23	0.009033	0011000	7	56	0.004318	00110111	8	89	0.006622	1100000	7	122	0.006485	1100011	7
24	0.008621	0011100	7	57	0.004150	01000010	8	90	0.007523	1000000	7	123	0.006561	1100001	7
25	0.008011	0100111	7	58	0.004822	00101000	8	91	0.007507	1000001	7	124	0.006668	1011101	7
26	0.007050	1010010	7	59	0.005264	00011001	8	92	0.008148	0100100	7	125	0.007568	0111101	7
27	0.007843	0101101	7	60	0.005646	00001010	8	93	0.007980	0101001	7	126	0.007065	1010001	7
28	0.007797	0110001	7	61	0.005692	00001001	8	94	0.008133	0100101	7	127	0.007202	1001101	7
29	0.006973	1010101	7	62	0.006912	1010111	7	95	0.008163	0100011	7	128	0.007492	1000011	7
30	0.006104	1101111	7	63	0.007233	1001100	7	96	0.007660	0111000	7	129	0.007309	1001001	7
31	0.005615	00001101	8	64	0.007751	0110100	64	97	0.007751	0110011	97	130	0.007828	0101111	7
32	0.004700	00101100	8	65	0.007996	0101000	65	98	0.007553	0111111	98	131	0.007599	0111011	7

续表

灰度值	概率值	哈夫曼编码	码字长度	灰度值	概率值	哈夫曼编码	码字长度	灰度值	概率值	哈夫曼编码	码字长度	灰度值	概率值	哈夫曼编码	码字长度
132	0.007355	1000111	7	163	0.002411	001001111	9	194	0.002701	000101100	9	225	0.000046	000011110001101	15
133	0.007278	1001011	7	164	0.001785	101000010	9	195	0.002792	000011111	9	226	0.000046	000011110001100	15
134	0.008713	0011010	7	165	0.001907	011101010	9	196	0.003021	11101100	8	227	0.000031	010110011000110	15
135	0.007751	0110010	7	166	0.002045	010000111	9	197	0.002640	000110100	9	228	0.000015	0101100110001110	16
136	0.007721	0110110	7	167	0.001892	100010100	9	198	0.003052	11100010	8	229	0.000031	000011110001111	15
137	0.007645	0111001	7	168	0.001755	101000011	9	199	0.003036	11100011	8	230	0.000015	00001111000111001	17
138	0.006943	1010110	7	169	0.001678	101110001	9	200	0.003403	10110100	8	231	0.000015	00001111000111000	17
139	0.005981	1111001	7	170	0.001923	011011110	9	201	0.003113	11010010	8	232	0.000000		0
140	0.005630	00001011	8	171	0.001740	101001111	9	202	0.003189	11001100	8	233	0.000000		0
141	0.005600	00001110	8	172	0.001938	011010101	9	203	0.003052	11011101	8	234	0.000000		0
142	0.004623	00101101	8	173	0.002060	010000110	9	204	0.002975	11111100	8	235	0.000000		0
143	0.004593	00101110	8	174	0.001892	011101011	9	205	0.002869	000001100	9	236	0.000000		0
144	0.004303	00111010	8	175	0.001709	101110000	9	206	0.002670	000101111	9	237	0.000000		0
145	0.004089	01000100	8	176	0.002258	001100110	9	207	0.002502	001001011	9	238	0.000015	0000111100011101	16
146	0.004257	00111100	8	177	0.001953	011010100	9	208	0.001968	010110010	9	239	0.000000		0
147	0.004288	00111011	8	178	0.002228	001100111	9	209	0.001587	110001011	9	240	0.000000		0
148	0.003769	10000100	8	179	0.002701	000101101	9	210	0.001541	110111000	9	241	0.000000		0
149	0.003906	01100000	8	180	0.002396	001010101	9	211	0.001343	0000111101	10	242	0.000000		0
150	0.003464	10110000	8	181	0.002609	000110101	9	212	0.000961	0101100111	10	243	0.000000		0
151	0.003815	01110100	8	182	0.002502	001001100	9	213	0.000885	1010011100	10	244	0.000000		0
152	0.002975	11111101	8	183	0.002533	001001010	9	214	0.000870	1010011101	10	245	0.000000		0
153	0.003357	10111001	8	184	0.002838	000001101	9	215	0.000534	00101111111	11	246	0.000000		0
154	0.003296	11000100	8	185	0.003067	11011010	8	216	0.000549	00101111110	11	247	0.000000		0
155	0.003433	10110001	8	186	0.003113	11010011	8	217	0.000488	01011001101	11	248	0.000000		0
156	0.003387	10110101	8	187	0.002945	000000010	9	218	0.000443	000011110000	12	249	0.000000		0
157	0.003067	11011011	8	188	0.002594	000111000	9	219	0.000443	10001010101	11	250	0.000000		0
158	0.003189	11001101	8	189	0.002579	000111100	9	220	0.000229	0000111100010	13	251	0.000000		0
159	0.002899	000000011	9	190	0.002426	001001110	9	221	0.000229	100010101001	12	252	0.000000		0
160	0.002411	001010100	9	191	0.002579	000111001	9	222	0.000244	010110011001	12	253	0.000000		0
161	0.002441	001001101	9	192	0.002686	000101110	9	223	0.000275	001011111011	12	254	0.000000		0
162	0.001923	011011111	9	193	0.002548	000111101	9	224	0.000153	0101100110000	13	255	0.000000		0

附录 B 256×256×8 灰度图的香农-范诺编码信息表

灰度值	概率值	香农-范诺编码	码字长度	灰度值	概率值	香农-范诺编码	码字长度	灰度值	概率值	香农-范诺编码	码字长度	灰度值	概率值	香农-范诺编码	码字长度
0	0.000000		0	32	0.004700	10101101	8	64	0.007751	0010011	7	96	0.007660	0010101	7
1	0.000000		0	33	0.004807	1010101	7	65	0.007996	0001011	7	97	0.007751	0010010	7
2	0.000000		0	34	0.004486	10110001	8	66	0.008377	0000110	7	98	0.007553	0011010	7
3	0.000015	111111111111111	15	35	0.004089	10111011	8	67	0.007584	0011000	7	99	0.006668	0101110	7
4	0.000061	11111111111000	14	36	0.003922	11000010	8	68	0.007202	0100101	7	100	0.006042	0111011	7
5	0.000244	111111111001	12	37	0.004257	10111000	8	69	0.007309	0100001	7	101	0.005997	0111101	7
6	0.000305	11111111010	11	38	0.003937	110000001	9	70	0.007324	01000000	8	102	0.006622	0101111	7
7	0.000626	11111110001	11	39	0.003693	11001100	8	71	0.005936	10000101	8	103	0.006256	01101001	8
8	0.000610	1111111001	10	40	0.004333	10110010	8	72	0.005966	1000001	7	104	0.005859	1000011	7
9	0.000900	1111110101	10	41	0.003571	110100001	9	73	0.005493	10100001	8	105	0.005585	10011001	8
10	0.001526	1111110001	10	42	0.003784	11001001	8	74	0.005737	1000101	7	106	0.005630	10010101	8
11	0.001663	111110110	9	43	0.004044	10111100	8	75	0.005692	10010000	8	107	0.005783	10001001	8
12	0.002289	111100011	9	44	0.003906	11000100	8	76	0.005081	10101000	8	108	0.006058	0111010	7
13	0.003021	111000000	9	45	0.003983	10111101	8	77	0.004715	10101100	8	109	0.005554	1001110	7
14	0.003525	11010001	8	46	0.003845	11000110	8	78	0.005493	10100000	8	110	0.006439	0110011	7
15	0.003693	11001101	8	47	0.003845	11000101	8	79	0.005493	1001111	7	111	0.005951	10000100	8
16	0.005188	10100100	8	48	0.003738	11001011	8	80	0.005310	10100010	8	112	0.007004	01010000	8
17	0.006485	0110010	7	49	0.003952	110000000	9	81	0.005569	1001101	7	113	0.006805	0101011	7
18	0.006760	0101100	7	50	0.003677	11001110	8	82	0.005127	10100101	8	114	0.006073	0111001	7
19	0.007431	0011110	7	51	0.003601	11001111	8	83	0.005722	1000110	7	115	0.006256	01101000	8
20	0.020004	000000	6	52	0.003922	11000001	8	84	0.005814	10001000	8	116	0.006088	01110001	8
21	0.007950	0001101	7	53	0.003967	1011111	7	85	0.005081	1010011	7	117	0.005692	1000111	7
22	0.008453	0000101	7	54	0.003571	110100000	9	86	0.006042	0111100	7	118	0.005966	10000001	8
23	0.009033	0000010	7	55	0.003784	11001000	8	87	0.006134	0110111	7	119	0.006134	0110110	7
24	0.008621	0000100	7	56	0.004318	10110011	8	88	0.005997	0111110	7	120	0.006180	0110101	7
25	0.008011	0001010	7	57	0.004150	10111001	8	89	0.006622	01100000	8	121	0.005981	10000000	8
26	0.007050	0100111	7	58	0.004822	10101001	8	90	0.007523	0011011	7	122	0.006485	0110001	7
27	0.007843	0001110	7	59	0.005264	10100011	8	91	0.007507	0011100	7	123	0.006561	01100001	8
28	0.007797	0010000	7	60	0.005646	1001001	7	92	0.008148	0001000	7	124	0.006668	0101101	7
29	0.006973	01010001	8	61	0.005692	10010001	8	93	0.007980	0001100	7	125	0.007568	0011001	7
30	0.006104	01110000	8	62	0.006912	0101010	7	94	0.008133	0001001	7	126	0.007065	0100110	7
31	0.005615	1001011	7	63	0.007233	0100011	7	95	0.008163	0000111	7	127	0.007202	0100100	7

续表

灰度值	概率值	香农-范诺编码	码字长度	灰度值	概率值	香农-范诺编码	码字长度	灰度值	概率值	香农-范诺编码	码字长度	灰度值	概率值	香农-范诺编码	码字长度
128	0.007492	0011101	7	160	0.002411	111100001	9	192	0.002686	11100111	8	224	0.000153	111111111101	12
129	0.007309	01000001	8	161	0.002441	111011101	9	193	0.002548	111011000	9	225	0.000046	1111111111101	13
130	0.007828	0001111	7	162	0.001923	111101101	9	194	0.002701	11100101	8	226	0.000046	11111111111001	14
131	0.007599	0010111	7	163	0.002411	111100000	9	195	0.002792	111001001	9	227	0.000031	111111111111001	15
132	0.007355	0011111	7	164	0.001785	111110001	9	196	0.003021	11011111	8	228	0.000015	111111111111110	15
133	0.007278	0100010	7	165	0.001907	11110111	8	197	0.002640	111010001	9	229	0.000031	111111111111000	15
134	0.008713	0000011	7	166	0.002045	111101000	9	198	0.003052	11011101	8	230	0.000015	111111111111101	15
135	0.007751	0010001	7	167	0.001892	1111100001	10	199	0.003036	11011110	8	231	0.000015	111111111111100	15
136	0.007721	0010100	7	168	0.001755	111110010	9	200	0.003403	11010100	8	232	0.000000		0
137	0.007645	0010110	7	169	0.001678	111110101	9	201	0.003113	11011001	8	233	0.000000		0
138	0.006943	0101001	7	170	0.001923	111101100	9	202	0.003189	110110000	9	234	0.000000		0
139	0.005981	0111111	7	171	0.001740	111110011	9	203	0.003052	110111001	9	235	0.000000		0
140	0.005630	10010100	8	172	0.001938	111101011	9	204	0.002975	111000001	9	236	0.000000		0
141	0.005600	10011000	8	173	0.002060	11110011	8	205	0.002869	11100011	8	237	0.000000		0
142	0.004623	1010111	7	174	0.001892	1111100000	10	206	0.002670	111010000	9	238	0.000015	11111111111101	14
143	0.004593	10110000	8	175	0.001709	111110100	9	207	0.002502	11101101	8	239	0.000000		0
144	0.004303	10110100	8	176	0.002258	111100100	9	208	0.001968	111101001	9	240	0.000000		0
145	0.004089	10111010	8	177	0.001953	111101010	9	209	0.001587	111110111	9	241	0.000000		0
146	0.004257	1011011	7	178	0.002228	111100101	9	210	0.001541	1111110000	10	242	0.000000		0
147	0.004288	10110101	8	179	0.002701	11100110	8	211	0.001343	111111001	9	243	0.000000		0
148	0.003769	11001010	8	180	0.002396	111100010	9	212	0.000961	1111110100	10	244	0.000000		0
149	0.003906	11000011	8	181	0.002609	11101001	8	213	0.000885	111111011	9	245	0.000000		0
150	0.003464	11010010	8	182	0.002502	111011100	9	214	0.000870	11111110000	11	246	0.000000		0
151	0.003815	11000111	8	183	0.002533	111011001	9	215	0.000534	11111110101	11	247	0.000000		0
152	0.002975	11100001	8	184	0.002838	111001000	9	216	0.000549	11111110100	11	248	0.000000		0
153	0.003357	11010110	8	185	0.003067	11011011	8	217	0.000488	1111111011	10	249	0.000000		0
154	0.003296	11010111	8	186	0.003113	11011010	8	218	0.000443	11111111001	11	250	0.000000		0
155	0.003433	11010011	8	187	0.002945	111000100	9	219	0.000443	11111111000	11	251	0.000000		0
156	0.003387	11010101	8	188	0.002594	111010100	9	220	0.000229	111111111100	12	252	0.000000		0
157	0.003067	110111000	9	189	0.002579	11101011	8	221	0.000229	11111111101	11	253	0.000000		0
158	0.003189	110110001	9	190	0.002426	11101111	8	222	0.000244	111111111000	12	254	0.000000		0
159	0.002899	111000101	9	191	0.002579	111010101	9	223	0.000275	11111111011	11	255	0.000000		0

参考文献

[1] ANDREWS C. Computer Techniques in Image Processing[M]. NewYork: Academic Press, 1970.

[2] PRATT K. Digital Image Processing [M]. NewYork: John Wiley & Sons,1978.

[3] O`HANDLEY D A, GREEN W B. Recent Development in Digital Image Processing at the Image Processing Laboratory at the Jet Propulsion Laboratory[J]. Proc. IEEE, 1972, 60(7):821-828.

[4] 陈丽芳，刘一鸣，刘渊．融合改进分水岭和区域生长的彩色图像分割方法[J]．计算机工程与科学，2013，35（4）：93-98．

[5] 陈丽芳，刘渊，须文波．改进的归一互相关法的灰度图像模板匹配方法[J]．计算机工程与应用，2011，47（26）：181-183．

[6] 陈丽芳，刘一鸣，刘渊．一种结合 SIFT 和对应尺度 LTP 综合特征的图像匹配[J]．计算机工程与科学，2015，37（3）：582-588．

[7] 章毓晋．图像处理和分析基础[M]．北京：高等教育出版社．2002．

[8] 冈萨雷斯・伍兹．数字图像处理[M]．阮秋琦，译．3 版．北京：电子工业出版社，2011．

[9] 邓继忠，张秦岭．数字图像处理技术[M]．广州：广东科技出版社，2005．